国家出版基金项目
NATIONAL PUBLICATION FOUNDATION

"十三五"
国家重点出版物出版规划项目

国之重器出版工程
网络强国建设

5G 丛书

大规模天线波束赋形技术原理与设计

Principles and Design of Massive Beamforming Technology

陈山枝 孙韶辉 苏昕 王东明 李立华 高秋彬 等 著

人 民 邮 电 出 版 社
北 京

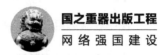

图书在版编目（CIP）数据

大规模天线波束赋形技术原理与设计 / 陈山枝等著
. -- 北京 : 人民邮电出版社, 2019.12（2022.8重印）
（5G丛书）
国之重器出版工程
ISBN 978-7-115-52355-6

Ⅰ. ①大… Ⅱ. ①陈… Ⅲ. ①赋形波束天线－研究
Ⅳ. ①TN82

中国版本图书馆CIP数据核字(2019)第230204号

内 容 提 要

本书将重点介绍面向 5G 的大规模天线波束赋形技术，结合近年来国内外学术界和工业界的最新研究成果，对大规模天线的基本原理、三维和高频段信道建模方法、波束赋形传输方案、系统设计、标准化制定以及试验平台开发与验证等关键技术原理和系统设计进行全面介绍和详细分析，为读者呈现出 5G 多天线技术发展的美好前景。

本书适合从事移动通信技术研究与产品开发人员、网络规划设计工程师、系统运营管理人员以及高等院校通信专业的师生阅读，也适合作为专业课或者培训班的教材。

◆ 著　　　陈山枝　孙韶辉　苏　昕　王东明　李立华
　　　　　高秋彬 等
　责任编辑　李　强
　责任印制　彭志环
◆ 人民邮电出版社出版发行　　北京市丰台区成寿寺路 11 号
　邮编　100164　　电子邮件　315@ptpress.com.cn
　网址　http://www.ptpress.com.cn
　北京捷迅佳彩印刷有限公司印刷
◆ 开本：800×1000　1/16
　印张：25　　　　　　2019 年 12 月第 1 版
　字数：460 千字　　　2022 年 8 月北京第 2 次印刷

定价：179.00 元

读者服务热线：(010)81055493　印装质量热线：(010)81055316
反盗版热线：(010)81055315
广告经营许可证：京东市监广登字 20170147 号

《国之重器出版工程》
编辑委员会

专家委员会委员（按姓氏笔画排列）：

于　全　中国工程院院士

王少萍　“长江学者奖励计划”特聘教授

王建民　清华大学软件学院院长

王哲荣　中国工程院院士

王　越　中国科学院院士、中国工程院院士

尤肖虎　“长江学者奖励计划”特聘教授

邓宗全　中国工程院院士

甘晓华　中国工程院院士

叶培建　中国科学院院士

朱英富　中国工程院院士

朵英贤　中国工程院院士

邬贺铨　中国工程院院士

刘大响　中国工程院院士

刘怡昕　中国工程院院士

刘韵洁　中国工程院院士

孙逢春　中国工程院院士

苏彦庆　“长江学者奖励计划”特聘教授

苏哲子 中国工程院院士

李伯虎 中国工程院院士

李应红 中国科学院院士

李新亚 国家制造强国建设战略咨询委员会委员、中国机械工业联合会副会长

杨德森 中国工程院院士

张宏科 北京交通大学下一代互联网互联设备国家工程实验室主任

陆建勋 中国工程院院士

陆燕荪 国家制造强国建设战略咨询委员会委员、原机械工业部副部长

陈一坚 中国工程院院士

陈懋章 中国工程院院士

金东寒 中国工程院院士

周立伟 中国工程院院士

郑纬民 中国计算机学会原理事长

郑建华 中国科学院院士

屈贤明　国家制造强国建设战略咨询委员会委员、工业和信息化部智能制造专家咨询委员会副主任

项昌乐　“长江学者奖励计划”特聘教授，中国科协书记处书记，北京理工大学党委副书记、副校长

柳百成　中国工程院院士

闻雪友　中国工程院院士

徐德民　中国工程院院士

唐长红　中国工程院院士

黄卫东　“长江学者奖励计划”特聘教授

黄先祥　中国工程院院士

黄　维　中国科学院院士、西北工业大学常务副校长

董景辰　工业和信息化部智能制造专家咨询委员会委员

焦宗夏　“长江学者奖励计划”特聘教授

序 言

移动通信系统作为人类信息社会发展的重要基础设施，为信息的传播与交互构建了不可或缺的便捷通道。伴随着信号处理和集成电路技术的进步，以及用户数量激增、业务需求的爆炸式增长和部署场景不断扩展，移动通信系统的发展与演进保持着蓬勃的生命活力与巨大的市场潜力，极大地促进了工业、商贸、金融、交通、安全等诸多行业的信息化变革，并带动了媒体、娱乐、社交等产业的繁荣发展。同时，移动通信系统的演进有力地驱动着相关理论研究与技术发展向更为宽阔和纵深的领域发展。

移动通信系统的发展大约十年为一代，每一代系统都以其标志性的业务类型与革命性的技术为鲜明特征：第一代移动通信系统（1G）采用了 FDMA 方式，能够提供模拟话音业务；第二代移动通信系统（2G）以 GSM 为代表，采用了 TDMA 方式，支持数字化的语音及短信业务；第三代移动通信系统（3G）采用了 CDMA 技术，能够支持移动上网和多媒体业务；第四代移动通信系统（4G）则采用了 OFDMA 技术，支持移动宽带（MBB）业务，特别是移动互联网业务的蓬勃发展。

当前正在研发的第五代移动通信系统（5G），目标是支持较 4G 的数十倍用户峰值传输速率、百倍以上的流量密度、百倍以上的连接数密度、十分之一的空口时延，支撑增强的移动宽带（eMBB）、低时延高可靠(URLLC)和海量的机器连接（mMTC）等应用场景。因此，5G 面对的是更具挑战性的系统需求，单纯通过对某一项技术的革新已经很难实现对多种业务类型与更为多样化的应用场景的有效支持。但无论如何，无线传输技术所构建的信息传输通道对提升整体系统性能仍然是最为关键的环节之一。

移动通信技术的核心问题在于提升频谱利用效率。针对这一问题，理论研究与产业实践过程中，科研技术人员对编码、调制、多址等技术手段进行着持续而艰苦的探索，并不断地将系统性能推向理论极限。其中，多天线技术理论的出现与实践的进展为频谱效率的提升开启了新的空间，展示了移动通信技术进一步发展的方向。

在 4G 通信系统中，多天线技术开始得到应用，成为无线物理层技术体系中最为核心的技术之一。伴随着移动通信系统的发展，多天线的技术理论也在持续演进，有源阵列天线技术在商用领域成熟度的提高为多天线技术向着三维化与大规模化的发展创造了有利条件。随着 OFDM 等相关技术的成熟，为多天线技术与波束赋形技术的结合创造了条件。如今 5G 因大规模天线波束赋形技术得以改善系统频谱效率、提升用户峰值速率、增强覆盖与抑制干扰，大规模天线波束赋形技术也因 5G 而得以完善并显示其应用潜力，作为新一代无线信号物理层传输的基础性技术，还将在 5G 的商用中得到进一步的发展。

我国对移动通信技术的发展非常重视，从政府、运营商、设备商到高校及科研院所分别从不同层面积极地推动着相关理论的研究与验证以及技术方案的标准化和产业化发展，逐步从跟随状态向着引领移动通信技术产业发展的方向努力。在这一过程中，中国信息通信科技集团有限公司（由大唐电信集团与烽火集团联合重组而成）作为 3G TD-SCDMA、4G TD-LTE 和 5G 技术突破及国际标准制定的重要贡献者，始终坚持深入的技术研究与技术创新，在 3G 和 4G 时提出了 TDD 智能天线波束赋型技术进入国际标准，在 5G 的研究中继续在大规模天线波束赋形技术的标准化和产业化方面创新，为大规模多天线技术从理论到实践的跨越做出了重要贡献。

该书作者在大唐电信集团长期从事多天线波束赋形技术研究开发与国际标准制定工作，具有深厚的技术积累与丰富经验，能够从工程技术与标准化角度为读者提供深入独到的见解。同时，东南大学和北京邮电大学相关领域的资深学者也作为部分章节的负责人参与了撰写工作，进一步从理论层面增强了该书的参考价值。

该书对大规模天线波束赋形技术的基本原理、关键技术及解决方案进行了较为详细的论述，并结合当前 5G 系统的标准化进展以及大规模天线试验测试情况，对该技术在 5G 系统中的发展和应用进行了介绍。该书论述条理清晰、内容深浅得当，兼具新颖性、专业性、实用性与可读性，能够为相关技术领域的研究、标准化、开发及工程技术人员提供有价值的参考，期待读者在这一技术方向的研究与实践，进一步完善大规模天线波束赋形技术并推动其更广泛的应用。

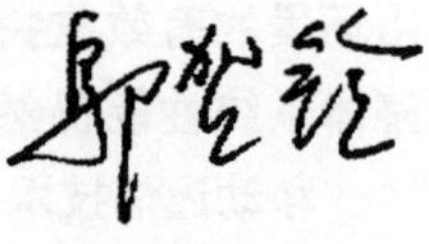

前　言

从移动电话的出现到短信，再到移动上网和微信、移动支付等各类新型业务和应用的兴起以及用户数量规模的迅猛增长，推动着移动通信系统从 1G 到 4G 的持续升级与革新。如今 4G 系统的移动互联网业务发展方兴未艾，5G 的步伐就已悄然临近。5G 通过高速数据传输，实现丰富的多媒体移动互联网业务，同时通过海量连接和低时延、高可靠技术把人与人的无线连接拓展到人与物、物与物，并与云计算、大数据、人工智能、区块链等结合，即将开启“万物智联”的移动时代新篇章。

为了应对系统容量和用户通信速率不断增加的需求压力与挑战，拓展和充分利用无线信道资源是无线传输设计中最为核心的两个问题。而移动通信系统的研究与标准化发展也始终在围绕着增加频谱资源与提升频谱效率这两条主线推进。随着 6GHz 以下频段资源的日益紧张，5G 系统要进一步将频谱资源扩展至高达 100GHz 的新频段。同时，5G 系统也将通过新型的多天线传输、多址接入、编码调制、密集组网等技术手段，更为有效地提升无线频谱资源的利用效率。

决定无线链路传输效能的根本因素在于其信道容量。20 世纪 90 年代，多天线信息理论研究成果证明了在无线通信链路的收、发两端均使用多个天线的通信系统所具有的信道容量将远远超越传统单天线系统信息传输能力极限,多天线技术对于提升传输速率、传输可靠性和系统频谱效率及抑制干扰等具有十分重要的作用。该理论为多天线技术的发展提供了坚实的基础，展现了其在高速无线接入系统中的广阔应用前景。

多输入多输出（MIMO，Multiple Input Multiple Output）技术的性能增益

来自于多天线信道的空间自由度。因此，对 MIMO 空间维度的持续扩展是无线通信系统提升容量和提高效率的重要手段，也是标准化演进过程的一个重要方向。而近年来出现的 Massive MIMO 理论则为进一步扩展 MIMO 空间维度的发展路线提供了充足的理论依据。

Massive MIMO 理论展示了 MIMO 技术在提升系统容量、频谱利用率与用户体验方面的巨大潜力。因此，该理论出现之后，立即受到了学术界与产业界的热烈追捧，并被公认为未来移动通信系统最有潜力的物理层关键技术之一。

根据天线阵列内天线间距的大小和部署方式，Massive MIMO 技术通常分为分布式 Massive MIMO 和集中式 Massive MIMO 技术。分布式 Massive MIMO 通常指大规模天线的多根天线在地理位置上距离比较大（远远大于 10 个波长距离），天线间相关性较弱，通过形成大规模多天线阵列的单用户空分复用方式来提升系统传输速率和容量。而集中式 Massive MIMO 技术通过将大数量天线间密集排列（如 0.5 波长左右），从而形成小间距的天线阵列形式。通过这种集中式 Massive MIMO 天线，能够产生空间分辨能力更强的窄细波束，从而能够利用多个波束的空分多址方式，在空域实现更多用户的并行传输，以及大幅度提升系统容量。因此，集中式 Massive MIMO 也被称为大规模天线波束赋形技术（简称大规模天线）。基于大规模天线系统进行波束赋形被认为是 Massive MIMO 技术的主要实现形式。

根据大规模天线波束赋形理论，随着天线数量的无限增长，各个用户的信道向量将逐渐趋于正交，从而使多用户干扰趋于消失。同时，在巨大的天线增益下，加性噪声的影响也将变得可以忽略。因此，无线系统的发射功率可以任意低，而大量用户可以在近乎没有干扰和噪声的理想条件下进行通信，从而极大地提升了系统容量和频谱利用效率。

近几年来，经过学术界与产业界的共同努力，关于大规模天线波束赋形技术的信道容量、能效与谱效优化、传输与检测算法等方面的研究工作已经开展得比较充分，同时业界也从信道建模和评估等基础性工作方面对后续的技术研究和标准化推进进行了大量准备，而相应的技术验证与原型平台开发，以及大规模外场实测和初步部署也在积极地进行中。

在上述基础之上，产业界对相关技术的标准化给出了明确的推进计划，并已经在 LTE 的增强系统中率先完成了大规模天线技术初步版本的标准化方案。而在面向 5G 系统的标准化研究工作中，3GPP 等标准化组织仍然将大规模天线波束赋形技术作为最重要的工作方向之一。目前，在 NR（New Radio）系统的第一个版本中，已经制定了能够支持 100GHz 以下频段的 MIMO 技术国际标准。在 5G NR 系统的后续演进中，会进一步将其扩展至多点协作等更为广阔的应用场景中，开展对信道信息反馈和波束管理的增强型关键技术的研究。

中国通信企业和高校在多天线技术的研究和应用方面一直处于业界领先地位。1998 年，大唐电信集团代表中国提出的 TD-SCDMA 3G 国际标准中首次将智能天线波束赋形技术引入蜂窝移动通信系统。2006 年，大唐电信集团等中国企业在 TD-LTE 4G 标准中开创性地提出了多流波束赋形技术，拓展了智能天线的应用方式，实现了波束赋形与空间复用的深度融合，大幅度提升了 TD-LTE 系统性能和技术竞争者力，并实现了 8 天线多流波束赋形的全球成功商用。TD-LTE 系统的多天线技术应用能力和产业化水平领先于 FDD LTE［目前大部分商用 FDD LTE 系统仍采用 2 天线（部分采用 4 天线）］。基于 3G 和 4G TDD 系统中我国在多天线技术领域上的积累和创新，我国在 5G 大规模天线波束赋形技术的发展过程中保持着领先地位，并展现出了积极的引领作用。

在新一代 5G 移动通信系统的研发过程中，中国政府非常重视大规模天线波束赋形技术的研究和推进工作，设立了多项“863”和国家科技重大专项课题，有力地支持了相关技术研究工作，不断深化和提升大规模天线的研究和应用水平。2013 年成立的 IMT-2020 推进组，专门设立了大规模天线技术专题研究组，负责组织企业和高等院校及科研院所进行大规模天线关键技术研究和系统方案设计工作。在此基础之上，工业和信息化部制定了我国的 5G 技术研发与试验工作总体计划，将大规模天线技术在 IMT-2020 系统中推向了实用化发展道路。

在上述研究和推进工作中，我国的通信企业、高等院校与科研院所积极参与了相关基础理论与关键技术的研究、标准化方案的制定与推动、原理验证平台的开发以及大规模外场实测，在全球大规模天线技术的发展过程中发挥了重要的影响力并做出了重要贡献。

本书体现了国内在大规模天线波束赋形技术领域中“产、学、研、用”紧密协作的研究成果，从以下几个方面论述了大规模天线技术的基础理论与关键技术，并介绍了其标准化、产业化的发展现状。

第 1 章从多天线技术的基本原理着手，分析了理想情况下的信道容量；在此基础上，结合不同的应用场景、信道条件和业务需求，简要介绍了对闭环空间复用、开环空间复用、波束赋形与发射分集等多种常用的多天线技术方案，并对各种技术方案的适用条件及特点进行了对比；随后，探讨了多天线技术理论的发展动态及天线阵列结构的演进趋势，并介绍了大规模天线波束赋形技术的研究方向及应用场景；最后，简要介绍了多天线技术的标准化进展情况。

第 2 章主要介绍了大规模天线波束赋形技术的基本理论，包括独立同分布瑞利衰落信道下大规模天线技术的基本理论，以及理想信道下的容量和存在导频污染时上行和下行链路的容量，并从理论上分析了天线数量大规模增加对系统性能的提升以及导频污染对系统性能的影响；深入研究和分析了在实际应用场景下非理想因素对大规模天线波束赋形系统性能的影响；推导出大规模天线的系统级容量与系统参数之间的显式关系，为高频谱效率和高能效的大规模多天线波束赋形系统设计提供了理论指导。

第 3 章主要分析和介绍了大规模天线波束赋形系统的应用场景与无线信道建模，重点探讨了垂直维度的引入对信道建模的影响，以及大尺度和小尺度建模方法。具体包括：局部坐标系与全局坐标系之间的转换方法，用于在全局坐标系内建模天线单元的增益和场分量；天线模型以及双极化天线在局部坐标系中的天线单元增益和场分量到全局坐标系的转换方法；三维（3D）距离的定义和应用条件，由于垂直维度的引入，部分信道建模参数需用 3D 距离进行计算；大尺度信道建模，包括 LOS 概率计算模型、路径损耗计算模型和穿透损耗计算模型；小尺度信道建模，包括垂直角度参数模型、多径分量统计相关矩阵、垂直角度生成方法等；最后，给出了信道建模的完整流程。

第 4 章主要介绍了大规模天线波束赋形系统中的若干关键技术，包括大规模天线信道估计方法，如传统的线性估计以及新型的基于特征值分解与压缩感知的信道估计方法、接收端的信号检测与发送端的信号预编码技术、信道状态信息（CSI）的获取及反馈的典型的方案、大规模天线的校准技术、小区间的协作技术，以及多小区传输方案。

第 5 章在前面章节讨论的大规模天线波束赋形理论和关键技术基础上，结合 5G NR 系统的标准化研究和制定工作，向读者介绍了 3GPP 标准化组织针对 5G 大规模天线波束赋形的标准设计方案，主要包括了大规模天线波束赋形的上下行传输方案、参考信号设计、信道状态信息反馈设计、波束管理、准共站址（QCL，Quasi Co-Location）等关键技术，以及大规模多天线传输技术对物理信道方案设计的影响。通过本章介绍，读者可以了解到大规模天线波束赋形在 5G 的应用方式及设计特点，加深对大规模天线波束赋形技术的认识和理解，并对大规模天线波束赋形技术的工程设计具有重要的参考意义。

第 6 章对大规模天线波束赋形系统的总体架构与阵列设计方案进行了分析，给出相应的实现方案建议和设计案例，并介绍大规模天线波束赋形技术的试验测试情况。本章旨在为读者提供一个视角，用以见证大规模天线波束赋形技术如何转化为实际工业产品的过程，以及产业界为之付出的努力与所取得的阶段性成果。

本书由来自中国信息通信科技集团（大唐电信集团）、东南大学及北京邮电大学的多位作者合作完成。全书由陈山枝主持编写和统稿，第 1～6 章分别由陈山枝、王东明、高秋彬、李立华、孙韶辉、陈山枝编写，中国信息通信科技集团的苏昕、陈润华、李辉、黄秋萍、蔡月民、段滔，东南大学的魏浩、辛元雪、曹娟，北京邮电大学的卢光延、杜留通、李兴旺等也参与了编写工作。

本书作者感谢中国信息通信科技集团、东南大学、北京邮电大学等单位及IMT-2020推进组和FuTURE论坛的领导与同事们的大力支持和真诚帮助，感谢在5G技术研究和标准化过程中中国信息通信研究院、中国移动研究院以及众多国内外厂商及研究机构与作者的交流与合作，感谢“863”“高效能5G无线关键技术研发”课题组的参与单位。限于作者的水平和能力，本书还有诸多不足之处，恳请各位读者和专家提出宝贵的意见和建议。

作者

[illegible]

[illegible]

[illegible]请各位读者和专家提出宝贵的意见和建议。

作者

目 录

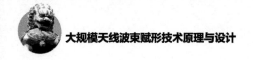

第 1 章

多天线及波束赋形技术发展概述

多天线技术对于提升传输速率、提高传输可靠性、改善系统频谱效率及抑制干扰具有十分重要的作用，因而在无线接入系统中有着十分广泛的应用。本章从多天线技术的基本原理着手，分析了理想情况下的信道容量；在此基础上，结合不同的应用场景、信道条件和业务需求，介绍了闭环空间复用、开环空间复用、波束赋形与发射分集等多种常用的多天线技术方案，并对比了各种技术方案的适用条件及特点；随后，探讨了多天线技术理论的发展动态及天线阵列结构的演进趋势，并介绍了基于大规模天线阵列的波束赋形技术的研究方向及应用场景；最后，介绍了多天线技术的标准化情况。

1.1 绪 论

从 1G 到 5G，无线移动通信的应用已开始从以人与人通信为主，跨越到人与物、物与物的通信时代。面对多种多样的新兴业务形态以及终端连接数和数据流量规模的爆炸式增长，未来移动通信系统对于无线传输链路的传输性能有着近乎无止境的需求。为了应对系统需求的巨大挑战，对无线信道资源的拓展及充分利用成为无线传输链路设计中最为核心的两大难题。而新一代移动通信系统（5G，5th Generation）的研究与标准化工作也始终在围绕着增加频谱资源和提升频谱效率这两条主线推进[1]。随着 6GHz 以下频段资源的日益紧张，IMT-2020（International Mobile Telecommunication-2020）5G 系统将把频段资源扩展至高达 100GHz 的新频段。同时，5G 系统也将通过新型的多天线传输、多址接入、编码调制、更为密集的组网方式等技术手段，有效地提升无线资源的利用效率。

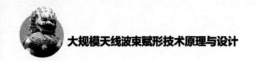

对于移动通信系统而言，信道资源一般包括频率、时间、码字等。根据具体的多址方式，系统可以将不同的用户安排在不同的频段、时隙与扩频码上，以实现无线传输过程中用户信息的区分。而实际上，只要能合理地控制信号的

辐射方向（空间）与功率，就完全可以在间隔一定距离之后，实现信道资源的重复利用。例如，移动通信系统正是采用了上述思路，逐渐从大区制演变为小区（蜂窝）制，又进一步通过分割扇区，实现了相同覆盖面积内，信道资源在多个小区/扇区之间的多次重复利用。从此意义考虑，空间也是一种非常重要的无线信道资源。在图 1-1 的例子中，三个相邻的小区或扇区使用了不同的载频。实际上，在上述区域中也可以使用完全相同的载频。

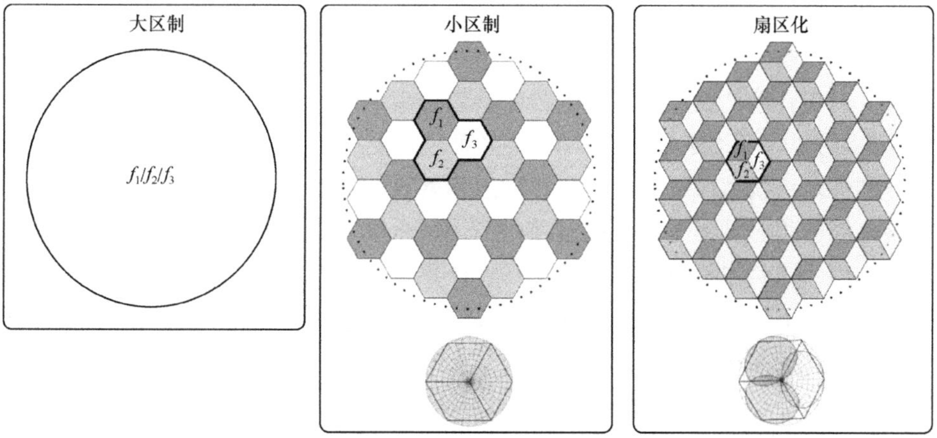

图 1-1 从大区制向小区制及扇区化的演变——信道资源在空间域的重复利用

多天线（MIMO，Multiple Input Multiple Output）技术正是将充分利用空间域信道资源的思想发挥到了极致。MIMO 是指无线链路的发射端和接收端（或者至少一端）使用了多个天线的无线传输技术。根据 MIMO 信道容量理论，使用了多天线之后，无线信道可以被分解成若干个相互没有干扰的并行数据通道。理论上，各个并行的数据通道都可以重复使用相同的时、频、码资源，从而可以在空间上实现信道资源利用效率的倍增，如图 1-2 所示。MIMO 实际上是利用随机衰落和可能存在的延迟扩展来提高传输速率或传输可靠性的。

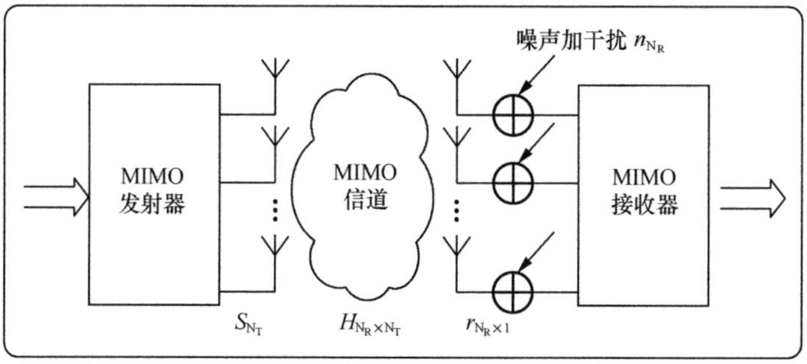

图 1-2 MIMO 系统的信号模型

多天线传输方案大致可以分为空分复用、发射分集与波束赋形等。根据具体的天线配置、信道条件与业务需求，多天线系统可以用于提高系统的频谱效率、提升用户的峰值速率、改善小区边缘覆盖或增强传输可靠性。其中，空分复用技术可以利用多个数据流的空域并行传输提高传输速率；发射分集技术可以利用空、时、频域的自由度提升传输的可靠性；波束赋形技术则可以通过空域处理将发送信号的功率集中在期望的方向，从而改善有用信号的接收质量，并尽可能地抑制干扰。以上几中典型的多天线传输方案将在 1.3 节中进行介绍。

通过自适应调制与 Turbo 编码来提高传输性能，进而提升通信容量的方法在 3G 时代就已达到接近单信道传输香农极限的水平。为了提升传输可靠性，在 3G 系统中就开始使用较为简单的空间分集技术，在 TD-SCDMA 系统中则更是开创性地将波束赋形技术引入移动通信网络。事实证明，波束赋形技术对于改善边缘覆盖、抑制干扰、提升接收信号质量以及整体网络性能起到了至关重要的作用。正是由于波束赋形技术在 TD-SCDMA 系统中的标准化以及大规模网络部署中的成功应用，利用信道互易性对多天线传输系统进行空域优化处理的思想从此便深深地植根于移动通信系统的标准化与产业化发展过程之中，对于 TDD 系统以及多天线技术的演进与发展起到了重要的基础作用。

从 4G 系统开始，多天线技术的标准化应用进入了全面发展阶段。实际上，LTE 系统的物理层架构正是建立在 MIMO+OFDM（Orthogonal Frequency Division Multiplexing）基础之上的。从 LTE 系统的第一个版本开始，就已经对包括发射分集、空分复用、多用户 MIMO 及波束赋形技术在内的几乎所有 MIMO 技术类别都进行了标准化。在 LTE 系统的后续演进中，对多天线技术的完善与增强始终是其最重要的发展路线之一。随着 4G 系统的发展，波束赋形技术的功能也逐渐得以扩展，其在整体系统中的作用也日益重要。首先，波束赋形能够支持的数据流数逐渐由单流扩展到双流，并进一步发展到最多 8 流。而且波束赋形技术的作用也逐渐从对单用户传输的优化，扩展到对多用户空分多址传输的支持，并且在多小区协作化的部署环境中，也成为一种重要的干扰抑制与协调手段。4G 系统对波束赋形功能的增强不仅仅体现在 TDD 系统中，实际上，FDD 系统的多天线方案设计也越来越偏重于小间距天线阵的应用以及对多用户波束赋形能力的支持。

随着多天线技术理论的进一步发展以及基带处理能力与射频、天线技术的进步，多天线技术的标准化发展也逐步向着进一步提升多天线维度，支持更多用户、更多并行传输数据流的方向发展。在 4G 增强系统与 5G 系统中，支持多达数十、上百乃至上千根天线的大规模天线（Massive MIMO）技术将成为进一步提升无线接入系统效能以满足用户数与业务量爆炸式发展的一项重要途径。

大规模天线(Massive MIMO)可以分为分布式和集中式两种天线部署形式。对于分布式大规模天线阵列，天线间距远大于10倍的波长，在热点地区或者室内部署环境下，通过将多个天线分布在不同地理位置，形成不同接入点，大量的接入点可以通过光纤或其他形式的回传网络汇集至基带处理节点或计算中心进行处理。利用分布式大规模天线阵列，天线间通过协作，以虚拟大规模天线系统的形式进行发送和接收，实现系统高速传输与容量提升。对于集中式大规模天线阵列，天线间采用小间距部署方式（小间距一般指天线间距为1/2波长的情况）。利用集中式Massive MIMO天线阵列天线间距小，天线间相关性强的特点，可以形成具有更高空间分辨率的高增益窄细波束，以实现更灵活的空分多址、改善接收信号质量并大幅度降低用户间的干扰，从而实现更高的系统容量和频谱利用效率[2]。由于采用了波束赋形的信号发送方式，集中式大规模天线又被称为大规模天线波束赋形技术（简称大规模天线）。同时，由于基于集中式小间距大规模天线阵列进行波束赋形的技术方案对于提升系统频带利用效率、改善覆盖、抑制干扰具有重要作用，集中式大规模天线是目前大规模天线系统设计和标准化最为关注的技术方向。

大规模天线波束赋形技术对于不同的应用频段都具有重要的作用。在6GHz以下频段，大规模天线波束赋形技术可以通过高增益窄细波束以更高的空间分辨能力实现各用户的空域区分并有效抑制干扰。而在6GHz以上频段，从设备成本、功耗及复杂度的角度考虑，一般会采用数模混合的两级赋形结构，即首先通过数字控制的模拟移相器在模拟域实现对信号空域特征的粗略匹配以克服路径损耗，进而在较低维度的数字域利用用户级和频率选择性的数字波束赋形技术精确匹配信道特性，最终实现提升传输质量及有效抑制干扰。在这种情况下，波束赋形技术对于弥补非理想传播环境以保证系统覆盖的作用将更加关键。

在本书后续章节中，我们对集中式Massive MIMO（简称Massive MIMO）和大规模天线波束赋形技术（简称大规模天线）都有使用，并特指这种基于小天线间距阵列，能够形成高分辨率、高增益窄细波束的大规模天线使用方式。

1.2 多天线及波束赋形理论基础

无线链路的传输能力是由其信道容量所决定的，其中，信道是用来描述在一个（或多个）发射机和一个（或多个）接收机之间的线性时变通信系统的冲激响应。信道容量定义为信道中能够被接收端以任意小（可忽略）的差错概率恢复的发送信息速率极限。信道容量给出了特定信道条件下，通信双方之间信息传输速率的上界。同时在香农的编码定理中指出：当信道编码的长度趋于无限时，对于任意小于信道容量的传输速率，一定存在某种编码方式能够使码块与比特错误概率任意小。换言之，对于传输速率大于信道容量的通信系统而言，无差错传输是不可能的。

假设无记忆单输入单输出（SISO，Single Input Single Output）信道的输入为随机变量 X，其分布率为 $p(x)$，输出为随机变量 Y，则信道容量 C 可以由式（1-1）表示。

$$C=\max_{p(x)}\{I(X;Y)\} \tag{1-1}$$

其中，$I(X;Y)$表示输入 X 与输出 Y 之间的互信息量。互信息量是由集合 Y 中事件出现所给出的关于集合 X 中事件出现的信息量的平均值。式（1-1）的含义是：信道容量 C 为所有可能的输入分布中，每个符号含有的平均互信息量所能达到的最大值，相应的输入分布形式称为最佳分布。X，Y 之间的互信息量由式（1-2）以熵和条件熵的形式给出。

$$I(X;Y)=H(X)-H(X|Y)=H(Y)-H(Y|X) \tag{1-2}$$

$H(X)$表示 X 的平均信息量，$H(X|Y)$ 则表示集合 X 相对集合 Y 的条件熵。式（1-2）表示互信息量 $I(X;Y)$等于输入集合 X 的平均不确定性 $H(X)$减去观察到输出 Y 后，集合 X 还保留的不确定性 $H(X|Y)$。$H(X|Y)$ 通常称为含糊度、疑义度或存疑度。给定集合 X 的条件下，含糊度越大则得到的信息量越少。同时平均互信息量还等于观察到 Y 后获得的信息量，或集合 Y 的不确定性 $H(Y)$ 减去发送 X 的条件下，由于受到干扰的影响而使观察到的 Y 存在的平均不确定性 $H(Y|X)$。$H(Y|X)$ 通常称为散布度，干扰越严重，散布度越大，得到的信息量越少。从式（1-2）中可以看出，X、Y 之间的互信息量与信道的传输特性以及输入 X 的分布有关。

在发射功率限制为 P_T 的约束条件下，信道容量由式（1-3）表示。

$$C=\max_{p(x):\mathrm{E}\{|X|^2\}\leqslant P_T}\{I(X;Y)\} \tag{1-3}$$

其中，$\mathrm{E}\{\cdot\}$ 表示均值。这时信道容量表示满足发射功率限制的条件下，在所有可能的输入分布中所能达到的最大互信息量。

加性高斯白噪声信道的信道容量由著名的香农定理给出。

$$C=\log_2(1+\rho)\ \left[\mathrm{bit/(s\cdot Hz)}\right] \tag{1-4}$$

其中，ρ 为接收信噪比。如果信道随机变化，则瞬时信噪比是一个随信道实现而变化的随机变量，因此衰落信道中的信道容量也是随机变量。接收端确知信道状态信息时的瞬态信道容量为

$$C = \log_2(1+\rho|h|^2)\ \left[\text{bit/}(\text{s}\cdot\text{Hz})\right] \tag{1-5}$$

式（1-5）中，h 为信道的复传输系数。需要说明的是，式（1-5）中的结论仅针对无记忆信道。

对于记忆信道，假设信道冲击响应的 l 阶抽头延迟线模型为

$$h(t) = \sum_{i=0}^{l-1} h_i \delta(t-i) \tag{1-6}$$

将输入信号与加性噪声的功率谱密度分别记为 $S_x(f)$ 与 $S_n(f)$，将信道的频率响应记为 $H(f)$。记忆信道中的信道容量为

$$C = \int_f \log_2\left(1+\frac{S_x(f)|H(f)|^2}{S_n(f)}\right)\mathrm{d}f\ \left[\text{bit/}(\text{s}\cdot\text{Hz})\right] \tag{1-7}$$

考虑一个使用 M 个发射天线，N 个接收天线的 MIMO 通信链路，发送信号向量与接收信号向量分别记为 $\boldsymbol{s}=[s_1,\cdots,s_M]^{\mathrm{T}}$，$\boldsymbol{r}=[r_1,\cdots,r_N]^{\mathrm{T}}$，其中 $[\cdot]^{\mathrm{T}}$ 表示矩阵的转置。假设信号带宽相对于信道相关带宽足够窄，以至于可以认为在信号所使用的频带内，信道传输特性的频率响应是平坦的，此时信号与信道冲击响应的卷积等效于信号与信道传输系数的乘积。任一发射天线发送的信号都会经过不同的传输路径被接收天线阵列的所有阵元接收到，将第 j 个发射天线至第 i 个接收天线的复信道传输系数记为 $h_{i,j}$，这样发送信号向量与接收信号向量之间由 $N\times M$ 阶复基带信道传输矩阵 $\boldsymbol{H}=(h_{i,j})\in\mathbb{C}^{N\times M}$ 建立起对应关系。将链路中的加性噪声向量记为 $\boldsymbol{n}=[n_1,\cdots,n_N]^{\mathrm{T}}$，假设其分量为独立同分布的复高斯随机变量，其均值零方差为 σ_n^2，即满足 $\boldsymbol{\Phi_n}=\mathrm{E}\{\boldsymbol{n}\cdot\boldsymbol{n}^{\mathrm{H}}\}=\sigma_n^2\boldsymbol{I}_N$，其中 $\boldsymbol{I}_N$ 表示 N 阶单位阵。由此可以将 MIMO 链路的复基带信号模型表示为

$$\boldsymbol{r}=\boldsymbol{Hs}+\boldsymbol{n} \tag{1-8}$$

为了公平地与 SISO 系统进行对比，我们将总的发射功率限定为 P_{T}，而不考虑发射天线数量。定义 $\rho \triangleq \dfrac{P_{\mathrm{T}}}{\sigma_n^2}$ 为平均每个接收天线上的信噪比。

总发射功率限制为 P_{T} 的条件下，MIMO 链路的瞬态信道容量由式（1-9）表示。

$$C = \max_{p(\boldsymbol{s}):\mathrm{tr}(\boldsymbol{\Phi_s})\leqslant P_{\mathrm{T}}}\{I(\boldsymbol{s};\boldsymbol{r})\} \tag{1-9}$$

其中，$\boldsymbol{\Phi}_{\boldsymbol{s}}=\mathrm{E}\left\{\boldsymbol{s}\cdot\boldsymbol{s}^{\mathrm{H}}\right\}$为输入信号向量的协方差矩阵，$\mathrm{tr}(\cdot)$表示矩阵的迹，即主对角线元素之和。由文献[3]可知，当发送方不能获知信道状态信息时，在M个发送天线上平均分配发射功率能够使互信息最大化，此时$\boldsymbol{s}$满足$\boldsymbol{\Phi}_{\boldsymbol{s}}=\frac{P_{\mathrm{T}}}{M}\boldsymbol{I}_M$。假设接收方确知信道传输矩阵而发送方未知信道状态信息，此时 MIMO 链路的互信息可以表示为

$$I(\boldsymbol{s};\boldsymbol{r})=H_{\mathrm{C}}(\boldsymbol{r})-H_{\mathrm{C}}(\boldsymbol{r}|\boldsymbol{s})=H_{\mathrm{C}}(\boldsymbol{r})-H_{\mathrm{C}}(\boldsymbol{Hs}+\boldsymbol{n}|\boldsymbol{s}) \tag{1-10}$$

其中，$H_{\mathrm{C}}(\cdot)$表示连续随机变量的相对熵或称微分熵。一般情况下，发送信号向量与噪声向量相互独立，因而式（1-10）可以进一步写成

$$I(\boldsymbol{s};\boldsymbol{r})=H_{\mathrm{C}}(\boldsymbol{r})-H_{\mathrm{C}}(\boldsymbol{n}|\boldsymbol{s})=H_{\mathrm{C}}(\boldsymbol{r})-H_{\mathrm{C}}(\boldsymbol{n}) \tag{1-11}$$

根据相对熵最大化理论[4]，对于给定的方差，当$\boldsymbol{r}$服从正态分布时可以使$H_{\mathrm{C}}(\boldsymbol{r})$最大化。当$\boldsymbol{r}\in\mathbb{R}^N$为实数向量，且均值为 0，协方差矩阵为$\boldsymbol{\Phi}_{\boldsymbol{r}}$时，$H_{\mathrm{C}}(\boldsymbol{r})=\frac{1}{2}\log_2\left[(2\pi\mathrm{e})^N\det(\boldsymbol{\Phi}_{\boldsymbol{r}})\right]$，其中，$\det(\cdot)$为方阵的行列式。对于复高斯向量$\boldsymbol{r}\in\mathbb{C}^N$，$H_{\mathrm{C}}(\boldsymbol{r})$的最大值[3]为$\log_2\left[\det(\pi\mathrm{e}\boldsymbol{\Phi}_{\boldsymbol{r}})\right]$，其中

$$\boldsymbol{\Phi}_{\boldsymbol{r}}=\mathrm{E}\left\{\boldsymbol{r}\cdot\boldsymbol{r}^{\mathrm{H}}\right\}=\mathrm{E}\left\{(\boldsymbol{Hs}+\boldsymbol{n})\cdot(\boldsymbol{Hs}+\boldsymbol{n})^{\mathrm{H}}\right\}=\boldsymbol{H\Phi}_{\boldsymbol{s}}\boldsymbol{H}^{\mathrm{H}}+\boldsymbol{\Phi}_{\boldsymbol{n}} \tag{1-12}$$

最大化的互信息为

$$\begin{aligned}C&=\max_{p(\boldsymbol{s}):\mathrm{tr}(\boldsymbol{\Phi}_{\boldsymbol{s}})\leqslant P_{\mathrm{T}}}\left\{I(\boldsymbol{s};\boldsymbol{r})\right\}\\&=\log_2\left\{\det\left[\pi\mathrm{e}\left(\boldsymbol{H\Phi}_{\boldsymbol{s}}\boldsymbol{H}^{\mathrm{H}}+\boldsymbol{\Phi}_{\boldsymbol{n}}\right)\right]\right\}-\log_2\left[\det(\pi\mathrm{e}\boldsymbol{\Phi}_{\boldsymbol{n}})\right]\end{aligned} \tag{1-13}$$

如果在M个发射天线上平均分配发射功率，则式（1-13）可以写成

$$\begin{aligned}C&=\log_2\left[\det\left(\boldsymbol{H\Phi}_{\boldsymbol{s}}\boldsymbol{H}^{\mathrm{H}}\boldsymbol{\Phi}_{\boldsymbol{n}}^{-1}+\boldsymbol{I}_N\right)\right]\\&=\log_2\left(\det\left(\boldsymbol{I}_N+\frac{P_{\mathrm{T}}}{M\sigma_n^2}\boldsymbol{HH}^{\mathrm{H}}\right)\right)=\log_2\left(\det\left(\boldsymbol{I}_N+\frac{\rho}{M}\boldsymbol{HH}^{\mathrm{H}}\right)\right)\end{aligned} \tag{1-14}$$

式（1-14）就是 E.Telatar[3]与 G.J.Foshini[5]推导出的 MIMO 信道容量公式。设$\boldsymbol{H}$的秩为k，则由$\boldsymbol{HH}^{\mathrm{H}}$的 Hermite 性可以得出式（1-15）

$$k=\mathrm{rank}(\boldsymbol{H})=\mathrm{rank}(\boldsymbol{HH}^{\mathrm{H}})\leqslant\min(M,N) \tag{1-15}$$

当天线数量较大的情况下，信道容量近似随k线性增长[4]

$$C\approx k\log_2(1+\rho)\quad\left[\mathrm{bit}/(\mathrm{s\cdot Hz})\right] \tag{1-16}$$

这时 MIMO 的信道容量约为 SISO 系统的k倍，因此k是决定 MIMO 信道容量的一个重要因素。

对 $\boldsymbol{H} \in \mathbb{C}^{N\times M}$ 存在 $\boldsymbol{N}$ 阶酉阵 $\boldsymbol{U}$ 与 $\boldsymbol{M}$ 阶酉阵 $\boldsymbol{V}$ 使 $\boldsymbol{U}^{\mathrm{H}}\boldsymbol{H}\boldsymbol{V}=\begin{pmatrix}\boldsymbol{\Lambda} & \boldsymbol{0}\\ \boldsymbol{0} & \boldsymbol{0}\end{pmatrix}=\boldsymbol{\Sigma}$。其中

$$\boldsymbol{\Lambda}=\begin{pmatrix}\sigma_1 & & \\ & \ddots & \\ & & \sigma_k\end{pmatrix}$$

而 $\sigma_i \in \mathbb{R}^{+}\left(i=1,\cdots,k\right)$ 为 $\boldsymbol{H}$ 的非零奇异值。由此可知 $\boldsymbol{H}=\boldsymbol{U}\boldsymbol{\Sigma}\boldsymbol{V}^{\mathrm{H}}$，将 $\boldsymbol{H}$ 的奇异值分解（SVD，Singular Value Decomposition）代入式（1-14）得到

$$C=\log_2\left[\det\left(\boldsymbol{I}_N+\frac{\rho}{M}\boldsymbol{U}\boldsymbol{\Sigma}\boldsymbol{\Sigma}^{\mathrm{H}}\boldsymbol{U}^{\mathrm{H}}\right)\right]=\log_2\left(\prod_{i=1}^{k}\tilde{\lambda}_i\right)=\sum_{i=1}^{k}\left[\log_2\left(\tilde{\lambda}_i\right)\right] \tag{1-17}$$

其中，$\tilde{\lambda}_i$ 表示 $\boldsymbol{I}_N+\frac{\rho}{M}\boldsymbol{U}\boldsymbol{\Sigma}^2\boldsymbol{U}^{\mathrm{H}}$ 的特征值，由特征值的定义可知

$$\tilde{\lambda}_i=1+\frac{\rho}{M}\sigma_i^2,\quad i=1,\cdots,k \tag{1-18}$$

因此 MIMO 系统的信道容量又可以表示为

$$C=\sum_{i=1}^{k}\left[\log_2\left(1+\frac{\rho}{M}\sigma_i^2\right)\right]\left[\mathrm{bit}/\left(\mathrm{s\cdot Hz}\right)\right] \tag{1-19}$$

将式（1-19）与式（1-5）相比较，可以看出 MIMO 的信道容量相当于若干条并行子信道的信道容量之和，而各个子信道的传输能力由 σ_i^2 所决定。k 的取值与 σ_i^2 的分布是 MIMO 信道的特有参量，而 k 值与 σ_i^2 的分布情况取决于传播环境、天线阵参数等诸多因素。在某些信道状态中，可能会出现各个子信道传输能力很不均衡的情况，这时候如果能够依照各个子信道的 σ_i^2 对功率分配进行优化（例如，通过注水算法[5-6]）或者对速率分配进行优化，就能够获得明显优于平均分配功率、速率时的互信息，但是这需要发送方确知信道状态信息。

相比于一般的物理层技术而言，多天线技术在改善频带资源利用效率以及传输的可靠性方面，有着无与伦比的优势。根据具体的信道条件、干扰和噪声情况、业务需求以及发射机侧可以获得的信道状态信息准确程度，对上述并行数据通道的利用方式大致可以包括空分复用（Spatial Multiplexing）、发射分集（Transmit Diversity）和波束赋形（Beamforming）；空分复用技术可以利用多个天线构成的并行信道传输不同的数据流，从而直接提升数据传输速率；发射分集技术则可以利用并行通道传输相同的数据或具有一定冗余度的数据，以此提升传输的可靠性，目的是抗衰落；波束赋形技术可以根据发射机侧掌握的信道状态信息，选择传输质量最好的通道，并将所有的信息和能量馈送到此通道之中，即通过将能量集中到某个特定的方向从而直接提高接收信号的

信噪比（SNR）。MIMO 系统的信号模型如图 1-3 所示。

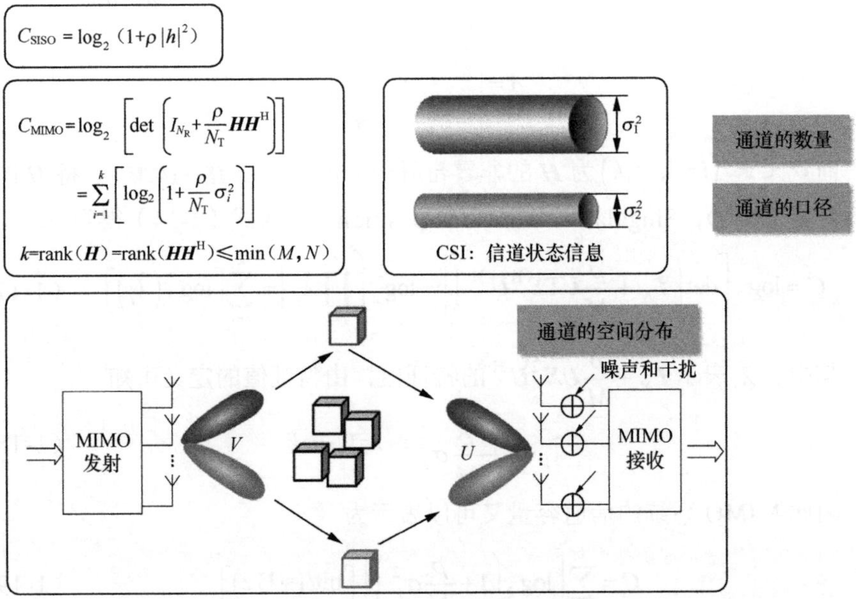

图 1-3 MIMO 系统的信号模型

其中，对信道状态信息的掌握，在很大程度上决定了所能采用的 MIMO 传输方式。具体而言，信道状态信息大致包含以下几类：并行的数据通道数量决定了 MIMO 信道所能支持的独立数据流数；每个管道的“口径”决定了每个通道所能支持的数据传输速率；此外，每个数据通道还有相应的空间分布特性，只有在发送端将每个数据流馈送到与数据通道相匹配的空间，同时接收机在相应的空间进行接收，才能真正实现对每个数据通道传输能力的充分利用。

在上述过程中，根据并行管道数量对传输流数的调整称为秩自适应；根据每个管道的“口径”分别调整数据速率的操作称为自适应调制编码；而根据每个通道的空间分布特性在发射机侧调整信号传输的空间分布特性，并在接收机侧调整信号接收的空间选择性的过程，可以分别称为预编码（或波束赋形）以及 MIMO 检测。这些步骤都是 MIMO 技术方案设计与研究的核心问题。

1.3 多天线传输技术分类

使用多天线之后，其信道可以被分解为多个并行数据通道。对这些通道利用策略的差异，是对 MIMO 方案进行分类的基本依据。MIMO 系统最直观的增益来自于多个独立数据流的空间并行传输所带来的传输速率提升，此类方案可称为速率最大化方案，当然，也可以利用并行的通道，分别服务于多个不同的用户，这就是所谓的多用户 MIMO（Multi-User MIMO）。如果对信息传输的可靠性的要求超过了对传输速率的要求，或者说可靠性是首要考虑因素时，可以用并行的管道传输同一份信息的多个样本，或者选择最好的通道发送信息。

在选择 MIMO 方案时，发送端所能掌握的信道状态信息起到非常关键的作用。所获得信道状态信息的准确性和及时性，在很大程度上决定了能够采用什么样的 MIMO 技术方案。例如，同样是为了保证传输的可靠性，如果发射机侧有准确的信道状态信息，可以通过波束赋形技术，对信号的空间分布特性进行调整，并将所有信息馈送至传输质量最好的通道；如果发射机不能获知准确的信道状态信息，则只能将具有冗余的信息通过多个通道分散传输，再在接收机侧进行集中合并以获得分集增益。MIMO 技术分类如图 1-4 所示。

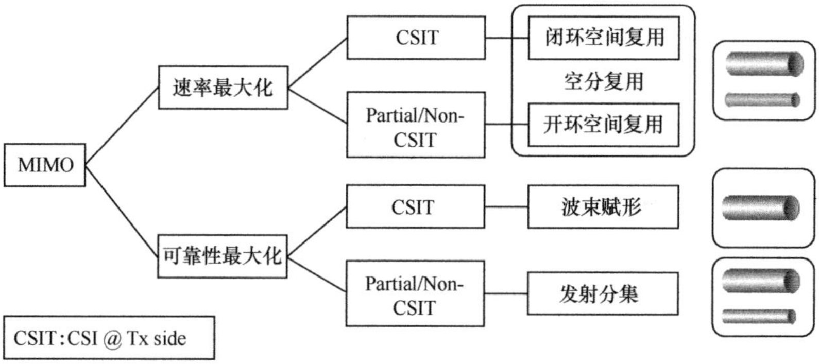

图 1-4 MIMO 技术分类

1.3.1 闭环空间复用

如果信道条件可以支持多个并行的数据通道，而且发射机侧能够获得及时准确的信道状态信息，则可以采用闭环空间复用技术。此技术也是 LTE 等移动通信系统数据传输时重点考虑的一种传输方案。现有的 LTE 规范以及 5G NR 的第一个版本已经可以支持单用户下行最多 8 层和上行最多 4 层的数据传输。

在闭环空间复用中，首先要根据信道能够支持的并行传输流数量或者说数据通道数量，确定发送的数据流数，此过程称为秩自适应；而后需要根据每个数据通道的传输能力，合理地为每个通道分配数据速率，让每个通道上传输的调制和编码方式与通道的传输能力匹配起来。要充分利用每个管道的传输能力，在保证差错概率足够低的前提下，尽可能使用更高的传输速率（需要说明的是，在实际应用的 MIMO 系统中，由于某些现实因素的限制，如考虑到反馈开销，可能无法独立调整每一个数据通道的调制编码方式）；最后，我们要根据数据通道的空间分布特性，在发端将信息馈送到特定的空间去，在收端也要用和信道匹配的方式，在特定的空间去收取信息。我们一般可以把在发射端根据信道空间特性，对发送信息进行空域预处理，将信息发送到相应的方向或空间的过程，称为预编码或波束赋形。

对于线性预编码，收发信号之间的关系可以表示为

$$\boldsymbol{r} = \boldsymbol{H}\boldsymbol{W}_{\mathrm{s}}\boldsymbol{s} + \boldsymbol{n} = \boldsymbol{U}\boldsymbol{\Sigma}\boldsymbol{V}^{\mathrm{H}}\boldsymbol{W}_{\mathrm{s}}\boldsymbol{s} + \boldsymbol{n} \tag{1-20}$$

其中，$\boldsymbol{W}_{\mathrm{S}}$ 表示发射机使用的预编码矩阵。根据文献[8]，如果发射机能及时准确地获得信道状态信息，则在如下优化准则下的最佳预编码矩阵均为 $\boldsymbol{V}$ 矩阵的前 RI（Rank Indicator）列。其中，RI 为 $\boldsymbol{H}$ 的秩。

- 最小奇异值准则：

$$\boldsymbol{W}_{\mathrm{opt}} = \underset{F \in U(N_{\mathrm{T}}, N_{\mathrm{S}})}{\arg\max}\ \sigma_{\min}\left\{\boldsymbol{H}\boldsymbol{W}\right\}$$

- 均方误差准则（以 MMSE 接收机为例）：

$$\boldsymbol{W}_{\mathrm{opt}} = \underset{F \in U(N_{\mathrm{T}}, N_{\mathrm{S}})}{\arg\min} f\left[\left(\boldsymbol{I}_{N_{\mathrm{S}}} + \frac{\rho}{N_{\mathrm{S}}}\boldsymbol{W}^{\mathrm{H}}\boldsymbol{H}^{\mathrm{H}}\boldsymbol{H}\boldsymbol{W}\right)^{-1}\right]$$

- 最大容量准则：

$$\boldsymbol{W}_{\mathrm{opt}} = \underset{F \in U(N_{\mathrm{T}}, N_{\mathrm{S}})}{\arg\max} \log_2 \det\left(\boldsymbol{I}_{N_{\mathrm{S}}} + \frac{\rho}{N_{\mathrm{S}}}\boldsymbol{W}^{\mathrm{H}}\boldsymbol{H}^{\mathrm{H}}\boldsymbol{H}\boldsymbol{W}\right)$$

- 最大似然准则：

$$\boldsymbol{W}_{\mathrm{opt}} = \underset{F \in U(N_{\mathrm{T}}, N_{\mathrm{S}})}{\arg\max} \min_{\substack{\boldsymbol{s}_i, \boldsymbol{s}_j \in \mathbb{C}^{N_{\mathrm{s}}} \\ \boldsymbol{s}_i \neq \boldsymbol{s}_j}} \left\|\boldsymbol{H} \cdot \boldsymbol{W}\left(\boldsymbol{s}_1 - \boldsymbol{s}_2\right)\right\|_2$$

在理想情况下，如果发送和接收端分别使用与信道相匹配的线性预编码和线性检测方式，则发送和接收过程可以表示为

$$\begin{aligned}\boldsymbol{W}_{\mathrm{R}}\boldsymbol{r} &= \boldsymbol{W}_{\mathrm{R}}\boldsymbol{H}\boldsymbol{W}_{\mathrm{s}}\boldsymbol{s} + \boldsymbol{W}_{\mathrm{R}}\boldsymbol{n} \\ &= \boldsymbol{W}_{\mathrm{R}}\boldsymbol{U}\boldsymbol{\Sigma}\boldsymbol{V}^{\mathrm{H}}\boldsymbol{W}_{\mathrm{s}}\boldsymbol{s} + \boldsymbol{W}_{\mathrm{R}}\boldsymbol{n} \\ &= \boldsymbol{U}^{\mathrm{H}}\boldsymbol{U}\boldsymbol{\Sigma}\boldsymbol{V}^{\mathrm{H}}\boldsymbol{V}\boldsymbol{s} + \boldsymbol{U}^{\mathrm{H}}\boldsymbol{n} \\ &= \begin{bmatrix} \sigma_1 s_1 + \tilde{n}_1 \\ \vdots \\ \sigma_{\mathrm{RI}} s_{\mathrm{RI}} + \tilde{n}_{\mathrm{RI}} \end{bmatrix}\end{aligned} \tag{1-21}$$

由于 $\boldsymbol{U}$ 矩阵的列向量模值均为 1，因此经过上述接收检测后的等效加性噪声的功率并没有被提升。由式（1-21）可以看出，在理想情况下，通过线性预编码和接收检测，每个数据通道都能达到最大的传输能力。

上述操作的关键在于信道状态信息（CSI，Channel State Information）的获取。实际上，无论是 Rank 自适应、自适应调制编码以及预编码等发送端所能够进行的优化操作，其基础均在于发送端所能获得的信道状态信息的及时性和准确程度。因此，CSI 获取以及反馈技术长期以来一直是研究与标准化工作中的一项核心问题。

CSI 的获取方式一般可以分为三类：基于信道互易性的反馈、接收端隐式反馈以及接收端显式反馈。

1. **基于信道互易性反馈**

所谓互易性又称为对称性，是指上下行信道在一定时间内传播特性基本是一样的。例如，对于 TDD（Time Division Duplex）系统，上下行信道使用相同的频点，不同方向的链路靠时隙区分。在理想情况下，在信道的相干时间内，可以认为通过上行信号测量的信道和下行信道是具有对称性的。这种互易性，一般称之为瞬时或者短期的上下行互易性。

对于 FDD（Frequency Division Duplex）系统，由于信道的上下行链路之间存在相对较大的频率差，上下行信道的传播特性，尤其是小尺度传播特性会有较大的差别。在这种情况下，一般认为短期或瞬时的信道互易性是不成立的。尽管瞬时信道不再对称，但是如果我们从长期统计的信息来看，信号的到达和离开方向基本还是对称的，尤其是在以直视径为主的环境中。从这个意义上讲，FDD 系统的信道在长期统计意义下也具有一定程度的互易性。

图 1-5 中给出了基于信道互易性反馈的处理过程示例。

需要注意的是，尽管 MIMO 信道矩阵 $\boldsymbol{H}$ 是可以通过上行信道利用互易性测量的，但是终端仍然需要反馈一个 CQI（Channel Quality Indication）。这是因为，通过互易性，基站能够估计出信道传播特征，但是由于上行和下行链路的干扰和噪声并不相同，因此基站无法利用信道互易性获知 UE（User Equipment）受干扰和噪声的影响情况。

基于互易性的反馈方式具有以下技术优势。

- 反馈开销小，因为 CSI 中最为丰富的关于信道矩阵 $\boldsymbol{H}$ 本身的信息是通过对上行信道的估计而获得的，需要反馈的参量可以只有 CQI。
- 如果上行信道估计足够准确的话，基站能够获得充分的信道信息，能够进行更为精确的预编码，从而更好地匹配信道。
- 基站侧有了小区里各个终端的、准确的信道状态信息之后，基站在调度与预编码过程中，就可以在更大范围内进行优化并计算出准确的预编码方式，来匹配每个用户的信道，达到更好的系统性能。

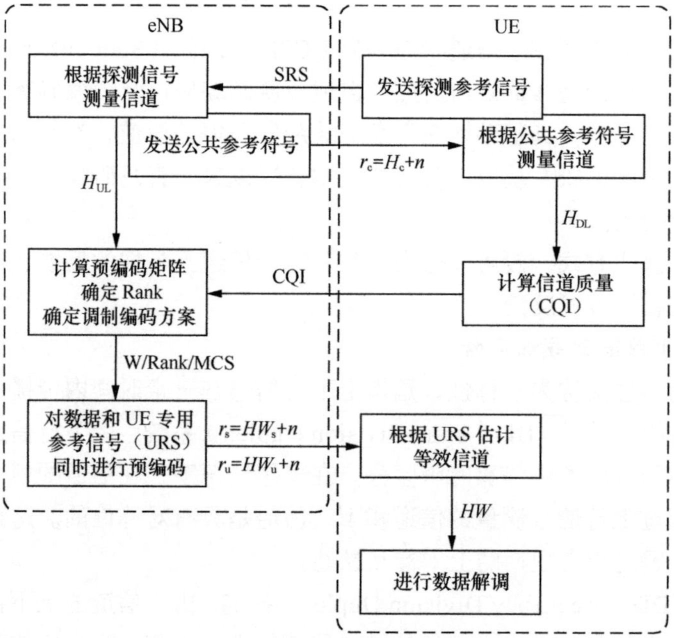

图 1-5　基于信道互易性反馈的处理过程示例

- 如果基站能够准确获知用户的信道信息，就可以更灵活地为终端选择合适的传输模式与传输参数。

但是，在实际应用中，基于互易性的反馈和传输往往会受非理想因素影响。

- 互易性必须在足够短的时间内才能得到保证，而实际上，从 SRS（Sounding Reference Signal）的发送到真正的下行数据传输，往往会有一段延迟。
- SRS 的信道估计性能会受到很多因素的限制，精度也未必能得到保证。
- 复基带等效信道的传输特性是由中频、射频收发电路、天线及传播媒介等综合因素共同决定的，为了保证收发互易性，需要在发送端进行校准（理论上接收端也需要做校准，但在实际系统中性能影响不大）。
- 出于节省成本的考虑，终端的发射通道数可能会少于接收通道数。UE 收发射频配置的不对称性会导致在上行无法获知完整的下行 MIMO 信道。这一问题虽然可以通过天线切换技术解决，但是射频切换开关会增加功率损耗和成本。
- 终端在计算 CQI 时，不知道基站会使用什么样的预编码方式。因此，在基于互易性的反馈中，UE 上报的 CQI 只能较为粗略地反映出信噪比，这个信噪比往往和实际调度时的情况并不相符。比如在 LTE 系统中，对于基于互易性的反馈方式，UE 在计算 CQI 时假设基站是按照发射分集方式传输数据的。基于这种假设计算信道质量时，无法反映出终端在接收多流数据时的真实检测算法的性能，所以链路自适应性能会受到一定影响。

2. 接收端隐式反馈

对于 FDD 系统，由于瞬时互易性的缺失，信道状态信息的获取主要依靠接收方的测量与反馈。具体而言，反馈信息可分为隐式及显式两种。

考虑到直接反馈信道矩阵的开销代价，所谓隐式反馈并不直接反馈信道矩阵本身，而是反馈终端所推荐的预编码矩阵。系统可以预先定义一个由有限个预编码矩阵所构成的集合，反馈过程中只需要上报预编码矩阵所对应的标号，或称 PMI（Pre-coding Matrix Indicator）。为了减少反馈开销，通常的码本实际上是从所有可能的预编码矩阵中选取出的一个粗略的代表集合。基于码本的隐式反馈，本质上是一个矢量量化的过程。一般衡量码本好坏的指标是，对于任意需要量化的对象，经过量化之后，其误差尽可能小。满足这样需求的码本，一般在预编码矩阵空间中具有比较“均匀”的分布，这样每个预编码矩阵都可以在码本里就近找到和自己误差较小的码字。图 1-6 中给出了基于码本的隐式反馈机制的一个示例。

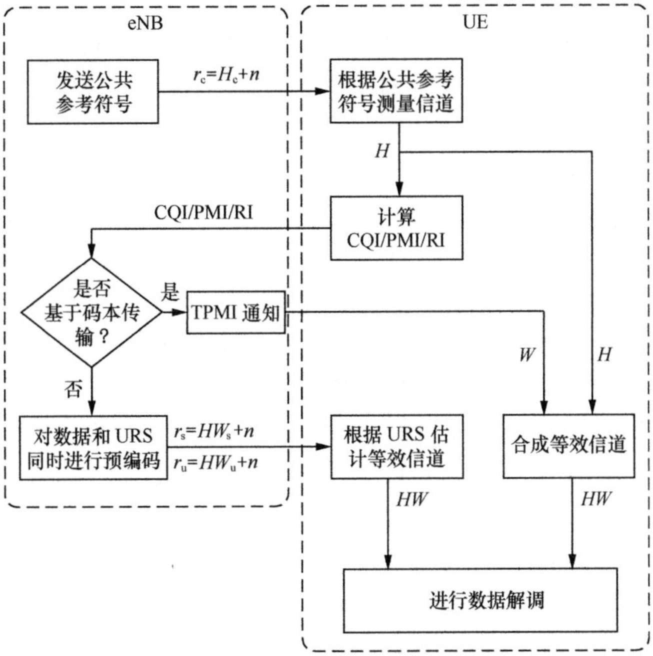

图 1-6　基于码本的隐式反馈机制示例

相对于基于互易性的反馈以及显式反馈，隐式反馈的上报信息中并没有包含信道矩阵本身，而是上报了 UE 所推荐的对自己而言更为有利的预编码矩阵所对应的标号，以及相应的 RI 和 CQI，以此作为基站进行预编码、Rank 自适应和自适应调制编码以及调度的依据。此反馈方式可以适用于 FDD 和信道互易性缺失情况下的 TDD 系统，能够以相对稳健的方式为 MIMO 预处理的优化提供所需的信道状态信息。

基于码本的隐式反馈存在的问题如下。

- CSI 的测量依赖于下行参考信号的设计，测量的空间分辨率与参考信号的开销之间存在矛盾。
- 码本是对预编码矩阵空间的量化，而量化精度与反馈开销和计算复杂度之间也存在矛盾。码本的量化精度对 SU-MIMO（Single-User Multiple-Input Multiple-Output）的影响相对较小，但是对 MU-MIMO（Multi-User Multiple-Input Multiple-Output）而言却是限制其性能增益的一个重要瓶颈。
- 在基于码本的隐式反馈中，终端只向基站推荐了对自己有利的预编码方式，但是并没有顾及该预编码方式对其他终端的影响，在 PMI 计算时也不便体现其他用户共同调度时对自身的影响，因此对 MU-MIMO 传输的性能会造成不利影响。

综合以上因素，在进行 MU-MIMO 时，基站很难判断应当在哪些资源上把哪些用户组合在一起，也很难对 MU-MIMO 调度后的性能进行估计，从而无法准确地预判应当对哪些用户使用什么样的数据速率，MU-MIMO 的性能提升有限。

3. 接收端显式反馈

所谓显式是相对于隐式反馈而言的，显式反馈中直接将 MIMO 的信道矩阵，或者是 $\boldsymbol{H}$ 的一些统计参量，比如相关矩阵或者特征向量反馈给发送端。如果基站能够及时准确地获得完整的信道信息，那么实际上这种反馈方式所能达到的效果和基于互易性的反馈应该是一样的。这些好处集中体现在预编码的精度、MU-MIMO 调度和用户间干扰的优化等方面。

但是显式反馈也有着互易性反馈类似的缺陷，因为终端上报 CSI 的时候，不知道基站会使用什么样的预编码方式，因此计算 CQI 时无法基于一个对传输方式的正确假设。在这种情况下，终端计算的 CQI 也是不准确的。

除此之外，反馈精度和性能之间的矛盾也很突出。反馈精度高则性能增益明显，但是开销会占据更多的控制信道资源；如果出于控制开销的考虑而压缩 CSI 反馈量，则其性能未必能超过隐式反馈。

正是由于以上原因，在 LTE 的初期版本中，始终没有选择显式反馈机制。

1.3.2 开环空间复用

在某些场景中，信道状态信息的准确性与及时性可能难于保证，但是 MIMO 信道仍然能支持多个数据流的并行传输。这种情况下，如果闭环预编码已经无法准确地匹配信道的变化，一般可以采用开环空间复用。所谓开环空间复用，是指预编码的计算不取决于信道状态信息的反馈。但是，并行传输的数据流数量，以及对各数据流的速率分配仍然需要根据 CSI 进行判断。

例如，LTE 的传输模式 3（TM3，Transmission Mode3）中使用的开环空间复用技术，其传输过程可以通过式（1-22）表示。

$$\begin{bmatrix} y^{(0)}(i) \\ \vdots \\ y^{(P-1)}(i) \end{bmatrix} = \boldsymbol{W}(i)\boldsymbol{D}(i)\boldsymbol{U}\begin{bmatrix} x^{(0)}(i) \\ \vdots \\ x^{(\upsilon-1)}(i) \end{bmatrix} \tag{1-22}$$

其中，$\boldsymbol{U}$ 矩阵和 $\boldsymbol{D}$ 矩阵的定义如表 1-1 所示。

表 1-1 LTE 传输模式 3 中的变换矩阵

υ 的层数	U	$D(i)$
2	$\frac{1}{\sqrt{2}}\begin{bmatrix} 1 & 1 \\ 1 & e^{-j2\pi/2} \end{bmatrix}$	$\begin{bmatrix} 1 & 0 \\ 0 & e^{-j2\pi i/2} \end{bmatrix}$
3	$\frac{1}{\sqrt{3}}\begin{bmatrix} 1 & 1 & 1 \\ 1 & e^{-j2\pi/3} & e^{-j4\pi/3} \\ 1 & e^{-j4\pi/3} & e^{-j8\pi/3} \end{bmatrix}$	$\begin{bmatrix} 1 & 0 & 0 \\ 0 & e^{-j2\pi i/3} & 0 \\ 0 & 0 & e^{-j4\pi i/3} \end{bmatrix}$
4	$\frac{1}{2}\begin{bmatrix} 1 & 1 & 1 & 1 \\ 1 & e^{-j2\pi/4} & e^{-j4\pi/4} & e^{-j6\pi/4} \\ 1 & e^{-j4\pi/4} & e^{-j8\pi/4} & e^{-j12\pi/4} \\ 1 & e^{-j6\pi/4} & e^{-j12\pi/4} & e^{-j18\pi/4} \end{bmatrix}$	$\begin{bmatrix} 1 & 0 & 0 & 0 \\ 0 & e^{-j2\pi i/4} & 0 & 0 \\ 0 & 0 & e^{-j4\pi i/4} & 0 \\ 0 & 0 & 0 & e^{-j6\pi i/4} \end{bmatrix}$

发送的多个并行数据流通过三个线性变换映射到发射天线端口上。

- 首先通过 $\boldsymbol{U}$ 矩阵实现数据流的混合，相当于一种数据流之间的空间交织，可以平衡各个数据流的传输质量。
- 然后通过 $\boldsymbol{D}$ 矩阵，在频域利用相位旋转实现 CDD（Cyclic Delay Diversity）。CDD 的工作原理将在 1.3.4 节中进行描述。
- 经过 $\boldsymbol{U}$ 矩阵和 $\boldsymbol{D}$ 矩阵的变换之后，信号向量的维度仍然与数据流的数量相同。例如，如果以前数据有两个数据流，那么经过 $\boldsymbol{U}$ 矩阵和 $\boldsymbol{D}$ 变换之后的数据还是 2×1 的向量，但是基站可能有 4 个天线。这时候，还需要用一个 $\boldsymbol{W}$ 矩阵做最后一级的预编码，把两个数据层映射到 4 个天线端口上去。

需要说明的是，这个 $\boldsymbol{W}$ 并不是根据 UE 的反馈而选择的，而是按照一个固定的顺序从码本中切换选择出来的，因此其预编码方式并不是用来匹配信道的。

TM3 的开环空间复用实际上是一种发射分集技术 CDD 和开环空间复用的结合，可以用于信噪比较高且空间相关性较低的高速移动场景。

1.3.3 波束赋形

波束赋形是一种基于天线阵列的信号预处理技术，通过调整天线阵列中每个阵元的加权系数产生具有可控指向性的波束，从而能够获得阵列处理增益。波束赋形技术在扩大覆盖范围、改善边缘吞吐量以及抑制干扰等方面都有极大的优势。波束赋形带来的空间选择性，使得波束赋形与 SDMA（Spatial Division Multiple Access）之间具有紧密的联系。实际系统中应用的波束赋形技术可能具有不同的目标，如侧重于链路质量改善（用户吞吐量提高）或者针对多用户问题（如小区吞吐量与干扰消除/避免）。

波束赋形实际上利用了波的干涉原理，例如，单个振动源在水中引起的波纹在各个方向的振幅是各相同性衰减的，但是如果增加一个振动源，则两列波之间将发生干涉现象，某些方向振幅增强，某些方向振幅减弱（振幅增强部分的能量来自于振幅减弱部分）。利用光波，同样可以观测到由于波之间的干涉而在不同方向产生的明暗条纹。

考虑两个保持一定间距的同极化方向的天线振子，由这两个阵元发出的波之间会发生干涉现象，即某些方向振幅增强，某些方向振幅减弱。出现上述现象的原因可由图 1-7 进行说明。假设观测点距离天线振子很远，可以认为两列波到达观测点的角度是相同的。此时两列波的相位差 $d \cdot \sin\theta$ 将随观测角度 θ 的变化而发生变化，在某些角度两列波同相叠加导致振幅增强，而在某些方向反相叠加导致振幅减小。

因此如果能够根据信道条件，适当地控制每个阵元的加权系数，就有可能在增强期望方向信号强度的同时，尽可能降低对非期望方向的干扰。波束赋形的作用在于，通过对每个阵元的加权系数的调整，使波束赋形后的等效信道具有可控的空间选择性。对于 TDD 系统，可以方便地利用信道的互易性，通过上行信号估计信道或 DOA（Direction of Arrival）并用其计算波束赋形向量。对于 FDD 系统，也可以通过上行信号估计 DOA 等长期统计信息并进行下行赋形。

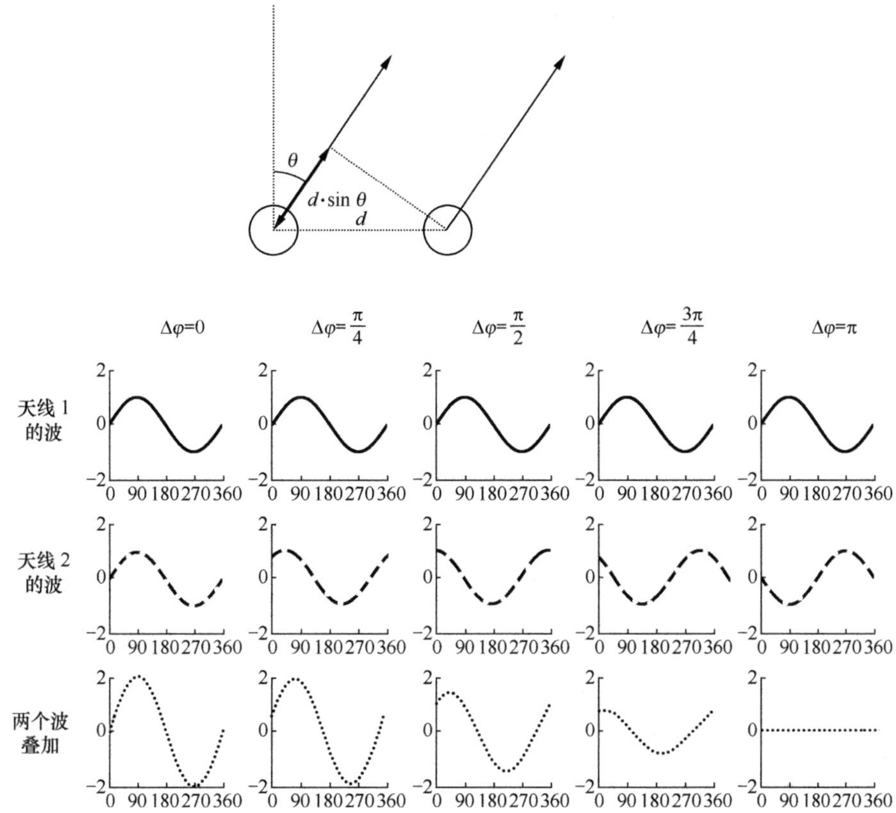

图 1-7　波束赋形的基本原理

在实际的多径传播环境中，由于信号到达接收机时要经过多次散射、反射，每次反射和散射还会引起极化的偏转。从接收机的角度考虑，每个散射、反射体也都可以被视为等效的虚拟天线阵元，而最终到达接收机的信号是多条路径的叠加。在这种情况下，可能不存在明确的波达方向，但是如果发射机能够获得充分的信道状态信息，则仍然有可能通过对加权向量的选择实现增强期望信号并抑制干扰的作用。

在波束赋形的技术中，阵元间距将对经过赋形后等效信道的选择性带来明显的影响。在图 1-7 所示的模型中，假设观测位置发生了一个较小的角度偏移 $\Delta\theta$，则相位差将变为 $\Delta\varphi = d \cdot \sin(\theta + \Delta\theta)$。阵元间距越大，相位差随角度偏转的变化就越大。或者说对于大间距天线阵，一个很小的角度偏转也能引起很大的相位差的变化，从而信号的功率随角度变化比小间距天线阵更为剧烈。如图 1-8 所示，如果两个阵元间距不同的阵列采用相同的赋形算法分别对同一角度赋形，那么在目标角度上得到的增益是相同的。不同的是，小间距天线阵的波瓣相对较宽，对于角度偏转不如大间距天线敏感，因此对信道的变化具有更高的顽健性。

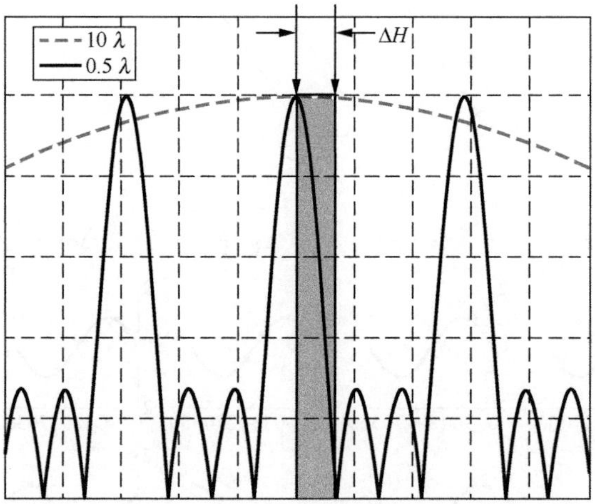

图 1-8 阵元间距对波束形态的影响

从另外一个角度考虑，由于基站侧角度扩展相对较小，小间距天线阵不易获得较高的 Rank，因此传统的波束赋形仅针对单流传输。大间距阵列天线一般能够获得相对较高的 Rank，但是在多径环境中，其预编码效果对信道变化非常敏感，因此只能适用于低速运动场景，而且预编码的频域颗粒度对其性能也会带来较明显的影响。

下行 MU-MIMO 系统中，用户间的干扰抑制主要通过基站侧准确的调度和波束赋形来实现，由于移动信道动态特性以及诸多非理想因素的存在，实际的无线通信系统中更希望利用一种较为稳健的波束形态获取稳定的多用户传输增益。

此外，从图 1-8 中可以看出，大间距天线阵的波瓣较窄，收到的有效多径功率较低，因此其输出 SINR（Signal to Interference plus Noise Ratio）的方差较低，具有更好的分集效果；而小间距天线由于波瓣较宽，接收到更多的多径分量，因而其输出 SINR 的方差较大，分集效果较差。

需要说明的是，所谓的预编码或是波束赋形，从来都没有严格的定义和界限。两者都是通过天线阵列的加权处理，产生具有特定空域分布特性的信号的过程。从此意义上讲，两者是没有实质差别的。当然，人们对预编码和波束赋形技术之间的区别与联系所产生的困惑，也是有一定的历史原因的。

• 波束赋形源自于阵列信号处理学术方向，比预编码概念的提出大概要早数十年。在经典的阵列信号处理或早期的波束赋形方案中，出于避免相位模糊的考虑，一般都采用阵子间距不超过 0.5 个波长的阵列。这些早期波束赋形方案的目标基本都是瞄准期望方向，同时对若干干扰方向形成零限（用于电子对抗或军事通信）。它们考虑的主要是 LOS（Line of Sight）或接近 LOS 的场景。在民用移动通信领域，从实现波束赋形的便利性角度考虑，TDD 系统有着较为天然的互易性优势，因此早期普遍认为波束属于一项 TDD 专属技术。尤其是 TD-SCDMA（Time Division Synchronous Code Division Multiple Access）中率先大范围使用了波束赋形，更是留下了波束赋形即 TDD 技术的口实。

- 在多天线系统中，“预编码”是十几年前 MIMO 兴起之后的概念，实质上也不是新鲜事物。由于在低相关、高空间自由度场景中，MIMO 信道容量的优势才能得以体现，因此针对 MIMO 中的预编码的研究（尤其是早期）更多地偏重于大间距天线以及 NLOS（Non-LOS）的情况。当然，这也是由于小间距天线阵在 LOS 场景中的应用在阵列信号处理领域已经进行过较为充分的研究（此点也从侧面印证了预编码和波束赋形之间的联系）。从实现的角度出发，最优化的预编码需要发送端确知 CSI，这对于 TDD 系统较为便利，但是对于 FDD 系统则成了重要障碍。因此，对 TDD 的预编码，相对而言的研究点较少（互易性非理想、校准等），尤其是基于互易性假设的空域预处理在波束赋形这个阶段已经有很多成形的研究。但是对 FDD 的预编码，无论从技术实现还是标准化，都有很多值得挖掘的问题。因此，针对 MIMO 中的预编码的研究初期，基于有限反馈（码本）的预编码技术很快就成了关注的焦点，而 LTE 中对 MIMO 技术的标准化浪潮更是进一步推动了该技术的发展。

在这种情况下，早期 LTE 标准化领域中逐渐形成了一种非正式的惯例。

- 预编码就是基于公共参考信号的（LTE Rel-8 中，基于公共参考信号的传输方案主要是针对 FDD 设计的，当然 TDD 也可以使用）。
- 基于专用参考信号的传输则称为波束赋形（LTE Rel-8 中，这种传输方式主要是为 TDD 设计的）。

但是这种非正式的划分随着 LTE MIMO 技术标准化的演进，已经趋于消失。LTE Rel-9 正是此变化的转折点，因为从 TM8 开始（直至后续的所有 TM），无论 FDD 还是 TDD 都采用基于专用参考信号的传输方式。尽管 TM8 还被习惯性地称为双流波束赋形，但是从 TM9 开始，一般不会再去强调基于专用参考信号的传输到底是波束赋形还是预编码。

从标准化和实践两方面考虑，无论用于 TDD/FDD、大间距/小间距阵列、基于码本/互易性反馈，在 LTE 后续版本及 NR MIMO 中普遍采用的基于专用参考信号进行传输的框架中，波束赋形和预编码的差异或许仅仅体现在算法的称谓上。

1.3.4 发射分集

如果由于高速移动等原因，发送端无法及时准确地获取信道的状态信息，或者对于某些数据或控制信息而言，对其传输可靠性的要求超过了对传输速率和容量的需求，这时可以利用并行的数据通道分别传送具有一定冗余度的信息。然后在接收检测的过程中，接收机将经过相对独立的数据通道收到的多个冗余样本合并起来，就可以改善传输的可靠性。

Almouti 所提出的空时块码（STBC，Spatial-Time Block Code）[9]是一种典型的发射分集技术。在理想情况下，该技术可以通过空间和时间二维的简单编码获得正交的等效信道，从而能够获得满分集增益。如图 1-9 所示，对于具有两个天线的发射机，在第一个发送时刻通过两个天线分别发送 s_1 和 s_2 的原始版本，在第二个发射时刻分别发送 $-s_2$ 的共轭以及 s_1 的共轭。

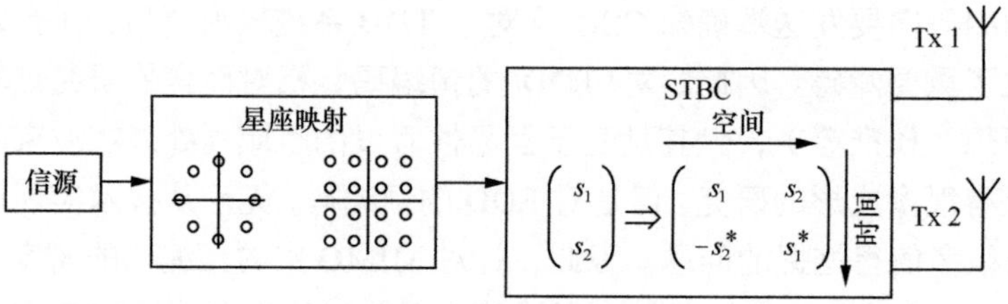

图 1-9 STBC 发射机原理

假设接收机使用单根天线。如果信道在两次传输时保持不变，则等效信道具有正交性，这时可以在接收端通过简单的线性加权得到如下形式的检测后信号向量。

$$\tilde{\boldsymbol{r}} = \boldsymbol{H}^{\mathrm{H}}\boldsymbol{r} = \begin{pmatrix} |h_1|^2 + |h_2|^2 & \\ & |h_1|^2 + |h_2|^2 \end{pmatrix}\boldsymbol{s} + \boldsymbol{H}^{\mathrm{H}}\boldsymbol{n} \tag{1-23}$$

式（1-23）中若两个发送天线到接收天线的传播系数 h_1 和 h_2 不相关（或相关性较低），则 $|h_1|^2 + |h_2|^2$ 同时处于深度衰落的可能性将会降低，从而改善了接收信号质量的稳定性。在实际的应用环境中，由于相邻符号间的信道特性会发生变化，很难获得严格正交的等效信道。因此接收机也不能简单地利用等效信道的共轭转置 $\boldsymbol{H}^{\mathrm{H}}$ 进行检测，此时也需要使用 ZF（Zero Forcing）或 MMSE（Minimum Mean Squared Error）等接收检测算法。

与 STBC 类似，也可以利用两个发射天线和两个相邻的子载波构建 Almouti 码组，这种结构称为空频块码（SFBC，Spatial Frequency Block Code）。

除了 STBC/SFBC 利用正交设计获取分集增益的方法之外，另外一类发射分集技术则需要利用多天线增加等效信道的时间或频率选择性，然后利用信道编码形成发送信息的多个冗余样本，并分别通过相对独立的时间或频率发送各个样本。在接收端，再通过信道译码将多个样本进行合并，从而获得分集的效果。此类发射分集技术的典型方案包括 CDD 以及 TSTD/FSTD（Time Switched Transmit Diversity/ Frequency Switched Transmit Diversity）。

CDD 的实现原理如图 1-10 所示。在发射端，通过信道编码加入冗余；通过交织保证相邻的信息被分散到相关性较低的频域位置；通过调制器将编码比特映射到调制符号；通过 IFFT（Inverse Fast Fourier Transform）变换到时域，形成 OFDM 信号；然后在不同的发射天线上使用不同的时延量对时域信号进行循环位移，形成发送信号向量。

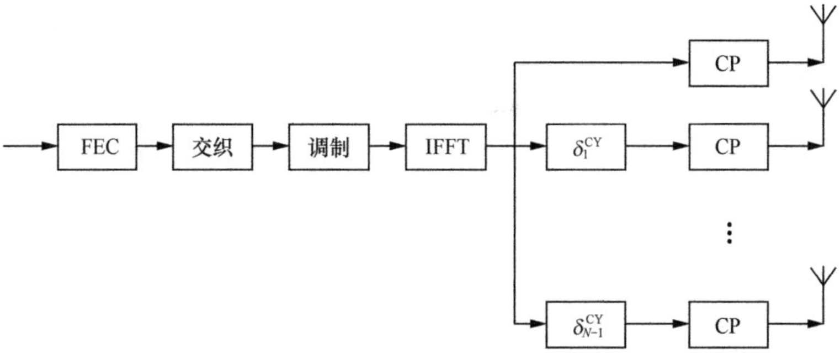

图 1-10　CDD 发射机原理（时域实现方式）

接收天线上收到的多个时延分量相互叠加，得到式（1-24）所示的信号。

$$s(l)=\frac{1}{\sqrt{N_F}}\sum_{k=0}^{N_F-1}S(k)e^{j\frac{2\pi}{N_F}kl} \tag{1-24}$$

由于发送信号在多个天线上使用了不同的循环位移，接收信号经历的等效信道呈现出一种人为制造的多径效果。这种“多径效应”增加了等效信道的频率选择性。因此，同一份信息经过信道编码加入冗余并经过交织分散之后形成的多个冗余样本会通过相对独立的子载波到达接收机。接收机对信息进行译码的过程，等效于将经过相对独立数据通道传输的同一信息的多个样本进行了合并。这样，信息传输的可靠性就可以得到改善。

信号的循环时延在频域等效于相位偏转，因此也可以在频域的各个子载波上，通过不同天线通道上的不同相位偏转实现 CDD 的效果。在不同天线阵子上的使用加权的方式传送一个数据流的形式可以等效为一种波束赋形，因此 CDD 的频域实现方式也可以理解为一种盲（或随机）波束赋形。其效果在于通过不同频域位置上的随机波束赋形，增加等效信道的频率选择性。相对于时域实现方式，CDD 的频域实现能够更灵活地实现多个用户在不同的频域位置采用不同的 MIMO 传输方式。

与 CDD 相类似，TSTD/FSTD 技术也是利用多天线增加等效信道的选择性，再结合信道编码/译码来获得分集效果的。图 1-11 中给出了 TSTD 的发射机原理。经过信道编码与调制的信息按照预先设定的时序轮流通过多个发射天线进行发射。如果各天线经历的信道相对独立，则同一编码块的信息在不同时刻发送时会经历相对独立的衰落。这样接收译码时，通过对不相关的传输通道获取的多个信息样本的合并就能够获得分集增益。FSTD 则是由多个天线分别在不同的频域资源发送信息，以此增加等效信道的频率选择性，并结合信道编译码获取分集效果。

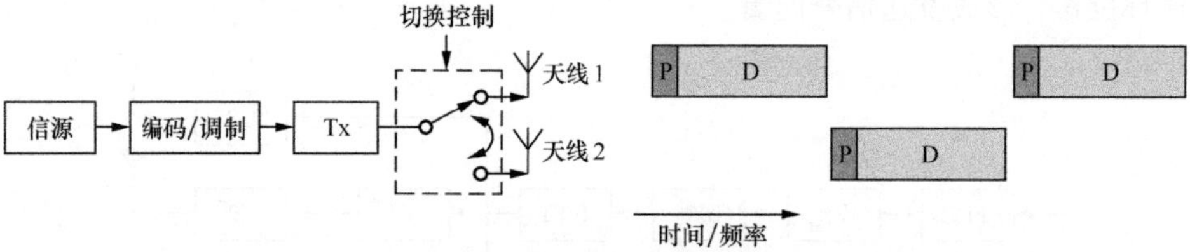

图 1-11　TSTD 发射机原理

除了分集效果之外，上行天线切换也是利用互易性获取完整信道状态信息的一种方法。如终端出于节约成本和节电的考虑，可能配置的发送射频通道数量少于接收通道数量。在这种情况下，通过天线切换发送的方式，让各天线在不同时刻发送参考信号，就可以使基站获得完整的信道矩阵。

对于 CDD 和 TSTD/FSTD 这类方案而言，都是通过多天线增加等效信道的时间或频率选择性，其分集效果在很大程度上还要取决于信道编译码。通过多天线增加信道选择性的分集方案如图 1-12 所示。

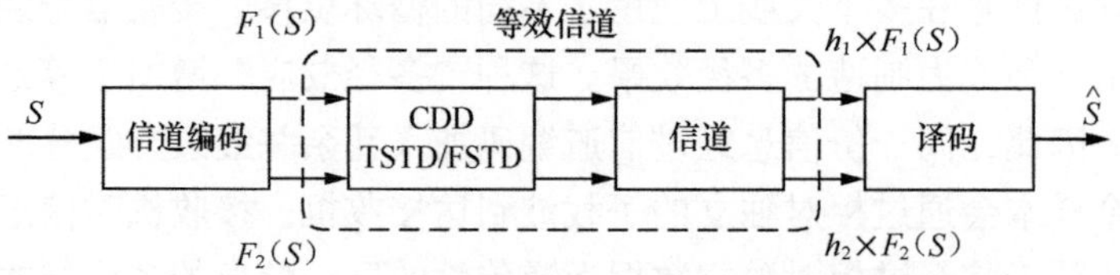

图 1-12　通过多天线增加信道选择性的分集方案

在实际应用中，上述发射分集技术可以结合使用。如在 LTE 系统中，对于两天线的情况使用了 SFBC 技术，4 天线时则使用了 SFBC+FSTD 的方案。对于传输模式 3，还将 CDD 和空间复用技术进行了结合，以提高开环空间复用传输的可靠性。

1.3.5 多天线传输方案的选择

前面我们介绍了 MIMO 技术的基本原理和几种典型的多天线方案：空间复用技术利用 MIMO 信道的多个数据通道，传输并行的数据流，从而提升传输速率，获得所谓的空间复用增益（高信噪比区域吞吐量性能的成倍提升）；发射分集技术利用并行的数据通道，传输具有冗余度的多份信息，以提升传输的可靠性（差错概率曲线斜率增加）；波束赋形技术则能够选择最好的数据通道，有效地提升接收信干噪比（差错概率曲线的左向平移）。

由上述各节的讨论可以看出，CSI 的获取能力对于 MIMO 技术方案的选择有着至关重要的影响。例如，同样是为了保证传输的可靠性，发射分集技术将同一信息的多个冗余样本通过不同的数据通道进行发送，而单流传输的波束赋形技术则是将全部的发射功率和信息馈送到最理想的数据通道之中。其中的一个重要差别便是，发射机一侧能否获得及时准确的信道状态信息。

以两发两收的 MIMO 系统为例，如果发射机不能获知空间信道信息，在使用 STBC 之后得到的 SINR 如式（1-25）所示。其中λ_1与λ_2分别为信道矩阵最大和最小奇异值的平方，并分别对应于 MIMO 信道的两个等效数据通道的传输能力。由于发射机不能获知 CSI，此时只能盲目地将信息和相应的发射功率均分到两个通道传输。

$$\begin{aligned}\mathrm{SINR}_{\mathrm{STBC}}&=\frac{P_{\mathrm{T}}}{2\sigma_n^2}\left(|h_{11}|^2+|h_{12}|^2+|h_{21}|^2+|h_{22}|^2\right)\\&=\frac{P_{\mathrm{T}}}{2\sigma_n^2}\mathrm{trace}(\boldsymbol{H})=\frac{P_{\mathrm{T}}}{2\sigma_n^2}(\lambda_1+\lambda_2)\end{aligned}\tag{1-25}$$

如果发射机能够获得及时准确的信道状态信息，则经过单流波束赋形之后的 SINR 如式（1-26）所示。由于发射机可以获得准确的 CSI，可以将全部资源集中在传输质量最好的数据通道上，从而获得更大的 SINR 增益。

$$\mathrm{SINR}_{\mathrm{SLBF}}=\frac{P_{\mathrm{T}}}{\sigma_n^2}\lambda_1\geqslant\frac{P_{\mathrm{T}}}{2\sigma_n^2}(\lambda_1+\lambda_2)\tag{1-26}$$

除了 CSI 获取能力的因素之外，实际上每种 MIMO 方案都有其适用条件。下面我们讨论一下，什么时候需要使用发射分集或者单流赋形这样的可靠性最大化方案，而什么时候可以去追求传输速率的最大化。

1．可靠性与传输速率之间的选择

信噪比是影响我们判决的一个重要因素。

- 低信噪比区域

由 MIMO 的信道容量公式可以看出，在总发射功率一定的前提下，随着并行数据通道数量的增加，每个数据通道的可用功率降低。因此在低信噪比区域，如果一味地追求速率的提升而使用空间复用技术，用多个数据通道传输并行的数据，由于流间的功率分配以及流间干扰的加剧，加上低信噪比区域信道估计误差的加大，最终的总传输速率可能还不如单流传输。

实际上，低信噪比区域一般对应于移动通信系统小区边缘等信道条件较不理想的场景。这种情况下应当优先保障传输的可靠性，而不是传输速率。反过来讲，在链路可靠性得以改善的前提下，系统可以在一定程度上通过调高 MCS（Modulation & Coding Scheme）等级来弥补单流传输的速率。因此，低信噪比区域更适合使用发射分集或单流波束赋形等可靠性最大化的传输方案。

- 高信噪比区域

随着信噪比的提升，发射分集或单流波束赋形技术通过提升 MCS 所能够带来的改善将越来越有限，而单流传输的吞吐量也将逐渐趋于饱和。从此意义上而言，信噪比的增加对于提高系统性能的意义是不明显的。

对于多流传输而言，在信噪比足够高的条件下，多个数据流之间的功率分配不足以影响每个数据流的传输可靠性，而将富余的功率分配给更多的并行数据流却可以带来吞吐量的直接提升。在这种情况下，速率最大化方案的优势才能够得以体现。

2. **传输流数的选择**

决定多天线系统能够支持的并行数据通道数量的因素包含 Rank 与 SINR，同时也需要考虑具体的业务需求。信道的 Rank 取决于天线数量、天线形态、散射体分布、应用场景等诸多因素。除此之外，由前面的讨论可以看出，SINR 的分布范围对单流或是多流传输方案的选择有着至关重要的影响。

以图 1-13 为例，在低信噪比区域，多流传输并不能带来吞吐量的提升。在这种情况下，更适合采用稳健的单流传输方案。然而，随着信噪比的提升，单流传输的吞吐量逐渐达到饱和。此时，信噪比的改善无法带来吞吐量的进一步提升，而多流并行传输对吞吐量的倍增效应在高信噪比区域得以显现。随着信噪比的提高，多流传输能够带来吞吐量的成倍提升。

3. **SU-MIMO 与 MU-MIMO 之间的选择**

根据前面的讨论可以看出，SU-MIMO 适用于低相关性且信噪比较高的场景。但是对于 MU-MIMO，为了发挥其性能优势，需要更加严苛的适用条件。

- 较高的 SINR：如前所述，只有在中高信噪比区域才能发挥出多个数据流并行传输的优势，此条件同样适用于 MU-MIMO。

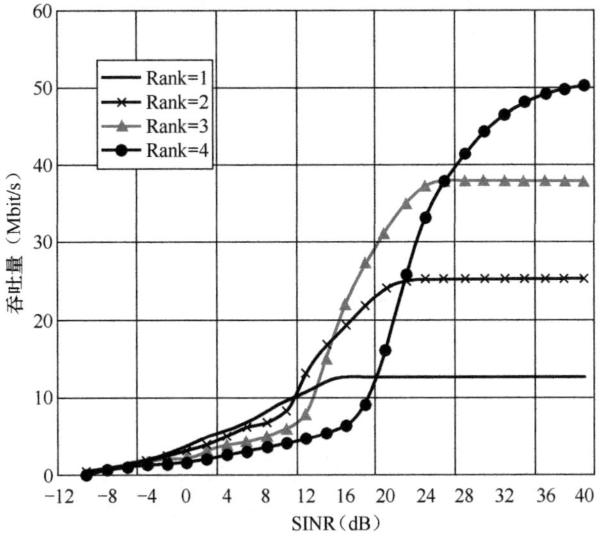

图 1-13　多天线传输的吞吐量对比

• 足够多的用户数量：从多用户调度增益的角度考虑，只有潜在被调度的用户数量足够多，才有可能从中选择出适当的用户集合，使其组合进行 MU-MIMO 传输时的系统吞吐量远远超过单用户传输的性能。这也是为什么 LTE 从 Rel-9/10 开始才将 MU-MIMO 作为研究和标准化的重点。系统部署初期以保证覆盖为主要目标，用户数量也相对较少。但是当覆盖问题基本解决之后，随着用户数量的稳步攀升，系统负荷的逐渐加重以及频带的资源日益紧张，MU-MIMO 对于提升系统频谱效率的重要作用便逐渐显现出来。

• 高精度 CSI：在下行 MU-MIMO 传输过程中，各个用户很难获知是否存在与之共同调度的用户，也很难估计共同调度用户的信道信息，因此无法在终端侧有效地抑制多用户之间的干扰。这时需要基站侧能够准确地利用适当的资源，选择适当的用户进行调度，并使用准确的波束赋形或预编码，在发射机一侧有效地消除用户之间的干扰。而上述所有操作的基础，都在于基站一侧获取的 CSI 的准确性与及时性。因此，从标准化的角度出发，对 MU-MIMO 功能的增强主要体现在对 CSI 反馈精度的保证上。

• 相比之下，SU-MIMO 对基站侧 CSI 的精度要求或者说预编码的准确性要求相对就比较低。这是因为，单用户传输时，只需要解决用户本身的多个数据流之间的干扰。即使基站侧不能很好地通过预编码抑制层间的干扰，终端侧也可以基于完整的 MIMO 信道，利用自己的接收检测算法抑制数据流之间的干扰。

• 高相关性：具体来讲，MU-MIMO 适用于时间、空间相关性较高的场景。

- 时间相关性较高，意味着信道的变化相对缓慢，这样的 CSI 反馈、调度和预编码能够跟上信道的变化。
- 一般而言，天线间距比较小且处于散射体比较少或以 LOS 径为主导的场景中时，信道的相关性比较高。如图 1-8 所示，当使用小间距天线阵，相关性比较高的时候，波束具有非常明确的指向性，存在清晰的主瓣，这样我们就可以较为清晰地在空域上分辨多个用户。
- 当天线间距较大，相关性比较低的时候，匹配两个用户的信道时形成的波束会存在比较明显的栅瓣。当然在这种情况下，如果说条件都很理想，两个存在大量栅瓣且相互交错的波束也可以做到干扰很小或者是正交。但是在实际的传输过程中，存在诸多非理想因素。如果把传输过程中很多非理想因素，比如 CSI 的估计误差、反馈时延等都归结为一个小小的扰动$\Delta\boldsymbol{H}$。在高相关和低相关场景下，其波束对这种扰动的反应是截然不同的。对于低相关的情况，理想条件下窄波束的顶点和高相关宽波束重合，但是一旦出现非理想的扰动，低相关场景下的赋形增益可能会出现明显的下降，同时用户之间的干扰水平也会发生剧烈的波动。由于接收机侧进行用户间干扰抑制较为困难，这种不可预见的干扰波动将对 MU-MIMO 的性能产生严重的影响。所以，MU-MIMO 更希望各个用户有着比较明确的、可以区分的到达方向，这样可以用波束稳定地隔离用户之间的干扰，以保证 MU-MIMO 传输的性能增益。

1.4　多天线及波束赋形技术的应用与发展趋势

由于多天线技术在提升峰值速率、系统频谱利用效率与传输可靠性等方面具有巨大优势，该技术目前已被广泛地应用于几乎所有主流的无线接入系统中。对于构建在 OFDM+MIMO 构架之上的 LTE 系统而言，MIMO 作为其标志性技术之一，在 LTE 的几乎所有发展阶段都是其最核心技术。MIMO 技术对于提高数据传输的峰值速率与可靠性、扩展覆盖、抑制干扰、增加系统容量、提升系统吞吐量都发挥着重要作用。MIMO 技术的性能增益来自于多天线信道的空间自由度，因此扩展 MIMO 维度一直是该技术标准化和产业化发展的一个重要方向。随着数据传输业务与用户数量的激增，未来移动通信系统将面临更大的技术挑战。在此技术发展背景之下，大规模天线波束赋形理论应运而生。

2010 年 Bell 实验室的 Marzetta 教授提出可在基站使用大规模天线阵列构

成大规模 MIMO（Massive MIMO）系统以大幅度提高系统的容量[10]，由此开创了 Massive MIMO 技术理论。Massive MIMO 是指采用大规模天线阵列的 MIMO 技术，其设计思路类似于扩频通信。在扩频通信技术中，发射机利用伪随机序列使信号趋于白化，使信号可以以极低的 SINR 隐没于噪声和干扰之中，而又能被接收机检测出来。而 Massive MIMO 则利用大规模阵列使信号的空间分布趋于白化，随着基站天线数量的增加，各用户的信道系数向量之间逐渐趋于正交，高斯噪声以及互不相关的小区间干扰趋于可以忽略的水平，因此系统内可以容纳的用户数量剧增，而给每个用户分配的功率可以任意小。研究结果表明[10]，若基站配置 400 根天线，在 20MHz 带宽的同频复用 TDD 系统中，每小区用 MU-MIMO 方式服务 42 个用户时，即使小区间无协作，且接收/发送只采用简单的 MRC/MRT（Maximum Ratio Combining/Maximum Ratio Transmission）时，每个小区的平均容量也可高达 1800Mbit/s。从波束形态的角度也可以解释 Massive MIMO 获得巨大增益的原因：随着阵列规模趋于无限大，基站侧形成的波束将变得非常窄细，将具有极高的方向选择性及赋形增益。这种情况下，多个 UE 之间的多用户干扰将趋于无限小。

Massive MIMO 技术被提出后，立刻成为学术界与产业界的一大热点。2010 至 2013 年间，Bell 实验室、瑞典的 Lund 大学、Linkoping 大学、美国的 Rice 大学等引领着国际学术界对 Massive MIMO 信道容量、传输、检测与 CSI 获取等基本理论与技术问题进行了广泛的探索。在理论研究基础之上，学术界还积极开展了针对 Massive MIMO 技术的原理验证工作。Lund 大学于 2011 年公开了其基于大规模天线信道实测数据的分析结果[10]，该试验系统的基站采用 128 根天线的二维阵列，由 4 行 16 个双极化圆形微带天线构成，用户采用单天线。信道的实测结果表明，当总天线数超过用户数的 10 倍后，即使采用 ZF 或 MMSE 线性预编码，也可达到最优的 DPC（Dirty Paper Coding）容量的 98%。该结果证实了当天线数达到一定数目时，多用户信道具有正交性，进而能够保证在采用线性预编码时仍可逼近最优 DPC 容量，由此验证了 Massive MIMO 的可实现性。2012 年 Rice 大学、Bell 实验室与 Yale 大学联合构建了基于 64 天线阵子的原理验证平台（Argos）[12]，能够支持 15 个单天线终端进行 MU-MIMO。根据对经过波束赋形之后的接收信号、多用户干扰与噪声的实测数据，该系统的和容量可以达到 85bit/(s · Hz)，而且在总功率为 1/64 的情况下也可以达到 SISO 系统频谱效率的 6.7 倍。

中国通信企业和高校在多天线的应用方面处于业界领先地位。1998 年，大唐电信集团代表中国提出的 TD-SCDMA 3G 国际标准开始首次在全球将智能天线波束赋形技术引入蜂窝移动通信系统，并且大唐电信集团等中国企业在 2006

年开始在 TD-LTE 4G 标准中将其拓展到 8 天线多流波束赋形技术，实现了波束赋形与空间复用的深度融合。该技术在国际上领先，性能得到业界认可，且已经在全球商用。目前大部分商用 FDD LTE 仍采用两天线（部分采用 4 天线）。在多天线技术方面，FDD LTE 落后于 TD-LTE。可见，TD-LTE 的多天线多流波束赋形技术成果为我国企业在 5G 大规模多天线及波束赋形的技术研究、标准与产业上取得了先机。

在 5G 移动通信的研发过程中，中国对于大规模天线波束赋形技术的研究和推进工作也非常重视，陆续设立了多项“863”和“国家科技重大专项课题”支持相关研发工作。2013 年成立的 IMT-2020 推进组中，专门设立了大规模天线技术专题组，负责组织企业和高等院校及科研院所进行大规模天线关键技术研究、系统方案设计和推进工作。在上述研究工作基础之上，工信部制定了我国 5G 技术研发与试验工作总体计划，进一步将大规模天线技术等 IMT-2020 系统的核心技术推向实用化发展道路。根据此总体规划，5G 试验分技术研发试验和产品研发试验两大阶段。

第一步主要由中国信息通信研究院主导，运营企业、设备企业及科研机构共同参与，在 2015—2018 年期间会分三个子阶段开展工作：第一阶段已在 2016 年 9 月基本完成，主要针对 5G 的重点技术，包括大规模天线、新型多址、新型多载波、高频段通信等 7 项无线关键技术及 4 项网络关键技术进行了单点的样机性能和功能验证；第二阶段是 2016 年 6 月至 2017 年 9 月，融合了多种关键技术，开展单基站性能测试；第三阶段是 2017 年 6 月至 2018 年 12 月，是对 5G 系统的组网技术性能进行测试，并且对 5G 典型业务进行演示。

产品研发试验阶段安排在 2018—2020 年间，在技术研发试验的基础之上，针对产业化需求，进行针对产品研发的试验验证和外场试验。此阶段将会由运营商来主导，最终将为 5G 系统的商用奠定基础。

在上述计划中，大规模天线始终是各大企业的研发与测试验证的重要技术方向。例如，大唐电信集团在第一阶段测试中采用的 5G 基站验证平台支持业界规模最大的 256 天线有源天线阵列，在 3.5GHz 频段的 100MHz 带宽上，可以支持 20 个数据流的并行传输，频谱效率达到 4G（4th Generation）LTE 系统的 7～8 倍。

1.5 天线阵列结构对 MIMO 技术发展的影响

天线子系统的设计方案对移动通信系统的构架、设备的尺寸以及网络部署都会带来影响。对于 MIMO 技术而言，更要依赖于天线阵列所带来的空间自由度，才能展现其性能优势。受限于传统的基站天线构架，原有的 MIMO 传输方案一般只能在水平面实现对信号空间分布特性的控制，还没有充分利用 3D 信道中垂直维度的自由度，没有更深层地挖掘出 MIMO 技术对于改善移动通信系统整体效率与性能及最终用户体验的潜能。随着天线设计构架的演进，有源天线系统（AAS，Active Antenna System）技术的实用化发展已经对移动通信系统的底层设计及网络结构设计思路带来巨大影响，将推动 MIMO 技术由传统的针对 2D 空间的优化设计向着更高维度的空间扩展。

基站对信号空间分布特性的调整是通过波束赋形或预编码的手段实现的，其调整过程大致可分为两个层面：第一个层面是对公共信道与公共物理信号的扇区级调整，即根据网络优化目标调整扇区的覆盖参数，如扇区宽度、指向、下倾角等。此层面的操作又可称为扇区级赋形，其赋形方式并不针对某个 UE 的小尺度信道进行优化，而且扇区赋形的调整是一个相对静态的过程。第二个层面的调整是针对每个 UE 所进行的 UE 级的动态赋形或预编码，其目的在于使针对每个 UE 的传输与其信道特性相匹配。

对信号空间分布特性的调整能力与基站天线阵列结构密切相关。一般情况下，LTE 物理层规范中定义的所谓天线端口（参考信号端口）的数量是小于等于物理天线端口数的，因此实际上在虚拟天线端口和真实的物理天线端口之间还存在着一个规范中没有定义的透明映射模块。尽管此模块的存在不需要协议规范定义，但是在实现过程中，公共信道/信号的扇区赋形及基于专用导频的 UE 级赋型则与基站天线阵列结构有着密切关系。

在三维坐标系中，信号功率的空间分布可分解到水平面和垂直面两个二维空间。在现有的基站天线结构中，由于物理天线端口对应于一个水平方向上排列的线性阵列，调整各物理天线端口的幅度及物理天线端口间的相对相位等效于控制信号在水平维度的分布。因此无论对扇区赋形还是 UE 级动态赋形而言，都可以通过天线映射模块在基带实现相关操作。但是对于每个天线端口内部所对应的一列阵子而言，由于没有相应的物理天线端口与之一一对应，因此无法在基带直接调整每个阵子的加权系数。因而在一定程度上限制了信号功率在垂直维度分布调整的灵活度。

对于扇区赋形而言，尚可以通过对每个阵子所连接的射频电缆的时延和衰减的调节，在射频实现对下倾角的控制，或者，通过机械方式调整基站天线面板的俯仰角。但是对于每个 UE 的业务传输而言，在垂直维度就无法实现针对小尺度信道的动态优化了。按照目前的被动式基站天线结构，MIMO 传输方案只能在水平维度实现对传输过程的优化，还不能完全匹配实际的三维信道，因此没有能够充分利用信号在垂直维度的自由度。此外，小区分裂或进一步的扇区分裂也是扩展系统容量的重要手段，但是受限于传统的基站天线结构，在不增加天线与射频设备的前提下无法实现垂直维度扇区化（通过下倾角划分扇区）。对于具有不同垂直角度的区域，如高层建筑的不同高度范围，往往需要多面天线来分别覆盖。

针对现有基站天线结构在垂直维度赋形能力的缺陷，一种自然的想法便是增加垂直维度的物理天线端口，在基带实现对每个阵子的独立控制。然而，在现有的被动天线结构基础之上，面临的难题不在于技术原理而在于工程实现。按照被动天线结构，射频电路与物理天线端口之间通过射频电缆相连接，物理天线端口的数量决定了射频电缆的数量。在只提供水平维度物理天线端口的情况下，射频线缆的数量已经相当可观。为了减少射频线缆带来的损耗以及射频电缆安装施工、维护的工作量，降低线缆自重与风阻对基站塔架的影响，基站结构的发展趋势是将射频电路部分（RRH，Remote Radio Head）安装在尽可能靠近天线的位置。但是，基于现有天线结构，在射频线缆已然盘根错节的塔架上，即使采用 RRH 结构，大规模增加物理天线端口数也是不可行的。

在现有的系统中，天线只是一个被动的能量馈送部件，即无源天线。而有源天线系统是将天线阵列中的每个辐射单元与相应的射频/数字电路模块集成在一起所构成的，是能够通过数字接口独立控制每个阵子的主动式天线阵列。在有源天线系统中，基站至天线系统之间不再需要射频电缆、塔放或 RRH 这样的中间环节，基站设备与天线系统之间可以直接通过光纤连接。通过有源天线架构，在垂直维度开放物理天线端口的障碍随之迎刃而解。

AAS 技术在移动通信系统中的应用将会对基站及天线结构、频谱利用效率、网络构架以及运维成本等多方面带来影响。

就基站与天线结构而言，由于原先 RRH 或塔放中的少量高功率放大设备被 AAS 阵列中大量与阵子集成在一起的发射功率相对较低的功率放大器所取代，功放的热量在 AAS 天线面板上有较大的发散空间，而不是聚集在狭小的 RRH 或塔放设备中，因此即使不使用风扇或其他主动式散热设备，也能更加稳定地支持更高的总发射功率。射频模块与天线系统的结合进一步减少了塔上设备的数量，更加有利于塔上设备的美化。同时，这样可能也会降低相应的租赁费用。

使用垂直维度端口对增强扇区级赋形及 UE 级赋形能力都具有重大意义。其中扇区级赋形更多偏重于实现方式，而 UE 级赋形的改进则涉及相应的标准化工作。在传统的蜂窝网络中，当一个扇区的业务量超过其承载能力时，只有通过扇区分裂或是架设新的小区的方式来实现扩容。上述方式不但费用高昂，而且在选址等问题上存在诸多障碍。基于 AAS 阵列，则可以充分利用原有站址与设备，将原扇区在垂直维度重新划分为具有不同下倾角的内环和外环子扇区，实现垂直扇区化，进一步提高频谱利用效率。对于高层建筑，可以通过垂直扇区化对多个不同高度的区域都实现较好的覆盖。利用 AAS 阵列在垂直维度调整的灵活度，还可以实现对同频带内占据不同载频的多个空口模式的扇区覆盖的独立优化。如 GSM（Global System for Mobile Communications）/GPRS（General Packet Radio Service）/EDGE（Enhanced Data rates for GSM Evolution）或 UMTS（Universal Mobile Telecommunications System）需要满足大范围覆盖，但是 LTE/LTE-A（LTE-Advanced）系统可能更多地用于热点覆盖，因此 LTE/LTE-A 载波可以通过电调下倾角的方式独立地优化其扇区模式。通过 AAS 阵列还可以实现对上行和下行链路的独立优化，可使上行链路更好地覆盖小区边缘用户，而下行链路则可以避免对邻区造成不必要的干扰。

RRH 结构出现之后，基站的基带处理和射频处理功能可以分离。AAS 技术则延续了此思路，一方面为扩展垂直维度赋形能力创造了条件，另一方面也便于将基带处理单元放入数据处理中心，形成云计算移动网络，从而顺应了类似 C-RAN（Centralized/Cooperative/Cloud/Clean-Radio Access Network）等概念中提出的集中化处理、协作式无线电与实时云计算相结合的网络构架演进趋势。

除此之外，AAS 带来的模块化与自愈能力可以有效地降低运营维护成本。由于 AAS 阵列由多个功率相对较低且相对独立的阵子与射频集成模块构成，与传统的天线结构不同，个别端口的故障不至于导致整个扇区的瘫痪。而且 AAS 阵列还可以通过自检发现故障，并进一步通过赋形方式的调整，利用其余正常模块弥补故障对扇区赋形带来的损失，直至下次例行维护再进行处理，而不必实时维修。

大规模天线波束赋形技术理论的出现为 MIMO 维度的进一步扩展奠定了理论基础。而 AAS 在商用移动通信系统中应用条件的日益成熟则为 MIMO 技术进一步向着大规模化和 3D 化方向的发展创造了有利的实现条件。在实际应用中，通过大规模天线阵列，基站可以在三维空间形成具有高空间分辨能力的高增益窄细波束，能够提供更灵活的空间复用能力，改善接收端接收信号并更好地抑制用户间的干扰，从而实现更高的系统容量和频谱利用效率。

1.6 大规模天线技术的研究方向

尽管学术界已经对大规模天线波束赋形技术开展了较为广泛深入的研究，在从理论研究转向标准化、实用化的重要转折时期，仍然需要进一步深入研究若干关键技术问题。

1. 信道建模

多天线技术方案的性能增益与应用场景和部署环境有非常密切的关系，因此有必要结合下一代移动通信系统的部署场景与业务需求，有针对性地研究大规模多天线技术的适用场景，并对其典型的应用场景及信道特性进行信道参数的测量与建模。此工作将为 Massive MIMO 的天线选型、技术方案设计与标准方案制定提供方向性的指引，同时针对典型应用场景基于实测的信道参数建模也将为准确地构建技术方案评估体系，并准确地预测技术方案在实际应用环境中的性能表现提供了重要依据。

MIMO 系统的性能非常依赖于系统采用的天线阵列的形式以及传播环境的特性，对于大规模天线技术也是如此。在大规模天线无线通信环境下，特别是基站侧配置大规模阵列天线的情况下，大规模天线信道的空间分辨率显著增强，信道是否存在新的特性，需要进一步探讨。在理想模型中，天线间不存在相关性和互耦，额外增加天线单元，将显著增加系统的自由度。而实际系统中，空间信道的特性很难如此理想，阵列中的阵子通常间距较小，传播环境中可能也缺乏足够多的散射体，上述因素都将影响大规模天线系统的空间自由度。

针对上述问题，3GPP Rel-12 中首先完成了针对 6GHz 以下频段的 3D 化的信道及应用场景建模工作。基于上述框架及高频段信道的实测结果，Rel-14 中对 6 ~ 100GHz 频段的信道和应用场景进行了建模。结合 IMT-2020 系统性能评估需求，ITU 也对相关模型进行了进一步扩展和完善。

2. 大规模天线传输机制与信号处理关键技术

随着天线数量规模的增大、用户数量的增加与带宽的提升，在 MIMO 的传输、检测、调度等过程中，经常需要对大量高维度的矩阵进行运算，其系统复杂度显著升高。该问题在高频段系统中显得尤为突出。此外，在系统设计方面，如参考信号、反馈机制、控制信令、广播/公共信号覆盖、接入与切换等，都需要考虑天线数量规模增大所带来的开销、复杂度与性能的平衡难题，主要涉及 4 个方面，包括波束赋形技术、信道测量与反馈技术、覆盖增强技术以及高速移动解决方案、多用户调度与资源管理技术。

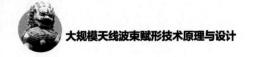

在波束赋形技术方面，Massive MIMO 的性能增益主要是通过大规模阵列构成的多用户信道间的准正交特性保证的。然而，在实际的信道条件中，由于设备与传播环境中的诸多非理想因素的存在，为了获得稳定的多用户传输增益，仍然需要依赖下行发送与上行接收算法的设计来有效抑制用户间乃至小区间的同道干扰。而传输与检测算法的计算复杂度则直接与天线阵列数量规模和用户数相关。此外，基于大规模阵列的预编码/波束赋形算法与阵列结构设计、设计

成本、功率效率和系统性能都有直接的联系。因此针对 Massive MIMO 的传输与检测方案的计算复杂度与系统性能的平衡将是该技术进入实用化的首要问题。

在信道测量与反馈技术方面，由于信道状态信息测量、反馈及参考信号设计技术对于实现 MIMO 技术十分关键，历来都是 MIMO 技术研究的核心内容，针对此问题的研究、评估验证和标准化方案设计对于 Massive MIMO 技术实用化发展都具有极其重要的价值。导频资源是大规模天线系统中一个重要且有限的资源。多小区场景中，由于相干时间受限，小区间需要复用导频。导频复用引起的导频污染是大规模天线系统中影响性能的瓶颈。因此需要研究探测信号（Sounding）、参考信号的设计机制以及高效的参考信号资源分配机制。同时，在导频污染的环境中，信道估计的准确性也显得非常重要。为了有效地对抗干扰，需要研究更有效的信道与干扰估计方法以及网络侧辅助机制以保证系统性能。此外，参考信号设计与信道状态信息反馈机制紧密相连，将直接影响到大规模天线系统的效率与性能。信道状态信息反馈是无线接入系统中资源调度、链路自适应以及 MIMO 等基本功能模块的重要基础。如前所述，对于 MU-MIMO 而言，信道状态信息的准确性对于整个系统的频带利用效率有着至关重要的影响。随着天线规模的增大，对于基于码本的反馈机制而言，反馈精度的提升与开销之间的矛盾将更加突出。这种情况下，基于 TDD 制式特有的信道互易性反馈机制在信道状态信息精度、下行测量参考信号开销以及反馈开销方面的优势也日益明显。

在覆盖增强技术以及高速移动解决方案方面，天线规模的扩展对于业务信道的覆盖将带来巨大的增益，但是对于需要对全小区内所有终端进行有效覆盖的广播信道而言，则会带来诸多不利影响。除此之外，大规模天线还需要考虑在高速移动场景下，如何提供信号可靠高速率传输的问题。在这种场景下，大规模天线系统面临的最大挑战是信道信息的剧烈时变性。此时，对信道状态信息获取依赖度较低的波束跟踪和波束拓宽技术，可以有效利用大规模天线的阵列增益提升数据传输可靠性和传输速率，值得我们进一步探索。

在多用户调度与资源管理技术方面，大规模天线为无线接入网络提供了更精细的空间粒度以及更多的空间自由度，因此基于大规模天线的多用户调度技术、业务负载均衡技术以及资源管理技术将获得可观的性能增益。

3. **多天线协作传输**

大规模天线波束赋形技术本身是针对单宏小区场景的非协作传输技术［至少 2010 年贝尔实验室提出大规模天线（Massive MIMO）概念时是针对上述场景的］。根据此概念，大规模天线所能带来的系统容量的提升来自大规模阵列对空间信道的白化，以及由此获得的多用户信道之间的近乎于正交的状态，而非通过小区之间或传输点之间的协作获得。或者说应用了大规模阵列之后，理想情况下不需要协作。但是如果小区之间存在某种协作机制，实际上有可能进一步提升 Massive MIMO 的性能。例如，所谓的导频污染问题可以通过协作机制尽可能地规避。此外，需要关注的另一个问题是所谓的手电筒效应。使用波束赋形技术之后，用户接收到的邻区干扰可以用手电筒形成的光束来类比。随着邻区调度情况的变化或者邻区被调度用户的移动，造成干扰的波束像手电筒一般来回晃动或间歇性地打开/关闭。由此产生的干扰的波动将非常剧烈，这种情况下，通过 CQI 上报很难准确地预估干扰的波动。如果没有协调或协作机制的存在，这种难以预测且剧烈波动的干扰将会给 AMC（Adaptive Modulation and Coding）等链路自适应操作带来非常严重的影响（尤其是使用了大规模阵列之后，阵列增益非常之高，影响将更为严重）。因此，实际应用中，协作对于广域覆盖场景的集中式大规模天线系统也同样是需要的。大规模天线系统的协作需要重点考虑集中式大规模天线协作、分布式大规模协作以及集中式与分布式共存的异构场景。

4. 天线阵列设计

阵列天线的构架研究、高效、高可靠、小型化、低成本、模块化收发组件设计、高精度检测与校准方案设计等关键技术问题将直接影响到大规模天线技术在实际应用环境中的性能与效能，并将成为直接关系到大规模天线技术是否能够最终进入实用化阶段的关键环节。

如前所述，现有的移动通信系统中，普遍采用了被动式天线结构，每个天线端口都需要一根独立的射频线缆与之相连。当需要独立控制的天线端口数逐渐增加时，大量的射频线缆将给工程实现与后续运营维护带来不可想象的困难。除此之外，现有天线系统一般只能支持在水平维度为每个用户独立调整波束，但是在垂直维度只能针对扇区覆盖需求统一设定波束形态。因此，基于这种阵列的 MIMO 传输又被称为 2D-MIMO。

针对上述问题，可将射频（及部分基带功能）和传统的被动式天线阵列结合在一起，构成有源天线技术。此时，可用光纤和直流电缆代替天线与其他设备之间的大量射频线缆连接，从而极大地简化了施工和运维的难度。除此之外，引入有源天线技术，为基带的集中化与云化处理创造了条件。更为重要的是，二维平面阵列中，大量可控的天线端口的出现，为系统在三维空间中更为灵活地调整波束创造了可能。

对于基于信道互易性的反馈方式而言，校准问题显得尤为重要。此外，在大规模天线阵列中，部分通道或阵子可能会发生故障。因此大规模天线系统应当具有相应的检测与容错设计机制以保证Massive MIMO传输的可靠性。天线阵列的校准、监测及容错方案设计可以借鉴有源相控阵雷达系统中的一些成熟技术。

天线阵列的模块化设计方案将十分有利于大规模天线系统的维护以及功能扩展，因此高度模块化将成为大规模天线阵列发展的一个重要方向。随着阵列规模的增加，需要进一步地研究天线系统与地面设备之间的功能划分与接口定义。如果沿用目前的接口方式将主要的基带处理功能放置在天线系统之外，则天线系统与负责基带处理的基站或网络中的集中式处理中心之间将存在巨大的数据汇聚与交互负担，其数据量需求将远远超过现有的通用公共无线电接口（CPRI，Common Public Radio Interface）等接口所能支持的范围。如果将包括赋形向量计算等主要的基带处理功能都集成在天线系统之内，则上述接口的通信负担将大大减轻。

Massive MIMO前端系统从内部射频通道结构上可分为数字阵和数模混合阵两大类。当天线数很大时，采用传统的全数字架构势必带来巨大的计算复杂度、功耗以及成本的上升。尤其在高频段，混合的阵列架构将具有很大的应用潜力。

5. 高频段的大规模天线技术

随着移动通信技术的发展，系统面临更为严苛的需求，在进一步提升频谱利用效率的基础上，扩展可用频谱也将成为系统发展的必然方向。目前，3GPP已经考虑将系统频段扩展至6～100GHz，在这样的频率范围中，还有大量连续的空闲频段可以利用。信道资源的极大丰富并不意味着以信道资源利用率为优势的MIMO技术的重要性有所降低。恰恰相反，这种情况下，MIMO技术将发挥其独有的且更为重要的作用。

在高频段系统中，由于诸多不利因素的影响，无线信号的覆盖将更加具有挑战性。这种情况下，完全可以利用大规模天线阵列，形成高指向性、高增益的波束，来克服信号传输中的诸多非理想因素，以保证覆盖距离和传输质量。因此，大规模天线对于高频段通信技术的应用推广具有重大价值。

相对于低频段而言，高频段的大规模天线波束赋形方案设计需要考虑一些特殊的因素。例如，出于复杂度、成本、功耗等因素的考虑，数字模拟混合赋形甚至单纯的模拟赋形将会成为系统设计的主要考虑方案。这种情况下，在数字域复基带信道状态信息之外，系统还需要考虑模拟波束的搜索、跟踪以及发生阻挡时的快速恢复机制。此外，为了满足覆盖需求，高频段系统更适合部署在以LOS径为主的场景中，使用高增益波束的使用，使得信道频率选择性降低，因此频率选择性预编码/波束赋形对性能的改善作用有所降低。

1.7 大规模天线技术的应用场景

基于大规模有源阵列天线的波束赋形技术为大幅度提升下一代移动通信接入网性能提供了重要的技术手段。然而，大规模天线技术在频谱效率与系统容量方面的巨大优势只有在适用的应用场景中才能得以体现。只有将大规模天线的技术方案设计与应用场景的具体特征有机地融合在一起，才能有针对性地优化大容量 MIMO 技术与标准化方案。随着网络构架与组网方式的变革，任何一种新型无线接入技术的设计与标准化都需要建立在准确且有预见性的应用场景模型基础之上。准确地建模大容量 MIMO 的应用场景，对于具体技术方案的性能评估、对比、分析，天线形态的选择与标准化方案的制定都具有十分重要的指导意义。同时应用场景的研究与建模也将对大规模天线技术在未来实际网络中的部署与网络规划方案设计提供宝贵的借鉴。

目前可以预见的是，大规模天线的应用场景主要包括室外宏覆盖、高层建筑覆盖、热点覆盖与无线回传等。关于大规模天线技术应用场景的具体描述可以参考本书第 3 章。

1.8 多天线技术的标准化状况

MIMO 技术对于提高数据传输的峰值速率与可靠性、扩展覆盖、抑制干扰、增加系统容量、提升系统吞吐量有着重要作用。鉴于此，在以 LTE 为代表的 4G（the 4th Generation）系统中，广泛采用了 MIMO 技术。面对速率与频谱效率需求的不断提升，对 MIMO 技术的增强与优化始终是 LTE 系统演进的一个重要方向[13]。

LTE Rel-8 基于发射分集、闭环/开环空间复用、波束赋形与多用户 MIMO 等 MIMO 技术定义了多种下行传输模式以及相应的反馈机制与控制信令，基本涵盖了 LTE 系统的典型应用场景。LTE Rel-8 中的下行 MIMO 技术主要是针对单用户传输进行优化的，其 MU-MIMO 方案在预编码方式、预编码频域颗粒度、CSI 反馈精度及控制信令设计方面存在的缺陷在很大程度上限制了 MU-MIMO 传输与调度的灵活性，不能充分发挥 MU-MIMO 技术的优势。另外，LTE Rel-8

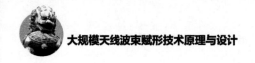

中还采用了单流波束赋型技术，用以提升接收信噪比以及改善传输速率和覆盖。

针对该问题，LTE Rel-9 中引入的双流波束赋形技术从参考符号设计及传输与反馈机制角度对 MU-MIMO 传输的灵活性及 MU-MIMO 功能进行了如下改进：采用了基于专用导频的传输方式，可以支持灵活的预编码/波束赋形技术；采用了统一的 SU/MU-MIMO 传输模式，可以支持 SU/MU-MIMO 的动态切换；采用了高阶 MU-MIMO 技术，能够支持 2 个 Rank 2 UE 或 4 个 Rank 1 UE 共同传输；支持基于码本与基于信道互易性的反馈方式，更好地体现了对 TDD 的优化。

LTE Rel-10 的下行 MIMO 技术沿着双流波束赋形方案的设计思路扩展：通过引入 8 端口导频以及多颗粒度双级码本结构，提高了 CSI 测量与反馈精度；通过导频的测量与解调功能的分离，有效地控制了导频开销；通过灵活的导频配置机制，为多小区联合处理等技术的应用创造了条件；基于新定义的导频端口以及码本，能够支持最多 8 层的 SU-MIMO 传输。Rel-10 的上行链路中也开始引入空间复用技术，能够支持最多 4 层的 SU-MIMO。

经历 3 个版本的演进，LTE 中 MIMO 技术日渐完善，其 SU 与 MU-MIMO 方案都已经得到了较为充分的优化，MIMO 方案研究与标准化过程中制定的导频、测量与反馈机制也已经为引入 CoMP 等技术提供了良好的基础。在缺乏新的技术推动力与场景需求的情况下，LTE Rel-11 中，单小区 MIMO 技术没有得到进一步的发展。但是在 Rel-11 中，LTE 将单小区的 MIMO 技术扩展到了多小区、协作化的 MIMO，引入了 CoMP（Coordinated Multiple Points）技术。

Rel-12 中延续双级码本结构改造了 4 天线码本，同时还增加了一种支持频率选择性 CQI 和 PMI 的反馈模式。此外，3GPP 基于实测数据建立了 3D 信道模型。

Rel-13 及后续版本中，MIMO 技术逐渐向着三维化和大规模化天线波束赋形方向发展。直至目前，3GPP 讨论的 5G 系统中，始终都把多天线技术作为一项核心技术进行研究。

在已经完成的 3GPP Rel-13 版本中，3GPP 已经定义了能够支持最多 16 个端口的 FD-MIMO（Full-Dimension MIMO）方案。Rel-14 中则进一步将 eFD-MIMO（enhanced FD-MIMO）的端口数提升至 32 个，并将支持非周期 CSI-RS（Channel State Information-Reference Signal）、上行 DM-RS（DeModulation-Reference Signal）增强等新技术方案。上述 FD/eFD-MIMO 技术可以被认为是大规模天线波束赋形技术进入标准化的初级阶段。

在 5G 系统的第一个版本（Rel-15）中，3GPP 对包含数模混合赋形在内的大规模天线波束赋形技术进行了标准化。除了扩大天线数量规模之外，5G 新空口（NR）系统从帧结构、导频优化、反馈机制、波束管理、波束扫描、灵活参数集合设计等方面持续扩展大规模天线技术方案的功能以有效提升频谱效率和系统容量。在 Rel-16 及后续版本中，大规模天线波束赋形技术仍是标准化过程的一大热点。

1.9 小 结

大规模天线波束赋形技术为系统频谱效率、用户体验、传输可靠性提供了重要技术手段，同时也为异构化、密集化的网络部署环境提供了灵活的干扰控制与协调手段。目前，大规模天线波束赋形理论研究为 MIMO 技术的进一步发展提供了有力支持，数据通信业务飞速发展则为推动 MIMO 技术的继续演进提供了强大的内在需求，而相关实现技术的日渐成熟则为大规模天线技术的标准化、产业化提供了必要的条件。随着一系列关键技术的突破以及器件、天线等技术的进步，设备发射功率、功放效率、设备体积重量等指标将持续提升以满足大规模商用的需求。在上述基础之上，大规模天线技术必将在 5G 系统中发挥重大作用。

本书后续章节的安排如下：第 2 章对大规模天线波束赋形系统的基本原理和技术理论进行介绍，对其信道容量和谱效、能效问题进行了分析与讨论；第 3 章对大规模天线波束赋形系统的应用场景与信道建模问题进行了介绍；第 4 章中讨论了大规模天线波束赋形系统的导频设计与信道估计、传输与检测技术、CSI 的获取、大规模天线校准以及基于大规模天线系统的协作等关键技术；第 5 章结合大规模天线波束赋形技术的标准化进展，讨论了大规模天线波束赋形系统的传输方案、物理信道、参考信号、信道状态信息反馈等关键的技术设计方案，并对相关技术的标准化情况进行了介绍；第 6 章中将对大规模天线波束赋形技术的原型平台以及相应的实验验证与方案测试情况进行介绍。

第2章 大规模天线理论

信道容量及频谱效率分析是通信系统设计的基础，一直是通信领域的基础性问题。人们对 MIMO 技术的研究始于 Telatar 教授的 MIMO 高斯信道的容量分析[10]。随着 MIMO 技术受到关注，研究者对 MIMO 信道容量及 MIMO 系统的频谱效率进行了广泛的研究。对 MIMO 信道容量的分析揭示出 MIMO 与收发天线数及信道统计特性的定量关系，为系统设计提供了理论基础。针对实际系统实现中不同的发送和接收方案，分析 MIMO 系统的频谱效率，可以为系统传输方案设计提供理论依据。因此，研究 MIMO 的信道容量及系统频谱效率理论有重要的理论和实际意义。本章将从信道容量和频谱效率理论入手，给出大规模天线系统性能分析，从而揭示其性能增益。

| 2.1 Massive MIMO 技术基本原理 |

纵观 MIMO 技术的发展历程，大概是遵照从单用户 MIMO、多用户 MIMO、多小区多用户 MIMO 到大规模多用户 MIMO。对于单用户 MIMO，众多研究者利用随机矩阵理论，理论上分析了多天线的分集增益、复用增益和阵列增益。考虑到用户终端配备天线数有限，为了充分利用基站采用多天线带来的增益，人们研究了多用户 MIMO，包括下行链路的 MIMO-BC（MIMO-Broadcast Channel）容量和上行 MIMO-MAC（MIMO-Media Access Control）容量，结果表明多用户 MIMO 可以显著提升系统总容量，为多用户 MIMO 传输奠定了理论基础[14]。在实际的蜂窝移动通信系统中，MIMO 面临着如何扩展到多小区应用场景的问题。因此，人们研究了多小区多用户 MIMO，特别是研究了存在多小区干扰下系统的频谱效率，提出了协作 MIMO 技术，解决多小区干扰问题。

这些技术目前已经在 4G 移动通信系统中得到应用。然而，在目前 4G 系统中的典型天线配置和小区设置下，MU-MIMO 和协作 MU-MIMO 出现频谱和功率效率提升的瓶颈问题。受限于信道信息获取和基站间信息交互的瓶颈，现有

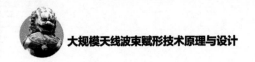

4G 系统中 MU-MIMO 的频谱利用率并未达到业界的预期。特别是，由于基站配置天线较少，空间分辨率有限，受复杂度制约系统无法使用容量可达的 DPC，使得 4G 系统中 MU-MIMO 的性能增益仍然受限。

2010 年贝尔实验室的 Marzetta 教授[10]提出在基站采用大规模天线阵，形成多用户 Massive MIMO 无线通信系统（如图 2-1 所示），进一步大幅提高传输效率和系统容量。理论研究及初步性能评估结果表明，在同频复用的 20MHz 带宽 TDD 系统中，若基站配置 400 根天线，每小区同时同频服务 42 个用户，且小区内用户采用正交导频序列，而小区间无协作，则上行接收/下行发送分别采用 MRC/MRT 时，每个小区的平均容量可高达 1800Mbit/s。而当前 LTE-A（Release 10）只有约 74Mbit/s。也就是说，其容量是 LTE-A（Release 10）的 24 倍。Massive MIMO 的主要理论依据是，随着基站天线个数趋于无穷大，多天线的空间分辨率增强，多用户信道将趋于准正交。这种情况下高斯噪声以及互不相关的小区间干扰将趋于消失，而用户发送功率可以任意低。

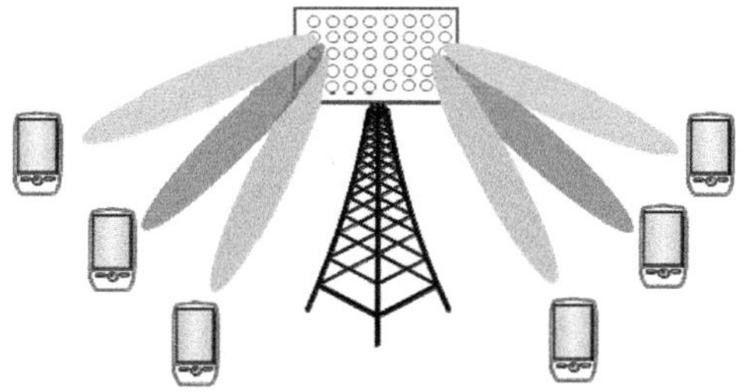

图 2-1 Massive MIMO 示意图

大规模天线信道的空间分辨率显著增强，其新特性值得探索。将已有的多用户 MIMO 技术直接应用到大规模天线场景，基站需要瞬时信道信息，存在着两个方面难以克服的问题。其一是导频开销随用户数、移动速度、载波频率线性增长，信道信息获取存在瓶颈；其二是多用户联合发送/接收涉及矩阵求逆，复杂度立方增长，实现复杂性高。因此，大规模天线配置使得收发端可获得的信道信息严重受限，信道容量分析需综合考虑信道特性和实际约束。

本章接下来首先介绍大规模天线技术的基本理论，给出理想信道状态信息下的容量分析。然后，给出导频资源受限的约束下 Masssive MIMO 的上行链路和下行链路的容量分析。最后，考虑实际信道约束和硬件约束，给出了 Masssive MIMO 容量的最新研究结果。

| 2.2 Massive MIMO 的基本理论 |

2.2.1 理想信道下 Massive MIMO 的容量

考虑如图 2-2 所示的 Massive MIMO 蜂窝系统。系统中有 L 个小区，每个小区有 K 个单天线用户，每个小区的基站配备 M 根天线。假设系统的频率复用因子为 1，即 L 个小区均工作在相同的频段。为了描述和分析的方便，假设上行和下行均采用 OFDM，并以单个子载波为例描述大规模 MIMO 的原理。

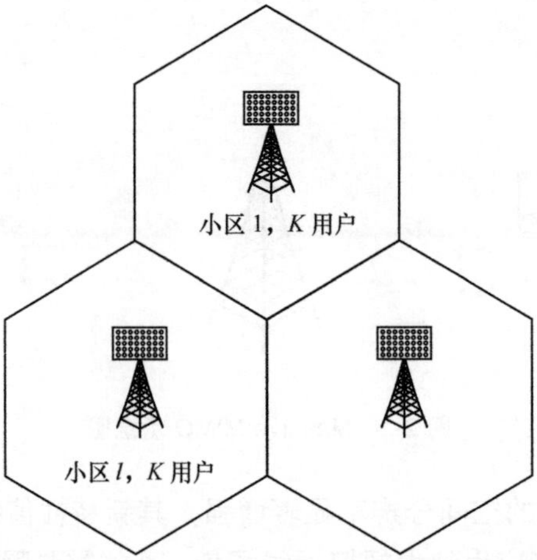

图 2-2　多小区 Massive MIMO 蜂窝系统示意图

假设第 j 个小区的第 k 个用户，到第 l 个小区的基站信道矩阵为 $\boldsymbol{g}_{l,j,k}$，它可以建模为

$$\boldsymbol{g}_{l,j,k} \triangleq \sqrt{\lambda_{l,j,k}}\boldsymbol{h}_{l,j,k}$$

其中，$\lambda_{l,j,k}$ 表示大尺度衰落，$\boldsymbol{h}_{l,j,k}$ 表示第 k 个用户到第 l 个小区基站的小尺度衰落，它是一个 $M\times1$ 的矢量。为简单起见，假设小尺度衰落为瑞利衰落。因此，第 j 个小区的所有 K 个用户到第 l 个小区的基站所有天线间的信道矩阵可以表示为

$$\boldsymbol{G}_{l,j}=\left[\boldsymbol{g}_{l,j,1}\quad\cdots\quad\boldsymbol{g}_{l,j,K}\right]$$

基于上述大规模天线的信道模型，小区 l 的基站接收到的上行链路信号可以表示为

$$\boldsymbol{y}_l=\boldsymbol{G}_{l,l}\boldsymbol{x}_l+\sum_{j\neq l}\boldsymbol{G}_{l,j}\boldsymbol{x}_j+\boldsymbol{z}_l \tag{2-1}$$

其中，第 l 个小区的 K 个用户发送信号为 $\boldsymbol{x}_l$。为了分析方便，假设 $\boldsymbol{x}_l$ 服从 i.i.d 的循环对称复高斯分布，$\boldsymbol{z}_l$ 表示加性高斯白噪声矢量，其协方差矩阵为 $\mathcal{E}\left(\boldsymbol{z}_l\boldsymbol{z}_l^{\mathrm{H}}\right)=\gamma_{\mathrm{UL}}\boldsymbol{I}_M$。

对于线性模型（2-1），根据 MMSE 多用户联合检测，发送信号的估计可以表示为

$$\hat{\boldsymbol{x}}_l=\boldsymbol{G}_{l,l}^{\mathrm{H}}\left(\sum_{j=1}^{L}\boldsymbol{G}_{l,j}\boldsymbol{G}_{l,j}^{\mathrm{H}}+\gamma_{\mathrm{UL}}\boldsymbol{I}_M\right)^{-1}\boldsymbol{y}_l$$

检测误差的协方差矩阵可以表示为

$$\mathcal{E}\left[\left(\boldsymbol{x}_l-\hat{\boldsymbol{x}}_l\right)\left(\boldsymbol{x}_l-\hat{\boldsymbol{x}}_l\right)^{\mathrm{H}}\right]=\left[\boldsymbol{I}_K+\boldsymbol{G}_{l,l}^{\mathrm{H}}\left(\sum_{j\neq l}^{L}\boldsymbol{G}_{l,j}\boldsymbol{G}_{l,j}^{\mathrm{H}}+\gamma_{\mathrm{UL}}\boldsymbol{I}_M\right)^{-1}\boldsymbol{G}_{l,l}\right]^{-1}$$

定义小区 l 上行多址接入的和容量表示为

$$C\triangleq\mathcal{I}\left(\boldsymbol{x}_l,\boldsymbol{y}_l\mid\boldsymbol{G}_{l,1},\cdots,\boldsymbol{G}_{l,L}\right)=\mathcal{H}\left(\boldsymbol{x}_l\mid\boldsymbol{G}_{l,1},\cdots,\boldsymbol{G}_{l,L}\right)-\mathcal{H}\left(\boldsymbol{x}_l\mid\boldsymbol{y}_l,\boldsymbol{G}_{l,1},\cdots,\boldsymbol{G}_{l,L}\right)$$

其中

$$\mathcal{H}\left(\boldsymbol{x}_l\mid\boldsymbol{G}_{l,1},\cdots,\boldsymbol{G}_{l,L}\right)=\log\det\left(\pi\mathrm{e}\boldsymbol{I}_K\right)$$

在已知 $\boldsymbol{G}_{l,1},\cdots,\boldsymbol{G}_{l,L}$ 和接收信号 $\boldsymbol{y}_l$ 时，$\boldsymbol{x}_l$ 的不确定性可以由其 MMSE 检测的误差来决定。因此，

$$\mathcal{H}\left(\boldsymbol{x}_l\mid\boldsymbol{y}_l,\boldsymbol{G}_{l,1},\cdots,\boldsymbol{G}_{l,L}\right)\leqslant\log\det\left(\pi\mathrm{e}\left[\boldsymbol{I}_K+\boldsymbol{G}_{l,l}^{\mathrm{H}}\left(\sum_{j\neq l}^{L}\boldsymbol{G}_{l,j}\boldsymbol{G}_{l,j}^{\mathrm{H}}+\gamma_{\mathrm{UL}}\boldsymbol{I}_M\right)^{-1}\boldsymbol{G}_{l,l}\right]^{-1}\right)$$

那么，和容量的下界可以表示为

$$C_{\mathrm{LB}}=\log\det\left(\sum_{j=1}^{L}\boldsymbol{G}_{l,j}\boldsymbol{G}_{l,j}^{\mathrm{H}}+\gamma_{\mathrm{UL}}\boldsymbol{I}_M\right)-\log\det\left(\sum_{j\neq l}^{L}\boldsymbol{G}_{l,j}\boldsymbol{G}_{l,j}^{\mathrm{H}}+\gamma_{\mathrm{UL}}\boldsymbol{I}_M\right)$$

根据大数定理，我们知道

$$\lim_{M\to\infty}\frac{1}{M}\boldsymbol{g}_{l,j,k}^{\mathrm{H}}\boldsymbol{g}_{l,j,k'}=\begin{cases}\lambda_{l,l,k} & j=l\text{ 且 }k=k'\\ 0 & \text{其他}\end{cases}$$

即当基站的天线个数趋于无穷时

$$\lim_{M\to\infty}\frac{1}{M}\boldsymbol{G}_{l,l}^{\mathrm{H}}\boldsymbol{G}_{l,j}=\begin{cases}\boldsymbol{\Lambda}_{l,l} & j=l\\ \boldsymbol{0} & \text{否则}\end{cases} \tag{2-2}$$

利用矩阵恒等式

$$\det\left(\boldsymbol{I}+\boldsymbol{AB}\right)=\det\left(\boldsymbol{I}+\boldsymbol{BA}\right)$$

并根据式（2-2），我们可以得到，当基站的天线个数趋于无穷时，

$$C_{\mathrm{LB}}-\sum_{k=1}^{K}\log\left(1+\frac{M}{\gamma_{\mathrm{UL}}}\lambda_{l,l,k}\right)\to 0$$

定义

$$C_{\mathrm{LB}}^{\mathrm{inf}}=\sum_{k=1}^{K}\log\left(1+\frac{M}{\gamma_{\mathrm{UL}}}\lambda_{l,l,k}\right)$$

容易验证当 $C_{\mathrm{LB}}^{\mathrm{inf}}$ 也可以表示为当基站天线趋于无穷时，无小区间干扰的小区 l 的容量。

从上面的分析可以看出，接收端已知理想信道信息，当天线个数趋于无穷时，多用户干扰和多小区干扰消失，整个系统是一个无干扰系统，系统容量随天线个数以 $\log M$ 增大，并趋于无穷大。当采用最大比合并时，我们同样可以得到相同的结论。

2.2.2 基于导频污染的 Massive MIMO 上行链路容量分析

在实际系统中，受到各种非理想因素的影响，接收端和发射端通常不能获得完美的信道状态信息。对于 Massive MIMO 下行链路来说，如果每根天线均需要导频信号，则开销会非常大。因此，大规模天线应该尽量避免下行链路的每天线一个导频的模式。对于上行链路传输，系统导频开销仅与用户个数及发送天线端口数量成正比，与基站天线个数无关。因此，考虑到 TDD 系统特有的上下行信道的互易性，Massive MIMO 非常适宜于 TDD 模式。

为了简化分析，假设 L 个小区采用相同的导频模式和相同的导频序列，即未采用任何小区间导频随机化处理。在这种导频模式下，小区间的干扰最为严重，这也是最坏情况下的导频模式。同时，假设同一小区内，多个用户采用时频正交导频，不失一般性，假设正交导频矩阵为单位阵。第 l 个小区的基站的接收导频信号可以表示为

$$\boldsymbol{Y}_{\mathrm{P},l}=\sum_{j=1}^{L}\boldsymbol{G}_{l,j}+\boldsymbol{Z}_{\mathrm{P},l}$$

其中，$\boldsymbol{Y}_{\mathrm{P},l}$ 表示基站 l 的 $M\times K$ 的接收导频信号矩阵（假设基站天线数量为 M，每个终端天线数量为 1），$\boldsymbol{Z}_{\mathrm{P},l}$ 表示 $M\times K$ 的最小二乘信道估计后等效的高斯白噪声矩阵，其每个元素的方差为γ_{P}。进一步，针对 $\boldsymbol{g}_{i,j,k}$ 的 MMSE 信道估计可以表示为

$$\hat{\boldsymbol{g}}_{l,j,k}=\frac{\lambda_{l,j,k}}{\sqrt{q_{l,k}}}\hat{\boldsymbol{h}}_{l,k} \tag{2-3}$$

其中

$$q_{l,k}=\sum_{j=1}^{L}\lambda_{l,j,k}+\gamma_{\mathrm{P}}$$

$$\hat{\boldsymbol{h}}_{l,k}\triangleq\frac{1}{\sqrt{q_{l,k}}}\boldsymbol{y}_{\mathrm{P},l,k}$$

$y_{\mathrm{P},l,k}$ 是 $\boldsymbol{Y}_{\mathrm{P},l}$ 的第 k 列。根据 MMSE 估计的特性，容易知道 $\hat{\boldsymbol{h}}_{l,k}$ 的分布服从均值为 0，协方差矩阵为单位阵的复高斯随机矢量。因此，我们把式（2-3）中 $\hat{\boldsymbol{g}}_{l,j,k}$ 的建模也称为 MMSE 信道估计后的等效信道。需要注意的是，由于导频污染，$\hat{\boldsymbol{g}}_{l,j,k}$ 的等效信道中的小尺度衰落部分 $\hat{\boldsymbol{h}}_{l,k}$ 与 j 无关。因此，对于 $j=1,\cdots,L$，$\boldsymbol{g}_{i,j,k}$ 是完全相关的，这是存在导频污染与没有导频污染的一个重要区别。

信道估计的误差定义为

$$\tilde{\boldsymbol{g}}_{l,j,k}=\boldsymbol{g}_{l,j,k}-\hat{\boldsymbol{g}}_{l,j,k}$$

其协方差矩阵可以表示为

$$\operatorname{cov}\left(\tilde{\boldsymbol{g}}_{l,j,k},\tilde{\boldsymbol{g}}_{l,j,k}\right)=\left(\lambda_{l,j,k}-\frac{\lambda_{l,j,k}^{2}}{q_{l,k}}\right)\boldsymbol{I}_{M}=\varepsilon_{l,j,k}\boldsymbol{I}_{M}$$

定义如下信道矩阵：

$$\hat{\boldsymbol{G}}_{l,j}=\left[\hat{\boldsymbol{g}}_{l,j,1}\quad\cdots\quad\hat{\boldsymbol{g}}_{l,j,K}\right]$$

$$\tilde{\boldsymbol{G}}_{l,j}=\left[\tilde{\boldsymbol{g}}_{l,j,1}\quad\cdots\quad\tilde{\boldsymbol{g}}_{l,j,K}\right]$$

那么，理想信道矩阵表示为

$$\boldsymbol{G}_{l,j}=\hat{\boldsymbol{G}}_{l,j}+\tilde{\boldsymbol{G}}_{l,j} \tag{2-4}$$

将式（2-4）代入式（2-1），则收发之间的关系式变为

$$\boldsymbol{y}_{l}=\hat{\boldsymbol{G}}_{l,l}\boldsymbol{x}_{l,l}+\sum_{j=2}^{L}\hat{\boldsymbol{G}}_{l,j}\boldsymbol{x}_{l}+\tilde{\boldsymbol{z}}_{l} \tag{2-5}$$

其中

$$\tilde{\boldsymbol{z}}_l = \sum_{j=1}^{L} \tilde{\boldsymbol{G}}_{l,j} \boldsymbol{x}_j + \boldsymbol{z}_l$$

$\tilde{\boldsymbol{z}}_l$ 的协方差矩阵可以表示为

$$\operatorname{cov}\left(\tilde{\boldsymbol{z}}_l, \tilde{\boldsymbol{z}}_l\right) = \sum_{k=1}^{K}\sum_{j=1}^{L} \operatorname{cov}\left(\tilde{\boldsymbol{g}}_{l,j,k}, \tilde{\boldsymbol{g}}_{l,j,k}\right) + \gamma_{\mathrm{UL}} \boldsymbol{I}_M = \left(\varepsilon_l + \gamma_{\mathrm{UL}}\right)\boldsymbol{I}_M$$

其中

$$\varepsilon_l = \sum_{k=1}^{K}\sum_{j=1}^{L} \varepsilon_{l,j,k}$$

与之类似，理想信道信息下，基站 l 采用 MMSE 接收机时，和容量的下界可以表示为[15]

$$\hat{C}_{\mathrm{LB}}^{\mathrm{UL}} = \log\det\left[\sum_{j=1}^{L} \hat{\boldsymbol{G}}_{l,j}\hat{\boldsymbol{G}}_{l,j}^{\mathrm{H}} + \left(\varepsilon_l + \gamma_{\mathrm{UL}}\right)\boldsymbol{I}_M\right] - \log\det\left[\sum_{j\neq l}^{L} \hat{\boldsymbol{G}}_{l,j}\hat{\boldsymbol{G}}_{l,j}^{\mathrm{H}} + \left(\varepsilon_l + \gamma_{\mathrm{UL}}\right)\boldsymbol{I}_M\right]$$

根据等效信道式（2-5），类似理想信道下的推导，根据大数定理，我们可以得到，当基站的天线个数趋于无穷时[15]，

$$\hat{C}_{\mathrm{LB}}^{\mathrm{UL}} - \sum_{k=1}^{K} \log\left(1 + \frac{\lambda_{l,j,k}^2}{\sum_{j\neq l}^{L} \lambda_{l,j,k}^2 + \frac{1}{M}\left(\varepsilon_l + \gamma_{\mathrm{UL}}\right) q_{l,k}}\right) \to 0$$

定义

$$\hat{C}_{\mathrm{LB}}^{\mathrm{UL,inf}} = \sum_{k=1}^{K} \log\left(1 + \frac{\lambda_{l,j,k}^2}{\sum_{j\neq l}^{L} \lambda_{l,j,k}^2 + \frac{1}{M}\left(\varepsilon_l + \gamma_{\mathrm{UL}}\right) q_{l,k}}\right) \tag{2-6}$$

可以看出，当基站的天线个数趋于无穷时[15]

$$\hat{C}_{\mathrm{LB}}^{\mathrm{UL,inf}} \to \sum_{k=1}^{K} \log\left(1 + \frac{\lambda_{l,j,k}^2}{\sum_{j\neq l}^{L} \lambda_{l,j,k}^2}\right)$$

这与文献[10]中最大比接收的容量是一致的。

从式（2-6）可以看出，在非理想信道信息下，对于多小区多用户 MIMO，当基站天线个数趋于无穷大时，多用户之间的干扰仅剩下邻小区采用相同导频的用户的干扰。但是，不考虑导频开销时，系统容量仍然随着用户数目的增加而增加。

2.2.3 基于导频污染的 Massive MIMO 下行链路容量分析

在多用户 MIMO 中，采用下行预编码技术可以在发射机侧抑制用户间的干

扰。在 Massive MIMO 中，基站根据接收的上行导频信号，得到上行信道参数。根据上行链路估计得到的信道参数 $\hat{\boldsymbol{G}}_{l,i}$，利用 TDD 的互易性，得到下行预编码矩阵 $\boldsymbol{W}_l$。

第 l 个基站的下行预编码矩阵表示为 $\boldsymbol{W}_l$，下行发送信号表示为 $\boldsymbol{x}_l$，P_{T} 为基站的总发送功率，第 l 个小区的所有用户的接收信号可以表示为

$$\boldsymbol{y}_l = \sqrt{\rho_l}\boldsymbol{G}_{l,l}^{\mathrm{H}}\boldsymbol{W}_l\boldsymbol{x}_l + \sum_{i\neq l}\sqrt{\rho_i}\boldsymbol{G}_{i,l}^{\mathrm{H}}\boldsymbol{W}_i\boldsymbol{x}_i + \boldsymbol{z}_l$$

其中功率归一化因子表示为

$$\rho_l = \frac{P_{\mathrm{T}}}{\varepsilon\left[\mathrm{Tr}\left(\boldsymbol{W}_l\boldsymbol{W}_l^{\mathrm{H}}\right)\right]}$$

在 LTE 系统中，终端可以采用预编码导频估计出信道矩阵与预编码矩阵的复合信道矩阵。在 Massive MIMO 中，理论上，当基站天线个数很多时，终端只需要已知统计信道信息，例如大尺度衰落信息，仍可以得到较好的性能。下面，假设终端未知预编码矩阵 $\boldsymbol{W}_l$。

考虑等效信道模型，根据文献[16]，基站 l 的采用 RZF（Regularized Zero-Forcing）预编码时，预编码矩阵可以表示为

$$\boldsymbol{W}_l = \left[\sum_{j=1}^{L}\left(\hat{\boldsymbol{G}}_{l,j}\hat{\boldsymbol{G}}_{l,j}^{\mathrm{H}} + \varepsilon_{l,j}\boldsymbol{I}_M\right)\right]^{-1}\hat{\boldsymbol{G}}_{l,l}$$

其中，

$$\varepsilon_{l,j} = \sum_{k=1}^{K}\left(\lambda_{l,j,k} - \frac{\lambda_{l,j,k}^2}{q_{l,k}}\right)$$

根据文献[16]，当用户端未知预编码矩阵时，第 l 个小区的第 k 个用户的接收信号可以表示为

$$y_{l,k} = \sqrt{\rho_l}\varepsilon\left(\boldsymbol{g}_{l,l,k}^{\mathrm{H}}\boldsymbol{W}_{l,k}\right)x_{l,k} + \sqrt{\rho_l}\left[\boldsymbol{g}_{l,l,k}^{\mathrm{H}}\boldsymbol{W}_{l,k} - \varepsilon\left(\boldsymbol{g}_{l,l,k}^{\mathrm{H}}\boldsymbol{W}_{l,k}\right)\right]x_{l,k} + \sum_{\substack{i,j\\(i,j)\neq(l,k)}}\sqrt{\rho_i}\boldsymbol{g}_{i,l,k}^{\mathrm{H}}\boldsymbol{W}_{i,j}x_{i,j} + z_{l,k}$$

上式中，$\boldsymbol{W}_{l,k}$ 表示 $\boldsymbol{W}_l$ 的第 k 列。从上式可以看到，接收端仅需要知道统计信息 $\varepsilon\left(\boldsymbol{g}_{l,l,k}^{\mathrm{H}}\boldsymbol{W}_{l,k}\right)$，即可获得发送符号的估计。

当干扰加噪声服从高斯分布时，即为下行的和容量的下界，表示为[16]，

$$C_{\mathrm{LB}}^{\mathrm{DL}} \triangleq \sum_{k=1}^{K}\log_2\left(1 + \frac{\rho_l\left|\varepsilon\left(\boldsymbol{g}_{l,l,k}^{\mathrm{H}}\boldsymbol{W}_{l,k}\right)\right|^2}{\rho_l\,\mathrm{var}\left[\boldsymbol{g}_{l,l,k}^{\mathrm{H}}\boldsymbol{W}_{l,k}\right] + \sum\limits_{\substack{i,j\\(i,j)\neq(l,k)}}\rho_i\varepsilon\left[\left|\boldsymbol{g}_{i,l,k}^{\mathrm{H}}\boldsymbol{W}_{i,j}\right|^2\right] + \gamma_{\mathrm{DL}}}\right) \tag{2-7}$$

当天线个数趋于无穷时，根据大数定理，我们可以得到如下几个关键的值[17]，

$$\left|\varepsilon\left(\boldsymbol{g}_{l,l,k}^{\mathrm{H}}\boldsymbol{W}_{l,k}\right)\right|^2 \to M^2\beta_{l,l,k}^2\mu_{l,k}^2$$

$$\mathrm{var}\left[\boldsymbol{g}_{l,l,k}^{\mathrm{H}}\boldsymbol{W}_{l,k}\right] \to M\left(\lambda_{l,l,k}-\beta_{l,l,k}\right)\beta_{l,l,k}\mu_{l,k}^2$$

$$\sum_{\substack{i,j\\(i,j)\neq(l,k)}} \rho_i\varepsilon\left[\left|\boldsymbol{g}_{i,l,k}^{\mathrm{H}}\boldsymbol{W}_{i,j}\right|^2\right] \to \sum_{i\neq l}\rho_i M^2\beta_{i,l,k}\beta_{i,i,k}\mu_{i,k}^2 + \sum_{\substack{i,j\\(i,j)\neq(l,k)}} \rho_i M\left(\lambda_{i,l,k}-\beta_{i,l,k}\right)\beta_{i,i,j}\mu_{i,j}^2$$

其中，

$$\beta_{i,l,k} = \frac{\lambda_{i,l,k}^2}{\sum_{l=1}^{L}\lambda_{i,l,k}+\gamma_{\mathrm{P}}}$$

$$\mu_{i,k} = \left(\frac{M\sum_{l=1}^{L}\lambda_{i,l,k}^2}{\sum_{l=1}^{L}\lambda_{i,l,k}+\gamma_{\mathrm{P}}} + \sum_{l=1}^{L}\sum_{k=1}^{K}\left(\lambda_{i,l,k}-\frac{\lambda_{i,l,k}^2}{\sum_{l=1}^{L}\lambda_{i,l,k}+\gamma_{\mathrm{P}}}\right)\right)^{-1}$$

另外，当天线个数趋于无穷时，

$$\rho_l \to \bar{\rho}_l = \frac{P_{\mathrm{T}}/M}{\sum_{k=1}^{K}\beta_{l,l,k}\mu_{l,k}^2}$$

将上式代入式（2-7），可得

$$C_{\mathrm{LB}}^{\mathrm{DL}} = \sum_{k=1}^{K}\log_2\left(1+\frac{\bar{\rho}_l M^2\left(\beta_{l,l,k}\mu_{l,k}\right)^2}{M^2\sum_{i\neq l}\bar{\rho}_i\beta_{i,l,k}\beta_{i,i,k}\mu_{i,k}^2 + M\sum_{i,j}\bar{\rho}_i\left(\lambda_{i,l,k}-\beta_{i,l,k}\right)\beta_{i,i,j}\mu_{i,j}^2+\gamma_{\mathrm{DL}}}\right)$$

同样，当天线个数趋于无穷时，上式可以进一步化简为

$$\hat{C}_{\mathrm{LB}}^{\mathrm{DL,inf}} \to \sum_{k=1}^{K}\log_2\left(1+\frac{\bar{\rho}_l\left(\beta_{l,l,k}\mu_{l,k}\right)^2}{\sum_{i\neq l}\bar{\rho}_i\beta_{i,l,k}\beta_{i,i,k}\mu_{i,k}^2}\right)$$

我们仍然可以得到类似上行链路的结论，即在非理想信道信息下，对于多小区多用户 MIMO 下行传输，当基站天线个数趋于无穷大时，多用户之间的干扰仅剩下邻小区采用相同导频的用户的干扰。

2.2.4 Massive MIMO 的容量仿真

在这一节，将给出存在导频污染情况下，针对 Massive MIMO 采用 MMSE

检测及 MMSE 下行预编码时系统频谱效率的仿真分析，并将仿真结果与理论分析相比较，以验证前面的理论分析。仿真场景设置如下：7 个小区，小区半径归一化为 1，用户最小接入距离归一化为 0.03，小区间距离归一化为 $\sqrt{3}$，假设路径损耗因子为 3.7，不考虑阴影衰落。K 个用户均匀分布在小区中。我们假设系统中有 K 个正交导频，L 个小区复用该导频序列组。仿真中考虑了导频的开销，假设资源块的大小固定，因此用户数目的增加意味着导频开销的增加，数据传输比例的降低。在所有仿真中，导频符号功率与数据相同，基站的发射功率为 20W，业务类型采用了 Full Buffer 模型。

图 2-3 到图 2-6 表明当基站端天线数较大时，理论结果与仿真比较吻合，Massive MIMO 系统的容量可由大尺度衰落近似，快衰落对容量的影响较小。图 2-3 中，系统容量随着基站端的天线数的增加而增大，仿真结果与理论值之间的误差随着天线数的增加而减小。理论上，天线数趋于无穷时，仿真结果应无限趋于理论值。图 2-4 所示为 Massive MIMO 系统容量随着 SNR 的变化，从中可以看到容量随着 SNR 的增加而增大。由于导频污染和小区间干扰的存在，当 SNR 较大时，系统容量进入饱和区，不再随着 SNR 的持续增加而增大。

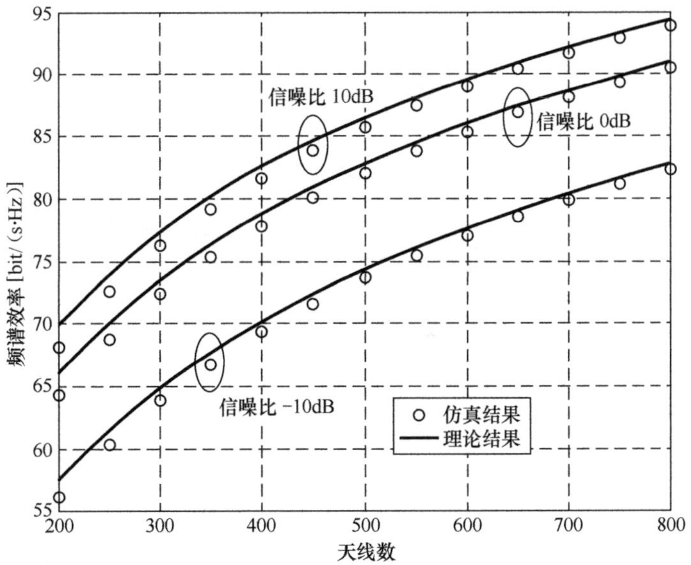

图 2-3　不同信噪比下，Massive MIMO 的上行容量随天线数的变化

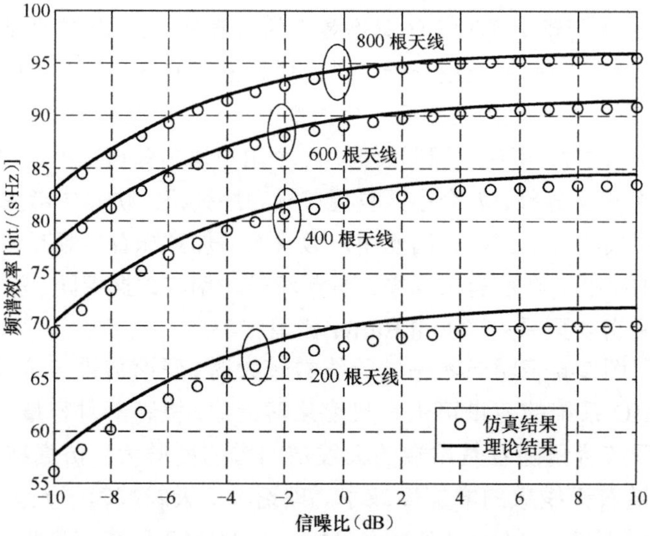

图 2-4　不同天线数下，Massive MIMO 的上行容量随 SNR 的变化

图 2-5 和图 2-6 表明采用 RZF 下行预编码时，系统容量的仿真值与理论值的对比。从图中可看出，随着天线数的增加，系统下行链路的容量稳定增长。由于用户数量会影响信道估计及小区间干扰，因此用户数的增加并不一定引起容量的增大。如图 2-6 所示，K=60 时系统容量始终小于 K =18 及 K =36 时系统的容量。且图 2-6 直观地表明了采用 RZF 预编码时，Massive MIMO 系统存在可支持的最优用户数，在以上仿真条件下，最优的用户数大约为 35。

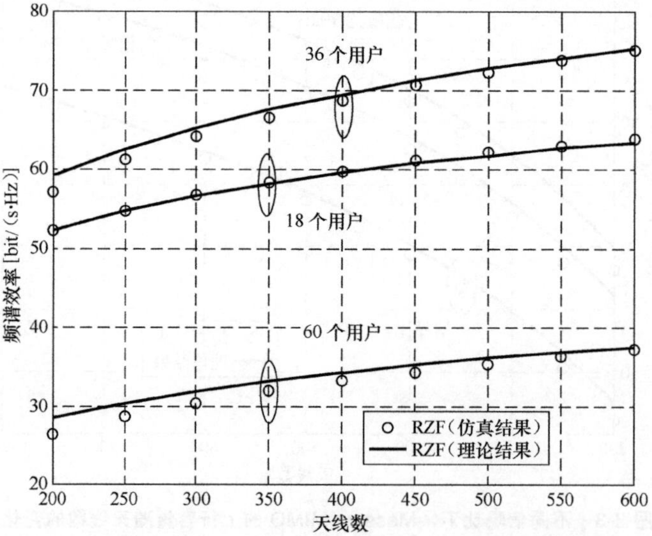

图 2-5　用户数不同时，Massive MIMO 的下行容量随天线数的变化

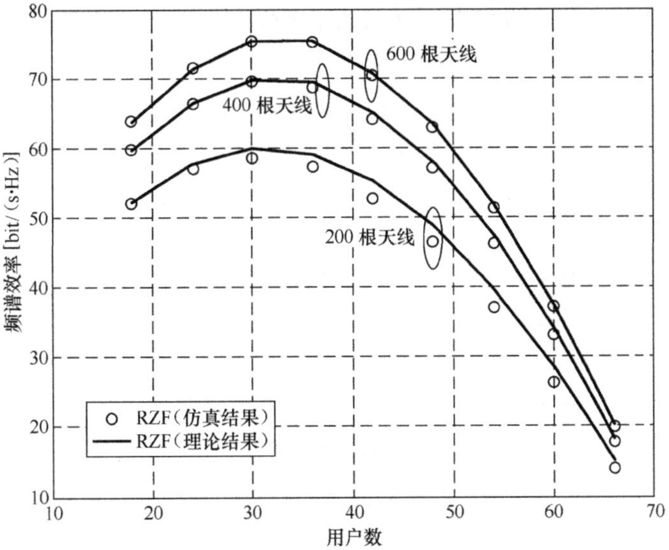

图 2-6　天线数不同时，Massive MIMO 的下行容量随用户数的变化

2.3 Massive MIMO 系统容量的最新研究进展

在这一部分，将对实际应用中对大规模天线系统性能有影响的一些因素进行研究和分析。首先，面对复杂的无线信道环境，如存在直射路径的莱斯衰落信道、相关衰落，以及终端移动下信道变化较快，需要评估大规模天线系统的性能影响；其次，随着 Massive MIMO 的工程实用化，还需要考虑硬件的非理想因素对系统性能的影响，如 TDD 系统中非理想的互易性对容量的影响分析；最后，还将评估大规模天线蜂窝系统的系统级容量，分析系统参数与蜂窝的单位面积容量之间的关系。

2.3.1 莱斯衰落信道下 Massive MIMO 的容量

前面我们介绍了大规模天线在独立同分布的瑞利信道下的容量性能。但是，实际系统中，由于基站设备的体积受限，阵列中阵元之间的间距较小，通常为半波长。因此，基站侧天线间存在较高的相关性。另一方面，考虑到用户与基站之间可能存在视线（LOS，Line of Sight）传播，通常用莱斯衰落信道模型建模。因此需要综合考虑天线之间的相关性以及莱斯衰落下大规模天线的容量。与前面场景类似，分析中需要考虑导频资源的约束。

本节对莱斯衰落信道条件下上行 Massive MIMO 系统频谱的有效性展开研究，分别讨论了两种信道估计方案下的频谱有效性：第一种方案为基于导频辅助的线性 MMSE 信道估计，该方案会导致导频污染问题；第二种方案为了避免导频污染，类似于文献[18]，采用统计信道信息，利用信道的一阶统计信息作为信道估值，对于莱斯衰落信道模型，将散射分量视为干扰，以 LOS 分量作为信道估值进行接收机算法设计。

1. 信号模型

本节以上行链路为例，其系统模型与 2.2 节相同。为了简化数学描述，假设小区 1 为观测小区。因此，式（2-1）重新写为

$$\boldsymbol{y}=\boldsymbol{G}_1\boldsymbol{x}_1+\sum_{l=2}^{L}\boldsymbol{G}_l\boldsymbol{x}_l+\boldsymbol{z}$$

对于目标小区的用户终端，因到达目标基站的距离较近，所以其与服务基站间的快衰落建模为两部分：由视线（LOS）传播产生的确定分量和瑞利分布产生的随机分量（对应散射、衍射和反射信号的叠加）。对于干扰小区的用户，因到达目标基站的距离较长，其间大量障碍物的散射、衍射、反射使直达径分量不复存在。据此，信道快衰落部分可建模为

$$\boldsymbol{H}_l=\begin{cases}\bar{\boldsymbol{H}}_1\left[\boldsymbol{\Omega}\left(\boldsymbol{\Omega}+\boldsymbol{I}_K\right)^{-1}\right]^{\frac{1}{2}}+\hat{\boldsymbol{H}}_1\left[\left(\boldsymbol{\Omega}+\boldsymbol{I}_K\right)^{-1}\right]^{\frac{1}{2}} & l=1\\ \hat{\boldsymbol{H}}_l & l\neq 1\end{cases}$$

其中 $\bar{\boldsymbol{H}}_1$ 为 LOS 分量，对应元素 $\left[\bar{\boldsymbol{H}}_1\right]_{n,k}=\mathrm{e}^{-\mathrm{j}(n-1)\frac{2\pi d}{\lambda}\sin\theta_k}$，$d$ 为基站端天线间距，λ 为信号波长，$\theta_k\sim\left[-\pi/2,\pi/2\right]$为目标小区第 k 个用户的到达角。$\hat{\boldsymbol{H}}_l$ 代表了不同小区终端到达目标基站的瑞利分布快衰落部分，满足标准复高斯分布。$\boldsymbol{\Omega}$为对角阵，第 k 个对角线元素$\Omega_{k,k}=\vartheta_k$为目标小区用户 k 的莱斯因子，ϑ_k代表确定分量与衰落分量能量之比，ϑ_k越大，信道越趋于确定。考虑基站端天线相关性，并假设所有用户到目标基站的相关性一样，即总的信道矩阵为

$$\boldsymbol{G}_l=\begin{cases}\bar{\boldsymbol{G}}_1\left[\boldsymbol{\Omega}\left(\boldsymbol{\Omega}+\boldsymbol{I}_K\right)^{-1}\right]^{\frac{1}{2}}+\hat{\boldsymbol{G}}_1\left[\left(\boldsymbol{\Omega}+\boldsymbol{I}_K\right)^{-1}\right]^{\frac{1}{2}} & l=1\\ \hat{\boldsymbol{G}}_l & l\neq 1\end{cases}$$

其中

$$\bar{\boldsymbol{G}}_1=\left[\bar{\boldsymbol{g}}_{1,1},\bar{\boldsymbol{g}}_{1,2},\cdots,\bar{\boldsymbol{g}}_{1,K}\right]=\bar{\boldsymbol{H}}_1\boldsymbol{\Lambda}_1^{\frac{1}{2}}$$

$$\hat{\boldsymbol{G}}_l=\left[\hat{\boldsymbol{g}}_{l,1},\hat{\boldsymbol{g}}_{l,2},\cdots,\hat{\boldsymbol{g}}_{l,K}\right]=\boldsymbol{R}^{\frac{1}{2}}\hat{\boldsymbol{H}}_l\boldsymbol{\Lambda}_l^{\frac{1}{2}}$$

其中，$\boldsymbol{\Lambda}_l \triangleq \mathrm{diag}\{[\lambda_{l,1},\cdots,\lambda_{l,K}]\}$，$\lambda_{l,K}$ 代表大尺度衰落系数，$\boldsymbol{R}$ 为基站端相关矩阵，且 $\boldsymbol{R}$ 具有如下性质：（1）正定；（2）$\mathrm{tr}(\boldsymbol{R})=M$；（3）具有均匀有界谱范数。

2. 基于 MRC 接收机的信干噪比分析

假设用户终端及目标基站知道准确的 LOS 确定分量及莱斯因子矩阵 $\boldsymbol{\Omega}$，仅需要考虑瑞利衰落的信道估计。考虑仍然采用 2.2.2 节的导频复用方法和 MMSE 信道估计方法。根据文献[19]，定义经过信道估计后的信道矩阵建模为

$$\hat{\boldsymbol{g}}_{l,k}=\begin{cases}\dfrac{\lambda_{1,k}\boldsymbol{R}}{\vartheta_k+1}\boldsymbol{Q}_k^{\frac{1}{2}}\hat{\boldsymbol{h}}_k+\dfrac{\sqrt{\vartheta_k}}{\sqrt{\vartheta_k+1}}\bar{\boldsymbol{g}}_{1,k} & l=1\\ \lambda_{l,k}\boldsymbol{R}\boldsymbol{Q}_k^{\frac{1}{2}}\hat{\boldsymbol{h}}_k & l\neq 1\end{cases}$$

其中，

$$\boldsymbol{Q}_k=\left(\frac{\lambda_{1,k}\boldsymbol{R}}{\vartheta_k+1}+\sum_{l=2}^{L}\lambda_{l,k}\boldsymbol{R}+\gamma_{\mathrm{P}}\boldsymbol{I}_M\right)^{-1}$$

$$\hat{\boldsymbol{h}}_k\sim\mathcal{CN}\left(\boldsymbol{0},\boldsymbol{I}_M\right)$$

定义，$\tilde{\boldsymbol{g}}_{1,k}\triangleq\boldsymbol{g}_{1,k}-\hat{\boldsymbol{g}}_{1,k}$，根据 MMSE 估计的正交性，估计误差的协方差矩阵为

$$\mathrm{cov}\left(\tilde{\boldsymbol{g}}_{l,k},\tilde{\boldsymbol{g}}_{l,k}\right)=\begin{cases}\dfrac{\lambda_{1,k}\boldsymbol{R}}{\vartheta_k+1}-\left(\dfrac{\lambda_{1,k}}{\vartheta_k+1}\right)^2\boldsymbol{R}\boldsymbol{Q}_k\boldsymbol{R} & l=1\\ \lambda_{l,k}\boldsymbol{R}-\lambda_{l,k}^2\boldsymbol{R}\boldsymbol{Q}_k\boldsymbol{R} & l\neq 1\end{cases}$$

用信道估计的结果表示观测信号，则有

$$\boldsymbol{y}=\sum_{i=1}^{K}\hat{\boldsymbol{g}}_{1,i}x_{1,i}+\sum_{i=1}^{K}\tilde{\boldsymbol{g}}_{1,i}x_{1,i}+\sum_{l=2}^{L}\sum_{i=1}^{K}\hat{\boldsymbol{g}}_{l,i}x_{l,i}+\sum_{l=2}^{L}\sum_{i=1}^{K}\tilde{\boldsymbol{g}}_{l,i}x_{l,i}+\boldsymbol{z}$$

考虑线性检测方案，即目标基站通过计算接收信号与线性滤波器 $\boldsymbol{c}_k=\hat{\boldsymbol{g}}_{1,k}^{\mathrm{H}}$ 的内积来估计所服务小区内第 k 个用户的信号。当采用最大比合并 MRC 滤波器时，第 k 个用户的信干噪比可以表示为

$$\varGamma_k=\frac{\left|\hat{\boldsymbol{g}}_{1,k}^{\mathrm{H}}\hat{\boldsymbol{g}}_{1,k}\right|^2}{\hat{\boldsymbol{g}}_{1,k}^{\mathrm{H}}\left(\sum_{l=1}^{L}\sum_{i\neq k}^{K}\hat{\boldsymbol{g}}_{l,i}\hat{\boldsymbol{g}}_{l,i}^{\mathrm{H}}+\sum_{l=1}^{L}\sum_{i=1}^{K}\tilde{\boldsymbol{g}}_{l,i}\tilde{\boldsymbol{g}}_{l,i}^{\mathrm{H}}+\gamma_{\mathrm{UL}}\boldsymbol{I}_M+\sum_{l=2}^{L}\hat{\boldsymbol{g}}_{l,k}\hat{\boldsymbol{g}}_{l,k}^{\mathrm{H}}\right)\hat{\boldsymbol{g}}_{1,k}}$$

利用式（2-2），我们推导出信干噪比可以近似表示为[19]

$$\varGamma_k=\frac{S_{\mathrm{LOS},k}+S_{w,k}}{I_{\mathrm{LOS},k}+I_{w,k}}$$

其中，

$$S_{\mathrm{LOS},k}=\frac{\lambda_{1,k}^2}{\left(\vartheta_k+1\right)^2}\left[2\frac{\vartheta_k}{\vartheta_k+1}\left(M\lambda_{1,k}\sum_{n=1}^{M}\delta_{k,n}^2+\overline{\boldsymbol{g}}_{1,k}^{\mathrm{H}}\boldsymbol{U}\boldsymbol{\Delta}_k^2\boldsymbol{U}^{\mathrm{H}}\overline{\boldsymbol{g}}_{1,k}\right)+\vartheta_k^2M^2\right]$$

$$S_{w,k}=\frac{\lambda_{1,k}^2}{\left(\vartheta_k+1\right)^2}\left\{\left(\frac{\lambda_{1,k}}{\vartheta_k+1}\right)^2\left[\sum_{n=1}^{M}\delta_{k,n}^4+\left(\sum_{n=1}^{M}\delta_{k,n}^2\right)^2\right]\right\}$$

$$I_{w,k}=\frac{\lambda_{1,k}^2}{\left(\vartheta_k+1\right)^2}\left\{\sum_{n=1}^{M}a_n\delta_{k,n}^2+\sum_{l=2}^{L}\lambda_{l,k}^2\left[\sum_{n=1}^{M}\delta_{k,n}^4+\left(\sum_{n=1}^{M}\delta_{k,n}^2\right)^2\right]+\gamma_{\mathrm{UL}}\sum_{n=1}^{M}\delta_{k,n}^2\right\}$$

$$I_{\mathrm{LOS},k}=\frac{\vartheta_k}{\vartheta_k+1}\overline{\boldsymbol{g}}_{1,k}^{\mathrm{H}}\left[\boldsymbol{U}\boldsymbol{B}\boldsymbol{U}^{\mathrm{H}}+\sum_{i\neq k}^{K}\left(\frac{\vartheta_i}{\vartheta_i+1}\overline{\boldsymbol{g}}_{1,i}\overline{\boldsymbol{g}}_{1,i}^{\mathrm{H}}\right)\right]\overline{\boldsymbol{g}}_{1,k}$$
$$+\frac{1}{\left(\vartheta_k+1\right)^2}\left[\lambda_{1,k}^2\sum_{i\neq k}^{K}\left(\frac{\vartheta_i}{\vartheta_i+1}\overline{\boldsymbol{g}}_{1,i}^{\mathrm{H}}\boldsymbol{U}\boldsymbol{\Delta}_k^2\boldsymbol{U}^{\mathrm{H}}\overline{\boldsymbol{g}}_{1,i}\right)+\gamma_{\mathrm{UL}}\vartheta_k\left(\vartheta_k+1\right)M\lambda_{1,k}\right]$$

其中，$\boldsymbol{R}=\boldsymbol{U}\boldsymbol{D}\boldsymbol{U}^{\mathrm{H}}$，$\boldsymbol{D}=\mathrm{diag}\left(d_1,\cdots,d_M\right)$，对角阵为：

$$\delta_{k,n}\triangleq\left[\boldsymbol{\Delta}_k\right]_{n,n}=\frac{d_n}{\sqrt{\frac{\lambda_{1,k}d_n}{\vartheta_k+1}+\sum_{l=2}^{L}\lambda_{l,k}d_n+\gamma_{\mathrm{P}}}}$$

$$\boldsymbol{A}=\sum_{i=1}^{K}\left(\frac{\lambda_{1,i}\boldsymbol{D}}{\vartheta_i+1}\right)+\sum_{l=2}^{L}\sum_{i=1}^{K}\lambda_{l,i}\boldsymbol{D}-\left(\frac{\lambda_{1,k}}{\vartheta_k+1}\right)^2\boldsymbol{\Delta}_k^2-\sum_{l=2}^{L}\lambda_{l,k}^2\boldsymbol{\Delta}_k^2$$

$$\boldsymbol{B}\triangleq\boldsymbol{A}+\boldsymbol{\Delta}_k^2\sum_{l=2}^{L}\lambda_{l,k}^2$$

当基站天线数趋于无穷时，目标小区第 k 个用户的接收信干噪比将趋于式（2-8）[19]

$$\varGamma_k^{\infty}=\frac{1}{\sum_{l=2}^{L}\lambda_{l,k}^2}\left(\frac{\lambda_{1,k}}{\vartheta_k+1}+\frac{M\vartheta_k}{\sum_{n=1}^{M}\delta_{k,n}^2}\right)^2 \tag{2-8}$$

可知当基站天线数趋于无穷时，不相关的干扰和噪声被完全消除，仅存的干扰分量来自于使用相同导频的其他小区用户。目标用户信号功率包含 LOS 分量和瑞利衰落分量，当 $\vartheta_k=0$ 时，$\varGamma_k^{\infty}$ 与瑞利衰落信道的结论一致。

下面我们来分析一下 LOS 分量对用户 $\varGamma_k^{\infty}$ 的影响。令

$$x\triangleq\frac{\lambda_{1,k}}{\vartheta_k+1}+y$$

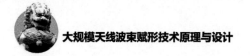

$$y \triangleq \frac{M\vartheta_k}{\sum_{n=1}^{M}\frac{d_n^2}{\frac{\lambda_{1,k}d_n}{\vartheta_k+1}+d_n\sum_{l=2}^{L}\lambda_{l,k}+\gamma_{\mathrm{P}}}}$$

对 y 进行一些代数运算，得

$$y=\frac{1}{\sum_{n=1}^{M}\frac{d_n^2/M}{\frac{\vartheta_k\lambda_{1,k}d_n}{\vartheta_k+1}+\vartheta_k\left(\sum_{l=2}^{L}\lambda_{l,k}d_n+\gamma_{\mathrm{P}}\right)}}$$

通过该表达式可看出 ϑ_k 增大，y 增大。y 的增大可看成由 $\frac{\vartheta_k\lambda_{1,k}d_n}{\vartheta_k+1}$ 和 $\vartheta_k\left(\sum_{l=2}^{L}\lambda_{l,k}d_n+\gamma_{\mathrm{P}}\right)$ 两部分的增大共同完成。又

$$\frac{1}{\sum_{n=1}^{M}\frac{d_n^2/M}{\frac{\vartheta_k\lambda_{1,k}d_n}{\vartheta_k+1}+\vartheta_k\left(\sum_{l=2}^{L}\lambda_{l,k}d_n+\gamma_{\mathrm{P}}\right)}} \geqslant \frac{1}{\sum_{n=1}^{M}\frac{d_n^2/M}{\frac{\vartheta_k\lambda_{1,k}d_n}{\vartheta_k+1}}}=\frac{\vartheta_k\lambda_{1,k}}{\vartheta_k+1}$$

所以 x 随 ϑ_k 的增大而增大，即目标用户信道的直达径分量提升了该用户的信噪比。

由式（2-8）可知目标用户信号功率中 LOS 分量的大小与基站端天线相关性有关，而瑞利衰落分量的大小与基站端天线相关性无关，因为，

$$\frac{1}{\frac{\lambda_{1,k}}{\vartheta_k+1}+\sum_{l=2}^{L}\lambda_{l,k}} > \frac{\sum_{n=1}^{M}\delta_{k,n}^2}{M} \geqslant \frac{1}{\frac{\lambda_{1,k}}{\vartheta_k+1}+\sum_{l=2}^{L}\lambda_{l,k}+\gamma_{\mathrm{P}}}$$

当导频功率较大时，接收端天线相关性对上行极限和速率的影响非常小；当 $\gamma_{\mathrm{P}}\to 0$ 时，

$$\delta_{k,n}^2 \to \frac{d_n}{\left(\frac{\lambda_{1,k}}{\vartheta_k+1}+\sum_{l=2}^{L}\lambda_{l,k}\right)}$$

从而

$$\frac{1}{M}\sum_{n=1}^{M}\delta_{k,n}^2 \to \frac{1}{\frac{\lambda_{1,k}}{\vartheta_k+1}+\sum_{l=2}^{L}\lambda_{l,k}}$$

与基站端天线相关性无关，即当进行 LMMSE 信道估计时，若噪声功率为

零，在天线个数无穷大时，接收端信噪比与基站端相关性无关。

当 $\boldsymbol{R}=\boldsymbol{I}$ 时，Γ_k^{∞} 变为如下形式。

$$\Gamma_k^{\infty}=\frac{\left[\lambda_{1,k}+\vartheta_k\left(\sum_{l=2}^{L}\lambda_{l,k}+\gamma_{\mathrm{P}}\right)\right]^2}{\sum_{l=2}^{L}\lambda_{l,k}^2}$$

该式与文献[18]一致，且该表达式清晰地告诉我们目标用户信道的直达径分量提升了该用户的信噪比。

当所有用户的莱斯因子相同且趋于无穷大时，用户信干噪比由式（2-9）给出

$$\Gamma_k\to\frac{\lambda_{1,k}M^2}{\sum_{l=2}^{L}\sum_{i=1}^{K}\frac{\lambda_{l,i}}{\lambda_{1,k}}\overline{\boldsymbol{g}}_{1,k}^{\mathrm{H}}\boldsymbol{R}\overline{\boldsymbol{g}}_{1,k}+\sum_{i\neq k}^{K}\lambda_{1,i}\left|\rho_{k,i}\right|^2+\gamma_{\mathrm{UL}}M}\tag{2-9}$$

其中

$$\rho_{k,i}=\frac{1-\mathrm{e}^{\mathrm{j}M\varphi_{ki}}}{1-\mathrm{e}^{\mathrm{j}\varphi_{ki}}}$$

$$\varphi_{ki}=\frac{2\pi d}{\lambda}\left(\sin\theta_k-\sin\theta_i\right)$$

该表达式与后文基于 LOS 分量的信道估计所得的信干噪比一致。它说明目标用户的信号功率随着基站端天线数目的平方增加，其他小区的用户干扰和噪声功率随着基站端天线数目线性增加。因为

$$d_{\min}M\lambda_{1,k}\leqslant\overline{\boldsymbol{g}}_{1,k}^{\mathrm{H}}\boldsymbol{R}\overline{\boldsymbol{g}}_{1,k}\leqslant d_{\max}M\lambda_{1,k}$$

所以可令

$$\overline{\boldsymbol{g}}_{1,k}^{\mathrm{H}}\boldsymbol{R}\overline{\boldsymbol{g}}_{1,k}=\xi M\lambda_{1,k}$$

$\xi>0$ 且为有限值，与基站端天线相关性有关。当天线趋于无穷大时，噪声干扰、其他小区用户干扰及目标小区其他用户的干扰逐渐消除。这意味着当莱斯因子逐渐增大，只要我们将所有用户的 LOS 分量精确估计，导频污染的影响逐渐减弱，目标用户速率随基站天线数的增加逐渐呈线性增加趋势。

3. 接收机仅知 LOS 分量时信干噪比性能分析

将接收信号 $\boldsymbol{y}$ 重新表示为如下形式。

$$\boldsymbol{y}=\sum_{i=1}^{K}\frac{\sqrt{\vartheta_i}}{\sqrt{\vartheta_i+1}}\overline{\boldsymbol{g}}_{1,i}x_{1,i}+\sum_{i=1}^{K}\frac{\widehat{\boldsymbol{g}}_{1,i}x_{1,i}}{\sqrt{\vartheta_i+1}}+\sum_{l=2}^{L}\sum_{i=1}^{K}\boldsymbol{g}_{l,i}x_{l,i}+\boldsymbol{z}$$

假设目标基站知道准确的 LOS 分量及莱斯因子矩阵 $\boldsymbol{\Omega}$，将信道散射分量视为干扰，接收机根据 LOS 分量进行 MRC 接收，即第 k 个用户的最大比合并 MRC

滤波器为 $\overline{\boldsymbol{g}}_{1,k}^{\mathrm{H}}$。根据 Jenson 不等式，第 k 个用户的频谱效率的下界可以表示为

$$R_k = \log_2\left(1+\hat{\Gamma}_k\right)$$

其中，

$$\hat{\Gamma}_k = \frac{\frac{\vartheta_k}{\vartheta_k+1}\left|\overline{\boldsymbol{g}}_{1,k}^{\mathrm{H}}\overline{\boldsymbol{g}}_{1,k}\right|^2}{\varepsilon\left[\overline{\boldsymbol{g}}_{1,k}^{\mathrm{H}}\left(\frac{\widehat{\boldsymbol{g}}_{1,k}\widehat{\boldsymbol{g}}_{1,k}^{\mathrm{H}}}{\vartheta_k+1}+\sum_{i\neq k}^{K}\boldsymbol{g}_{1,i}\boldsymbol{g}_{1,i}^{\mathrm{H}}+\sum_{l=2}^{L}\sum_{i=1}^{K}\boldsymbol{g}_{l,i}\boldsymbol{g}_{l,i}^{\mathrm{H}}+\gamma_{\mathrm{UL}}\boldsymbol{I}_M\right)\overline{\boldsymbol{g}}_{1,k}\right]}$$

根据如下统计特性

$$\left|\overline{\boldsymbol{g}}_{1,k}^{\mathrm{H}}\overline{\boldsymbol{g}}_{1,k}\right|^2 = \left(\lambda_{1,k}M\right)^2$$

$$\varepsilon\left[\overline{\boldsymbol{g}}_{1,k}^{\mathrm{H}}\frac{\widehat{\boldsymbol{g}}_{1,k}\widehat{\boldsymbol{g}}_{1,k}^{\mathrm{H}}}{\vartheta_k+1}\overline{\boldsymbol{g}}_{1,k}\right] = \frac{\lambda_{1,k}\overline{\boldsymbol{g}}_{1,k}^{\mathrm{H}}\boldsymbol{R}\overline{\boldsymbol{g}}_{1,k}}{\vartheta_k+1}$$

$$\varepsilon\left[\overline{\boldsymbol{g}}_{1,k}^{\mathrm{H}}\left(\sum_{l=2}^{L}\sum_{i=1}^{K}\boldsymbol{g}_{l,i}\boldsymbol{g}_{l,i}^{\mathrm{H}}\right)\overline{\boldsymbol{g}}_{1,k}\right] = \left(\sum_{l=2}^{L}\sum_{i=1}^{K}\lambda_{l,i}\right)\overline{\boldsymbol{g}}_{1,k}^{\mathrm{H}}\boldsymbol{R}\overline{\boldsymbol{g}}_{1,k}$$

$$\varepsilon\left[\overline{\boldsymbol{g}}_{1,k}^{\mathrm{H}}\left(\sum_{i\neq k}^{K}\boldsymbol{g}_{1,i}\boldsymbol{g}_{1,i}^{\mathrm{H}}\right)\overline{\boldsymbol{g}}_{1,k}\right] = \lambda_{1,k}\sum_{i\neq k}^{K}\frac{\vartheta_i\lambda_{1,i}}{\vartheta_i+1}\left|\rho_{k,i}\right|^2+\sum_{i\neq k}^{K}\frac{\lambda_{1,i}\overline{\boldsymbol{g}}_{1,k}^{\mathrm{H}}\boldsymbol{R}\overline{\boldsymbol{g}}_{1,k}}{\vartheta_i+1}$$

因此，

$$\hat{\Gamma}_k = \frac{\frac{\vartheta_k}{\vartheta_k+1}\left(\lambda_{1,k}M\right)^2}{\left(\sum_{i=1}^{K}\frac{\lambda_{1,i}}{\vartheta_i+1}+\sum_{l=2}^{L}\sum_{i=1}^{K}\lambda_{l,i}\right)\overline{\boldsymbol{g}}_{1,k}^{\mathrm{H}}\boldsymbol{R}\overline{\boldsymbol{g}}_{1,k}+\lambda_{1,k}\sum_{i\neq k}^{K}\frac{\vartheta_i\lambda_{1,i}}{\vartheta_i+1}\left|\rho_{k,i}\right|^2+\gamma_{\mathrm{UL}}\lambda_{1,k}M}$$

当 $\vartheta_i=\vartheta_k\to\infty$ 时，

$$\hat{\Gamma}_k \to \frac{\lambda_{1,k}^2 M^2}{\sum_{l=2}^{L}\sum_{i=1}^{K}\lambda_{l,i}\overline{\boldsymbol{g}}_{1,k}^{\mathrm{H}}\boldsymbol{R}\overline{\boldsymbol{g}}_{1,k}+\lambda_{1,k}\sum_{i\neq k}^{K}\lambda_{1,i}\left|\rho_{k,i}\right|^2+\lambda_{1,k}M}$$

可以看到，这与式（2-8）的结果相同。当天线数较大时，我们有

$$\hat{\Gamma}_k \to \frac{\frac{\vartheta_k}{\vartheta_k+1}\lambda_{1,k}^2 M}{\left(\sum_{i=1}^{K}\frac{\lambda_{1,i}}{\vartheta_i+1}+\sum_{l=2}^{L}\sum_{i=1}^{K}\lambda_{l,i}\right)\frac{\overline{\boldsymbol{g}}_{1,k}^{\mathrm{H}}\boldsymbol{R}\overline{\boldsymbol{g}}_{1,k}}{M}+\gamma_{\mathrm{UL}}\lambda_{1,k}}$$

同样地，因为 $\overline{\boldsymbol{g}}_{1,k}^{\mathrm{H}}\boldsymbol{R}\overline{\boldsymbol{g}}_{1,k}=\xi M\lambda_{1,k}$，$\xi>0$ 为有限值，我们可以看到目标用户信号的 LOS 分量承载的功率随着基站天线数的增加而线性增加，而目标小区和干扰小区用户信号瑞利信道承载的功率与基站天线数无关。当 $\boldsymbol{R}=\boldsymbol{I}_M$ 时，上式可以进一步写为

$$\hat{\Gamma}_k \to \frac{\frac{\vartheta_k}{\vartheta_k+1}\lambda_{1,k}M}{\sum_{i=1}^{K}\frac{\lambda_{1,i}}{\vartheta_i+1}+\sum_{l=2}^{L}\sum_{i=1}^{K}\lambda_{l,i}+\gamma_{\mathrm{UL}}}$$

可以看到，当以 LOS 分量为接收机的信道状态信息，随着天线数的增加，目标用户的信干噪比与天线数呈线性关系。因此，在莱斯信道下，精确估计 LOS 分量极其重要。

4. **数值仿真**

小区环境仿真假设与 2.2.4 节相同，将 K=10 个用户均匀分布在以各自服务基站为圆心，半径为 2/3 的圆周上，基站端相关矩阵模型采用常用的指数模型。假设目标小区所有用户终端具有相同的莱斯因子，基站端天线间距与电磁波波长之比为 0.5，除非特别声明，用户到达角在 $\left[-\frac{\pi}{2},\frac{\pi}{2}\right)$ 内均匀分布，即 $\theta_k=\frac{\pi(k-1)}{K}-\frac{\pi}{2}, k=1,\cdots,K$，信道相干时间 T=196T_s，T_s=66.67ms。

从图 2-7 中可以看到，理论分析与仿真结果非常吻合，上行和速率随着莱斯因子的增大而增大，莱斯衰落信道环境所对应的系统和速率高于瑞利衰落信道的和速率。

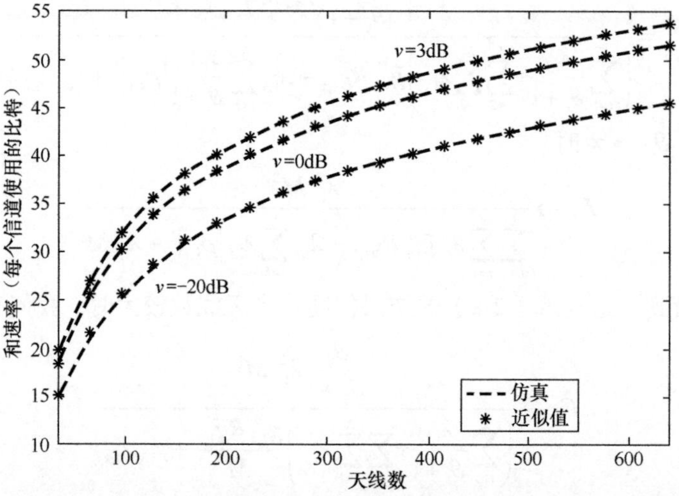

图 2-7　不同莱斯因子上行和速率随基站天线数 M 的关系（LMMSE 信道估计）

从图 2-8 中可以看到，直接以 LOS 分量为信道估计时的极限速率随着天线数呈线性增长趋势。在莱斯因子较强的情况下，随着天线数的增加，直接以 LOS

分量为信道估计的上行速率与基于导频辅助的 LMMSE（Linear Minimum Mean Squared Error）信道估计的上行速率的差距逐渐缩小，当天线数更多时，直接以 LOS 分量为信道估计的上行速率性能将好于基于导频辅助的 LMMSE 信道估计的性能。

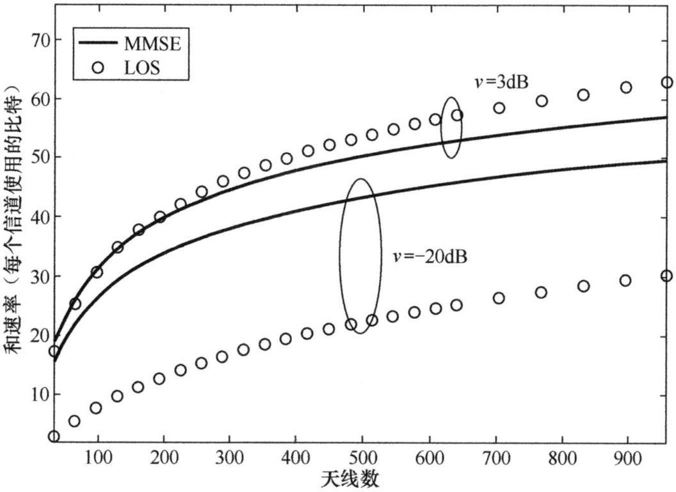

图 2-8 LOS 信道估计上行和速率随基站天线数 M 的关系（LMMSE 信道估计）

2.3.2 时变信道下 Massive MIMO 容量分析

随着高速铁路和高速公路场景下高数据传输速率业务需求的增加，如何提升高移动性下高数据传输速率问题成为移动通信的难点问题之一。为了解决高速移动场景下数据传输速率的瓶颈问题，采用大规模天线是主要的解决途径。因此，本节从理论上分析 Massive MIMO 在时变信道下的性能。

在高速移动场景下，由于移动终端与无线信道中的散射环境之间的相对运动，不同时刻到达接收端的信号经历不同程度的衰落，即信道的时间选择性衰落，使得信道时变性加剧，从而使得基站端实际获得的信道估计容易形成误差，这将对大规模天线系统性能带来影响。

本节中，分析了信道时变环境下 Massive MIMO 的性能，推导导频污染及信道延迟共存时等效信道的表达式，根据该等效信道模型推导了多小区多用户 MIMO 系统采用 MMSE 线性接收机时上行和速率下界的闭合表达式，并给出当基站天线数趋于无穷大时该下界的渐进表达式，利用该渐进表达式分析了信道延迟对系统和速率的影响，并给出了当基站天线数与用户数之比趋于无穷时上行和速率的极限表达式。

1. 信号模型

基于图 2-2 所示的场景，考虑信道的时变特性，将上行链路建模为

$$\boldsymbol{y}(t)=\boldsymbol{G}_1(t)\boldsymbol{x}_l(t)+\sum_{l\neq 1}^{L}\boldsymbol{G}_l(t)\boldsymbol{x}_l(t)+\boldsymbol{z}(t)$$

其中，

$$\boldsymbol{G}_l(t)=\boldsymbol{R}_l^{\frac{1}{2}}\boldsymbol{H}_l(t)\boldsymbol{\Lambda}_l^{\frac{1}{2}} \tag{2-10}$$

其第 k 列信道向量建模为如下形式

$$\boldsymbol{g}_{l,k}(t)\triangleq\sqrt{cd_{l,k}^{-\alpha}s_{l,k}}\,\boldsymbol{R}_l^{\frac{1}{2}}\boldsymbol{h}_{l,k}(t)$$

$\boldsymbol{R}_l$ 表示基站侧的相关矩阵；$\boldsymbol{h}_{l,k}(t)$ 是时变小尺度衰落，服从 Jakes 模型；多普勒扩展为 f_{d} 且满足

$$\rho_{l,k}(\tau)\triangleq E\left\{h_{l,m,k}^{*}(t)h_{l,m,k}(t+\tau)\right\}=J_0\left(2\pi f_d|\tau|T_{\mathrm{s}}\right)$$

其中，T_{s} 是符号间隔，$J_0(\cdot)$ 是第一类零阶贝塞尔函数。为了简化分析，考虑一阶预测模型，把小尺度瑞利衰落建模为

$$\boldsymbol{H}_l^{\tau}=\boldsymbol{H}_l\boldsymbol{\Theta}_l^{\tau}+\boldsymbol{Z}_l\tilde{\boldsymbol{\Theta}}_l^{\tau} \tag{2-11}$$

其中，$\boldsymbol{Z}_{l,i}$ 为每个元素服从均值为 0，方差为 1 的循环对称复高斯随机矩阵。

$$\boldsymbol{H}_l^{\tau}=\left[\boldsymbol{h}_{l,1}^{\tau}\cdots\boldsymbol{h}_{l,K}^{\tau}\right]$$

$$\boldsymbol{H}_l=\left[\boldsymbol{h}_{l,1}\cdots\boldsymbol{h}_{l,K}\right]$$

$$\boldsymbol{\Theta}_l^{\tau}=\mathrm{diag}\left\{\left[\rho_{l,1}^{\tau}\cdots\rho_{l,K}^{\tau}\right]\right\}$$

$$\tilde{\boldsymbol{\Theta}}_l^{\tau}=\mathrm{diag}\left\{\left[\sqrt{1-\left|\rho_l^{\tau}\right|^2}\cdots\sqrt{1-\left|\rho_l^{\tau}\right|^2}\right]\right\}$$

那么，在 τ 时刻，信道矩阵可以表示为

$$\boldsymbol{G}_l^{\tau}=\boldsymbol{G}_l\boldsymbol{\Theta}_l^{\tau}+\boldsymbol{Z}_{l,i}^{\tau} \tag{2-12}$$

其中，

$$\boldsymbol{Z}_l^{\tau}\triangleq\boldsymbol{R}_l^{\frac{1}{2}}\boldsymbol{Z}_l\tilde{\boldsymbol{\Theta}}_l^{\tau}\boldsymbol{\Lambda}_l^{\frac{1}{2}}$$

其协方差矩阵可以表示为

$$\varepsilon\left[\boldsymbol{Z}_l^{\tau}\left(\boldsymbol{Z}_l^{\tau}\right)^{\mathrm{H}}\right]=\left(\sum_{k=1}^{K}\lambda_{l,k}\left(1-\left|\rho_{l,k}^{\tau}\right|^2\right)\right)\boldsymbol{R}_{l,i}$$

基于多小区导频复用，采用 2.2.2 节的 MMSE 信道估计方法得到

$$G_l = \hat{G}_l + \tilde{G}_l \tag{2-13}$$

具体 $\hat{G}_l$ 以及 $\tilde{G}_l$ 的统计特性推导可以参考 2.2.2 节。

考虑信道的时变特性，根据式（2-10）~式（2-12），第 τ 时刻的信道矩阵建模为[20]

$$G_l^\tau = \hat{G}_l^\tau + \tilde{G}_l^\tau + Z_l^\tau \tag{2-14}$$

其中，$\hat{G}_{l,i}^\tau$ 表示 MMSE 信道估计后的信道矩阵，$\tilde{G}_{l,i}^\tau$ 表示信道估计误差，$Z_{l,i}^\tau$ 表示预测误差矩阵。

$$\lambda_{l,k}^\tau \triangleq \lambda_{l,k}\rho_{l,k}^\tau$$
$$\hat{H} \triangleq \left[\hat{h}_1 \cdots \hat{h}_K\right]$$
$$\Lambda_l^\tau \triangleq \operatorname{diag}\left\{\left[\lambda_{l,1}^\tau \cdots \lambda_{l,K}^\tau\right]\right\}$$
$$\hat{G}_l^\tau \triangleq \left[\hat{g}_{l,1}^\tau \cdots \hat{g}_{l,K}^\tau\right] = R_l \hat{H} \Lambda_l^\tau$$
$$\tilde{G}_l^\tau \triangleq \left[\tilde{g}_{l,1}^\tau \cdots \tilde{g}_{l,K}^\tau\right] = \tilde{G}_l \Theta_l^\tau$$

2. 容量分析

根据上述的等效模型，τ 时刻的接收信号重新建模为

$$y = \hat{G}_1^\tau x_1 + \sum_{i\neq 1}^{L} \hat{G}_i^\tau x_i + \sum_{i=1}^{L} \tilde{G}_i^\tau x_i + \sum_{i=1}^{L} Z_i^\tau x_i + z_1^{\mathrm{UL}}$$

根据该等效信号模型，当接收机采用 MMSE 时，和速率可以表示为

$$C^\tau = \log_2 \det\left(\sum_{i=1}^{L} \hat{G}_i^\tau \left(\hat{G}_i^\tau\right)^{\mathrm{H}} \left(\Sigma_i^\tau\right)^{-1} + I_M\right) - \log_2 \det\left(\sum_{i\neq 1}^{L} \hat{G}_i^\tau \left(\hat{G}_i^\tau\right)^{\mathrm{H}} \left(\Sigma_i^\tau\right)^{-1} + I_M\right)$$

其中，

$$\begin{aligned}\Sigma^\tau &= \operatorname{cov}\left(\sum_{i=1}^{L} \tilde{G}_i^\tau x_i + \sum_{i=1}^{L} Z_i^\tau x_i + z_1^{\mathrm{UL}}, \sum_{i=1}^{L} \tilde{G}_i^\tau x_i + \sum_{i=1}^{L} Z_i^\tau x_i + z_1^{\mathrm{UL}}\right) \\ &= \sum_{i=1}^{L}\left[\sum_{k=1}^{K} \lambda_{i,k} R_i - R_i \left(\sum_{k=1}^{K} \lambda_{i,k}^2 \left|\rho_{i,k}^\tau\right|^2 Q_{i,k}\right) R_i\right] + \gamma_{\mathrm{UL}} I_M\end{aligned}$$

当天线数目趋于无穷大时，根据文献[20]的结果，可以得到，

$$C^\tau - C_{\inf}^\tau \to 0$$

其中，

$$\begin{aligned}\hat{C}_{\inf}^\tau &= \sum_{k=1}^{K} \log_2\left[\frac{\det\left(\Xi_k + I_L\right)}{\det\left(\Xi_k' + I_{L-1}\right)}\right] \\ &= \sum_{k=1}^{K} \log_2\left[\xi_{1,1,k} + 1 - \left[\xi_{1,2,k} \cdots \xi_{1,L,k}\right]\left(\Xi_k' + I_{L-1}\right)^{-1}\left[\xi_{2,1,k} \cdots \xi_{L,1,k}\right]^{\mathrm{T}}\right]\end{aligned}$$

$$\xi_{i,i',k} = \lambda_{i,k}^\tau \lambda_{i',k}^\tau \operatorname{Tr}\left[Q_k R_i \left(\Sigma^\tau\right)^{-1} R_{i'}\right]$$

$$\boldsymbol{\Xi}_k = \begin{bmatrix} \xi_{1,1,k} \cdots \xi_{1,L,k} \\ \vdots \quad \cdots \quad \vdots \\ \xi_{L,1,k} \cdots \xi_{L,L,k} \end{bmatrix}$$

$\boldsymbol{\Xi}'_k$ 表示删去 $\boldsymbol{\Xi}_k$ 的第一行和第一列得到的矩阵。

容易证明，当所有相关矩阵相同时，即 $\boldsymbol{R}_l = \boldsymbol{R}, \forall l$，我们有

$$C_{\inf}^{\tau} = \sum_{k=1}^{K}\left(1+\frac{\left|\lambda_{l,k}\rho_{l,k}^{\tau}\right|^2}{\sum\limits_{i\neq1}^{L}\left|\lambda_{i,k}\rho_{i,k}^{\tau}\right|^2+\left\{\mathrm{Tr}\left[\boldsymbol{Q}_k\boldsymbol{R}\left(\boldsymbol{\Sigma}^{\tau}\right)^{-1}\boldsymbol{R}\right]\right\}^{-1}}\right)$$

并且，当 $\boldsymbol{R}_l = \boldsymbol{I}_M, \forall l$，即信道为独立同分布的瑞利衰落信道时，

$$C_{\inf}^{\tau} = \sum_{k=1}^{K}\log_2\left(1+\frac{\left|\lambda_{1,k}\rho_{1,k}^{\tau}\right|^2}{\sum\limits_{i\neq1}^{L}\left|\lambda_{i,k}\rho_{i,k}^{\tau}\right|^2+\frac{\left(\varepsilon^{\tau}+\gamma_{\mathrm{UL}}\right)}{M}\left(\sum\limits_{i=1}^{L}\lambda_{i,k}+\gamma_{\mathrm{P}}\right)}\right)$$

其中，

$$\varepsilon^{\tau} \triangleq \sum_{k=1}^{K}\sum_{i=1}^{L}\lambda_{i,k} - \sum_{k=1}^{K}\left(\sum_{i=1}^{L}\lambda_{i,k}^2\left|\rho_{i,k}^{\tau}\right|^2\right)\left(\sum_{i=1}^{L}\lambda_{i,k}+\gamma_{\mathrm{P}}\right)^{-1}$$

容易验证，当所有用户的 $\rho_{i,k}^{\tau}$ 相同时，$\rho_{i,k}^{\tau} \leqslant 1$，相比静态信道（$\tau$=0），由于信道的时变，$C_{\inf}^{\tau} \leqslant C_{\inf}^{0}$。

特别是，当天线趋于无穷大时，

$$C_{\inf}^{\tau} \to \sum_{k=1}^{K}\log_2\left(1+\frac{\left|\lambda_{1,k}\rho_{1,k}^{\tau}\right|^2}{\sum\limits_{i\neq1}^{L}\left|\lambda_{i,k}\rho_{i,k}^{\tau}\right|^2}\right) \tag{2-15}$$

可以看出，当天线数目趋于无穷时，高斯噪声、信道延迟相关的估计误差及快衰落的影响完全去除，目标小区的用户间干扰也完全消除。但是因为导频污染的存在，其他干扰小区使用相同导频的用户对本小区用户的干扰仍然存在。并且目标小区用户信号强度及干扰信号强度均正比于信道延迟系数的平方。

从式（2-15）可以看出，如果调度目标小区用户的移动速度低于干扰小区的用户，相比于所有用户都静止，目标小区的上行和速率将不减反增；如果目标小区用户的移动速度大于干扰小区的用户，则目标小区的和速率必定降低。如果调度所有小区的用户以相同速度移动，所有小区的系统和速率将不会因为用户的移动而有所降低。这些结论对于移动通信来说非常有用，而产生这些现象的原因就在于信道延迟的影响不仅作用在有用信号功率上，同时也影响着导

频污染引起的邻小区用户干扰。

3. **数值分析**

本小节通过一系列蒙特卡洛仿真来验证前面推导出的理论结果的准确性。考虑前面所描述的 7 小区场景，路径损耗指数 3.7。为了试验的可重复性，我们将 K=30 用户均匀分布在以各自服务基站为圆心，半径为 2/3 的圆周上，用户随机分布。基站端相关矩阵模型采用常用的指数模型，载波频率设为 2.3GHz，符号持续时间为 114 ms。假定信道延迟时间为固定的符号持续时间，所以时间相关系数仅取决于用户移动速度。并且我们假定导频功率与数据功率相同。对于图 2-9、图 2-10 和图 2-12，每个小区的用户均以相同的速度移动。

首先，图 2-9 给出了用户以不同的速度移动时上行和速率随基站天线数的变化曲线，SNR 等于 0dB，相关系数取 0.9。从图中可以看出，在天线数目不是很大且用户移动速度较慢时，理论上的近似结果与仿真结果误差较大。在图 2-10 中给出了在基站天线数目逐渐增多时，和速率随 SNR 的变化曲线，用户速度设为 120km/h。理论上的近似结果，随着天线数的增加而越来越精确。从两幅图中可以看出，对于有限的天线数，系统和速率随着移动速度的增加而降低。从图 2-9 可看出，对于不同移动速度的用户，为了达到相同的系统和速率，速度越高，需要的天线数越多。图 2-10 告诉我们，SNR 越低（当噪声功率固定不变时，即指信号的发射功率越低），为了达到相同的系统和速率，基站需要的天线数越多。也就是说，大天线阵列不仅可以降低上行发射功率，还可以补偿用户移动性带来的容量损失。

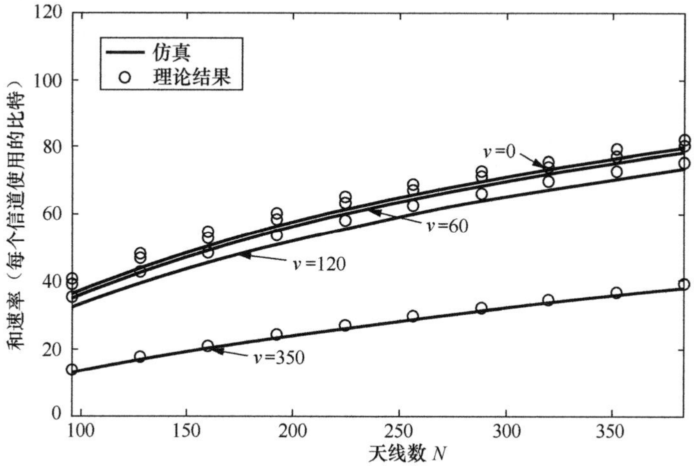

图 2-9　不同移动速度时和速率与天线数的关系曲线（相关系数 0.9，信噪比 0dB）

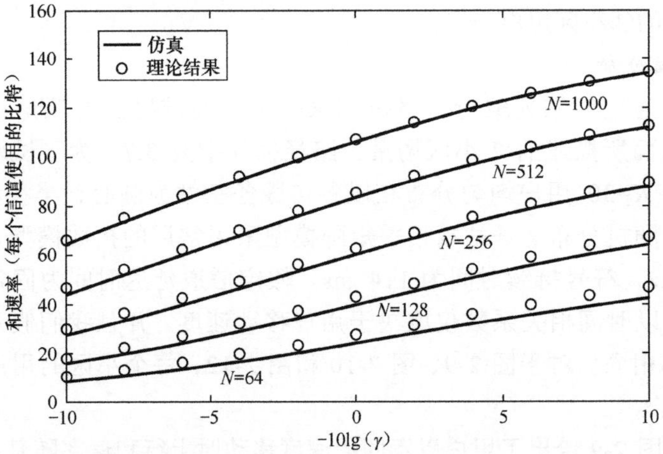

图 2-10　不同天线数时，和速率与信噪比的关系曲线（相关系数 0.9，信噪比 0dB）

在图 2-11 中对理论分析进行了验证，即如果所调度所有小区的第 k 个用户以不同速度移动，目标小区的和速率不减反增。在图 2-11 中，标记“immobile”的曲线指所有用户均静止，标记“mobile”的曲线指目标小区用户以 60km/h 速度移动，而干扰小区用户以 240km/h 速度移动，SNR 等于 0dB。正如我们所分析，导频污染使信道延迟的影响不仅作用在有用信号功率，同时也影响着干扰功率。当目标用户的 $\rho_{l,k}^{\tau}$ 小于干扰信号的 $\rho_{l',k}^{\tau}$，便出现了用户速率不减反增的有趣现象。

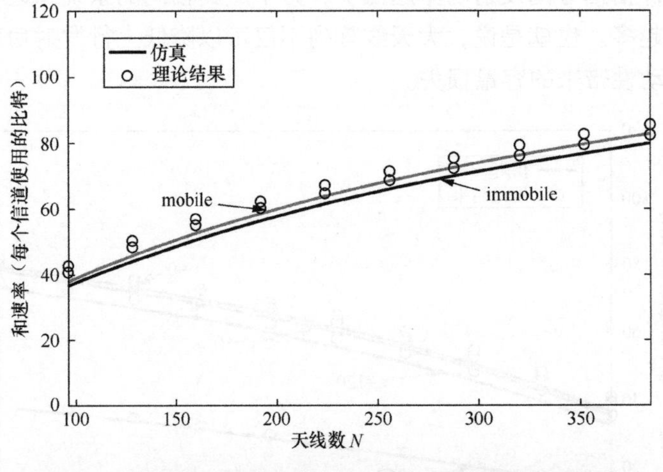

图 2-11　移动用户与静止用户的和速率与天线数的关系曲线

图 2-12 给出了 i.i.d.信道模型场景下，每用户平均速率随天线数目的变化曲线。图中每条曲线对应所有用户均以所标记的速率移动，SNR 设为 0dB。这里使用每用户平均速率代替和容量仅仅为了更清晰地展示仿真结果。与理论分析

一致，当所调度所有小区的第 k 个用户移动速度相同，当基站天线数趋于无穷时，不同移动速率情况下的用户速率具有均达到相同极限速率的趋势。

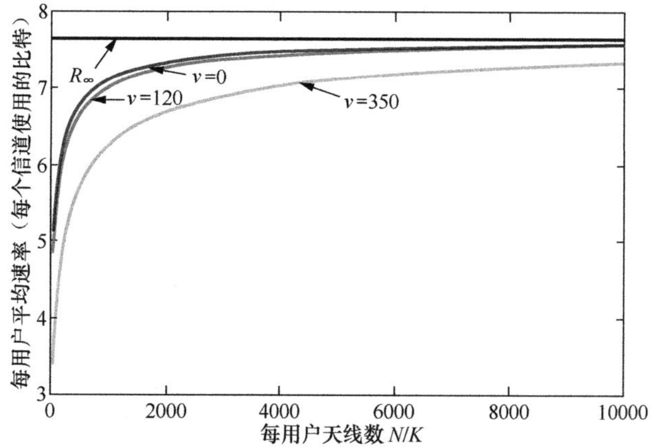

图 2-12 不同移动速度下每用户平均速率随每用户天线数的变化曲线

2.3.3 非理想互易性对 Massive MIMO 容量的影响

在大规模天线系统中，随着基站天线个数和空分用户数的增加，信道信息获取成为系统实现的瓶颈。当采用 TDD 模式时，在相干时间内基站可以利用上行信道估计信息来进行下行预编码的设计，进而减少下行导频以及用户 CSI 反馈的开销。然而，实际系统中，整体通信信道不仅包括空中无线部分，还包括通信双方收发机的射频电路。虽然空中信道满足上下行互易性，但是考虑到收发射频电路的不一致性，如果不进行精准的电路校准，上下行整体信道无法保证互易性精度[21]。本节将通过理论分析，研究非理想互易性对大规模 MIMO 系统性能的影响。

1. **信号模型**

考虑完整的通信信道收发两端的 RF 电路增益，则上行和下行的信道矩阵分别为

$$\boldsymbol{G}_{\mathrm{UL}}=\boldsymbol{C}_{\mathrm{BS,r}}\boldsymbol{H}^{\mathrm{T}}\boldsymbol{C}_{\mathrm{UE,t}}$$
$$\boldsymbol{G}_{\mathrm{DL}}=\boldsymbol{C}_{\mathrm{UE,r}}\boldsymbol{H}\boldsymbol{C}_{\mathrm{BS,t}}$$

其中，$\boldsymbol{H}\in\mathbb{C}^{K\times M}$ 表示的是无线下行传输信道矩阵。其元素 $h_{k,m}(k=1,\cdots,K;m=1,\cdots,M)$ 为第 m 个天线与第 k 个用户之间的无线信道增益，是独立同分布零均值单位方差的循环对称复高斯随机变量。$\boldsymbol{C}_{\mathrm{BS,t}}$ 和 $\boldsymbol{C}_{\mathrm{BS,r}}$ 分别表示基站的发送和接收时相应的 RF 增益矩阵。$\boldsymbol{C}_{\mathrm{UE,t}}$ 和 $\boldsymbol{C}_{\mathrm{UE,r}}$ 分别表示终端的发送和接收时相应的 RF 增益矩阵。RF 增益矩阵均为对角矩阵，定义为

$$C_{\mathrm{BS,t}} = \mathrm{diag}\left(t_{\mathrm{BS},1},\cdots,t_{\mathrm{BS},m},\cdots,t_{\mathrm{BS},M}\right)$$

$$C_{\mathrm{BS,r}} = \mathrm{diag}\left(r_{\mathrm{BS},1},\cdots,r_{\mathrm{BS},m},\cdots,r_{\mathrm{BS},M}\right)$$

$$C_{\mathrm{UE,t}} = \mathrm{diag}\left(t_{\mathrm{UE},1},\cdots,t_{\mathrm{UE},k},\cdots,t_{\mathrm{UE},K}\right)$$

$$C_{\mathrm{UE,r}} = \mathrm{diag}\left(r_{\mathrm{UE},1},\cdots,r_{\mathrm{UE},k},\cdots,r_{\mathrm{UE},K}\right)$$

其中，$t_{\mathrm{BS},m}$和$r_{\mathrm{BS},m}$ $(m=1,\cdots,M)$分别表示第 m 个天线相应的发送和接收 RF 增益。$t_{\mathrm{UE},k}$和$r_{\mathrm{UE},k}$ $(k=1,\cdots,K)$分别表示第 k 个用户天线相应的发送和接收 RF 增益。根据文献[22]，假设 RF 增益的幅度服从对数正态分布，相位服从均匀分布，即

$$\ln\left|t_{\mathrm{BS},m}\right| \sim \mathcal{N}\left(0,\delta_{\mathrm{BS,t}}^2\right), \angle t_{\mathrm{AP},m} \sim \mathcal{U}\left(-\theta_{\mathrm{BS,t}},\theta_{\mathrm{BS,t}}\right)$$
$$\ln\left|r_{\mathrm{BS},m}\right| \sim \mathcal{N}\left(0,\delta_{\mathrm{BS,r}}^2\right), \angle r_{\mathrm{BS},m} \sim \mathcal{U}\left(-\theta_{\mathrm{BS,r}},\theta_{\mathrm{BS,r}}\right)$$
$$\ln\left|t_{\mathrm{UE},k}\right| \sim \mathcal{N}\left(0,\delta_{\mathrm{UE,t}}^2\right), \angle t_{\mathrm{UE},k} \sim \mathcal{U}\left(-\theta_{\mathrm{UE,t}},\theta_{\mathrm{UE,t}}\right)$$
$$\ln\left|r_{\mathrm{UE},k}\right| \sim \mathcal{N}\left(0,\delta_{\mathrm{UE,r}}^2\right), \angle r_{\mathrm{UE},k} \sim \mathcal{U}\left(-\theta_{\mathrm{UE,r}},\theta_{\mathrm{UE,r}}\right)$$

其中，$\delta_{\mathrm{BS,t}}^2$，$\delta_{\mathrm{BS,r}}^2$，$\delta_{\mathrm{UE,t}}^2$，$\delta_{\mathrm{UE,r}}^2$为相应的幅度变化方差；$\theta_{\mathrm{BS,t}}$，$\theta_{\mathrm{BS,r}}$，$\theta_{\mathrm{UE,t}}$，$\theta_{\mathrm{UE,r}}$为相应的相位变化范围。根据信道模型可知，由于基站端和用户端 RF 增益的失配，上行和下行信道矩阵的互易性不再成立，即$\boldsymbol{G}_{\mathrm{DL}} \neq \boldsymbol{G}_{\mathrm{UL}}^{\mathrm{T}}$。

为了分析简便，假设基站端可以获得理想的上行信道状态信息（CSI），如采用 ZF 预编码来进行信号传输，则终端接收到的下行信号为

$$\boldsymbol{y} = \beta_{\mathrm{mis}}\boldsymbol{G}_{\mathrm{DL}}\boldsymbol{G}_{\mathrm{UL}}^{*}\left(\boldsymbol{G}_{\mathrm{UL}}^{\mathrm{T}}\boldsymbol{G}_{\mathrm{UL}}^{*}\right)^{-1}\boldsymbol{x}+\boldsymbol{n}$$

其中，

$$\beta_{\mathrm{mis}} = \sqrt{\frac{1}{\mathrm{Tr}\left[\left(\boldsymbol{G}_{\mathrm{UL}}^{\mathrm{T}}\boldsymbol{G}_{\mathrm{UL}}^{*}\right)^{-1}\right]}\cdot\frac{\mathrm{Tr}\left[\left(\boldsymbol{H}\boldsymbol{H}^{\mathrm{H}}\right)\right]}{\mathrm{Tr}\left[\left(\boldsymbol{G}_{\mathrm{DL}}\boldsymbol{G}_{\mathrm{DL}}^{\mathrm{H}}\right)\right]}}$$

是对发送功率和下行信道矩阵中 RF 增益进行归一化的系数。向量

$$\boldsymbol{y}=\left[y_1,\cdots,y_K\right]^{\mathrm{T}},\quad \boldsymbol{x}=\left[x_1,\cdots,x_K\right]^{\mathrm{T}},\quad \boldsymbol{n}=\left[n_1,\cdots,n_K\right]^{\mathrm{T}}$$

分别表示接收信号、发送信号和高斯噪声，并且假设发送功率约束$\varepsilon\left[x_k x_k^{*}\right]=P$，噪声方差为$\sigma_n^2$。根据上行和下行信道矩阵的表示形式，可以得到

$$\boldsymbol{y} = \beta_{\mathrm{mis}}\boldsymbol{C}_{\mathrm{UE,r}}\boldsymbol{W}\boldsymbol{C}_{\mathrm{UE,t}}^{-1}\boldsymbol{x}+\boldsymbol{n} \tag{2-16}$$

其中，

$$\boldsymbol{W}=\left(\boldsymbol{H}\boldsymbol{C}_{\mathrm{BS,t}}\boldsymbol{C}_{\mathrm{BS,r}}^{*}\boldsymbol{H}^{\mathrm{H}}\right)\left(\boldsymbol{H}\boldsymbol{C}_{\mathrm{BS,r}}\boldsymbol{C}_{\mathrm{BS,r}}^{*}\boldsymbol{H}^{\mathrm{H}}\right)^{-1}$$

由上式可知，由于基站端 RF 增益的失配$\boldsymbol{C}_{\mathrm{BS,t}} \neq \boldsymbol{C}_{\mathrm{BS,r}}$，矩阵$\boldsymbol{W}$不等于单位

阵。因此，发送机和接收机 RF 电路增益的失配将破坏通信信道的互易性，从而导致用户间干扰的产生。

2. **频谱效率分析**

根据式（2-16）可知，第 i 个 UE 的接收信号为

$$y_i = \beta_{\text{mis}}[\boldsymbol{W}]_{i,i}\frac{r_{\text{UE},i}}{t_{\text{UE},i}}x_i + \beta_{\text{mis}}r_{\text{UE},i}\sum_{j=1,j\neq i}^{K}[\boldsymbol{W}]_{i,j}\frac{1}{t_{\text{UE},j}}x_j + n_i$$

于是，可以得到当 RF 增益失配时，第 i 个 UE 接收信号的信干噪比（SINR）为

$$\gamma_i^{\text{mis}} = \frac{\beta_{\text{mis}}^2\cdot\rho\cdot\left|\frac{r_{\text{UE},i}}{t_{\text{UE},i}}\right|^2\cdot\left|[\boldsymbol{W}]_{i,i}\right|^2}{\beta_{\text{mis}}^2\cdot\rho\cdot\left|r_{\text{UE},i}\right|^2\cdot\sum_{j=1,j\neq i}^{K}\left|[\boldsymbol{W}]_{i,j}\right|^2\left|\frac{1}{t_{\text{UE},j}}\right|^2+1}$$

其中，$\rho = P/\sigma_n^2$ 定义为发送信号信噪比。进而，可以得出所有 UE 的遍历可达和速率为

$$\mathcal{E}\left[R^{\text{mis}}\right]=\sum_{i=1}^{K}\mathcal{E}\left[R_i^{\text{mis}}\right]=\sum_{i=1}^{K}\mathcal{E}\left[\log\left(1+\gamma_i^{\text{mis}}\right)\right]$$

根据 Jensen 不等式

$$\mathcal{E}\left[\log\left(1+\mathrm{e}^{\ln x}\right)\right]\geqslant\log\left(1+\mathrm{e}^{\mathcal{E}[\ln x]}\right)$$

可以得到

$$\mathcal{E}\left[R_i^{\text{mis}}\right]\geqslant\log\left\{1+\exp\left(\mathcal{E}\left[\ln\left(\frac{\varphi_1}{\varphi_2+1}\right)\right]\right)\right\}=\log\left\{1+\exp\left(\mathcal{E}\left[\ln\left(\varphi_1\right)-\ln\left(\varphi_2+1\right)\right]\right)\right\}$$

其中，

$$\varphi_1=\beta_{\text{mis}}^2\cdot\rho\cdot\left|\frac{r_{\text{UE},i}}{t_{\text{UE},i}}\right|^2\cdot\left|[\boldsymbol{W}]_{i,i}\right|^2$$

$$\varphi_2=\beta_{\text{mis}}^2\cdot\rho\cdot\left|r_{\text{UE},i}\right|^2\cdot\sum_{j=1,j\neq i}^{K}\left|[\boldsymbol{W}]_{i,j}\right|^2\frac{1}{\left|t_{\text{UE},j}\right|^2}+1$$

又因为 $\ln(x)$ 为上凸函数，所以有

$$\mathcal{E}\left[\ln\left(\varphi_2+1\right)\right]\leqslant\ln\left(\mathcal{E}\left[\varphi_2\right]+1\right)$$

当 BS 端的天线数非常大时，根据 Wishart 矩阵的性质，可以得到[23]

$$\operatorname{Tr}\left[\left(\boldsymbol{G}_{\text{UL}}^{\text{T}}\boldsymbol{G}_{\text{UL}}^{*}\right)^{-1}\right]\rightarrow\frac{1}{M-K}\cdot\mathrm{e}^{-2\delta_{\text{BS,t}}^2}\cdot\sum_{i=1}^{K}\frac{1}{\left|t_{\text{UE},i}\right|^2}$$

$$\mathrm{Tr}\left[\left(\boldsymbol{G}_{\mathrm{DL}}\boldsymbol{G}_{\mathrm{DL}}^{\mathrm{H}}\right)\right]\xrightarrow{\text{a.s.}}M\cdot \mathrm{e}^{2\delta_{\mathrm{BS,t}}^2}\cdot\sum_{i=1}^{K}\left|r_{\mathrm{UE},i}\right|^2$$

$$\mathrm{Tr}\left[\left(\boldsymbol{H}\boldsymbol{H}^{\mathrm{H}}\right)\right]\to M\cdot K$$

于是，依据以上性质，可以得到不等式

$$\begin{aligned}\mathcal{E}\left[\ln\left(\beta_{\mathrm{mis}}^2\right)\right]&\geqslant\ln\left(\frac{M-K}{K}\right)+2\delta_{\mathrm{BS,r}}^2-2\delta_{\mathrm{BS,t}}^2-2\delta_{\mathrm{UE,r}}^2-\ln\left[\mathcal{E}\left(\sum_{i=1}^{K}\frac{1}{\left|t_{\mathrm{UE},i}\right|^2}\right)\right]-\ln\left[\mathcal{E}\left(\sum_{i=1}^{K}\left|r_{\mathrm{UE},i}\right|^2\right)\right]\\&=\ln\left(\frac{M-K}{K}\right)-2\delta_{\mathrm{BS,t}}^2+2\delta_{\mathrm{BS,r}}^2-2\delta_{\mathrm{UE,t}}^2-2\delta_{\mathrm{UE,r}}^2\end{aligned}$$

进而，可以得到遍历可达和速率的一个下界表达式为[23]

$$\mathcal{E}\left[R_i^{\mathrm{mis}}\right]_{\mathrm{LB}}=\log\left[1+\frac{\varphi_3\cdot\exp\left\{\mathcal{E}\left[\ln\left(\left|[\boldsymbol{W}]_{i,i}\right|^2\right)\right]\right\}}{\varphi_4\cdot\mathcal{E}\left[\left|[\boldsymbol{W}]_{i,j}\right|^2\right]+1}\right]$$

其中，

$$\varphi_3=\rho\cdot\frac{M-K}{K}\cdot\mathrm{e}^{-2\delta_{\mathrm{UE,t}}^2-2\delta_{\mathrm{UE,r}}^2}\cdot\mathrm{e}^{-2\delta_{\mathrm{BS,t}}^2+2\delta_{\mathrm{BS,r}}^2}$$

$$\varphi_4=\rho\cdot\frac{(M-K)(K-1)}{K}\cdot\mathrm{e}^{-2\delta_{\mathrm{BS,t}}^2+2\delta_{\mathrm{BS,r}}^2}$$

接下来，可以根据文献[23]分别得到$\left|[\boldsymbol{W}]_{i,i}\right|^2$和$\left|[\boldsymbol{W}]_{i,j}\right|^2$的近似值。当 BS 端配置的天线数非常大时，可以得到如下的近似值

$$\left|[\boldsymbol{W}]_{i,i}\right|^2=\frac{\mathrm{e}^{\delta_{\mathrm{BS,t}}^2+\delta_{\mathrm{BS,r}}^2}\cdot\mathrm{sinc}^2\left(\theta_{\mathrm{BS,t}}\right)\cdot\mathrm{sinc}^2\left(\theta_{\mathrm{BS,r}}\right)}{\mathrm{e}^{4\delta_{\mathrm{BS,r}}^2}}$$

$$\left|[\boldsymbol{W}]_{i,j}\right|^2=\frac{1}{M}\cdot\frac{1}{\mathrm{e}^{2\delta_{\mathrm{BS,t}}^2}}\cdot\left[\mathrm{e}^{2\delta_{\mathrm{BS,t}}^2}+\mathrm{e}^{2\delta_{\mathrm{BS,r}}^2}-2\mathrm{e}^{\delta_{\mathrm{BS,t}}^2/2+\delta_{\mathrm{BS,r}}^2/2}\cdot\mathrm{sinc}\left(\theta_{\mathrm{BS,t}}\right)\cdot\mathrm{sinc}\left(\theta_{\mathrm{BS,r}}\right)\right]$$

由此，根据上述公式，可以得到所有 UE 遍历可达和速率的近似表达式为

$$\mathcal{E}\left[R^{\mathrm{mis}}\right]_{\mathrm{Apt1}}=K\cdot\left\{\log\left[1+\frac{\rho\cdot\frac{M-K}{K}\cdot\mathrm{e}^{-2\delta_{\mathrm{BS,t}}^2}\cdot\varphi_5\cdot\varphi_6}{\rho\cdot\frac{(M-K)(K-1)}{MK}\cdot\mathrm{e}^{-2\delta_{\mathrm{BS,t}}^2}\cdot\varphi_7+1}\right]\right\}$$

其中，

$$\varphi_5=\mathrm{e}^{-2\delta_{\mathrm{UE,t}}^2-2\delta_{\mathrm{UE,r}}^2}$$

$$\varphi_6=\mathrm{e}^{\delta_{\mathrm{BS,t}}^2-\delta_{\mathrm{BS,r}}^2}\cdot\mathrm{sinc}^2\left(\theta_{\mathrm{BS,t}}\right)\cdot\mathrm{sinc}^2\left(\theta_{\mathrm{BS,r}}\right)$$

$$\varphi_7 = e^{2\delta_{BS,t}^2} + e^{2\delta_{BS,r}^2} - 2e^{\delta_{BS,t}^2/2+\delta_{BS,r}^2/2} \cdot \mathrm{sinc}\left(\theta_{BS,t}\right) \cdot \mathrm{sinc}\left(\theta_{BS,r}\right)$$

如果 RF 增益是理想的，即当 $\delta_{BS}^2=\delta_{UE}^2=0$ 和 $\theta_{BS}=\theta_{UE}=0$ 时，遍历可达和速率近似表达式为

$$\mathcal{E}\left[R^{\text{ideal}}\right]_{\text{Apt1}} = K \cdot \left\{\log\left(1+\rho \cdot \frac{M-K}{K}\right)\right\}$$

当信噪比较高时，可以进一步得到如下近似表达式

$$\mathcal{E}\left[R^{\text{mis}}\right]_{\text{Apt2}} = K \cdot \left\{\log\left(\frac{M}{K-1} \cdot \varphi_5 \cdot \frac{\varphi_6}{\varphi_7}\right)\right\} = \mathcal{E}\left[R^{\text{ideal}}\right]_{\text{Apt2}} - \Delta R^{\text{mis}}$$

其中，$\mathcal{E}\left[R^{\text{ideal}}\right]_{\text{Apt2}}$ 是 RF 理想情况时的近似表达，可写为

$$\mathcal{E}\left[R^{\text{ideal}}\right]_{\text{Apt2}} = \log(\rho) + \log\left(\frac{M-K}{K}\right)$$

而 ΔR^{mis} 是由 RF 增益失配引起的系统性能损失，为

$$\Delta R^{\text{mis}} = \Delta R^{\text{BS\_mis}} + \Delta R^{\text{UE\_mis}}$$

其中，$\Delta R^{\text{UE\_mis}}$ 为由 UE 端 RF 增益失配导致的和速率下降值，写为

$$\Delta R^{\text{UE\_mis}} = -K \cdot \left\{\log\left(\varphi_5\right)\right\}$$

而 $\Delta R^{\text{BS\_mis}}$ 是因 BS 端 RF 增益失配所引起的系统性能损失，即

$$\Delta R^{\text{BS\_mis}} = K \cdot \left\{\log(\rho) - \log\left[\frac{MK}{(M-K)(K-1)}\right] - \log\left[\frac{\varphi_6}{\varphi_7}\right]\right\}$$

通过上式可以看出，终端 RF 增益失配对系统性能的影响很小，当幅度变化方差较小时，和速率下降也较小，同时相位失配不影响系统的吞吐量。然而，当基站端 RF 增益失配时，无论幅度和相位失配都会引起用户间的干扰，从而导致系统性能严重下降。

3. **数值仿真**

为了清晰地展示 RF 增益失配对系统性能的影响，分别对 RF 增益的幅度失配和相位失配进行了系统性能的仿真评估。

图 2-13 描述了 RF 增益幅度失配对系统性能的影响。发送信号的信噪比分别设为 0dB 和 5dB。可以看到，随着 BS 端和 UE 端 RF 增益的幅度方差增加，遍历和速率的曲线近似成线性下降。相比较而言，BS 端 RF 增益的幅度失配对系统性能的影响比 UE 端更大。当信噪比从 0dB 提高到 5dB 时，与 BS 端幅度失配相应曲线的斜率下降明显，系统性能损失更严重，而同时与 UE 端幅度失配相应曲线的斜率保持不变。这说明，BS 端 RF 增益的幅度失配造成了用户间干扰，而 UE 端增益的幅度失配则没有，这也与理论分析一致。

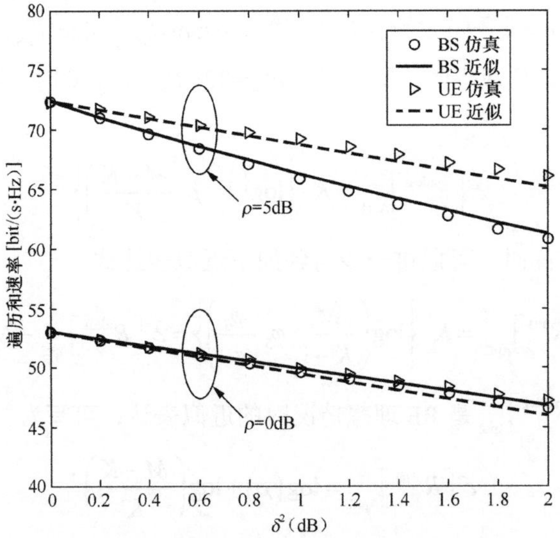

图 2-13　RF 增益的幅度失配时的遍历和速率

图 2-14 绘制了 RF 增益相位失配对系统性能的影响。发送信号的信噪比分别设为 0dB 和 5dB。可以得出，随着 UE 端 RF 增益相位范围的增加，遍历和速率的曲线保持不变，这说明其对系统性能没有影响。同时，当 BS 端 RF 增益相位失配时，遍历和速率大大下降。随着信噪比增加，系统性能的损失也越大。这表示 BS 端 RF 增益的相位失配也会造成用户间干扰，理论分析也说明了这一点。

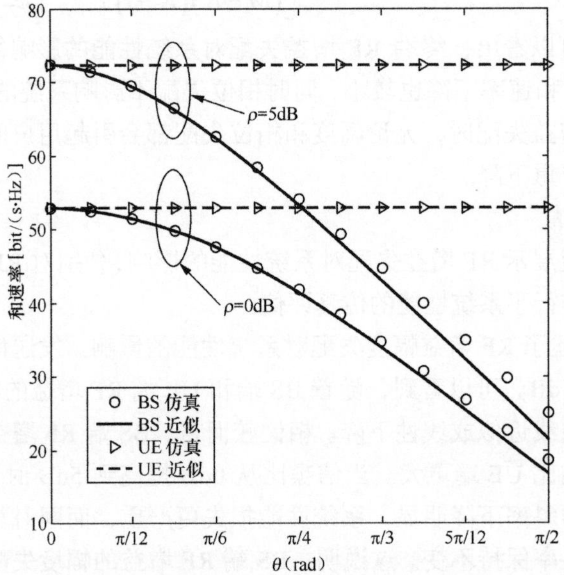

图 2-14　RF 增益的相位失配时的遍历和速率

2.3.4　Massive MIMO 的系统性能分析

1．系统级频谱效率分析

系统级频谱效率是工业界评估蜂窝移动通信系统的一个重要指标，工业界通常采用非常复杂耗时的系统级仿真得到。近年来，为了能够从理论上得到系统级频谱效率与系统参数的关系，学术界进行了大量的探索研究。

系统级频谱效率的研究主要采用以下两种方法。一种是采用随机几何模型，其代表性论文是文献[24]。文献[24]的主要思想是，根据接收机的信干噪比，通过香农公式得到频谱效率，然后假设基站站点部署服从泊松分布，进而得到系统的频谱效率。然而，泊松分布得到的系统级频谱效率的闭合表达式较复杂，很难直观地给出系统频谱效率与系统参数的关系。另外，考虑非理想信道信息时（特别是考虑存在导频污染时），由于信干噪比的表达式较复杂，关于系统级频谱效率的分析仍然少见。

另一种系统级频谱效率的分析方法是，假设基站位置固定已知，用户在小区内均匀分布，根据信道容量对用户位置取期望，得到系统级频谱效率。文献[25]最早推导出分布式天线系统和集中式天线系统的系统级频谱效率的闭合表达式。文献[26]进一步推导出接入点分布在圆上时，分布式天线系统的平均频谱效率。在非理想信道信息下，文献[27]推导出导频复用时，多小区多用户大规模天线系统的平均频谱效率的近似闭合表达式。

根据 2.2.2 节中的式（2-6）可知，容量与用户的大尺度信息有关，这里仅考虑用户位置信息。为了简化描述，以小区 1 为观测小区，并假设 $\lambda_{l,k}=cd_{l,k}^{-\alpha}$，其中 $d_{l,k}$ 为第 l 个小区的第 k 个用户到小区 1 基站的距离，α 为路径损耗指数。重新把式（2-6）表示为

$$C=\sum_{k=1}^{K}\log_2\left[1+\frac{d_{1,k}^{-2\alpha}}{\sum_{l=2}^{L}d_{l,k}^{-2\alpha}+\frac{\varepsilon+\gamma/P_{\mathrm{D}}}{M}\left(\sum_{l=1}^{L}d_{l,k}^{-\alpha}+\frac{\gamma}{KP}\right)}\right]$$

其中，P_{D} 为每数据符号的发送功率，每个用户的导频总功率为 KP，γ 定义为 $\gamma=\sigma_n^2/c$，并假设导频数据功率之比为 $\beta=P/P_{\mathrm{D}}$。为了评估系统级性能，我们定义参考信噪比（RSNR，Reference Signal to Noise Ratio）为 $\mathrm{RSNR}=P_{\mathrm{D}}/\gamma$。

考虑到大规模天线系统中，同时同频服务的用户数也较多，根据大数定理，可以把 C 近似为

$$C = K\mathcal{E}\left[\log_2\left(1+\frac{d_1^{-2\alpha}}{\sum_{l=2}^{L} d_l^{-2\alpha} + \frac{\varepsilon+\gamma/P_{\mathrm{D}}}{M}\left(\sum_{l=1}^{L} d_l^{-\alpha} + \frac{\gamma}{KP}\right)}\right)\right]$$

其中，ε 近似为

$$\varepsilon = K\mathcal{E}\left(\sum_{l=1}^{L} d_l^{-\alpha} - \frac{\sum_{l=1}^{L} d_l^{-2\alpha}}{\sum_{l=1}^{L} d_l^{-\alpha} + \frac{\gamma}{KP}}\right)$$

根据文献[18]

$$\mathcal{E}\log\left(1+\frac{X}{Y}\right) \approx \log\left[1+\frac{\mathcal{E}(X)}{\mathcal{E}(Y)}\right]$$

进一步近似得到

$$C \approx K\mathcal{E}\left[\log_2\left(1+\frac{\phi_2(d_1)}{\phi_2\left(\boldsymbol{d}_{[1]}\right)+\frac{\varepsilon+\gamma/P_{\mathrm{D}}}{M}\left(\phi_1(\boldsymbol{d})+\frac{\gamma}{KP}\right)}\right)\right]$$

上式中 $\boldsymbol{d}=\left[d_1,\cdots,d_L\right]^{\mathrm{T}}$，$\boldsymbol{d}_{[1]}=\left[d_2,\cdots,d_L\right]^{\mathrm{T}}$，函数 $\phi_n(\boldsymbol{x})$ 定义为

$$\phi_n(\boldsymbol{x}) = \mathcal{E}\left(\sum_{i}^{m} x_i^{-n\alpha}\right)$$

其中，$\boldsymbol{x}=\left[x_1,\cdots,x_m\right]^{\mathrm{T}}$。同样，假设干扰小区数目 L 也较大，那么 ε 近似为

$$\varepsilon \approx K\mathcal{E}\left(\phi_1(\boldsymbol{d}) - \frac{\phi_2(\boldsymbol{d})}{\phi_1(\boldsymbol{d})+\frac{\gamma}{KP}}\right)$$

根据文献[27]可得到 $\phi_2(d_1)$、$\phi_1(d_1)$、$\phi_1(\boldsymbol{d})$、$\phi_2(\boldsymbol{d})$ 的闭合近似表达式，它们仅与小区半径和路径损耗因子有关。定义单位面积上的频谱效率为

$$C_{\mathrm{ASE}} = \frac{T-\tau}{\pi R^2 T} C$$

这里 τ 为导频损耗，T 为相干时间内传输的符号数，R 为小区半径。因此，单位面积上的频谱效率可以表示为

$$C_{\mathrm{ASE}} = \frac{(T-K)K}{\pi R^2 T}\log_2\left(1+\frac{\phi_2(d_1)}{\Delta_1+\Delta_2 K+\Delta_3/K}\right) \tag{2-17}$$

其中，

$$\Delta_1 = \frac{\phi_1(\boldsymbol{d})\gamma}{MP_{\mathrm{D}}}(1/\beta+1)+\phi_2\left(\boldsymbol{d}_{[1]}\right)$$

$$\Delta_2 = \frac{1}{M}\left[\phi_1^2(\boldsymbol{d})-\phi_2(\boldsymbol{d})\right]$$

$$\Delta_3 = \frac{\gamma^2}{\beta MP_{\mathrm{D}}^2}$$

2. 系统级参数优化

从上面的分析可以看出，考虑导频开销，大规模天线的频谱效率并不是随 K 的增大而增大。因为，随着 K 的增大，导频开销也线性增加。因此，给定相干时间，会有一个系统支持的最优用户数。根据式（2-17），通过搜索，可以得到最优用户数。特别是，在低信噪比区域，根据等价无穷小 ASE（Area Energy Efficiency）可近似为

$$C_{\mathrm{ASE}} = \frac{(T-K)K}{\pi R^2 T\ln 2}\left(1+\frac{\phi_2(d_1)}{\Delta_1+\Delta_2 K+\Delta_3/K}\right)$$

令 $\frac{\partial C_{\mathrm{ASE}}}{\partial K}=0$，求解下列三次方程可得最优用户数

$$\Delta_2 K^3 + 2\Delta_1 K^2 + (3\Delta_3 - T\Delta_1)K - 2T\Delta_3 = 0$$

另外，通过式（2-17），还可以研究频谱效率达到最大时的导频数据功率比。在符号时间 T 内，用户传输所有导频符号所需的能量为 KP，传输数据消耗的能量为 $(T-K)P_{\mathrm{D}}$。考虑实际通信系统，每个用户的发送功率都会受到一个最大值的限制，记为 $P_{\max}$，则

$$\frac{1}{T}\left[KP+(T-K)P_{\mathrm{D}}\right]\leqslant P_{\max}$$

给定用户数 K、基站天线数 M、相干时间 T 以及 γ，由式（2-17）可得以下优化问题[27]。

$$\begin{aligned}\min_{P_{\mathrm{D}},P}\quad & \left\{\frac{\phi_1(\boldsymbol{d})}{P}+\frac{\phi_1(\boldsymbol{d})}{P_{\mathrm{D}}}+\frac{\gamma}{KPP_{\mathrm{D}}}\right\}\\ \text{s.t.}\quad & \frac{1}{T}\left[KP+(T-K)P_{\mathrm{D}}\right]\leqslant P_{\max}\\ & P>0\\ & P_{\mathrm{D}}>0\end{aligned}$$

可以证明，上述目标函数为凸函数，因此 KKT（Karush–Kuhn–Tucker）条件是该优化问题的充要条件。根据拉格朗日乘子法可以得到最优的导频功率和数据功率，进而得到最优导频数据功率比 β。

$$\beta_{\mathrm{SE}}^{*}=\begin{cases}1 & K=T/2\\ \dfrac{T}{K}\left(\dfrac{P_{\max}\phi_1(\boldsymbol{d})(K-T)(2K-T)}{(T-K)\left[TP_{\max}\phi_1(\boldsymbol{d})+\gamma\right]-\sqrt{(T-K)\left[TP_{\max}\phi_1(\boldsymbol{d})+\gamma\right]\left[T\gamma-K\gamma+KTP_{\max}\phi_1(\boldsymbol{d})\right]}}-1\right) & K\neq T/2\end{cases}$$

可以发现，它与天线数无关。

3. **系统级能耗效率分析**

定义 AEE（Area Energy Efficiency）［bit/(J·Hz·km²)］为 ASE 与功耗的比值，导频总发送功率为 K^2P，数据发送能量为 $K(T-K)P_{\mathrm{D}}$，那么上行用户侧总发送功率为

$$P_{\mathrm{U}}=\rho\left[K^2P+K(T-K)P_{\mathrm{D}}\right]/T+\kappa_1K$$

其中，每个发送用户的电路消耗的功率表示为 κ_1，ρ 为功率放大器效率的倒数。用 κ_2 表示每根接收天线平均消耗的电路功率，假设基站端信号检测和处理消耗的功率与用户数成正比，且系数为 κ_3。则基站侧功率模型为

$$P_{\mathrm{B}}=\kappa_2M+\kappa_3K$$

总功率消耗为

$$P_{\mathrm{total}}=P_{\mathrm{U}}+P_{\mathrm{B}}$$

根据能量效率的定义，AEE 的表达式为，

$$\eta=\frac{BC_{\mathrm{ASE}}}{P_{\mathrm{total}}}$$

其中 B 为系统带宽。

根据能量效率的表达式，可以分析能量效率最优的系统级参数优化。从能量效率的定义可以看到，天线数量 M 同时影响频谱效率和系统的能量消耗。推导最优天线数的闭式有一定难度，但是，可以通过研究能量效率关于天线数的函数性质。

文献[27]证明，当给定 RSNR 时，能量效率为关于基站天线数 M 的严格拟凹函数，总存在一个全局最优 M 使能量效率最大，并且能量效率为关于 M 的先递增再递减的函数。因此，最优的 M 可以通过已有的解决拟凹问题的二分查找法得到。

为了研究能量效率最优的导频数据功率比，可根据（2-17）得到数据功率的表达式为

$$P_{\mathrm{D}}=\frac{2\Theta_1}{\sqrt{\Theta_2^2-4\Theta_1\delta}-\Theta_2}$$

其中，

$$\Theta_1=\frac{\gamma^2}{\beta MK}$$

$$\Theta_2=\frac{\phi_1(\boldsymbol{d})\gamma}{M}(1/\beta+1)$$

$$\Theta_3=\frac{K}{M}\left[\phi_1^2(\boldsymbol{d})-\phi_2(\boldsymbol{d})\right]+\phi_2\left(\boldsymbol{d}_{[1]}\right)$$

$$\delta=\Theta_3-\phi_2(d_1)\left[\exp\left(\frac{CT\ln 2}{K(T-K)}\right)-1\right]^{-1}$$

给定天线数和用户数，并且在保证一定频谱效率的条件下，通过最小化系统功率求得能量效率最优的导频数据功率比。将 P_{D} 的表达式代入到 P_{total}，最小化系统总功耗，可以得到最优的导频数据功率比。

$$\beta_{\mathrm{EE}}^*=\frac{-2\frac{\phi_1^2(\boldsymbol{d})}{M}(1-\zeta)(1-2\zeta)+\frac{2\delta}{K}(1-\zeta)^2}{\frac{2\delta\zeta}{K}+\sqrt{2}\phi_1(\boldsymbol{d})\sqrt{\zeta(\zeta-1)\left(\frac{2\delta}{MK}-\frac{2\phi_1^2(\boldsymbol{d})}{M^2}\right)(2\zeta-1)}}$$

4. 数值仿真

这一小节，将对理论分析与仿真结果进行对比。仿真中采用 7 小区，大尺度衰落采用 COST231 的 Hata 城区模型，c=–141dB，噪声方差为–132dBm，路径损耗因子为 3.5。假设用户接入最小距离 R_0=30m。用户随机均匀分布于各小区内，除非特别声明，用户数为 K=36，导频数据功率为了分析方便，仅考虑一个资源块，且带宽 B=180kHz。在研究功耗模型时，设置功率放大器的效率 $1/\rho$=0.75，用户发送功率的最大值 $P_{\max}$=27dBm。如果没有特别声明，功率消耗参数的设置为：κ_1=90mW，κ_2=20mW，κ_3=1mW。频谱效率用 SE 表示，能量效率用 EE 表示。

图 2-15 展示了理论结果与仿真结果，并对比了理论的最优用户个数与仿真得到的最优用户个数。系统天线个数为 400 个，T=72，β=0.1。可以看到，理论结果与仿真结果比较吻合，并且理论的最优用户个数与仿真结果也很接近。从图中还可以看出，天线个数非常多时，最优用户个数接近 $T/2$。图 2-15 的结果表明频谱效率的闭式表达与仿真值较为贴合，并且系统最优的用户数理论值与仿真值较为接近。由于 c 表示将距离 $d_{1,k}$=1km 用户的大尺度衰落设置为参考点，并且此时小区半径也为 1km，因此 RSNR 也表示了小区边缘用户的信噪比。通常小区边缘用户的 SNR 较小，因此仿真时将 RSNR 值设置较小。当给定 M，T 和 β 时，无论理论值还是仿真值都表明，系统支持的最佳用户数接近 $T/2$，并始终小于 $T/2$。

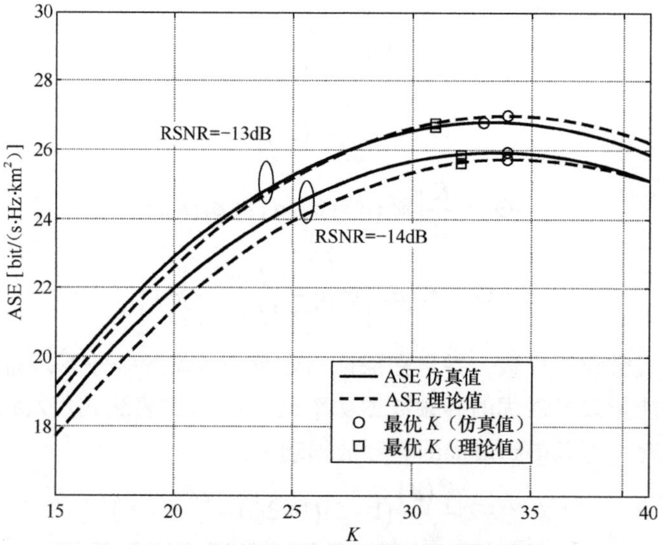

图 2-15　ASE 的理论与仿真对比及最优用户个数

在实际应用中，硬件电路功率的消耗与集成电路的结构及器件组成紧密相关，在仿真中，所使用的电路功率参数范围是依据文献[28]及文献[29]设定。图 2-16 展示了考虑不同 RSNR 时能量效率与天线数量 M 的关系。从图可知理论值与仿真值之间尚有一定的误差，这是由频谱效率闭式解的近似过程带来的。观察可知误差均在 10%以内，在可接受的范围内。

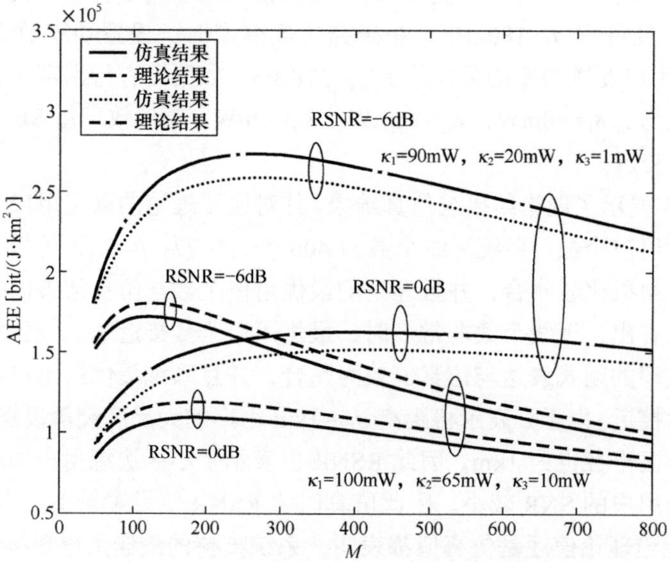

图 2-16　能量效率与基站端天线数的关系

从图 2-16 可知，在研究的两组不同电路功耗系数的情景中，不论天线数如何变化，采用低电路功耗的硬件会给系统带来稳定的能量效率提升，进一步说明了研究低功耗硬件的重要性。若考虑理想的功率消耗模型（仅考虑发送功率，不考虑电路功耗），能量效率会随着天线数量的增多而总是呈现提升的趋势。然而，采用本章的实际功率模型，图 2-16 所示不同 RSNR 与不同电路损耗系数下，能量效率与基站端天线数的关系。由该图可知功率效率随着 M 的增加而先递增后递减，这是由于天线数量较多时，硬件电路的功率消耗越来越大。

图 2-17、图 2-18 和图 2-19 展示了频谱效率和能量效率的折中关系，其中假设 T=72 和 K=36。图 2-17 显示不同导频数据功率比对系统性能的影响。当 $\beta=1/K$ 时，表示每个用户发送导频的总功率与数据功率相同。从图 2-17 可知，当所需系统频谱效率较小时，设定较小的导频数据功率比也可以达到较好的能量效率。为了获得较大的目标频谱效率，需要提升导频数据功率比（适用于 $\beta<1$ 的情况）。另一方面，由图可知，当导频符号和数据符号的功率相等时（$\beta=1$），能量效率总是最大，与理论分析结论相同。

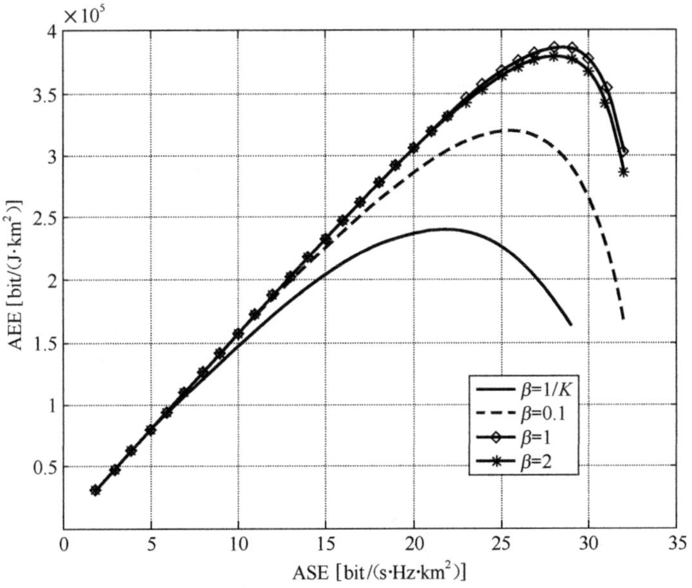

图 2-17　不同导频数据功率比的频谱效率和能量效率关系

图 2-18 研究了 $\beta=1$ 时，基站端天线数量对频谱效率和能量效率折中性能的影响。当系统所需传输速率不高时，基站端可架设相对数量较少的天线，通过减少功率消耗以提高能量效率。例如系统需要保证的频谱效率为 60bit/(s·Hz) 时，基站端架设 200 根天线就可达到较优的能量效率。然而对于更高频谱效率

目标，则需要更大数量的天线，否则无法达到令人满意的能量效率。

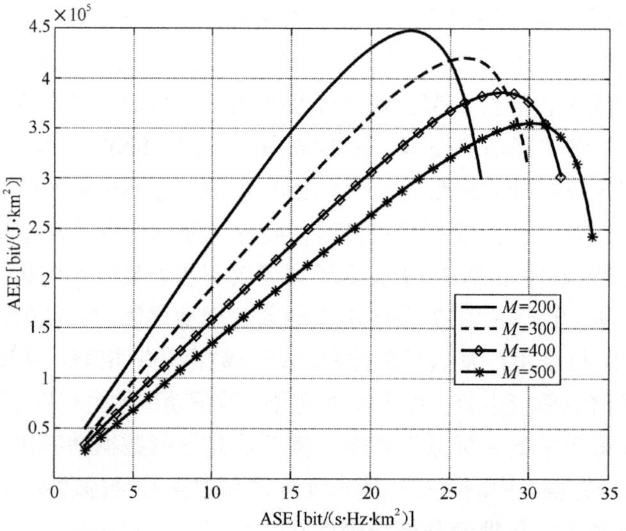

图 2-18　不同天线数的频谱效率和能量效率关系

图 2-19 揭示了 β=1，M=400 时，用户数量对频谱效率和能量效率折中性的影响。在低频谱效率区域，针对相同的目标频谱效率，减少用户数可以降低总功率消耗，获得较优的能量效率。增加用户数量虽然可以保证较高的频谱效率，但是也带来较多的功率消耗，因此当需要达到的频谱效率较高时，存在使能量效率最大的最优用户数。

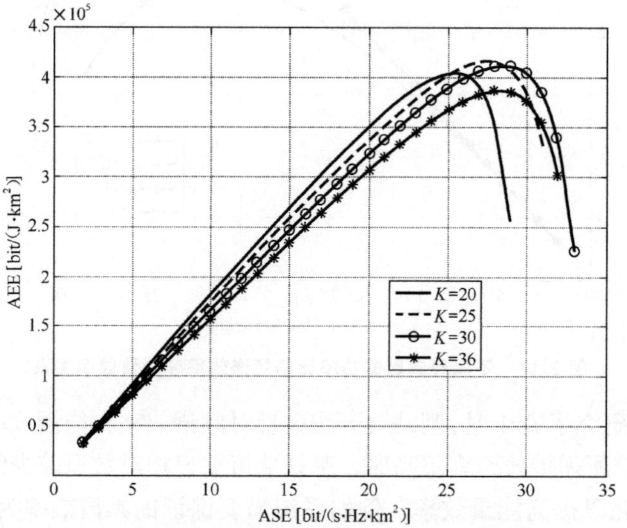

图 2-19　不同用户数的频谱效率和能量效率关系

2.4 小　结

本章主要介绍了大规模天线波束赋形技术的基本理论，并使读者从理论上理解实际应用场景中大规模天线系统的性能增益。本章的 2.2 节介绍了独立同分布瑞利衰落信道下大规模天线技术的基本理论，包括理想信道下的容量和存在导频污染下上行和下行链路的容量，从理论上分析了天线大规模增加对系统性能的提升以及导频污染对系统性能的影响。2.3 节面向实际应用场景的非理想因素对大规模天线系统性能进行了深入的研究和分析。首先，揭示出莱斯因子逐渐增大，LOS 分量精确估计对大规模天线系统性能的影响至关重要；其次，针对高速移动下大规模天线系统的性能，揭示出天线的大规模增加可以补偿由于高速移动带来的性能损失，进而为高速移动场景下大规模天线的应用奠定了理论基础；再次，考虑硬件的非理想特性，推导出非理想互易性对大规模天线系统性能的影响，证明了基站侧校准的必要性；最后，推导出大规模天线的系统级容量与系统参数之间的显式关系，为高频谱效率和高能效的系统设计提供了理论指导。

第3章

大规模天线无线信道建模

本章主要对大规模天线无线信道建模进行分析和介绍。大规模天线波束赋形技术对于未来低频段和高频段无线移动通信系统都是不可或缺的关键技术，用于高层楼宇覆盖、室外宏覆盖、热点覆盖和无线回传等场景，起到提升频谱效率、扩展覆盖等作用。对这些场景进行抽象概括，得到了信道建模的场景，分别为 UMa(Urban Macro)、UMi（Urban Micro）、RMa（Rural Macro）和 Indoor Office 场景。本章重点探讨了引入垂直维度后的三维信道建模，包括大尺度建模和小尺度建模，并在最后给出了信道建模的完整流程。

3.1 概　　述

多天线技术作为4G和 5G 系统物理层的基本构成之一，主要可以分为空间复用、传输分集和波束赋形 3 种方式。它可以充分利用空间特性，通过在发送端和接收端使用多根天线进行数据的发送和接收，对于提高数据传输的峰值速率、扩展覆盖、抑制干扰、增加系统容量、提升系统吞吐量都发挥着重要作用。

传统的 MIMO 传输方案受限于传统的基站（BS，Base Station）天线架构，一般只能在一个维度内（通常是水平维度）实现对信号空间分布特性的控制，无法充分利用空间信道中垂直维度的自由度，未能充分挖掘出 MIMO 技术对于改善移动通信系统整体效率与性能及最终用户体验的潜能。天线设计架构的演进以及有源天线技术的实用化发展，直接推动着多天线技术向着更高维度发展，为进一步提升系统性能提供了更多可能。

为满足 5G 对高速数据传输率和大容量的需求，需要寻找更大传输带宽的频谱资源和研究高频谱效率的传输技术。高频段是潜在提供更大传输带宽的频谱资源，最大传输带宽可达到 1GHz 以上。高频段的信号传播有区别于现有的蜂窝传输频段（主要在 6GHz 以下）的特点。

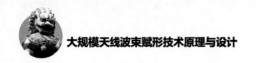

（1）波长短，适用于大规模天线波束赋形技术。高频段的波长较短，如 30GHz 的频段，其波长为 10mm。波长短使得天线的尺寸变小，从而在有限的天线面积内可排列更多的天线。以 30GHz 频段为例，当天线间距为 0.5 波长时，具有 8×8 矩阵 64 根天线的天线面积为 4cm×4cm，与传统的天线相比，尺寸变得较小。因此，在高频段通信中通常在发送端和接收端都使用大规模的天线阵列来提升性能。

（2）衰落大、覆盖小，自适应波束赋形技术是关键技术。高频段由于频段高、波长短，其在视距环境（LOS）和非视距环境（NLOS）下都存在信号衰减大的问题。对于 LOS 环境，由于更高的频率和更大的大气损耗等，在相同的发射功率时，通常要比低频段的衰减大 20dB 以上。对于 NLOS 环境，由于高频段的波长短，其反射和散射性能要比低频段性能更差，相对于低频段的 NLOS 信号，信号衰减更大。为了满足蜂窝系统的覆盖需求，提升信号传输距离，在发送和接收端都需要采用自适应波束赋形技术，通过大规模天线阵列提供的波束赋形增益提升高频段信号的传输质量和覆盖距离。

未来无线移动通信系统，无论是工作在 6GHz 以下的传统蜂窝网络频段，还是工作在 6～100GHz 的高频段，基于大规模天线阵列的多天线技术都是不可或缺的关键技术。本章主要探讨对移动通信系统中的大规模天线波束赋形技术进行验证、优化和设计所需的无线信道建模。本章 3.2 节和 3.3 节介绍大规模天线技术的部署场景以及信道建模场景，作为信道建模的基础；3.4 节和 3.5 节介绍坐标系模型和天线模型；3.6 节和 3.7 节分别讨论大尺度和小尺度信道建模的方法以及相关参数；3.8 节介绍信道建模的完整流程。

3.2 部署场景

（1）高层楼宇覆盖

在城市环境中，高层建筑（如 20～30 层高）较为普遍。高层建筑内的用户主要依赖室内覆盖，其部署成本和施工难度往往较大。如果使用传统的天线阵列，在楼外实现对高楼的深度覆盖，则需要多副天线系统分别覆盖不同楼层，楼体的穿透损耗以及小区间干扰会严重影响系统性能。这种情况下，如果使用大规模天线波束赋形技术，则可以根据实际的用户分布非常灵活地调整波束，通过垂直扇区化或者多用户空分复用的方式很好地覆盖楼内用户。而且大规模天线带来的较大的赋形增益可以较好地克服穿透损耗的问题。普通扇区天线与大规模天线室外覆盖高层楼宇场景如图 3-1 所示。

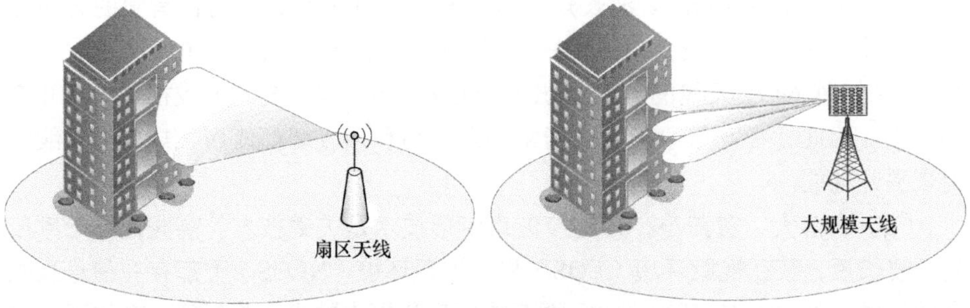

图 3-1　普通扇区天线与大规模天线室外覆盖高层楼宇场景

（2）室外宏覆盖

室外宏覆盖是传统移动通信系统的一种重要应用场景。这一场景中，基站天线部署在高于楼顶的位置，覆盖分布于地面和 4 ~ 8 层低层楼房中的用户。系统中用户的分布可能较为密集，而且呈现出 2D（地面）和 3D（楼中）分布混合的形态。这种情况下，大规模天线技术可以较为充分地发挥其性能优势。相比于传统天线在垂直面不能实现针对终端的自适应波束赋形，大规模天线波束赋形可实现针对不同终端的垂直面波束赋形，实现垂直面空分，提升频谱效率。图 3-2 中 UE1、UE2、UE3 在水平面维度上与基站的方向角不同，所以基站可以在水平面维度分别形成 3 个对准他们的波束进行数据传输。然而 UE3 和 UE4 在水平维度上与基站的方向角相同，那么 UE3 和 UE4 的波束会形成相互干扰。大规模天线波束赋形技术提供了垂直面波束赋形，将 UE3 与 UE4 从垂直维度上再进行一次区分，分别形成对准他们的波束为其进行数据传输。

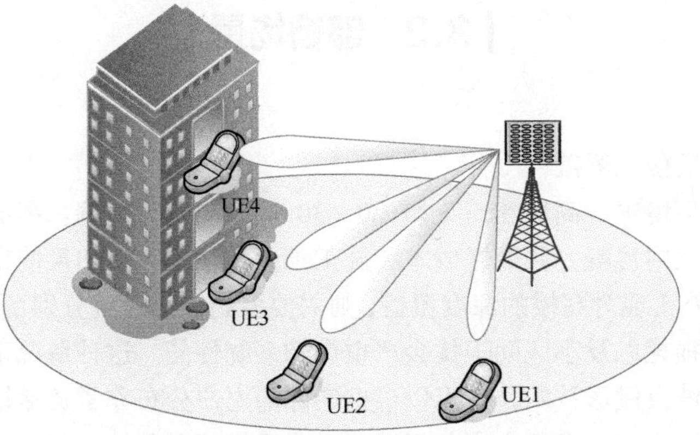

图 3-2　大规模天线在垂直维度区分用户

（3）热点覆盖

热点覆盖场景中，覆盖范围相对有限，而业务量需求和用户数量可能很大。这种情况下，可以考虑使用较高的频段，通过增加资源供给和提高频谱空间利用效率的双重手段保证系统需求。这类场景中，密集的用户分布将十分有利于多用户调度增益的体现。如果应用于高频段，则可以在有限的尺寸内使用更多的天线，从而能够更好地发挥大规模天线的优势。热点覆盖可能用于用户和业务量十分密集的室外区域，如露天体育场、音乐会、广场集会等场合。同时，基于大规模天线的热点覆盖也适用于用户数和业务需求都很大的室内环境，如大型会议场馆、大型商场、机场候机楼、高铁候车大厅等。在室内热点部署中，大规模天线阵列可以部署在天花板上，也可以分布于多个角落中。

（4）无线回传

在热点区域，运营商往往需要根据业务需求的变化搭建微（小）型站。如果采用有线方式，微站的回传链路部署存在成本高、灵活性低的问题。在这种情况下，可以利用无线传输方式通过宏站为热点覆盖区域的微站提供回传链路。但是，整个热点覆盖区域的容量可能会受限于回传链路的容量。针对这一问题，可以在回传链路使用高频段、大带宽，同时利用大规模天线阵列带来的精确三维赋形与高赋形增益保证回传链路的传输质量，提升回传链路的容量。无线回传应用场景如图 3-3 所示。

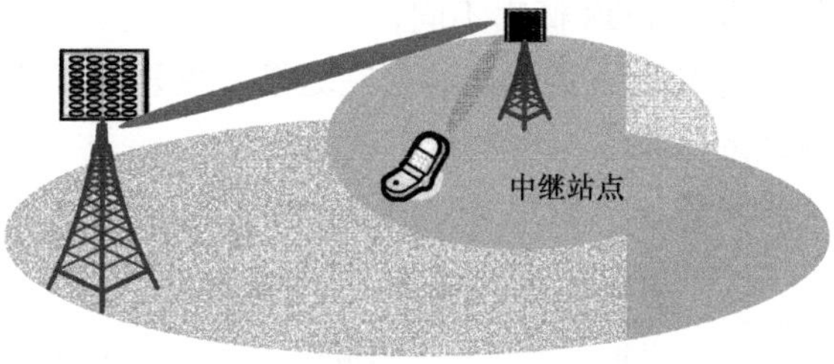

图 3-3　无线回传应用场景

在较长的时间范围内，无线通信系统的研究、评估和验证均采用 2D 信道模型作为参考信道模型，假设电磁波仅通过水平方向进行传播，传统的 MIMO 技术研究和评估也主要是针对 2D 信道模型进行的。引入大规模阵列天线技术之后，需要采用与之匹配的信道模型对技术方案进行评估和甄选，因此国际标准化组织开展了 3D 信道建模的研究工作。其中，3GPP 针对 6GHz 以下和 6GHz 以上分别定义了 3D 信道模型。3D 信道模型是以 WINNER 模型[30-31]和 ITU 的 2D 信道模型[32]为基础，综合考虑水平和垂直两个维度的空间信道特性定义的信道模型，主要用于大规模天线技术的研究、性能评估及标准化。

3.3 场景建模

3.3.1 3D 信道场景

对于 3D 波束赋形及大规模天线波束赋形传输，3D 信道建模时需要考虑用户终端在垂直维度的分布特性以及定义场景中建筑物的高度。根据大规模天线的部署场景可以抽象出信道模型的 4 个场景：UMi 场景、UMa 场景、Indoor Office 场景和 RMa 场景：

① UMi 场景：定义为城区微小区场景，室内/室外的用户密度均为高密度，且基站低于周围建筑物高度；

② UMa 场景：定义为城区宏小区场景，室内/室外的用户密度均为高密度，且基站高于周围建筑物高度；

③ Indoor Office 场景：定义为室内热点覆盖场景，根据建筑物的特征和覆盖的面积，可以将室内热点场景分为 Open Office 和 Mixed Office 两类，两类在信道模型上的差别主要是 LOS 概率不同；

④ RMa 场景：定义为大范围连续覆盖场景，主要特征是通过连续广域覆盖支持高速移动以及郊区和农村等覆盖广袤地区。

信道模型中 4 种场景的参数定义如表 3-1 所示。

表 3-1 信道建模场景参数定义

参数设置		UMi	UMa	RMa	Indoor Office
场景布局		六边形网格，19 个微站点，每站点 3 扇区（ISD=200m）	六边形网格，19 个宏站点，每站点 3 扇区（ISD=500m）	六边形网格，19 个宏站点，每站点 3 扇区（ISD=1732m 或者 5000m）	房间尺寸：120m×50m×3m (ISD=20m)
基站天线高度 h_{BS}(m)		10	25	35	3（天花板）
终端天线高度 h_{UT}	计算公式	$h_{UT}=3(n_{fl}-1)+1.5$	$h_{UT}=3(n_{fl}-1)+1.5$	1.5m	1.0m
	室外终端 n_{fl}	1	1		
	室内终端 n_{fl}	n_{fl}～uniform (1,N_{fl})其中 N_{fl}～uniform(4,8)	n_{fl}～uniform (1,N_{fl})其中 N_{fl}～uniform(4,8)		

（续表）

参数设置	UMi	UMa	RMa	Indoor Office
室内终端占比	80%	80%	50%	100%
终端水平移动速度（km/h）	3	3	120，最高 500	3
终端到基站的最小 2D 距离（m）	10	35	35	0
终端水平分布	均匀分布	均匀分布	均匀分布	均匀分布

注：n_{fl}表示楼层数目。

3.3.2　UMa 场景和 UMi 场景

3D 信道模型中分别定义了 UMa 场景和 UMi 场景的以下参数：场景布局、UE 在水平面的移动速度、基站天线高度、基站传输总功率、载波频率、UE 到基站的最小 2D 距离、UE 高度以及室内 UE 概率。其中，由于基站天线高度与场景中的建筑物高度相关、UE 高度与 UE 的垂直维度分布相关，这两个参数在 3D 信道中重新进行了定义，其他参数沿用 ITU 信道中的规定。UMa 场景和 UMi 场景的参数定义见表 3-1，说明如下：

① 对于基站天线高度，需要考虑基站天线高度与周围建筑物高度的关系，以及不同场景中建筑物高度的分布，具体规定见表 3-1。

② 对于 UE 高度，规定室外用户的 UE 高度固定，等于第一层用户的 UE 高度；室内用户的 UE 高度需要考虑建筑物内用户的垂直分布，与所在楼层有关。UE 高度 h_{UT} 的计算公式如：

$$h_{UT}=3\ (n_{fl}-1)+1.5$$

其中，

• h_{UT} 表示 UE 高度，1.5 表示室内第一层用户的 UE 高度，3 表示层高，单位为 m。

• n_{fl} 表示用户所在楼层，随机生成 n_{fl} 的过程如下：由于室外用户的 UE 高度等于室内第一层用户，所以室外用户的楼层数 n_{fl} 取 1；室内用户的楼层数 n_{fl} 由两个步骤确定：

a. 随机产生建筑的总楼层数 N_{fl}，N_{fl} 为一定范围内的均匀分布，每个场景下，N_{fl} 的分布范围不同，具体规定见表 3-1；

b. 随机产生 UE 所在的楼层 n_{fl}，n_{fl} 为（1，N_{fl}）范围内的均匀分布；

③ 对于室内 UE 占比，两种场景的室内 UE 占比都规定为 80%，即室内用

户占用户总数的 80%，室外用户占 20%。

3.3.3 Indoor Office 场景

室内热点场景主要考虑如下两类布局。

（1）房屋面积适中的格局分布

如居民楼、营业厅、电子卖场、商场、商铺、金融机构办事大厅、医院门诊部等，用户呈现静态或半静态，传输未压缩的高清视频或 3D 远程呈现、虚拟现实办公，需要满足高数据流量的要求。从传播的环境看，单个房间的面积一般不大，房间之间有隔断。

（2）宽敞、阻挡物少、面积大的室内环境

如开放办公、商场、体育馆、飞机候机楼、火车站候车厅，用户呈低速移动，业务种类多，流量需求大，除满足高吞吐量的要求，还需要提供高连接数（用户密度高）。从传播环境看，存在连续 $1000m^2$ 甚至更大的开放空间无隔离和同一覆盖视距区域内多个小区覆盖的需求。

室内热点场景的基站天线通常布置在天花板或者墙壁上，高度为 3m，UE 的高度固定为 1m。一个典型的布局如图 3-4 所示。

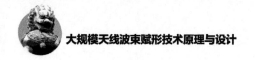

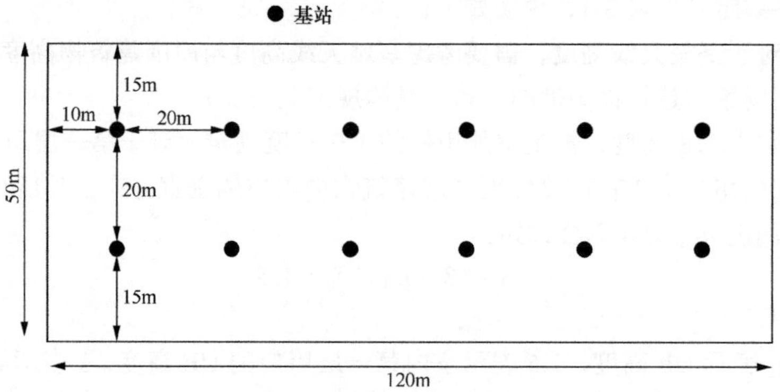

图 3-4　室内热点场景布局

3.4 坐标系模型

本节介绍 3D 信道模型中局部坐标系和全局坐标系的定义、坐标系间的转换关系以及双极化天线场分量在全局坐标系中的建模方法。3.4.1 节介绍了坐标系的定义；3.4.2 节介绍了天线单元局部坐标系到全局坐标系的转换方法。使用这种转换方法对双极化天线建模的过程将在 3.5.2 节进行介绍。

3.4.1　坐标系的定义

常用的笛卡尔坐标系可以由 x 轴、y 轴、z 轴或球坐标角度、球坐标单位向量等变量表示，如图 3-5 所示。图中 θ 为垂直角度、ϕ 为水平角度、$\hat{\boldsymbol{n}}$ 为单位向量；定义 $\theta=0$ 时 $\hat{\boldsymbol{n}}$ 指向 z 轴顶点，$\theta=90°$ 时 $\hat{\boldsymbol{n}}$ 与水平面重合；$\boldsymbol{F}_\theta$ 表示 $\hat{\boldsymbol{\theta}}$ 方向的场分量，$\boldsymbol{F}_\phi$ 表示 $\hat{\boldsymbol{\phi}}$ 方向的场分量。

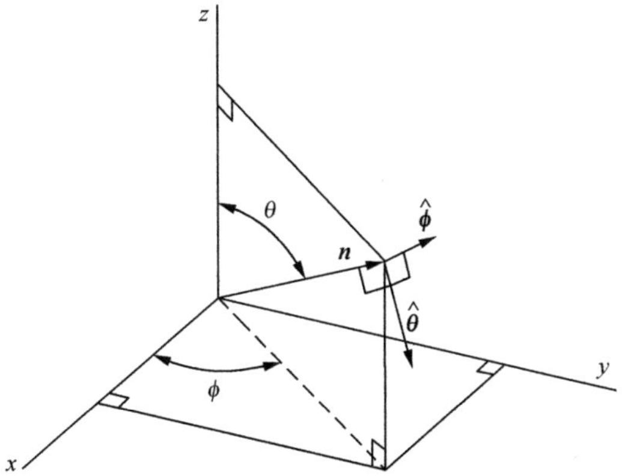

图 3-5　笛卡尔坐标系示例

下面介绍局部坐标系（LCS，Local Coordinate System）及全局坐标系（GCS，Global Coordinate System）的定义。

① LCS：每个 LCS 对应于一个基站或一个 UE 的一组天线单元， LCS 用于定义天线图样、极化模式、天线远场增益公式。

② GCS：一个 GCS 对应于一个包含多个基站和 UE 的系统。由于系统内的每个 UE 和基站都可以包含一组或多组对应于不同 LCS 的天线单元，LCS 的方向可能与 GCS 的方向不同，因此，需要定义 LCS 和 GCS 的转换关系，以获得各个天线单元在 GCS 中的场分量，基于一个统一的坐标系进行无线信道的建模。

坐标系转换的过程及转换公式将在 3.4.2 节和 3.4.3 节中介绍。

3.4.2　坐标系间的转换

LCS 和 GCS 的转换关系可以通过 LCS 和 GCS 之间的旋转角度来定义。首先定义 3 个旋转角度 α、β、γ，这 3 个旋转角度是 LCS 相对于 GCS 的旋转角度，也可以认为是对应于该 LCS 的天线单元相对于 GCS 的方向。根据以上 3 个旋转角度可以定义 LCS 和 GCS 间的坐标转换公式和天线单元的场分量转换公式。

如图 3-6 所示，给出了 α、β、γ 的确定过程。假设 GCS 用 x–y–z 坐标系表示，LCS 用 $\dddot{x}-\dddot{y}-\dddot{z}$ 坐标系表示，通过以下 3 次旋转可以将 GCS 旋转到与 LCS 重合的位置上：首先将 GCS（对应于坐标轴 x、y、z）绕 z 轴旋转，旋转角度为 α，此时得到 $\dot{x}-\dot{y}-\dot{z}$ 坐标系（对应于坐标轴 $\dot{x}$、$\dot{y}$、$\dot{z}$）；然后绕 $\dot{y}$ 轴旋转，旋转角度为 β，此时得到 $\ddot{x}-\ddot{y}-\ddot{z}$ 坐标系（对应于坐标轴 $\ddot{x}$、$\ddot{y}$、$\ddot{z}$）；最后绕 $\ddot{x}$ 轴旋转，旋转角度为 γ，此时得到 $\dddot{x}-\dddot{y}-\dddot{z}$ 坐标系（对应于坐标轴 $\dddot{x}$、$\dddot{y}$、$\dddot{z}$），观察可知第 3 次旋转后得到的 $\dddot{x}-\dddot{y}-\dddot{z}$ 坐标系即为 LCS 坐标系。

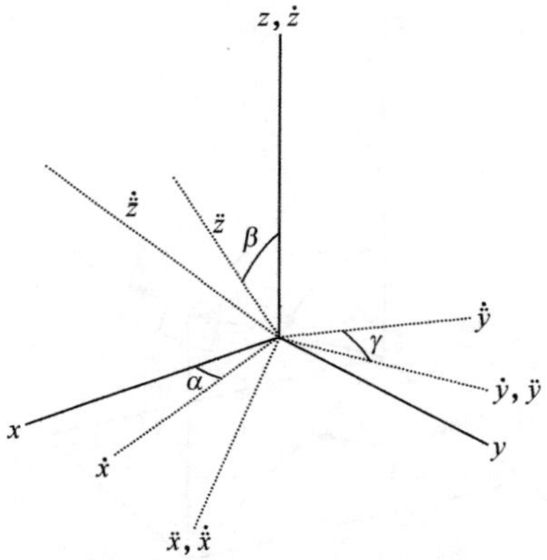

图 3-6 LCS、GCS 及旋转过程

分别定义 3 个旋转角度 α、β、γ 为轴向角度（Bearing Angle）、下倾角度（Downtilt Angle）和倾斜角度（Slant Angle），利用这 3 个角度可以生成坐标系间坐标的转换公式。

若系统中的某一点在 GCS 中的坐标为 (x, y, z)，在 LCS 中的坐标为 (x', y', z')，假设 $\boldsymbol{R}$ 为 LCS 的坐标到 GCS 的坐标的旋转矩阵，则以上旋转过程可以表示为式（3-1）及式（3-2）：

$$\begin{pmatrix} x' \\ y' \\ z' \end{pmatrix} = \boldsymbol{R}^{-1} \begin{pmatrix} x \\ y \\ z \end{pmatrix} \tag{3-1}$$

$$\begin{pmatrix} x \\ y \\ z \end{pmatrix} = \boldsymbol{R} \begin{pmatrix} x' \\ y' \\ z' \end{pmatrix} \tag{3-2}$$

其中，旋转矩阵 $\boldsymbol{R}$ 的计算如式（3-3）所示。由于 $\boldsymbol{R}$ 是正交矩阵，$\boldsymbol{R}$ 的逆等于其转置，如式（3-4）所示。

$$R = R_Z(\alpha) R_Y(\beta) R_X(\gamma) = \begin{pmatrix} +\cos\alpha & -\sin\alpha & 0 \\ +\sin\alpha & +\cos\alpha & 0 \\ 0 & 0 & 1 \end{pmatrix} \begin{pmatrix} +\cos\beta & 0 & +\sin\beta \\ 0 & 1 & 0 \\ -\sin\beta & 0 & +\cos\beta \end{pmatrix} \begin{pmatrix} 1 & 0 & 0 \\ 0 & +\cos\gamma & -\sin\gamma \\ 0 & +\sin\gamma & +\cos\gamma \end{pmatrix} \tag{3-3}$$

$$R^{-1} = R_X(-\gamma) R_Y(-\beta) R_Z(-\alpha) = R^T \tag{3-4}$$

对式（3-3）和式（3-4）进行化简后可以得到：

$$R = \begin{pmatrix} \cos\alpha\cos\beta & \cos\alpha\sin\beta\sin\gamma - \sin\alpha\cos\gamma & \cos\alpha\sin\beta\cos\gamma + \sin\alpha\sin\gamma \\ \sin\alpha\cos\beta & \sin\alpha\sin\beta\sin\gamma + \cos\alpha\cos\gamma & \sin\alpha\sin\beta\cos\gamma - \cos\alpha\sin\gamma \\ -\sin\beta & \cos\beta\sin\gamma & \cos\beta\cos\gamma \end{pmatrix} \tag{3-5}$$

$$R^{-1} = \begin{pmatrix} \cos\alpha\cos\beta & \sin\alpha\cos\beta & -\sin\beta \\ \cos\alpha\sin\beta\sin\gamma - \sin\alpha\cos\gamma & \sin\alpha\sin\beta\sin\gamma + \cos\alpha\cos\gamma & \cos\beta\sin\gamma \\ \cos\alpha\sin\beta\cos\gamma + \sin\alpha\sin\gamma & \sin\alpha\sin\beta\cos\gamma - \cos\alpha\sin\gamma & \cos\beta\cos\gamma \end{pmatrix} \tag{3-6}$$

天线单元的天线图及场分量通常使用球坐标系定义，接下来首先介绍 GCS 和 LCS 的球坐标向量的变换公式，再介绍如何使用转换公式将 LCS 中天线单元的场分量转换到 GCS 中。

如图 3-7 所示，GCS 用 x-y-z 坐标系表示，LCS 用 x'-y'-z' 坐标系表示，对于同一个球坐标向量，假设其在 GCS 球坐标中角度为(θ,ϕ)、单位向量为($\hat{\theta},\hat{\phi}$)、天线单元图（Antenna Element Pattern）为 $A(\theta,\phi)$、天线极化场分量（Polarized Field Components）为 $\boldsymbol{F}_\theta(\theta,\phi)$，在 LCS 中对应的量分别表示为(θ',ϕ')、($\hat{\theta}',\hat{\phi}'$)、$A'(\theta',\phi')$和 $\boldsymbol{F}_\theta'(\theta',\phi')$。

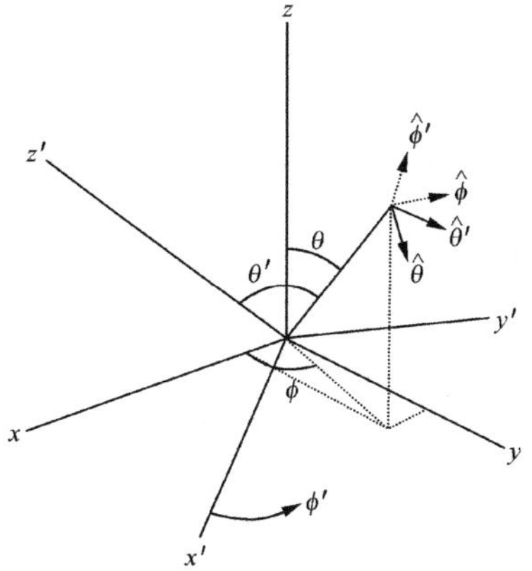

图 3-7　LCS、GCS 坐标系中的球坐标向量

由于单位球上的点的笛卡尔坐标（x,y,z）与其对应的球坐标（ρ=1,θ,ϕ）有

如式（3-7）中所示的关系，通过笛卡尔坐标可以得到球坐标角度 θ、ϕ 的表达式见式（3-8）、式（3-9）。

$$\hat{\rho}=\begin{pmatrix}x\\y\\z\end{pmatrix}=\begin{pmatrix}\sin\theta\cos\phi\\\sin\theta\sin\phi\\\cos\theta\end{pmatrix}\tag{3-7}$$

$$\theta=\arccos\left(\hat{\rho}\cdot\begin{bmatrix}0\\0\\1\end{bmatrix}\right)^{\mathrm{T}}\tag{3-8}$$

$$\phi=\arg\left(\begin{bmatrix}1\\0\\0\end{bmatrix}^{\mathrm{T}}\cdot\hat{\rho}+j\begin{bmatrix}0\\1\\0\end{bmatrix}^{\mathrm{T}}\cdot\hat{\rho}\right)\tag{3-9}$$

根据以上关系，在已知 GCS 的球坐标（θ,ϕ）及旋转角度（α, β, γ）的前提下，可以推出 LCS 中的球坐标（θ',ϕ'），如式（3-10）和式（3-11）所示。

$$\begin{aligned}\theta'(\alpha,\beta,\gamma;\theta,\phi)&=\arccos\left(\begin{bmatrix}0\\0\\1\end{bmatrix}^{\mathrm{T}}\boldsymbol{R}^{-1}\hat{\rho}\right)\\&=\arccos\left\{\cos\beta\cos\gamma\cos\theta+\left[\sin\beta\cos\gamma\cos(\phi-\alpha)-\sin\gamma\sin(\phi-\alpha)\right]\sin\theta\right\}\end{aligned}\tag{3-10}$$

$$\begin{aligned}\phi'(\alpha,\beta,\gamma;\theta,\phi)&=\arg\left(\begin{bmatrix}1\\j\\0\end{bmatrix}^{\mathrm{T}}\boldsymbol{R}^{-1}\hat{\rho}\right)\\&=\arg\left(\begin{aligned}&\left[\cos\beta\sin\theta\cos(\phi-\alpha)-\sin\beta\cos\theta\right]+\\&j\left\{\cos\beta\sin\gamma\cos\theta+\left[\sin\beta\sin\gamma\cos(\phi-\alpha)+\cos\gamma\sin(\phi-\alpha)\right]\sin\theta\right\}\end{aligned}\right)\end{aligned}\tag{3-11}$$

使用 $A'(\theta',\phi')$ 表示 LCS 中的一个天线单元图，$A(\theta,\phi)$ 表示该天线单元在 GCS 中的天线单元图，则 $A(\theta,\phi)=A'(\theta',\phi')$。

假设一个天线单元在 GCS 中的极化场向量用 $\boldsymbol{F}_\theta(\theta,\phi),\boldsymbol{F}_\phi(\theta,\phi)$ 表示，该天线单元在 LCS 中的极化场向量用 $\boldsymbol{F}'_\theta(\theta',\phi')$ $\boldsymbol{F}'_\phi(\theta',\phi')$ 表示，则两者有以下关系：

$$\begin{pmatrix}\boldsymbol{F}_\theta(\theta,\phi)\\\boldsymbol{F}_\phi(\theta,\phi)\end{pmatrix}=\begin{pmatrix}\hat{\boldsymbol{\theta}}(\theta,\phi)^{\mathrm{T}}\boldsymbol{R}\hat{\theta}'(\theta',\phi') & \hat{\theta}(\theta,\phi)^{\mathrm{T}}\boldsymbol{R}\hat{\phi}'(\theta',\phi')\\\hat{\boldsymbol{\phi}}(\theta,\phi)^{\mathrm{T}}\boldsymbol{R}\hat{\theta}'(\theta',\phi') & \hat{\phi}(\theta,\phi)^{\mathrm{T}}\boldsymbol{R}\hat{\phi}'(\theta',\phi')\end{pmatrix}\begin{pmatrix}\boldsymbol{F}_{\theta'}(\theta',\phi')\\\boldsymbol{F}_\phi(\theta',\phi')\end{pmatrix}\tag{3-12}$$

其中，$\boldsymbol{R}$ 为式（3-3）中 LCS 到 GCS 的坐标转换矩阵。

假设 ψ 为 LCS 和 GCS 的两对球坐标单位向量间的夹角，如图 3-8 所示[38]。ψ 可通过多种计算方法得到，其中一种方式如式（3-13）所示：

$$\psi = \arg\left[\hat{\theta}(\theta,\phi)^{\mathrm{T}}\boldsymbol{R}\hat{\theta}'(\theta',\phi') + j\hat{\phi}(\theta,\phi)^{\mathrm{T}}\boldsymbol{R}\hat{\theta}'(\theta',\phi')\right] \tag{3-13}$$

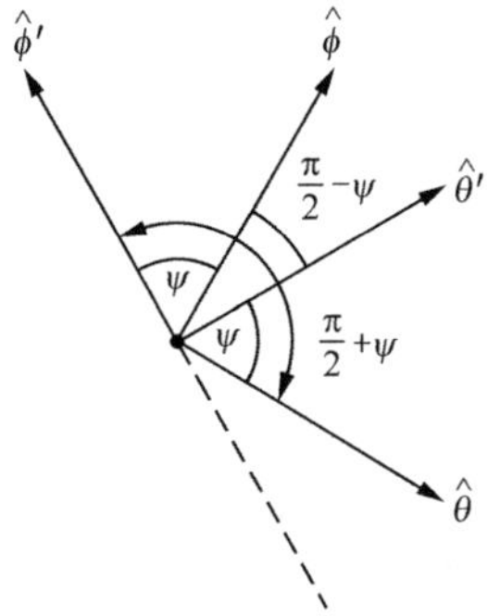

图 3-8　LCS、GCS 的球坐标单位向量示意图

则式（3-12）中的场向量转换矩阵可表示为式（3-14）：

$$\begin{pmatrix}\hat{\theta}(\theta,\phi)^{\mathrm{T}}\boldsymbol{R}\hat{\theta}'(\theta',\phi') & \hat{\theta}(\theta,\phi)^{\mathrm{T}}\boldsymbol{R}\hat{\phi}'(\theta',\phi')\\ \hat{\phi}(\theta,\phi)^{\mathrm{T}}\boldsymbol{R}\hat{\theta}'(\theta',\phi') & \hat{\phi}(\theta,\phi)^{\mathrm{T}}\boldsymbol{R}\hat{\phi}'(\theta',\phi')\end{pmatrix} = \begin{pmatrix}\cos\psi & \cos(\pi/2+\psi)\\ \cos(\pi/2-\psi) & \cos\psi\end{pmatrix} = \begin{pmatrix}+\cos\psi & -\sin\psi\\ +\sin\psi & +\cos\psi\end{pmatrix} \tag{3-14}$$

式（3-12）可以被简化为：

$$\begin{pmatrix}\boldsymbol{F}_{\theta}(\theta,\phi)\\ \boldsymbol{F}_{\phi}(\theta,\phi)\end{pmatrix} = \begin{pmatrix}+\cos\psi & -\sin\psi\\ +\sin\psi & +\cos\psi\end{pmatrix}\begin{pmatrix}\boldsymbol{F}_{\theta'}(\theta',\phi')\\ \boldsymbol{F}_{\phi'}(\theta',\phi')\end{pmatrix} \tag{3-15}$$

根据式（3-13），$\cos\psi$、$\sin\psi$ 可以表示为：

$$\cos\psi = \frac{\cos\beta\cos\gamma\sin\theta - \left[\sin\beta\cos\gamma\cos(\phi-\alpha) - \sin\gamma\sin(\phi-\alpha)\right]\cos\theta}{\sqrt{1-\left\{\cos\beta\cos\gamma\cos\theta + \left[\sin\beta\cos\gamma\cos(\phi-\alpha) - \sin\gamma\sin(\phi-\alpha)\right]\sin\theta\right\}^2}} \tag{3-16}$$

$$\sin\psi = \frac{\sin\beta\cos\gamma\sin(\phi-\alpha) + \sin\gamma\cos(\phi-\alpha)}{\sqrt{1-\left\{\cos\beta\cos\gamma\cos\theta + \left[\sin\beta\cos\gamma\cos(\phi-\alpha) - \sin\gamma\sin(\phi-\alpha)\right]\sin\theta\right\}^2}} \tag{3-17}$$

至此，综合式（3-15）至式（3-17），可以根据 LCS 的天线极化场向量得到其对应于 GCS 的天线极化场向量。

在 3D 信道建模过程中，计算空间多径的时域信道时要考虑极化天线的极化场向量分布，届时需要首先计算 UE 或基站在其局部坐标系 LCS 中的极化场向量 $\boldsymbol{F}_{\theta'}(\theta',\phi')$、$\boldsymbol{F}_{\phi'}(\theta',\phi')$，再根据式（3-15）至式（3-17）计算得到全局坐标系 GCS 中的极化场向量，进一步地，在 GCS 中综合处理所有 UE 和基站间信道的多径衰落。

3.4.3 简化坐标系转换

在 3D 信道模型中，有一种典型的 LCS 转换到 GCS 的转换过程：即对于基站侧可变下倾角的天线单元，由于其固定在天线阵列上，只有下倾角可变，其他方向固定不变，所以基站天线单元的 LCS 与 GCS 的 3 个旋转角度（α, β, γ）只需要考虑下倾角 β，其他两个角度 α、γ 等于零。

基于这个前提对式（3-10）至式（3-17）进行简化，得到基站侧天线单元的天线单元图及极化场分量的计算公式：

$$\theta' = \arccos\left(\cos\phi\sin\theta\sin\beta + \cos\theta\cos\beta\right)$$
$$\phi' = \arg\left(\cos\phi\sin\theta\cos\beta - \cos\theta\sin\beta + j\sin\phi\sin\theta\right)$$
$$\boldsymbol{F}_\theta(\theta,\phi) = \boldsymbol{F}_{\theta'}(\theta',\phi')\cos\psi - \boldsymbol{F}_{\phi'}(\theta',\phi')\sin\psi$$
$$\boldsymbol{F}_\phi(\theta,\phi) = \boldsymbol{F}_{\theta'}(\theta',\phi')\sin\psi + \boldsymbol{F}_{\phi'}(\theta',\phi')\cos\psi$$
$$\psi = \arg\left(\sin\theta\cos\beta - \cos\phi\cos\theta\sin\beta + j\sin\phi\sin\beta\right)$$

进一步地，若只考虑水平维度，即 $\theta = 90^\circ$ 时，以上公式可以进一步简化为：

$$\theta' = \arccos\left(\cos\phi\sin\beta\right)$$
$$\phi' = \arg\left(\cos\phi\cos\beta + j\sin\phi\right)$$
$$\psi = \arg\left(\cos\beta + j\sin\phi\sin\beta\right)$$

3.5 天线模型

为建模 3D 垂直维度波束赋形及大规模天线波束赋形传输过程中信号经历的无线信道，统一规定 3D 信道中天线模型参数如下：

① 天线阵列呈 2D 平面排列，使用 N 表示天线列数，M 表示每一列中同一极化方向天线的个数；

② 天线可以是交叉极化阵列（CPA，Cross-Polarized Array），如图 3-9（a）所示；也可以是均匀线性阵列（ULA，Uniform Linear Array），如图 3-9（b）所示；

③ 水平方向天线间距相同，使用 d_H 表示；垂直方向天线间距相同，使用 d_V 表示；

④ 天线辐射方向图，天线增益等参数规定见表 3-2。

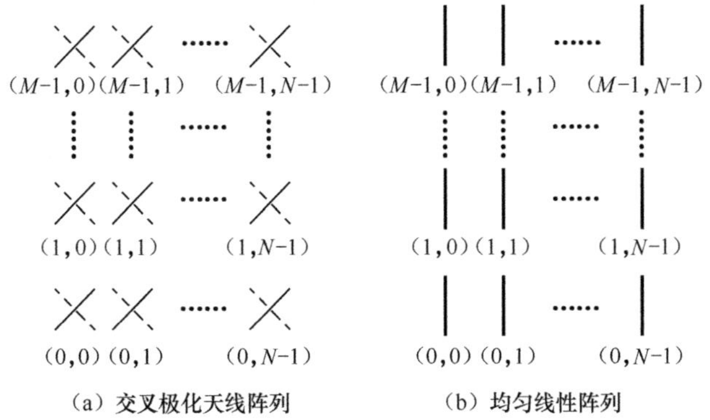

图 3-9　2D 平面天线结构

对于高频段，基站和终端将普遍采用多面板的天线阵列实现方式。天线阵列建模为一个二维的天线面板阵列，包括 M_gN_g 个面板。其中 M_g 是阵列中的一列包含的天线面板数量，N_g 是一行包含的面板数量。水平方向和垂直方向的相邻面板之间的距离分别记为 $d_{g,H}$ 和 $d_{g,V}$，如图 3-10 所示。每个面板都可以看成是一个子阵列，该子阵列是由 MNP 个天线单元组成的，其构成和排列方式如图 3-9 所示。

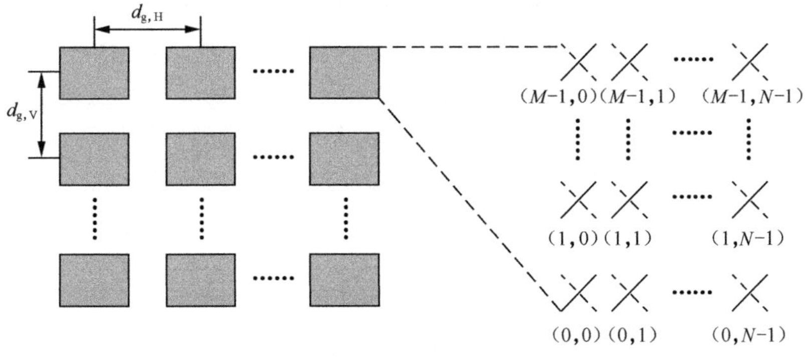

图 3-10　多面板 2D 平面天线结构

因此，高频和低频的天线阵列可以统一通过一个五元组来定义：(M_g，N_g，M，N，P)。低频的天线阵列可以看成一种特殊的形式，即 $M_g = N_g = 1$。

表 3-2 中“天线辐射方向图”分别规定了天线垂直辐射方向图、天线水平辐射方向图和天线 3D 辐射方向图。其中，天线 3D 辐射方向图由水平和垂直方向图计算得到。

表 3-2　3D 信道模型中天线模型参数

参数	值
天线垂直辐射方向图（dB）	$A''_{dB}(\theta'',\phi''=0°)=-\min\left\{12\left(\frac{\theta''-90°}{\theta_{3dB}}\right)^2, SLA_V\right\}$ 其中，$\theta_{3dB}=65°, SLA_V=30\,dB, \theta''\in[0°, 180°]$
天线水平辐射方向图（dB）	$A''_{dB}(\theta''=90°,\phi'')=-\min\left\{12\left(\frac{\phi''}{\phi_{3dB}}\right)^2, A_{max}\right\}$ 其中，$\phi_{3dB}=65°, A_{max}=30\,dB, \phi''\in[-180°, 180°]$
天线 3D 辐射方向图（dB）	$A''_{dB}(\theta'',\phi'')=-\min\left\{-\left[A''_{dB}(\theta'',\phi''=0°)+A''_{dB}(\theta''=90°,\phi'')\right], A_{max}\right\}$
天线单元最大的指向性增益 $G_{E,max}$	8dBi

注：θ_{3dB}，ϕ_{3dB} 分别表示垂直和水平方向 3dB 带宽；SLA_v，A_m 分别表示天线垂直方向和水平方向前后比。

3.5.1 双极化天线模型

由于表 3-2 中天线增益 $A''_{dB}(\theta'',\phi'')$ 是在天线单元所在极化方向的坐标系中定义的，当天线为双极化天线时，天线的极化角度ζ导致该天线单元所在极化方向的坐标系与双极化天线参考坐标系（对应于 3.4 节中的 LCS）间存在夹角ζ，所以在建模天线增益 $A'(\theta',\phi')$与场分量 $F_{\theta'}(\theta', \phi')$时需要考虑坐标系间的转换。本节讨论 3D 模型中双极化天线的天线增益及场分量的建模方法，当前主要有两种双极化天线建模方法，模型一使用了 3.4.2 节给出的两个坐标系间的转换公式；模型二只考虑了天线增益及场分量中由于天线倾角引入的几何关系，没有使用转换公式。两种双极化天线模型介绍如下。

（1）模型一

假设ζ为双极化天线的倾角，ζ=0 表示垂直的极化天线，ζ=+/−45 表示一对倾角为+/−45° 的交叉极化天线，则根据 3.4.2 节中给出的转换公式，双极化天线的场分量有以下关系，如式（3-18）至式（3-20）表示：

$$\begin{pmatrix} F_{\theta'}(\theta',\phi') \\ F_{\phi'}(\theta',\phi') \end{pmatrix} = \begin{pmatrix} +\cos\psi & -\sin\psi \\ +\sin\psi & +\cos\psi \end{pmatrix} \begin{pmatrix} F_{\theta''}(\theta'',\phi'') \\ F_{\phi''}(\theta'',\phi'') \end{pmatrix} \tag{3-18}$$

其中，
$$\cos\psi = \frac{\cos\zeta\sin\theta' + \sin\zeta\sin\phi'\cos\theta'}{\sqrt{1-(\cos\zeta\cos\theta' - \sin\zeta\sin\phi'\sin\theta')^2}} \tag{3-19}$$

$$\sin\psi = \frac{\sin\zeta\cos\phi'}{\sqrt{1-\left(\cos\zeta\cos\theta' - \sin\zeta\sin\phi'\sin\theta'\right)^2}} \tag{3-20}$$

式（3-18）中 $\boldsymbol{F}_{\theta''}(\theta'',\varphi'')$ 和 $\boldsymbol{F}_{\phi''}(\theta'',\phi'')$ 表示交叉的双极化天线中一个极化方向的局部坐标系中的场分量；$\boldsymbol{F}_{\theta'}(\theta',\phi')$ 和 $\boldsymbol{F}_{\phi'}(\theta',\phi')$ 表示双极化天线参考坐标系中的场分量；其中下标 θ 表示垂直场分量，下标 ϕ 表示水平场分量。

对于一个极化天线，在其极化方向的坐标系中，场分量与天线增益的关系见式（3-21）和式（3-22），其中，$A''(\theta'',\phi'')$ 为表 3-2 中规定的 3D 天线增益：

$$\boldsymbol{F}_{\theta''}\left(\theta'',\phi''\right) = \sqrt{A''(\theta'',\phi'')} \tag{3-21}$$

$$\boldsymbol{F}_{\phi''}\left(\theta'',\phi''\right) = 0 \tag{3-22}$$

结合式（3-18）至式（3-22）可得到双极化天线在双极化天线参考坐标系中的极化场分量。

（2）模型二

模型二中没有考虑坐标系间的转换关系，认为天线的场分量等于天线图在相应方向上的映射。假设 ζ 为双极化天线的倾角，则在双极化天线参考坐标系（对应于 3.4 节中的 LCS）中的场分量可由式（3-23）和式（3-24）计算。

$$\boldsymbol{F}_{\theta'}\left(\theta',\phi'\right) = \sqrt{A''(\theta'',\phi'')}\cos\left(\zeta\right) \tag{3-23}$$

$$\boldsymbol{F}_{\phi'}\left(\theta',\phi'\right) = \sqrt{A''(\theta'',\phi'')}\sin\left(\zeta\right) \tag{3-24}$$

其中，$A''(\theta'',\phi'')$ 为极化天线在其极化方向所对应的坐标系中的天线增益，在表 3-2 中规定。由式（3-23）和式（3-24）可得到双极化天线在双极化天线参考坐标系中的极化场分量。

3.5.2　UE 方向及天线模型

由于系统中不同用户的 UE 方向不同，需要定义每个 UE 的初始化角度，才能进一步地将 UE 局部坐标系 LCS 中的天线增益模型使用 3.4 节的方法转换到全局坐标系 GCS 中。UE 的方向可以用 3.4.2 节中定义的 3 个旋转角度 α、β、γ 表示。

对于 UE 方向的分布，有两种备选方案。

① 方案一：水平均匀分布（Azimuth Uniform）。这种方案将 UE 的角度均匀分布在水平面上，UE 方向对应的三个角度为：$\Omega_{\mathrm{UT},\alpha}$ 在[0°,360°]内均匀分布，$\Omega_{\mathrm{UT},\beta}$=90°，$\Omega_{\mathrm{UT},\gamma}$=0°。

② 方案二：球面均匀分布（Spherical Uniform）。这种方案将 UE 的角度均匀分布在单位球面上，UE 方向对应的三个角度为：$\Omega_{UT,\alpha}$在[0°，360°]内均匀分布，$\Omega_{UT,\beta}=\arccos(X)$，其中 $X\sim U[-1,1]$，$\Omega_{UT,\gamma}$ 在[0°，360°]内均匀分布。

在信道模型的应用中，可以使用这两种方案对 UE 方向进行建模，并根据不同的信道场景或不同的评估目标选择合适的方案。

3.6 大尺度信道建模

大尺度信道模型对于预测距发射端一定距离处接收端的场强变化具有重要的参考作用。信道的大尺度衰落一般表现为路径损耗、穿透损耗和阴影衰落。在自由空间中，路径损耗仅与传输信号的载波频率、传输距离以及收发天线的增益相关。而在实际的无线信道环境中，由于环境散射体对无线信号的反射、绕射以及散射作用，其路径损耗模型会有所不同。本节将介绍 3D 信道模型中不同传输场景的大尺度衰落模型，包括路损计算、穿透损耗、直射径概率、阴影衰落等。

3.6.1 3D 距离的定义

3D 信道模型中，不同信道参数的距离相关性各不相同：

① 采用 3D 距离计算的参数：有些参数，如路损，同时与水平距离和垂直距离相关，需要使用 3D 距离计算；

② 采用 2D 距离计算的参数：有些参数，如 UMi 场景下室外用户的 LOS 概率，只与水平距离相关，需要使用 2D 距离计算。

本小节介绍 3D 信道模型中 UE 距离的定义，包括 2D 距离、3D 距离，以及 2D/3D 距离中室内/室外距离的定义。具体如图 3-11 和图 3-12 所示。

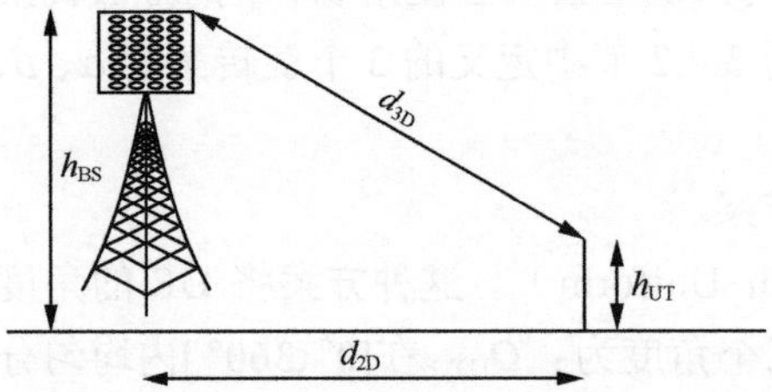

图 3-11　室外用户 2D 距离、3D 距离的定义

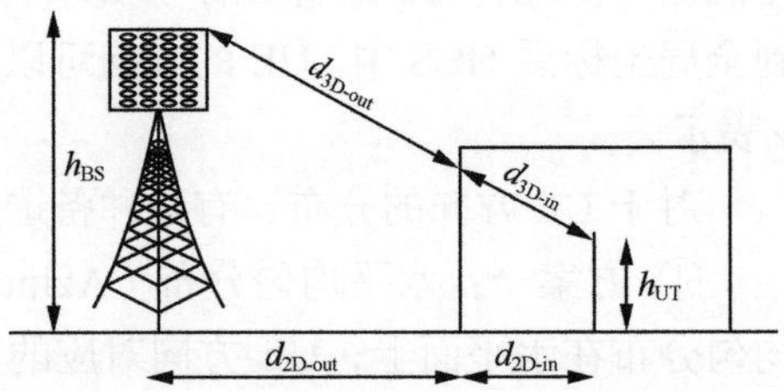

图 3-12　室内用户 2D 距离、3D 距离的定义

图 3-11 和图 3-12 中，h_{BS}表示基站高度，h_{UT}表示 UE 高度。3D 信道模型中 UE 与基站间各距离参数定义为：

① 对于室外用户

a. 2D 距离为 UE 到基站的水平距离，用 d_{2D}表示；

b. 3D 距离为 UE 到基站的实际距离，用 d_{3D}表示，根据式（3-25）计算。

$$d_{3D} = \sqrt{d_{2D}^2 + (h_{BS} - h_{UT})^2} \tag{3-25}$$

② 对于室内用户

a. 2D 室外距离为 UE 到基站的水平室外距离，用 $d_{2D\text{-out}}$表示；

b. 2D 室内距离为 UE 到基站的水平室内距离，用 $d_{2D\text{-in}}$表示；

c. 3D 室外距离为 UE 到基站的实际室外距离，用 $d_{3D\text{-out}}$表示，根据式（3-26）计算。

$$d_{3D\text{-out}} = \sqrt{(d_{2D\text{-out}} + d_{2D\text{-in}})^2 + (h_{BS} - h_{UT})^2} \times \frac{d_{2D\text{-out}}}{d_{2D\text{-out}} + d_{2D\text{-in}}} \tag{3-26}$$

d. 3D 室内距离为 UE 到基站的实际室内距离，用 $d_{3D\text{-in}}$表示，根据式（3-27）计算。

$$d_{3D\text{-in}} = \sqrt{(d_{2D\text{-out}} + d_{2D\text{-in}})^2 + (h_{BS} - h_{UT})^2} \times \frac{d_{2D\text{-in}}}{d_{2D\text{-out}} + d_{2D\text{-in}}} \tag{3-27}$$

综上所述，当 UE 与基站的高度（h_{BS}、h_{UT}）及相对位置（d_{2D}、$d_{2D\text{-out}}$、$d_{2D\text{-in}}$）已知时，根据以上距离公式可以计算出其他距离参数（$d_{3D\text{-out}}$、$d_{3D\text{-in}}$、d_{3D}）。进一步地，这些距离参数可以用于计算 UE 与基站间无线信道的大尺度参数及小尺度参数。

3.6.2 LOS 概率的定义

在无线蜂窝系统中，尤其是在城区场景中，当 UE 与基站距离较近且没有建筑物遮挡时，UE 与基站间的传播路径中可能包含直接视距路径（也称为直射径，LOS）；而其他传播路径由于经过建筑物的绕射及反射损耗，定义为非直射（NLOS）路径。图 3-13 和图 3-14 分别给出了 UMi 场景和 UMa 场景下 LOS/NLOS 路径示意图。

由图 3-13 和图 3-14 可知，有些 UE 与基站间可能没有 LOS 路径，只存在 NLOS 路径。在信道建模过程中，通常使用 LOS 概率来建模 UE 与基站间传播路径中是否包含 LOS 路径。LOS 概率为一个统计参数，表示 UE 与基站间存在 LOS 路径的概率，与 UE 到基站的距离和场景有关。

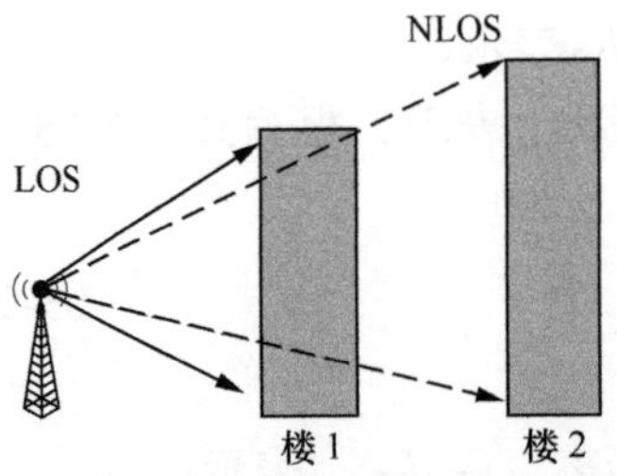

图 3-13　UMi 场景下 LOS/NLOS 路径示意图

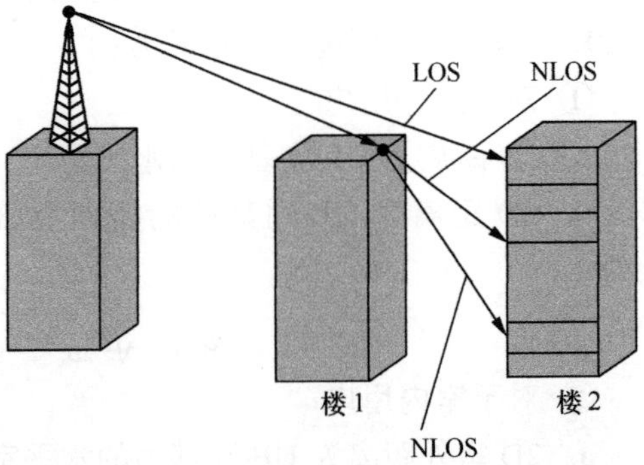

图 3-14　UMa 场景下 LOS/NLOS 路径示意图

本节介绍 3D 信道模型中用户 LOS 概率的定义。观察图 3-13 和图 3-14 可知，在 UMi 场景中，由于基站低于周围建筑物，只有当 UE 与基站之间没有阻碍物时才存在 LOS 路径，也只有基站周围建筑中的 UE 才存在 LOS 路径，如图 3-13 所示，基站周围的建筑（楼 1）中的 UE 传输路径包括 LOS 径，而与基站之间相隔了一座建筑的楼 2 中的 UE 传输路径则只有 NLOS 路径。相反的，在 UMa 场景中基站高于周围建筑物，距离基站较远的高层用户的空间多径也有可能包括 LOS 路径[33-34]，如图 3-14 所示，虽然楼 2 与基站之间有建筑阻碍，但由于基站高于建筑物，导致楼 2 中只有底层用户受到遮挡，而高层用户与基站间没有阻碍物，这部分用户的空间多径中可能包括 LOS 路径。所以，UMa 场景的 LOS 概率既要考虑基站周围的 LOS 路径用户，又要考虑距离基站较远的高层 LOS 路径用户。

3D 信道模型的 LOS 概率公式是在 ITU 信道基础上拓展得到的。由于 ITU 信道中 LOS 概率考虑的场景与 UMi 场景相同，只对“基站低于周围建筑”的场景建模，所以 3D 信道模型中 UMi 场景的 LOS 概率公式沿用 ITU 信道中 LOS 概率公式的定义。又由于 UMa 场景中需要考虑高层用户的 LOS 概率，所以 UMa 场景的 LOS 概率公式需要在 ITU 信道 LOS 概率公式的基础上添加与 UE 高度相关的高度因子。

具体分析 UMa 场景中 LOS 路径用户和 NLOS 路径用户的分布情况，如图 3-15 所示，将 LOS 路径用户分为类型 1 和类型 2 两类，类型 1 LOS 用户表示基站周围建筑中的用户，类型 2 LOS 用户表示距离较远的高层用户。由于 ITU 信道的 LOS 概率公式仅建模了类型 1 LOS 用户，3D 信道中需要对类型 2 LOS 用户进行建模并添加到 LOS 概率公式中。根据前文分析可知，类型 2 LOS 用户的 LOS 概率与 UE 高度相关，假设用 $C(d,h_{\mathrm{UT}})$表示类型 2 LOS 用户与类型 1 LOS 用户的 LOS 概率之比，得到 UMa 场景 LOS 概率公式，如式（3-28）所示。

$$P_{\mathrm{LOS}} = P_{\mathrm{LOS-ITU-UMA}}\left[1+C(d,h_{\mathrm{UT}})\right] \tag{3-28}$$

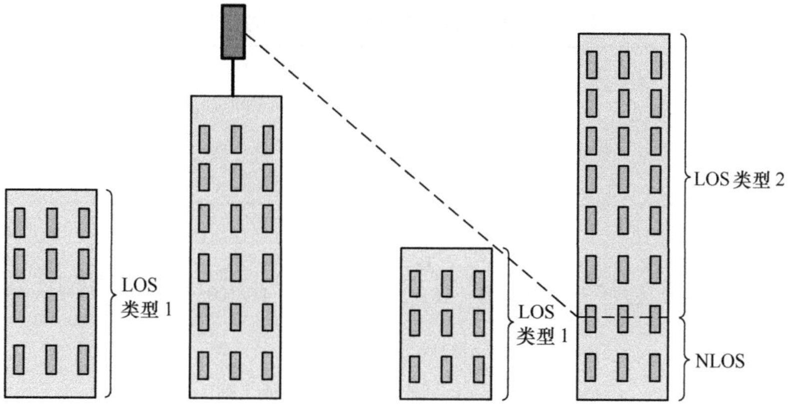

图 3-15 UMa 场景下的 LOS/NLOS 路径分布图

根据射线跟踪（Ray-tracing）的仿真结果，UMa 和 UMi 场景下 LOS 概率与 UE 距离、UE 高度的关系如图 3-16 所示[33]。图中不同深浅的曲线代表不同高度的 UE，深色曲线为 ITU 信道 LOS 概率曲线。

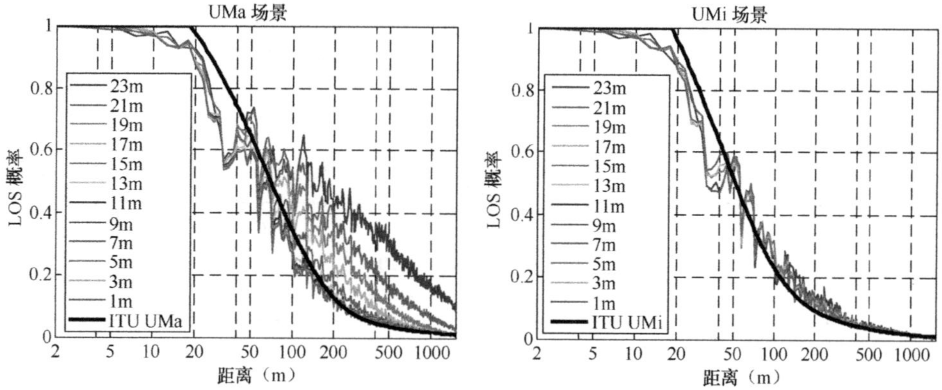

图 3-16 UMa/UMi 场景下 LOS 概率分布

由图 3-16 可知：

① 在 UMa 场景下，LOS 概率与 UE 的高度和距离均相关，且高度较高的 UE 在距离较大时与 ITU 信道规定的 LOS 概率相差较大，需要对 ITU 信道的 LOS 概率公式进行修正，在公式中添加 UE 高度相关性。

② 在 UMi 场景下，不同高度 UE 的 LOS 概率曲线走势相同，说明 UMi 场景下 LOS 概率与 UE 高度无关，且其他曲线与 ITU 信道曲线重合，也说明 UMi 场景下 LOS 概率公式可沿用 ITU 信道的计算公式。

以上仿真结果与前文分析的结论一致。根据上述结论，在 ITU 信道基础上拓展得到 3D 信道模型的 LOS 概率公式如表 3-3 所示。

表 3-3　3D 信道模型 LOS 概率的定义

场景	LOS 概率（距离，m）
UMi	$P_{\rm LOS}=\begin{cases}1 & d_{\rm 2D\text{-}out}\leqslant 18\\ \dfrac{18}{d_{\rm 2D\text{-}out}}+\exp\left(-\dfrac{d_{\rm 2D\text{-}out}}{36}\right)\left(1-\dfrac{18}{d_{\rm 2D\text{-}out}}\right) & d_{\rm 2D\text{-}out}>18\end{cases}$
UMa	$P_{\rm LOS}=\begin{cases}1 & d_{\rm 2D\text{-}out}\leqslant 18\\ \left[\dfrac{18}{d_{\rm 2D\text{-}out}}+\exp\left(-\dfrac{d_{\rm 2D\text{-}out}}{63}\right)\left(1-\dfrac{18}{d_{\rm 2D\text{-}out}}\right)\right]\left(1+C'(h_{\rm UT})\dfrac{5}{4}\left(\dfrac{d_{\rm 2D\text{-}out}}{100}\right)^3\exp\left(-\dfrac{d_{\rm 2D\text{-}out}}{150}\right)\right) & d_{\rm 2D\text{-}out}>18\end{cases}$ 其中 $C'(h_{\rm UT})=\begin{cases}0 & h_{\rm UT}\leqslant 13\\ \left(\dfrac{h_{\rm UT}-13}{10}\right)^{1.5} & 13<h_{\rm UT}\leqslant 23\end{cases}$
Indoor-Mixed Office	$P_{\rm LOS}=\begin{cases}1 & d_{\rm 2D\text{-}in}\leqslant 1.2\\ \exp\left(-\dfrac{d_{\rm 2D\text{-}in}-1.2}{4.7}\right) & 1.2<d_{\rm 2D\text{-}in}<6.5\\ \exp\left(-\dfrac{d_{\rm 2D\text{-}in}-6.5}{32.6}\right)\cdot 0.32 & 6.5\leqslant d_{\rm 2D\text{-}in}\end{cases}$
Indoor-Open Office	$P_{\rm LOS}=\begin{cases}1 & d_{\rm 2D\text{-}in}\leqslant 5\\ \exp\left(-\dfrac{d_{\rm 2D\text{-}in}-5}{70.8}\right) & 5<d_{\rm 2D\text{-}in}\leqslant 49\\ \exp\left(-\dfrac{d_{\rm 2D\text{-}in}-49}{211.7}\right)\cdot 0.54 & 49<d_{\rm 2D\text{-}in}\end{cases}$
RMa	$P_{\rm LOS}=\begin{cases}1 & d_{\rm 2D\text{-}out}\leqslant 10\\ \exp\left(-\dfrac{d_{\rm 2D\text{-}out}-10}{1000}\right) & 10<d_{\rm 2D\text{-}out}\end{cases}$

表 3-3 说明如下：

① UMi 场景的计算公式沿用 ITU 信道的公式；

② UMa 场景的计算公式在 ITU 信道的基础上根据实测和仿真数据做了修正，增加了 UE 高度相关性因子［$1+C(d_{\rm 2D},h_{\rm UT})$］，对于距离大于 18m、高度在[13m，23m]范围内的用户增加 LOS 概率；

③ 在 UMi 场景和 UMa 场景中，室外用户与室内用户使用同样的 LOS 概率公式，室内用户的用户距离使用 2D 室外距离。

3.6.3　路径损耗计算模型

在无线通信系统中，发射端发出的无线信号会经过信道中不同物体的多径反射，不同路径的信号相互作用会引起多径衰落，所以接收端接收到的信号会有一定程度的损耗。这种无线信道信号的衰减用路径损耗（PL，Path Loss）表示，单位为 dB，取正值。路径损耗的定义是，有效发射功率和平均接收功率之间的差值，其中，发射机和接收机的天线增益为 0dBi。它影响接收信号的功率及性能，是衡量无线信道大尺度衰落的重要指标。在信道建模过程中，路径损耗与 UE 距离、天线高度、信道场景等参数有关。

本小节介绍 3D 信道的路损模型，是以 ITU 信道为基础拓展得到的。由于需要考虑用户在垂直维度的分布，3D 信道的路损模型中增加了 UE 高度相关性，并且修改了一些高度参数，包括 UE 高度范围、楼层范围以及环境高度参数。这些修改是基于实测数据得到的。表 3-4 中定义了各种场景下路损的计算公式及阴影衰落标准差（Shadow Fading Std）。由于直射径与非直射径传播时产生的空间损耗不同，所以在每种信道场景下，又分为基于 LOS 和 NLOS 两种用户位置定义的路径损耗，如表 3-4 所示。

表 3-4　3D 信道的路损模型

场景	路损（dB）（频率 f_c：GHz；距离：m）	阴影衰落标准差（dB）	适用范围及默认天线高度（m）
UMi LOS（模型 1，适用于 6GHz 以下频点）	$PL=22.0\lg(d_{3D})+28.0+20\lg(f_c)$	$\sigma_{SF}=3$	$10<d_{2D}<d'_{BP}$
	$PL=40\lg(d_{3D})+28.0+20\lg(f_c)-9\lg[(d'_{BP})^2+(h_{BS}-h_{UT})^2]$	$\sigma_{SF}=3$	$d'_{BP}<d_{2D}<5000$ $h_{BS}=10$， $1.5\leqslant h_{UT}\leqslant 22.5$
UMi NLOS（模型 1，适用于 6GHz 以下频点）	对于六边形小区： $PL=\max(PL_{UMi\text{-}NLOS},\ PL_{UMi\text{-}LOS})$ 其中： $PL_{UMi\text{-}NLOS}=36.7\lg(d_{3D})+22.7+26\lg(f_c)-0.3(h_{UT}-1.5)$	$\sigma_{SF}=4$	$10<d_{2D}<2000$ $h_{BS}=10$ $1.5\leqslant h_{UT}\leqslant 22.5$
UMi LOS（模型 2，适用于 0.5～100GHz 频点）	$PL_{UMi-LOS}=\begin{cases}PL_1 & 10\text{m}\leqslant d_{2D}\leqslant d'_{BP}\\ PL_2 & d'_{BP}\leqslant d_{2D}\leqslant 5\text{km}\end{cases}$ $PL_1=32.4+21\lg(d_{3D})+20\lg(f_c)$ $PL_2=32.4+40\lg(d_{3D})+20\lg(f_c)-9.5\lg\left[(d'_{BP})^2+(h_{BS}-h_{UT})^2\right]$	$\sigma_{SF}=4$	$1.5\leqslant h_{UT}\leqslant 22.5$ $h_{BS}=10$
UMi NLOS（模型 2，适用于 0.5～100GHz 频点）	$PL_{UMi-NLOS}=\max(PL_{UMi-LOS},PL'_{UMi-NLOS})$ $PL'_{UMi-NLOS}=35.3\lg(d_{3D})+22.4+21.3\lg(f_c)-0.3(h_{UT}-1.5)$	$\sigma_{SF}=7.82$	$1.5\leqslant h_{UT}\leqslant 22.5$ $h_{BS}=10$
UMa LOS（适用于 0.5～100GHz 频点）	$PL=22.0\lg(d_{3D})+28.0+20\lg(f_c)$	$\sigma_{SF}=4$	$10<d_{2D}<d'_{BP}$
	$PL=40\lg(d_{3D})+28.0+20\lg(f_c)-9\lg[(d'_{BP})^2+(h_{BS}-h_{UT})^2]$	$\sigma_{SF}=4$	$d'_{BP}<d_{2D}<5000$ $h_{BS}=25$， $1.5\leqslant h_{UT}\leqslant 22.5$

（续表）

场景	路损（dB） （频率 f_c：GHz；距离：m）	阴影衰落标准差（dB）	适用范围及默认天线高度（m）
UMa NLOS（适用于 0.5～100GHz 频点）	$PL=\max(PL_{\text{UMa-NLOS}},\ PL_{\text{UMa-LOS}})$， 其中： $PL_{\text{UMa-NLOS}}=161.04-7.1\lg(W)+7.5\lg(h)-[24.37-3.7(h/h_{BS})^2]\lg(h_{BS})+[43.42-3.1\lg(h_{BS})][\lg(d_{3D})-3]+20\lg(f_c)-\{3.2[\lg(17.625)]^2-4.97\}-0.6(h_{UT}-1.5)$	$\sigma_{SF}=6$	$10<d_{2D}<5\,000$ $h_{BS}=25$， $1.5\leqslant h_{UT}\leqslant 22.5$， $W=20$，$h=20$ 适用范围： $5<h<50$ $5<W<50$ $10<h_{BS}<150$ $1.5\leqslant h_{UT}\leqslant 22.5$
Indoor Office LOS（适用于 0.5～100GHz 频点）	$PL_{\text{InH-LOS}}=32.4+17.3\lg(d_{3D})+20\lg(f_c)$	$\sigma_{SF}=3$	$1\leqslant d_{3D}\leqslant 150$
Indoor Office NLOS（适用于 0.5～100GHz 频点）	$PL_{\text{InH-NLOS}}=\max(PL_{\text{InH-LOS}},PL'_{\text{InH-NLOS}})$ $PL'_{\text{InH-NLOS}}=38.3\lg(d_{3D})+17.30+24.9\lg(f_c)$	$\sigma_{SF}=8.03$	$1\leqslant d_{3D}\leqslant 150$
RMa LOS（适用于 0.5～7GHz 频点）	$PL_{\text{RMa-LOS}}=\begin{cases}PL_1 & 10\text{m}\leqslant d_{2D}\leqslant d_{BP}\\ PL_2 & d_{BP}\leqslant d_{2D}\leqslant 10\text{km}\end{cases}$ $PL_1=20\lg(40\pi d_{3D}f_c/3)+\min(0.03h^{1.72},10)\lg(d_{3D})-\min(0.044h^{1.72},14.77)+0.002\lg(h)d_{3D}$ $PL_2=PL_1(d_{BP})+40\lg(d_{3D}/d_{BP})$	$\sigma_{SF}=4$ $\sigma_{SF}=6$	$h_{BS}=35$ $h_{UT}=1.5$ $W=20$ $h=5$ 适用范围： $5<h<50$ $5<W<50$ $10<h_{BS}<150$ $1\leqslant h_{UT}\leqslant 10$
RMa NLOS（适用于 0.5～7GHz 频点）	$PL_{\text{RMa-NLOS}}=\max(PL_{\text{RMa-LOS}},PL'_{\text{RMa-NLOS}})$ $PL'_{\text{RMa-NLOS}}=161.04-7.1\lg(W)+7.5\lg(h)-\left[24.37-3.7(h/h_{BS})^2\right]\lg(h_{BS})+\left[43.42-3.1\lg(h_{BS})\right]\left[\lg(d_{3D})-3\right]+20\lg(f_c)-\left\{3.2\left[\lg(11.75h_{UT})\right]^2-4.97\right\}$	$\sigma_{SF}=8$	$h_{BS}=35$ $h_{UT}=1.5$ $W=20$ $h=5$ 适用范围： $5<h<50$ $5<W<50$ $10<h_{BS}<150$ $1\leqslant h_{UT}\leqslant 10$ $10\text{m}\leqslant d_{2D}\leqslant 5\text{km}$

表 3-4 说明如下：

① 在 UMi LOS 场景中，分界点距离（d'_{BP}，Break Point Distance）定义为 $d'_{BP}=4h'_{BS}h'_{UT}f_c/c$，其中 f_c 为中心频率，单位为 Hz；信号在自由空间内的传播速率为 $c=3.0\times10^8$m/s；h'_{BS} 及 h'_{UT} 为基站与 UE 的有效天线高度，UMi 场景中，定义 $h'_{BS}=h_{BS}-1.0$m，$h'_{UT}=h_{UT}-1.0$m，h_{BS} 及 h_{UT} 为实际天线高度；有效环境高度设为 1.0m。

② 在 UMi NLOS 场景中，$PL_{\text{UMi-LOS}}$ 表示 UMi LOS 路径损耗。

③ 在 UMa LOS 场景中，分界点距离定义为 $d'_{BP}=4\,h'_{BS}\,h'_{UT}\,f_c/c$，其中 f_c 为中心频率，单位为 Hz；h'_{BS} 及 h'_{UT} 为 BS 与 UE 的有效天线高度，UMa 场景

中，定义 $h'_{BS}=h_{BS}-h_E$，$h'_{UT}=h_{UT}-h_E$，h_{BS} 及 h_{UT} 为实际天线高度；h_E 为有效环境高度，h_E=1m 的概率为 $1/[1+c(d_{2D},h_{UT})]$，其他情况下，h_E 为 $[12,15,\cdots,(h_{UT}-1.5)]$ 范围内的均匀分布。

④ 在 UMa NLOS 场景中，$PL_{UMa\text{-}LOS}$ 表示 UMa LOS 路径损耗。

⑤ 在 RMa LOS 场景中，分界点距离定义为 $d_{BP}=2\pi h_{BS} h_{UT} f_c/c$，其中，$h_{BS}$ 和 h_{UT} 分别是基站和 UE 的天线实际高度。

对比表 3-4 与 ITU 信道中路损公式可知，3D 信道的路损公式沿用了大部分 2D 信道的定义，只在涉及 UE 高度时添加了相应的计算因子。3D 信道路损公式沿用 2D 信道的参数及改进 2D 信道的参数总结如表 3-5 所示。

表 3-5 3D 信道路损公式与 2D 信道的关系

沿用 2D 信道的参数	1．阴影衰落标准差； 2．LOS 用户 d_{2D} 小于距离临界点时的路损公式
修改的参数	1．用户高度范围改为 h_{UT}； 2．楼层范围改为 n_{fl}=1，2，3，4，5，6，7，8； 3．UMa 场景的环境高度改为与 UE 高度、UE 距离相关的随机数； 4．LOS 用户 d_{2D} 大于距离临界点时的路损公式； 5．UMi 场景 NLOS 用户的路损公式增加 UE 高度因子“$-0.3(h_{UT}-1.5)$”； 6．UMa 场景 NLOS 用户的路损公式增加 UE 高度因子“$-0.6(h_{UT}-1.5)$”

如前文所述，以上参数的修改是基于实测数据的。此外由表 3-5 可知，在计算 UMa 场景 LOS 用户的分界点距离 d'_{BP} 时，会用到环境高度 h_E，根据分析，在 UMa 场景下需要讨论两类 LOS 用户，即需要分别讨论两类 LOS 用户对应的环境高度 h_E 的取值。

① 类型 1 LOS 用户为基站周围建筑中的用户，基站与 UE 间没有障碍物，信号的空间多径经过地面反射（Ground Bouncing），环境高度为地面的反射高度，取 1m。这种用户是 2D 信道中讨论的 LOS 用户，1m 的定义是沿用 ITU 信道中的定义。

② 而类型 2 LOS 用户为距离基站较远的建筑中的高层用户，基站与 UE 间虽然有障碍物，但基站较高，障碍物对高层用户起不到遮挡作用，这类用户信号的空间多径是通过障碍物屋顶反射（Roof-top Bouncing），其环境高度为反射屋顶到地面的距离，即基站与 UE 间障碍物建筑的高度。由于 UMa 场景中定义的建筑物楼层数分布在[4，8]层范围内、每层楼高为 3m，又考虑到障碍物的高度不会高于 UE 高度，所以规定类型 2 LOS 用户的环境高度取 $[12,15,\cdots,(h_{UT}-1.5)]$ 范围内的均匀分布。

3.6.4 穿透损耗计算模型

无线信号由架设于室外的基站传输至室内或者车辆内的终端时会经历额外的衰减，称为穿透损耗。考虑了穿透损耗的室外到室内的路损模型可以表示为：

$$PL = PL_{\mathrm{b}} + PL_{\mathrm{tw}} + PL_{\mathrm{in}} + N\left(0, \sigma_{\mathrm{P}}^2\right)$$

其中，PL_{b}是按照 3.6.3 节计算出来的基本室外传播损耗，通过将 d_{3D} 替换为 $d_{\mathrm{3D\text{-}out}}+d_{\mathrm{3D\text{-}in}}$ 计算得到。PL_{tw} 是无线信号穿过建筑物的外墙壁所带来的损耗，PL_{in} 无线信号在室内传播所带来的额外损耗，取决于接收端在建筑物内的深度，σ_{P} 为穿透损耗的标准差。

PL_{tw} 可以表示为：

$$PL_{\mathrm{tw}} = PL_{\mathrm{npi}} - 10\lg\sum_{i=1}^{N}\left(p_i \times 10^{\frac{L_{\mathrm{material\_i}}}{-10}}\right)$$

PL_{npi} 是非垂直入射外墙壁所带来的额外损耗，$L_{\mathrm{material\_i}}=a_{\mathrm{material\_i}}+b_{\mathrm{material\_i}}f$ 是第 i 种材料所带来的穿透损耗，p_i 是第 i 种材料在墙体材料中所占的比例，N 是材料的种类数。表 3-6 给出了一些常见材料的穿透损耗。

表 3-6 常见材料的穿透损耗

材料	穿透损耗（dB）
标准玻璃	$L_{\mathrm{glass}} = 2 + 0.2f$
IRR 玻璃	$L_{\mathrm{IIRglass}} = 23 + 0.3f$
混凝土	$L_{\mathrm{concrete}} = 5 + 4f$
木材	$L_{\mathrm{wood}} = 4.85 + 0.12f$

注：f 的单位是 GHz。

表 3-7 给出了两类 O2I（Outdoor-to-Indoor）穿透损耗的模型的 PL_{tw}、PL_{in}、和 σ_{P} 取值。

对于 UMa 和 UMi 场景，$d_{\mathrm{2D\text{-}in}}=\min(a, b)$，其中 a 和 b 是独立生成的[0, 25]内均匀分布的随机数。对于 RMa 场景，$d_{\mathrm{2D\text{-}in}}=\min(a, b)$，其中 a 和 b 是独立生成的[0, 10]内均匀分布的随机数。高穿透损耗和低穿透损耗模型都可以应用于 UMa 和 UMi 场景，只有低穿透损耗模型可以应用于 RMa 场景。

表 3-7　6GHz 以上频点 O2I 建筑物穿透损耗模型

	外墙损耗 PL_{tw} in [dB]	室内损耗 PL_{in} in [dB]	标准差 σ_P in [dB]
低穿透损耗模型	$5-10\lg\left(0.3\cdot10^{\frac{-L_{glass}}{10}}+0.7\cdot10^{\frac{-L_{concrete}}{10}}\right)$	$0.5\ d_{2D-in}$	4.4
高穿透损耗模型	$5-10\lg\left(0.7\cdot10^{\frac{-L_{IIRglass}}{10}}+0.3\cdot10^{\frac{-L_{concrete}}{10}}\right)$	$0.5\ d_{2D-in}$	6.5

如果频点在 6GHz 以下，UMa 和 UMi 的穿透损耗则用表 3-8 计算。

表 3-8　6GHz 以下频点的 O2I 建筑物穿透损耗模型

参数	取值
PL_{tw}	20dB
PL_{in}	$0.5d_{2D-in}$，其中，d_{2D-in} 为 0～25m 间均匀分布的随机数
σ_P	0dB
σ_{SF}	7dB（替换表 3-6 中的取值）

对于室外用户，考虑车体穿透损耗后的路损模型为：

$$PL=PL_b+N\left(\mu,\sigma_P^2\right)$$

其中，PL_b 是按照 3.6.3 节计算出来的基本室外传播损耗，μ=9，σ_P=5。仿真中，须为每个室外用户独立地生成车体穿透损耗。

3.7　小尺度信道建模

小尺度衰落是指无线电信号在短时间或短距离（若干波长）传播后其幅度、相位或多径时延的快速变化。这种衰落是由于同一传输信号沿不同的路径传播，由不同时刻（或相位）到达接收机的信号互相叠加所引起的，这些不同路径到达的信号称为多径信号，接收机的信号强度取决于多径信号的强度、相对到达时延以及传输信号的带宽。小尺度信道建模主要考虑时间色散参数、频率色散参数以及空间色散参数的建模。本节主要讨论对大规模天线传输性能有直接影响的角度色散参数的建模。

3.7.1 垂直角度参数模型

由于 3D 波束赋形及大规模天线波束赋形技术需要综合考虑三维空间内的信道空间特性，尤其是评估 UE 专属赋形方案或垂直维度扇区化方案需要建模垂直维度信道，所以 3D 信道建模的一个重点在于将考虑水平维度信道的 2D 信道扩展为同时包括水平维度和垂直维度信道分布的 3D 信道，增加建模用户的垂直分布和垂直角度分布。3D 信道模型中水平角度沿用 ITU 信道中的定义，垂直角度是借鉴了 ITU 信道中水平角度的生成过程、WINNER+信道中垂直角度参数的定义、并根据业界各公司在 3D 信道场景下的实测数据综合得到的。本节讨论与垂直角度相关的参数模型。

首先介绍水平角度和垂直角度的定义，如图 3-17 所示，假设水平面为 XOY 平面，垂直方向为 z 轴方向，则水平角度定义为空间多径方向在 XOY 平面上的投影与 x 轴正方向的夹角，垂直角度定义为空间多径方向与坐标系 z 轴正方向的夹角。在图 3-17 中，若 $ray_{m,n}$ 为空间多径的方向，则对应的水平角度为φ，垂直角度为θ。

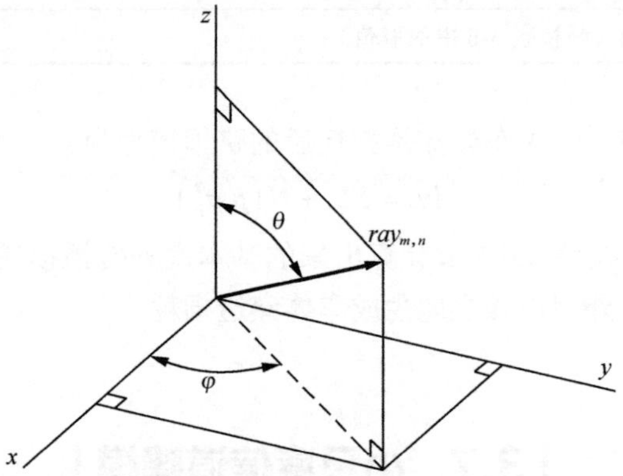

图 3-17 垂直角度的定义

3D 信道模型中，一条传输路径对应 4 个角度，包括水平发射角、水平到达角、垂直发射角、垂直到达角，具体定义如下：

- 水平发射角（AOD，Azimuth of Departure）：空间信道多径与发射端水平方向的夹角；
- 水平到达角（AOA，Azimuth of Arrival）：空间信道多径与接收端水平方向的夹角；
- 垂直发射角（ZOD，Zenith of Departure）：空间信道多径与发射端垂直方向的夹角；

• 垂直到达角（ZOA，Zenith of Arrival）：空间信道多径与接收端垂直方向的夹角。

图 3-18 直观地表示了 UMa 和 UMi 场景中传输路径的垂直角度的定义。

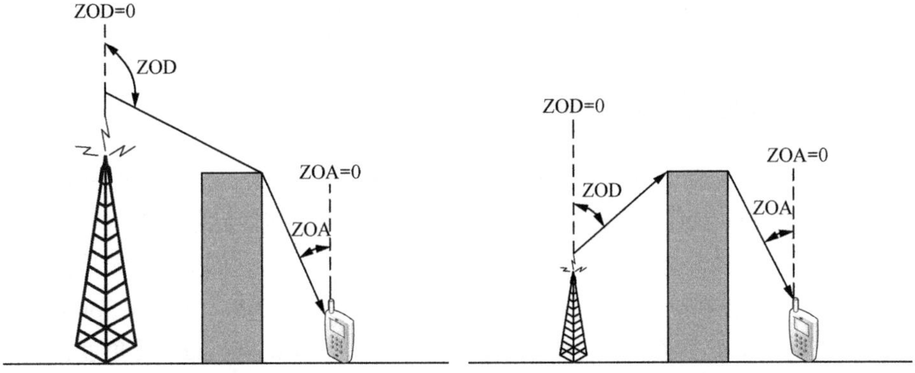

（a）UMa 场景　　（b）UMi 场景

图 3-18　传输路径的垂直角度示意图

本节介绍 3D 信道模型中垂直角度的定义以及由于引入垂直角度而需要改动的信道参数，包括垂直角度的多径分量统计互相关矩阵、垂直角度扩展参数的定义以及垂直角度的生成过程。

此外，关于垂直角度的定义，有一点需要提醒读者注意：除了上面提到的使用 ZOD/ZOA 定义垂直角度外，还有一种垂直角度的定义方法：使用 EOD/EOA（Elevation of Departure/ Elevation of Arrival）定义。两种定义都可以表示垂直角度，区别在于参考坐标不同，ZOD/ZOA 表示 z 轴正方向到多径方向的夹角，而 EOD/EOA 表示水平面到多径方向的夹角，如图 3-19 所示的θ参数。

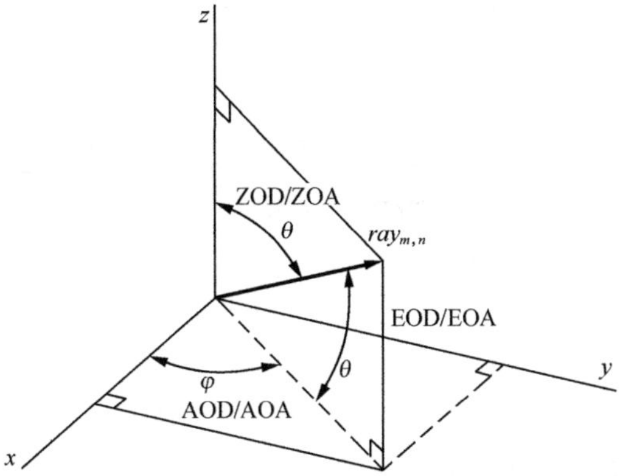

图 3-19　垂直角度 ZOD/ZOA 与 EOD/EOA 的区别

介绍 EOD/EOA 定义的原因在于，在制定 3D 信道模型的初期，涉及垂直角度的定义一般是使用 EOD/EOA 的定义方法，后期因为提出了坐标系以及坐标系间转换的概念，为了统一信道模型中角度的表示方法，将使用 EOD/EOA 定义的垂直角度改变为使用 ZOD/ZOA 定义的垂直角度。本书中统一使用 ZOD/ZOA 定义的垂直角度，但参考文献多是使用 EOD/EOA 定义的垂直角度，需要留意两者的区别。

3.7.2 多径分量统计互相关矩阵的定义

在采用基于几何的随机信道建模方法（GBSM，Geometry Based Stochastic Modeling）对 3D 信道进行建模的过程中，需要利用射线跟踪的方法对仿真场景内的所有散射多径分量的特性进行统计建模，从而计算出信道的冲激响应。用于描述多径分量的统计特性的参数包括时延扩展参数（DS， Delay Spread）、LOS 增益参数（K 因子）、阴影衰落参数（SF，Shadow Fading）及角度扩展参数（AS，Angular Spread）4 组参数。多径分量统计互相关矩阵是由以上每两个参数互相关系数所组成的矩阵，若描述信道的多径分量需 N 个参数，则多径分量统计互相关矩阵为 $N \times N$ 的对称正定矩阵。

多径分量统计互相关矩阵具有以下性质：

- 相关矩阵是正定矩阵；
- 相关矩阵对角线上元素为 1。

在 2D 信道建模中，角度扩展参数仅包括水平维两个扩展参数（ASD/ASA，Azimuth Spread of Departure Angle/ Azimuth Spread of Arrival Angle），即 2D 信道中共有 5 个参数（DS/ASD/ASA/K/SF），互相关矩阵为 5×5 的正定矩阵，如图 3-20（a）所示。由于 3D 信道对垂直维角度进行建模，所以信道的角度扩展参数除了水平角度扩展参数外，还应包括垂直维角度 ZOD/ZOA 的角度扩展参数 ZSD/ZSA，即 3D 信道需 7 个参数（DS/ASD/ASA/K/SF/ZSD/ZSA）来描述多径分量的统计特性。多径分量统计互相关矩阵为 7×7 的正定对称矩阵，如图 3-20（b）所示。矩阵中 7 个参数的顺序是不固定的，可以是任意顺序；矩阵中$\rho_{\text{DS-ZSD}}$和$\rho_{\text{ZSD-DS}}$意义相同，均表示参数 DS 与 ZSD 的互相关系数，其他参数意义以此类推；矩阵中对角线上的 1 表示同一个参数的自相关系数为 1。

3D 信道的多径分量统计互相关矩阵是在 WINNER+信道模型中 2D 信道互相关矩阵的基础上扩展得到的。对于图 3-20（b）中互相关系数的定义，根据实测数据以及 Ray-tracing 仿真结果，出现了不同的互相关矩阵方案。由于互相关矩阵由实测数据经过统计得到，没有理论依据可以判断哪个方案更接近实际 3D 信道，所以 3GPP 在 WINNER+信道模型的基础上，综合各公司的实测结果[37]，进行正定性修正后得到了最终版本 3D 信道的多径分量统计互相关矩阵，如表 3-9

所示，表中数据摘自 TR36.873 和 TR38.901[41]。代表每两个多径分量统计参数的互相关系数，可按照图 3-20（b）的顺序构成互相关矩阵。在 UMi、UMa 和 RMa 场景下，互相关系数是按照 LOS、NLOS 和 O2I 三种情况分开定义的。

$$\begin{bmatrix} 1 & \rho_{DS\text{-}ASD} & \rho_{DS\text{-}ASA} & \rho_{DS\text{-}K} & \rho_{DS\text{-}SF} \\ \rho_{ASD\text{-}DS} & 1 & \rho_{ASD\text{-}ASA} & \rho_{ASD\text{-}K} & \rho_{ASD\text{-}SF} \\ \rho_{ASA\text{-}DS} & \rho_{ASA\text{-}ASD} & 1 & \rho_{ASA\text{-}K} & \rho_{ASA\text{-}SF} \\ \rho_{K\text{-}DS} & \rho_{K\text{-}ASD} & \rho_{K\text{-}ASA} & 1 & \rho_{K\text{-}SF} \\ \rho_{SF\text{-}DS} & \rho_{SF\text{-}ASD} & \rho_{SF\text{-}ASA} & \rho_{SF\text{-}K} & 1 \end{bmatrix}$$

（a）2D 信道

$$\begin{bmatrix} 1 & \rho_{DS\text{-}ASD} & \rho_{DS\text{-}ASA} & \rho_{DS\text{-}K} & \rho_{DS\text{-}SF} & \rho_{DS\text{-}ZSD} & \rho_{DS\text{-}ZSA} \\ \rho_{ASD\text{-}DS} & 1 & \rho_{ASD\text{-}ASA} & \rho_{ASD\text{-}K} & \rho_{ASD\text{-}SF} & \rho_{ASD\text{-}ZSD} & \rho_{ASD\text{-}ZSA} \\ \rho_{ASA\text{-}DS} & \rho_{ASA\text{-}ASD} & 1 & \rho_{ASA\text{-}K} & \rho_{ASA\text{-}SF} & \rho_{ASA\text{-}ZSD} & \rho_{ASA\text{-}ZSA} \\ \rho_{K\text{-}DS} & \rho_{K\text{-}ASD} & \rho_{K\text{-}ASA} & 1 & \rho_{K\text{-}SF} & \rho_{K\text{-}ZSD} & \rho_{K\text{-}ZSA} \\ \rho_{SF\text{-}DS} & \rho_{SF\text{-}ASD} & \rho_{SF\text{-}ASA} & \rho_{SF\text{-}K} & 1 & \rho_{SF\text{-}ZSD} & \rho_{SF\text{-}ZSA} \\ \rho_{ZSD\text{-}DS} & \rho_{ZSD\text{-}ASD} & \rho_{ZSD\text{-}ASA} & \rho_{ZSD\text{-}K} & \rho_{ZSD\text{-}SF} & 1 & \rho_{ZSD\text{-}ZSA} \\ \rho_{ZSA\text{-}DS} & \rho_{ZSA\text{-}ASD} & \rho_{ZSA\text{-}ASA} & \rho_{ZSA\text{-}K} & \rho_{ZSA\text{-}SF} & \rho_{ZSA\text{-}ZSD} & 1 \end{bmatrix}$$

（b）3D 信道

图 3-20　参数互相关矩阵示意图

表 3-9　3D 信道模型中多径分量统计互相关系数的定义

场景		UMi			UMa			Indoor Office		RMa		
		LOS	NLOS	O2I	LOS	NLOS	O2I	LOS	NLOS	LOS	NLOS	O2I
互相关系数	ASD vs DS	0.5	0	0.4	0.4	0.4	0.4	0.6	0.4	0	–0.4	0
	ASA vs DS	0.8	0.4	0.4	0.8	0.6	0.4	0.8	0	0	0	0
	ASA vs SF	–0.4	–0.4	0	–0.5	0	0	–0.5	–0.4	0	0	0
	ASD vs SF	–0.5	0	0.2	–0.5	–0.6	0.2	–0.4	0	0	0.6	0
	DS vs SF	–0.4	–0.7	–0.5	–0.4	–0.4	–0.5	–0.8	–0.5	–0.5	–0.5	0
	ASD vs ASA	0.4	0	0	0	0.4	0	0.4	0	0	0	–0.7
	ASD vs K	–0.2	N/A	N/A	0	N/A	N/A	0	N/A	0	N/A	N/A
	ASA vs K	–0.3	N/A	N/A	–0.2	N/A	N/A	0	N/A	0	N/A	N/A
	DS vs K	–0.7	N/A	N/A	–0.4	N/A	N/A	–0.5	N/A	0	N/A	N/A
	SF vs K	0.5	N/A	N/A	0	N/A	N/A	0.5	N/A	0	N/A	N/A
互相关系数	ZSD vs SF	0	0	0	0	0	0	0.2	0	0.01	–0.04	0
	ZSA vs SF	0	0	0	–0.8	–0.4	0	0.3	0	–0.17	–0.25	0
	ZSD vs K	0	N/A	N/A	0	N/A	N/A	0	N/A	0	N/A	N/A
	ZSA vs K	0	N/A	N/A	0	N/A	N/A	0.1	N/A	–0.02	N/A	N/A
	ZSD vs DS	0	–0.5	–0.6	–0.2	–0.5	–0.6	0.1	–0.27	–0.05	–0.10	0
	ZSA vs DS	0.2	0	–0.2	0	0	–0.2	0.2	–0.06	0.27	–0.40	0
	ZSD vs ASD	0.5	0.5	–0.2	0.5	0.5	–0.2	0.5	0.35	0.73	0.42	0.66
	ZSA vs ASD	0.3	0.5	0	0	–0.1	0	0	0.23	–0.14	–0.27	0.47
	ZSD vs ASA	0	0	0	–0.3	0	0	0	–0.08	–0.20	–0.18	–0.55
	ZSA vs ASA	0	0.2	0.5	0.4	0	0.5	0.5	0.43	0.24	0.26	–0.22
	ZSD vs ZSA	0	0	0.5	0	0	0.5	0	0.42	–0.07	–0.27	0

3.7.3 ZSD/ZSA 随机分布参数的定义

垂直维角度扩展 ZSD/ZSA 定义为：

- 垂直发射角角度扩展（ZSD，ZOD Spread）：垂直发射角的角度扩展；
- 垂直到达角角度扩展（ZSA，ZOA Spread）：垂直到达角的角度扩展。

多径分量的角度扩展参数是一个随机分布参数，服从指数正态分布，即 3D 信道模型中需要定义 ZSD/ZSA 两个随机量的均值和方差。与其他多径分量统计参数的定义方式相同，垂直维角度扩展 ZSD/ZSA 随机分布参数的定义是由信道实测数据统计得出的。

首先，由于 3D 信道中水平维角度扩展 ASD/ASA 的分布参数直接沿用了 2D 信道的定义，需要考虑垂直维角度扩展是否能借鉴水平维角度扩展的方法，将 ZSD/ZSA 的均值和方差定义为常数。其次，由于 3D 信道中用户分布在不同的高度上，还需要考虑角度扩展参数与 UE 高度以及距离的相关性。

- 对于 ZSD 的定义，由于楼层高度相对固定，也即每一个楼层与发射端的垂直方向相对角度相对固定，所以 3D 信道中 ZSD 的分布参数（均值/方差）具有高度相关性和距离相关性，此结论与实测数据趋势吻合。
- 对于 ZSA 的定义，由于城区场景中存在较多建筑物，多径经过折射、散射等传输过程后，到达角随机分布，与用户分布高度无关。经实测数据验证，3D 信道中 ZSA 的分布参数（均值/方差）为固定值，与用户高度和距离没有相关性。

3D 信道模型中 ZSD/ZSA 随机分布的参数是综合统计 WINNER+信道及各公司实测数据后得到的。

3.7.4 ZOD/ZOA 的生成方法

ZOD 和 ZOA 分别表示 UE 和基站之间多径的垂直维发射角和到达角。借鉴 2D 信道 AOD/AOA 的生成方法，并结合实测数据可以得出 ZOD/ZOA 的生成方式。

3D 信道模型垂直角度 ZOD/ZOA 的生成步骤为：

（1）步骤 1：确定垂直角度扩展 ZOD/ZOA 的统计特性

由于用户在垂直方向与水平方向的分布不同，所以垂直角度扩展的统计特性不能沿用 2D 信道中水平角度扩展的统计特性，需要通过分析实测数据得到。根据 Ray-tracing 仿真结果，分析出 ZOD 和 ZOA 的角度分布服从拉普拉斯分布。以 ZOA 为例（ZOD 算法相同），与功率相关的垂直角度分布计算见式（3-29）。

$$\theta_{n,\mathrm{ZOA}}' = -\frac{\sigma_{\mathrm{ZSA}}\ln\left[P_n/\max\left(P_n\right)\right]}{C} \tag{3-29}$$

其中，P_n为多径功率，σ_{ZSA}为角度扩展的均方根，C为与多径数相关的比例因子。垂直角度的比例因子 C 由实测数据分析得到，簇数（Clusters）等于12、19、20时，如表3-10所示；簇数不等于12、19、20时，垂直角度的C与水平角度相同，等于ITU信道中水平角度比例因子C的取值。

表3-10　用于ZOD/ZOA生成的比例因子

簇数	10	11	12	15	19	20
C	0.9854	1.013	1.04	1.1088	1.1764	1.1918

若传播路径中存在LOS径，则需用C^{LOS}代替C计算垂直角度扩展，C^{LOS}的定义见式（3-30）。

$$C^{\mathrm{LOS}} = C\cdot\left(1.3086+0.0339K-0.0077K^2+0.0002K^3\right) \tag{3-30}$$

其中，K（dB）为LOS径的Ricean K因子。

（2）步骤2：随机化垂直角度扩展ZOD/ZOA

ZOD和ZOA的随机化过程沿用了2D信道中水平维角度随机化过程。以ZOA为例，见式（3-31），首先通过乘以符号量$X_n\in\{1,-1\}$随机化角度的正负号，在此基础上再叠加一个随机数$Y_n\sim N\left(0,\sigma_{\mathrm{ZSA}}^2/7^2\right)$引入随机性，最后，与LOS径垂直到达角$\overline{\theta}_{\mathrm{ZOA}}$相加，得到传播路径的随机化垂直到达角$\theta_{n,\mathrm{ZOA}}$。

$$\theta_{n,\mathrm{ZOA}} = X_n\theta_{n,\mathrm{ZOA}}' + Y_n + \overline{\theta}_{\mathrm{ZOA}} \tag{3-31}$$

其中，需要注意的是，区别于水平角度的生成过程，室内用户的LOS径垂直到达角$\overline{\theta}_{\mathrm{ZOA}}$与室外用户的$\overline{\theta}_{\mathrm{ZOA}}$不同。对于室内用户，认为其LOS径垂直到达角等于室外墙壁处的到达角，所以，室内用户的垂直到达角统一取常数90°，即$\overline{\theta}_{\mathrm{ZOA}}=90°$；而对于室外用户，认为其LOS径垂直到达角取实际的LOS径到达角，即$\overline{\theta}_{\mathrm{ZOA}}=\theta_{\mathrm{LOS,ZOA}}$。

ZOD的随机化过程见式（3-32）。

$$\theta_{n,\mathrm{ZOD}} = X_n\theta_{n,\mathrm{ZOD}}' + Y_n + \theta_{\mathrm{LOS,ZOD}} + \mu_{\mathrm{offset,ZOD}} \tag{3-32}$$

通过观察可知，ZOD与ZOA的区别在于，ZOD除了引入LOS径垂直角度外，还叠加了$\mu_{\mathrm{offset,ZOD}}$。这是由于分析实测数据得到ZOD的角度随UE高度和距离的变化而变化，所以在生成随机的ZOD时添加$\mu_{\mathrm{offset,ZOD}}$并引入UE高度相关性及距离相关性。

同样的，若传播路径中存在LOS径，需要使第一径方向与LOS径方向重合（ZOD 与 ZOA 算法相同），进行式（3-33）的计算。

$$\theta_{n,\mathrm{ZOD}} = X_n\theta_{n,\mathrm{ZOD}}' + Y_n + \theta_{\mathrm{LOS,ZOD}} + \mu_{\mathrm{offset,ZOD}} \tag{3-33}$$

（3）步骤 3：计算每条径的每个子径的 ZOD/ZOA

3D 信道模型中，每条径包括多个子径，需要为每个子径计算 ZOD/ZOA 参数。在每条径的 ZOD/ZOA 角度上添加子径参数过程为：在每条径的垂直角度上添加子径偏移，生成每个子径的垂直角度；由于垂直角度的定义为与 z 轴正方向的夹角，夹角取值范围为[0,180°]，所以需要将每个子径的垂直角度映射到这个范围内。

① 生成每个子径垂直角度的过程如下，ZOD 与 ZOA 的生成子径角度的过程不同，需要分开讨论：

a. 第 n 条径中第 m 条子径的 ZOA 的生成如式（3-34）所示。

$$\theta_{n,m,\mathrm{ZOA}} = \theta_{n,\mathrm{ZOA}} + c_{\mathrm{ZOA}}\alpha_m \tag{3-34}$$

其中，c_{ZOA} 为每条径内子径偏移的均方根，由实测数据统计得到，α_m 为每个子径的偏移量，α_m 沿用水平角度的相应定义。

b. 第 n 条径中第 m 条子径的 ZOD 的生成如式（3-35）所示。

$$\theta_{n,m,\mathrm{ZOD}} = \theta_{n,\mathrm{ZOD}} + (3/8)(10^{\mu_{\mathrm{ZSD}}})\alpha_m \tag{3-35}$$

其中，μ_{ZSD} 为 ZSD 指数正态分布的均值，α_m 与 ZOA 相同。

② 计算出每条子径的 ZOD/ZOA 后，需要将每条子径的 ZOD/ZOA 映射到[0,180°]范围内，垂直角度映射过程如下，ZOD 与 ZOA 的映射过程相同：

a. 首先，使用取模运算将 ZOD/ZOA 映射到[0，360°]；

b. 其次，若 ZOD/ZOA 在[0，180°]范围内，不做运算，若 $\theta_{n,m,\mathrm{ZOD/ZOA}} \in$ [180°，360°]，使用（$360° - \theta_{n,m,\mathrm{ZOD/ZOA}}$）将 ZOD/ZOA 映射到[0，180°]范围内。

综上所述，通过以上 3 个步骤可以生成 3D 信道中每条径中每个子径的垂直角度 ZOD/ZOA。每个子径的垂直角度与 UE 位置和大尺度分布有关，会影响到小尺度衰落和信道的生成。

3.8 信道建模流程

无线信道模型包括大尺度信道参数和小尺度信道参数，3D 信道模型的大尺度信道已在 3.6 节介绍，3.7 节主要介绍了小尺度信道（快衰落信道）的垂直角度参数模型。本节将详细介绍衰落信道的整体建模流程，内容上与 3D 信道模型 3GPP TR36.873 7.3 节和 3GPP TR38.901 的 7.5 节[41]对应。两者在内容上大体相同，前者的目标为6GHz以下的信道建模（记为模型1），后者为0.5～100GHz的信道建模（记为模型 2）。对于 6GHz 以下的信道建模，两者均可以使用，在下文的描述中，两者不同的地方均会列出。

3D 信道模型中信道参数的生成过程如图 3.21 所示。图中为下行信道参数的生成过程，若要建模上行信道，需要将角度参数中发射角和到达角的参数互换。

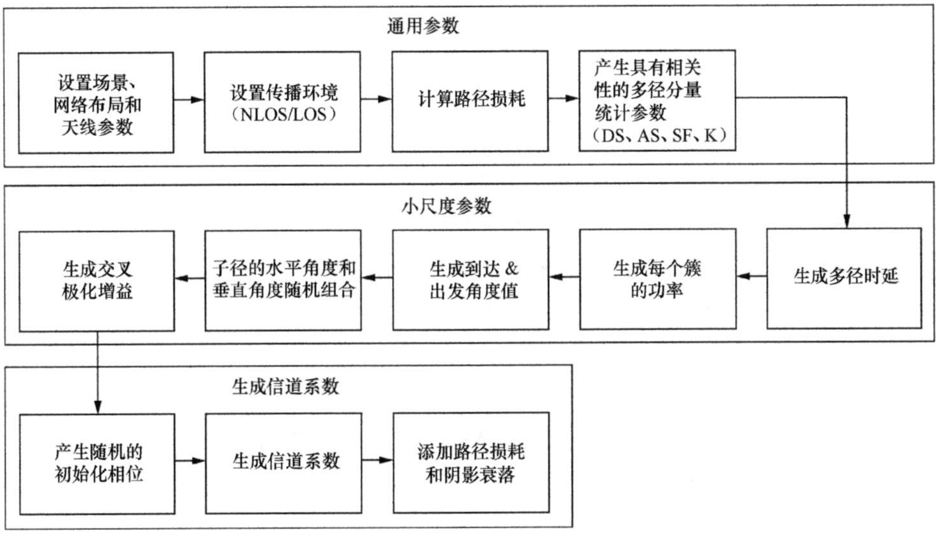

图 3-21　信道参数生成过程[38]

（1）以下步骤生成仿真参数

步骤 1：配置仿真环境、网络拓扑、天线阵列参数等。仿真时需要首先配置仿真场景等参数，需要配置的参数包括：

① 配置信道环境参数，可设置为 UMa、UMi、Indoor Office 或者 RMa；配置全局坐标系并定义相应角度 θ，ϕ和球坐标向量 $\hat{\boldsymbol{\theta}}$，$\hat{\boldsymbol{\phi}}$；

② 配置基站数、UE 数；

③ 配置每个基站、每个 UE 的 3D 坐标，以及计算每对基站-UE 的 LOS 径角度［LOS AOD($\phi_{\mathrm{LOS,AOD}}$)，LOS ZOD($\theta_{\mathrm{LOS,ZOD}}$)，LOS AOA($\phi_{\mathrm{LOS,AOA}}$)，LOS ZOA($\theta_{\mathrm{LOS,ZOA}}$)］；

④ 配置基站、UE 的天线模式，及天线场分量 F_{rx}，F_{tx}；

⑤ 配置基站、UE 天线阵相对于全局坐标系的旋转角度（$\Omega_{\mathrm{BS},\alpha}$，$\Omega_{\mathrm{BS},\beta}$，$\Omega_{\mathrm{BS},\gamma}$，$\Omega_{\mathrm{UT},\alpha}$，$\Omega_{\mathrm{UT},\beta}$，$\Omega_{\mathrm{UT},\gamma}$），如 3.4.2 节定义；

⑥ 配置 UE 的移动速度及移动方向，在全局坐标系中定义；

⑦ 配置系统的中心频率 f_c。

（2）以下步骤生成大尺度参数

步骤 2：设置传播环境（LOS/NLOS）。根据场景和 LOS 概率，为每个 UE 与基站间的链路配置 LOS/NLOS 属性，若配置为 LOS，说明多径中包含 LOS 径。

按照表 3-3 计算 LOS 概率。在仿真中，可按下述方法确定 LOS/NLOS：

① 按表 3-3 计算 $P_{\rm LOS}$；

② 在[0,1]区间随机产生一个数 P；

③ 若 $P < P_{\rm LOS}$，则基站与 UE 之间存在 LOS 径，相反，若 $P \geqslant P_{\rm LOS}$，则不存在 LOS 径。

步骤 3：计算路径损耗

按照表 3-4 计算路损。每条信号链路（每组空间多径）计算一次路损。

步骤 4：产生具有相关性的多径分量统计参数，包括多径扩展、角度扩展、K 因子、阴影衰落因子等。每组多径计算出一组随机的多径分量统计参数 $\sigma_{\rm DS}$、$\sigma_{\rm ASD}$、$\sigma_{\rm ASA}$、$\sigma_{\rm K}$、$\sigma_{\rm SF}$、$\sigma_{\rm ZSD}$、$\sigma_{\rm ZSA}$，生成方法如下。

① 根据互相关参数计算互相关矩阵：

互相关矩阵的说明见 3.7.2 节。互相关参数见表 3-6 中 Cross-Correlations 一栏。设 7 个参数组成向量[DS，ASD，ASA，K，SF，ZSD，ZSA]，则互相关矩阵 $\boldsymbol{A}$ 表示为。

$$
\boldsymbol{A}=\begin{bmatrix}
1 & \rho_{12} & \rho_{13} & \rho_{14} & \rho_{15} & \rho_{16} & \rho_{17}\\
\rho_{21} & 1 & \rho_{23} & \rho_{24} & \rho_{25} & \rho_{26} & \rho_{27}\\
\rho_{31} & \rho_{32} & 1 & \rho_{34} & \rho_{35} & \rho_{36} & \rho_{37}\\
\rho_{41} & \rho_{42} & \rho_{43} & 1 & \rho_{45} & \rho_{46} & \rho_{47}\\
\rho_{51} & \rho_{52} & \rho_{53} & \rho_{54} & 1 & \rho_{56} & \rho_{57}\\
\rho_{61} & \rho_{62} & \rho_{63} & \rho_{64} & \rho_{65} & 1 & \rho_{67}\\
\rho_{71} & \rho_{72} & \rho_{73} & \rho_{74} & \rho_{75} & \rho_{76} & 1
\end{bmatrix}
=\begin{bmatrix}
1 & \rho_{\rm DS-ASD} & \rho_{\rm DS-ASA} & \rho_{\rm DS-K} & \rho_{\rm DS-SF} & \rho_{\rm DS-ZSD} & \rho_{\rm DS-ZSA}\\
\rho_{\rm ASD-DS} & 1 & \rho_{\rm ASD-ASA} & \rho_{\rm ASD-K} & \rho_{\rm ASD-SF} & \rho_{\rm ASD-ZSD} & \rho_{\rm ASD-ZSA}\\
\rho_{\rm ASA-DS} & \rho_{\rm ASA-ASD} & 1 & \rho_{\rm ASA-K} & \rho_{\rm ASA-SF} & \rho_{\rm ASA-ZSD} & \rho_{\rm ASA-ZSA}\\
\rho_{\rm K-DS} & \rho_{\rm K-ASD} & \rho_{\rm K-ASA} & 1 & \rho_{\rm K-SF} & \rho_{\rm K-ZSD} & \rho_{\rm K-ZSA}\\
\rho_{\rm SF-DS} & \rho_{\rm SF-ASD} & \rho_{\rm SF-ASA} & \rho_{\rm SF-K} & 1 & \rho_{\rm SF-ZSD} & \rho_{\rm SF-ZSA}\\
\rho_{\rm ZSD-DS} & \rho_{\rm ZSD-ASD} & \rho_{\rm ZSD-ASA} & \rho_{\rm ZSD-K} & \rho_{\rm ZSD-SF} & 1 & \rho_{\rm ZSD-ZSA}\\
\rho_{\rm ZSA-DS} & \rho_{\rm ZSA-ASD} & \rho_{\rm ZSA-ASA} & \rho_{\rm ZSA-K} & \rho_{\rm ZSA-SF} & \rho_{\rm ZSA-ZSD} & 1
\end{bmatrix} \tag{3-36}
$$

② 计算矩阵 $\boldsymbol{C}$，计算公式为：$\boldsymbol{C}=\boldsymbol{A}^{1/2}$

③ 生成每个基站的互相关参数：

假设随机量σ'_{DS}、σ'_{ASD}、σ'_{ASA}、σ'_{K}、σ'_{SF}、σ'_{ZSD}、σ'_{ZSA}服从高斯分布，并与σ_{DS}、σ_{ASD}、σ_{ASA}、σ_{K}、σ_{SF}、σ_{ZSD}、σ_{ZSA}有关，通过式（3-37）计算多径分量统计参数对应的随机量。

$$\begin{bmatrix}\sigma'_{\mathrm{DS}}\\ \sigma'_{\mathrm{ASD}}\\ \sigma'_{\mathrm{ASA}}\\ \sigma'_{\mathrm{K}}\\ \sigma'_{\mathrm{SF}}\\ \sigma'_{\mathrm{ZSD}}\\ \sigma'_{\mathrm{ZSA}}\end{bmatrix}=\begin{bmatrix}c_{11}&c_{12}&c_{13}&c_{14}&c_{15}&c_{16}&c_{17}\\ c_{21}&c_{22}&c_{23}&c_{24}&c_{25}&c_{26}&c_{27}\\ c_{31}&c_{32}&c_{33}&c_{34}&c_{35}&c_{36}&c_{37}\\ c_{41}&c_{42}&c_{43}&c_{44}&c_{45}&c_{46}&c_{47}\\ c_{51}&c_{52}&c_{53}&c_{54}&c_{55}&c_{56}&c_{57}\\ c_{61}&c_{62}&c_{63}&c_{64}&c_{65}&c_{66}&c_{67}\\ c_{71}&c_{72}&c_{73}&c_{74}&c_{75}&c_{76}&c_{77}\end{bmatrix}\begin{bmatrix}w_{n1}\\ w_{n2}\\ w_{n3}\\ w_{n4}\\ w_{n5}\\ w_{n6}\\ w_{n7}\end{bmatrix} \tag{3-37}$$

其中，

- w_{n1}，…，w_{n7}为均值为 0、方差为 1 的独立高斯变量；
- 矩阵元素c_{ij}为矩阵$\boldsymbol{C}$中的元素。

④ 生成随机的多径分量统计参数σ_{DS}、σ_{ASD}、σ_{ASA}、σ_{K}、σ_{SF}、σ_{ZSD}、σ_{ZSA}

附表 1 至附表 3 中给出了多径分量统计参数 DS，ASD，ASA，K，SF，ZSD，ZSA 的均值和方差，按照表中数值使用式（3-38）至式（3-44）计算每组多径对应的随机多径分量统计参数：

$$\sigma_{\mathrm{DS}}=10\wedge\left(\varepsilon_{\mathrm{DS}}\times\sigma'_{\mathrm{DS}}+\mu_{\mathrm{DS}}\right) \tag{3-38}$$

$$\sigma_{\mathrm{ASD}}=10\wedge\left(\varepsilon_{\mathrm{ASD}}\times\sigma'_{\mathrm{ASD}}+\mu_{\mathrm{ASD}}\right) \tag{3-39}$$

$$\sigma_{\mathrm{ASA}}=10\wedge\left(\varepsilon_{\mathrm{ASA}}\times\sigma'_{\mathrm{ASA}}+\mu_{\mathrm{ASA}}\right) \tag{3-40}$$

$$\sigma_{\mathrm{ZSD}}=10\wedge\left(\varepsilon_{\mathrm{ZSD}}\times\sigma'_{\mathrm{ZSD}}+\mu_{\mathrm{ZSD}}\right) \tag{3-41}$$

$$\sigma_{\mathrm{ZSA}}=10\wedge\left(\varepsilon_{\mathrm{ZSA}}\times\sigma'_{\mathrm{ZSA}}+\mu_{\mathrm{ZSA}}\right) \tag{3-42}$$

$$\sigma_{\mathrm{K}}=\varepsilon_{\mathrm{K}}\times\sigma'_{\mathrm{K}}+\mu_{\mathrm{K}} \tag{3-43}$$

$$\sigma_{\mathrm{SF}}=10\wedge\left(\varepsilon_{\mathrm{SF}}\times\sigma'_{\mathrm{SF}}/10\right) \tag{3-44}$$

⑤ 限定随机角度参数σ_{ASD}、σ_{ASA}、σ_{ZSD}、σ_{ZSA}在规定范围内：

水平角度 ASD/ASA 小于 104°：$\sigma_{\mathrm{ASD}}=\min(\sigma_{\mathrm{ASD}}, 104°)$；$\sigma_{\mathrm{ASA}}=\min(\sigma_{\mathrm{ASA}}, 104°)$；

垂直角度 ZSD/ZSA 小于 52°：$\sigma_{\mathrm{ZSD}}=\min(\sigma_{\mathrm{ZSD}}, 52°)$；$\sigma_{\mathrm{ZSA}}=\min(\sigma_{\mathrm{ZSA}}, 52°)$。

（3）以下步骤生成小尺度参数

步骤 5：生成多径时延

计算每组多径的随机时延τ_n，一组多径也称为一个簇，下文中使用簇表示多径。

① 按式（3-45）计算每个簇的随机时延：

$$\tau_n' = -r_\tau \sigma_\tau \ln\left(X_n\right) \tag{3-45}$$

其中，

- σ_τ为步骤 4 输出的σ_{DS}；
- r_τ为附表 1 至附表 3 中常数时延缩放参数；
- X_n为在（0，1）内均匀分布的随机数。

② 归一化各簇的随机时延：

各簇时延减去 UE 所有簇时延的最小值，再按升序排列，得到最终各簇的随机时延。

$$\tau_n = \mathrm{sort}\left[\tau_n' - \min\left(\tau_n'\right)\right] \tag{3-46}$$

③ 若包含 LOS 径，需要对式（3-46）计算出的各簇时延乘一个系数来补偿 LOS 峰值叠加（LOS Peak Addition）对时延分布的影响。系数 D 按式（3-47）计算：

$$D = 0.7705 - 0.0433K + 0.0002K^2 + 0.000017K^3 \tag{3-47}$$

其中，

- K 因子（Ricean K-factor），取 dB 值，且 $K=\sigma_K$ 由步骤 4 生成。

包含 LOS 径时各簇时延的计算公式为：

$$\tau_n^{LOS} = \tau_n / D \tag{3-48}$$

注：生成的τ_n^{LOS}不用于步骤 6 中各簇功率的计算。

步骤 6：生成每个簇的功率 P。

① 计算每个簇的功率：

$$P_n' = \exp\left(-\tau_n \frac{r_\tau - 1}{r_\tau \sigma_\tau}\right) \cdot 10^{\frac{-Z_n}{10}} \tag{3-49}$$

其中，

- $\tau_n, r_\tau, \sigma_\tau$与步骤 5 中取值相同；
- $Z_n \sim N(0,\ \xi)$中ξ取自附表 1、附表 2 或者附表 3，取 dB 值；

② 功率归一化，使所有簇的功率和为 1：

$$P_n = \frac{P_n'}{\sum_{n=1}^{N} P_n'} \tag{3-50}$$

③ 若包含 LOS 径，使用 LOS 径的 K 因子对功率做如下处理，在第一子径上添加 LOS 功率，并将其他 NLOS 径的功率按式（3-51）处理：

$$P_{1,LOS} = \frac{K_R}{K_R + 1}; P_n = \frac{1}{K_R + 1} \frac{P_n'}{\sum_{n=1}^{N} P_n'} + \delta\left(n-1\right) P_{1,LOS} \tag{3-51}$$

其中，

- K_R 为步骤 4 生成的σ_K，取线性值；

④ 计算簇中每个子径的功率，计算公式为：P_n/M，M 为每个簇包含的子径个数；

⑤ 移除−25dB 的簇：移除与功率最大的簇相比功率小 25dB 的簇。

步骤 7：生成簇 n 中每个子径 m 对应的 4 个角度$\varphi_{n,m,\text{AOA}}$，$\theta_{n,m,\text{EOA}}$，$\varphi_{n,m,\text{AOD}}$，$\theta_{n,m,\text{ZOD}}$。

水平角度的生成过程以 AOA 为例，AOD 生成过程相同。

① 生成每个簇的 AOA，如式（3-52）：

$$\varphi'_{n,\text{AOA}} = \frac{2(\sigma_{\text{ASA}}/1.4)\sqrt{-\ln\left[P_n/\max(P_n)\right]}}{C} \tag{3-52}$$

其中，

- P_n 由步骤 6 得出；σ_{ASA} 由步骤 4 得出；
- 常数 C 是一个由簇数决定的权值，取自表 3-11。

表 3-11　AOA，AOD 生成的缩放因子

簇数	4	5	8	10	11	12	14	15	16	19	20
C	0.779	0.860	1.018	1.090	1.123	1.146	1.190	1.211	1.226	1.273	1.289

② 若包含 LOS 径，对权值 C 做如下处理：

$$C^{\text{LOS}} = C\cdot\left(1.1035 - 0.028K - 0.002K^2 + 0.0001K^3\right) \tag{3-53}$$

其中，

- K 为 Ricean K-factor，取 dB 值，且 $K=\sigma_K$ 由步骤 4 生成。

③ 随机化每个簇的 AOA，见式（3-54）：

$$\varphi_{n,\text{AOA}} = X_n\varphi'_{n,\text{AOA}} + Y_n + \varphi_{\text{LOS,AOA}} \tag{3-54}$$

其中，

- 随机变量 X_n 取自{1，−1}；随机变量 $Y_n \sim N\left(0,\sigma^2_{\text{ASA}}/7^2\right)$；$\varphi_{\text{LOS,AOA}}$ 由步骤 1 得出。

④ 若包含 LOS 径，将第一簇的角度与 LOS 角度重合，每个簇的 AOA 由式（3-55）生成：

$$\varphi_{n,\text{AOA}} = \left(X_n\varphi'_{n,\text{AOA}} + Y_n\right) - \left(X_1\varphi'_{1,\text{AOA}} + Y_1 - \varphi_{\text{LOS,AOA}}\right) \tag{3-55}$$

⑤ 定义各簇中每个子径的 AOA：在每个簇的 AOA 上随机添加各子径的偏移量，生成每个子径的到达角，见式（3-56）：

$$\varphi_{n,m,\text{AOA}} = \varphi_{n,\text{AOA}} + c_{\text{AOA}}\alpha_m \tag{3-56}$$

其中，

- c_{AOA} 是角度扩散常数，在附表 1 至附表 3 中定义；
- α_m 是归一化的簇内子径偏移值，由表 3-12 定义：

表 3-12　归一化簇内子径偏移值

子径偏号	偏移角度的基向量
1，2	±0.0447
3，4	±0.1413
5，6	±0.2492
7，8	±0.3715
9，10	±0.5129
11，12	±0.6797
13，14	±0.8844
15，16	±1.1481
17，18	±1.5195
19，20	±2.1551

垂直角度的生成过程以 ZOA 为例，ZOD 的生成过程相同。

① 生成每个簇的 ZOA，垂直维角度服从 Laplacian 分布，按式（3-57）生成：

$$\theta'_{n,\text{ZOA}} = -\frac{\sigma_{\text{ZSA}} \ln\left[P_n / \max\left(P_n\right)\right]}{C} \tag{3-57}$$

其中，

- P_n 由步骤 6 得出；σ_{ZSA} 由步骤 4 得出；
- 常数 C 是一个由簇数决定的权值，取自表 3-13 或者表 3-14

表 3-13　ZOA，ZOD 生成缩放因子（适用于模型 1）

簇数	10	11	12	15	19	20
C	0.9854	1.013	1.04	1.1088	1.1764	1.1918

表 3-14　ZOA，ZOD 生成缩放因子（适用于模型 2）

簇数	8	10	11	12	15	19	20
C	0.889	0.957	1.031	1.104	1.1088	1.184	1.178

② 若包含 LOS 径，对权值 C 做如下处理：

$$C^{\text{LOS}} = C \cdot \left(1.3086 + 0.0339K - 0.0077K^2 + 0.0002K^3\right) \tag{3-58}$$

其中，

- K 为 Ricean K-factor，取 dB 值，且 $K=\sigma_K$ 由步骤 4 生成。

③ 随机化每个簇的 ZOA，见式（3-59）：

$$\theta_{n,\text{ZOA}} = X_n \theta'_{n,\text{ZOA}} + Y_n + \overline{\theta}_{\text{ZOA}} \tag{3-59}$$

其中，

- 随机量 X_n 取自{1，−1}；随机量 $Y_n \sim N\left(0, \sigma_{\text{ZSA}}^2/7^2\right)$；
- $\overline{\theta}_{\text{ZOA}}$ 取值如下：对于室内用户：$\overline{\theta}_{\text{ZOA}} = 90°$；对于室外用户：$\overline{\theta}_{\text{ZOA}} = \theta_{\text{LOS,ZOA}}$，$\theta_{\text{LOS,ZOA}}$ 为 LOS 方向 ZOA 值，由步骤 1 得出；

④ 若包含 LOS 径，将第一簇的角度与 LOS 角度重合，每个簇的 ZOA 由式（3-60）生成：

$$\theta_{n,\text{ZOA}} = \left(X_n \theta'_{n,\text{ZOA}} + Y_n\right) - \left(X_1 \theta'_{1,\text{ZOA}} + Y_1 - \theta_{\text{LOS,ZOA}}\right) \tag{3-60}$$

⑤ 定义各簇中每个子径的 ZOA：在每个簇的 ZOA 上添加各子径的随机偏移量，生成每个子径的 ZOA，见式（3-61）：

$$\theta_{n,m,\text{ZOA}} = \theta_{n,\text{ZOA}} + c_{\text{ZOA}} \alpha_m \tag{3-61}$$

其中，

- c_{ZOA} 是角度扩散常数，在附表 1 至附表 3 中定义；
- α_m 是归一化的簇内子径偏移值，由表 3-12 定义。

⑥ 将 ZOA 角度映射到[0，180°]范围内：首先，将 $\theta_{n,m,\text{ZOA}}$ 映射在 [0，360°]区间内；其次，若 $\theta_{n,m,\text{ZOA}} \in$［180°，360°］，则令 $\theta_{n,m,\text{ZOA}}$=（360° $-\theta_{n,m,\text{ZOA}}$），将所有 $\theta_{n,m,\text{ZOA}}$ 映射在[0，180°]区间内。

垂直角度 ZOD 的生成过程与 ZOA 基本相同，其中以下两个公式需要更改：

① 更改一：在随机化每个簇的 ZOD 时，将式（3-59）替换为式（3-62）：

$$\theta_{n,\text{ZOD}} = X_n \theta'_{n,\text{ZOD}} + Y_n + \theta_{\text{LOS,ZOD}} + \mu_{\text{offset,ZOD}} \tag{3-62}$$

其中，

- 随机变量 X_n 取自{1，−1}；随机变量 $Y_n \sim N\left(0, \sigma_{\text{ZSD}}^2/7^2\right)$；
- $\theta_{\text{LOS,ZOD}}$ 为 LOS 方向 ZOD 值，由步骤 1 得出；
- $\mu_{\text{offset,ZOD}}$ 在文献[38]或者文献[41]中定义。

② 更改二：在定义各簇中每个子径的 ZOD 时，将式（3-61）替换为式（3-63）：

$$\theta_{n,m,\text{ZOD}} = \theta_{n,\text{ZOD}} + (3/8)(10^{\mu_{\text{ZSD}}})\alpha_m \tag{3-63}$$

其中，

- μ_{ZSD} 为正态分布的 ZSD 的均值，取自文献[38]或者文献[41]。

步骤 8：随机组合水平角度和垂直角度。

在同一簇内（或功率最强的两个簇的同一子簇内），随机组合步骤 7 生成的角度：

① 将生成的水平角度 AOD 与 AOA 随机组合，并将生成的垂直角度 ZOD 与 ZOA 随机组合；

② 将水平发射角 AOD 与垂直发射角 ZOD 随机组合。

步骤 9：生成交叉极化增益。

为每个簇 n 的每个子径 m 生成交叉极化增益（XPR）$\kappa_{n,m}$，XPR 服从对数正态分布：

$$\kappa_{n,m} = 10^{X/10} \tag{3-64}$$

其中，

• $X \sim N(\sigma, \mu)$服从高斯分布，σ与μ在附表 1 至附表 3 中定义。

（4）以下步骤生成信道参数

步骤 10： 产生随机的初始化相位。

① 为每个簇 n 的每个子径 m，随机生成极化组合（$\theta\theta$，$\theta\varphi$，$\varphi\theta$，$\varphi\varphi$）的初始相位角 $\left\{\Phi_{n,m}^{\theta\theta}, \Phi_{n,m}^{\theta\varphi}, \Phi_{n,m}^{\varphi\theta}, \Phi_{n,m}^{\varphi\varphi}\right\}$，初始相位角在（$-\pi$，$\pi$）范围内均匀分布；

② 若包含 LOS 径，随机生成极化组合（$\theta\theta, \varphi\varphi$）的初始相位角 $\left\{\Phi_{\mathrm{LOS}}, \Phi_{\mathrm{LOS}}\right\}$。对于模型 2，$\Phi_{\mathrm{LOS}}=0$。

步骤 11：计算每个簇的时域信道参数。

对于 $N-2$ 个弱径，即第 n 个簇（n=3, 4, …, N），信道参数的生成见式（3-65）：

$$H_{u,s,n}(t) = \sqrt{P_n/M} \sum_{m=1}^{M} \begin{bmatrix} F_{rx,u,\theta}\left(\theta_{n,m,\mathrm{ZOA}}, \varphi_{n,m,\mathrm{AOA}}\right) \\ F_{rx,u,\varphi}\left(\theta_{n,m,\mathrm{ZOA}}, \varphi_{n,m,\mathrm{AOA}}\right) \end{bmatrix}^{\mathrm{T}} \begin{bmatrix} \exp\left(\mathrm{j}\Phi_{n,m}^{\theta\theta}\right) & \sqrt{\kappa_{n,m}^{-1}}\exp\left(\mathrm{j}\Phi_{n,m}^{\theta\varphi}\right) \\ \sqrt{\kappa_{n,m}^{-1}}\exp\left(\mathrm{j}\Phi_{n,m}^{\varphi\theta}\right) & \exp\left(\mathrm{j}\Phi_{n,m}^{\varphi\varphi}\right) \end{bmatrix}$$

$$\begin{bmatrix} F_{tx,s,\theta}\left(\theta_{n,m,\mathrm{ZOA}}, \varphi_{n,m,\mathrm{AOD}}\right) \\ F_{tx,s,\varphi}\left(\theta_{n,m,\mathrm{ZOA}}, \varphi_{n,m,\mathrm{AOD}}\right) \end{bmatrix} \exp\left[\mathrm{j}2\pi\lambda_0^{-1}\left(\hat{r}_{rx,n,m}^{\mathrm{T}}.\bar{d}_{rx,u}\right)\right] \exp\left[\mathrm{j}2\pi\lambda_0^{-1}\left(\hat{r}_{tx,n,m}^{\mathrm{T}}.\bar{d}_{tx,s}\right)\right] \exp\left(\mathrm{j}2\pi v_{n,m}t\right) \tag{3-65}$$

其中，

• P_n 为每一个簇的功率，由步骤 6 生成；若包含 LOS 径，这里的 P_n 为 K 因子处理前的功率；

• M 为每个簇包含的子径总数；

• $\boldsymbol{F}_{rx,u,\theta}(\theta_{n,m,\mathrm{ZOA}}, \varphi_{n,m,\mathrm{AOA}})$，$\boldsymbol{F}_{rx,u,\varphi}(\theta_{n,m,\mathrm{ZOA}}, \varphi_{n,m,\mathrm{AOA}})$ 为接收天线 u 在 $\theta_{n,m,\mathrm{ZOA}}$，$\varphi_{n,m,\mathrm{AOA}}$ 方向的场分量；$\boldsymbol{F}_{tx,s,\theta}(\theta_{n,m,\mathrm{ZOD}}, \varphi_{n,m,\mathrm{AOD}})$；$\boldsymbol{F}_{tx,s,\varphi}(\theta_{n,m,\mathrm{ZOD}}, \varphi_{n,m,\mathrm{AOD}})$ 为发射天线 s 在 $\theta_{n,m,\mathrm{ZOD}}, \varphi_{n,m,\mathrm{AOD}}$ 方向的场分量，计算公式见 3.4.2 节；

• $\theta_{n,m,\mathrm{ZOD}}, \varphi_{n,m,\mathrm{AOD}}, \theta_{n,m,\mathrm{ZOA}}, \varphi_{n,m,\mathrm{AOA}}$ 为第 n 个簇中第 m 个子径的垂直角度和水

平角度，由步骤 7 生成；

- $\hat{\boldsymbol{r}}_{rx,n,m},\hat{\boldsymbol{r}}_{tx,n,m}$ 为球坐标单元向量，计算见式（3-66）：

$$\hat{\boldsymbol{r}}_{rx,n,m}=\begin{bmatrix}\sin\theta_{n,m,\mathrm{ZOA}}\cos\varphi_{n,m,\mathrm{AOA}}\\ \sin\theta_{n,m,\mathrm{ZOA}}\sin\varphi_{n,m,\mathrm{AOA}}\\ \cos\theta_{n,m,\mathrm{ZOA}}\end{bmatrix},\hat{\boldsymbol{r}}_{tx,n,m}=\begin{bmatrix}\sin\theta_{n,m,\mathrm{ZOD}}\cos\varphi_{n,m,\mathrm{AOD}}\\ \sin\theta_{n,m,\mathrm{ZOD}}\sin\varphi_{n,m,\mathrm{AOD}}\\ \cos\theta_{n,m,\mathrm{ZOD}}\end{bmatrix} \tag{3-66}$$

- $\bar{\boldsymbol{d}}_{rx,u},\bar{\boldsymbol{d}}_{tx,s}$ 为接收天线单元和发射天线单元的位置向量；
- $\kappa_{n,m}$ 为交叉极化增益，取线性值，由步骤 9 生成；
- λ_0 为载波频率对应的波长；
- 如果不考虑交叉极化，可以用 $\exp\left(\mathrm{j}\Phi_{n,m}\right)$ 代替

$\begin{bmatrix}\exp\left(\mathrm{j}\Phi_{n,m}^{\theta\theta}\right) & \sqrt{\kappa_{n,m}{}^{-1}}\exp\left(\mathrm{j}\Phi_{n,m}^{\theta\varphi}\right)\\ \sqrt{\kappa_{n,m}{}^{-1}}\exp\left(\mathrm{j}\Phi_{n,m}^{\varphi\theta}\right) & \exp\left(\mathrm{j}\Phi_{n,m}^{\varphi\varphi}\right)\end{bmatrix}$，并且只考虑垂直极化的天线增益。

- 多普勒频率因子 $v_{n,m}$ 按式（3-67）计算：

$$\boldsymbol{v}_{n,m}=\frac{\hat{\boldsymbol{r}}_{rx,n,m}^{\mathrm{T}}.\bar{\boldsymbol{v}}}{\lambda_0},\text{其中},\bar{\boldsymbol{v}}=\boldsymbol{v}\cdot\left[\sin\theta_v\cos\varphi_v\quad\sin\theta_v\sin\varphi_v\quad\cos\theta_v\right]^{\mathrm{T}} \tag{3-67}$$

其中，$\bar{\boldsymbol{v}}$ 是由绝对速度 v 和速度方向 φ_v，θ_v 算出的速度向量。

对于功率最强的两个簇 n=1、2（强二径），每个簇分为 3 个中径，每个簇包含的 20 个子径分配到 3 个中径中，3 个中径对应的时延偏移以及分配规则见附表 4 或者附表 5。对于强二径中包含的 3 个中径，每个中径分别按式（3-65）生成对应的时域信道参数。

若包含 LOS 径，需要添加 LOS 径的时域信道，令 $H'_{u,s,n}=H_{u,s,n}$，$H_{u,s,n}$ 按照计算式（3-65）得到的第 n 个簇的时域信道，则 LOS 径下时域信道参数按式（3-68）生成，其中 K_R 为线性值。

$$\begin{aligned}H_{u,s,n}(t)=&\sqrt{\frac{1}{K_R+1}}H'_{u,s,n}(t)\\&+\delta(n-1)\sqrt{\frac{K_R}{K_R+1}}\begin{bmatrix}F_{rx,u,\theta}\left(\theta_{\mathrm{LOS,ZOA}},\varphi_{\mathrm{LOS,AOA}}\right)\\ F_{rx,u,\varphi}\left(\theta_{\mathrm{LOS,ZOA}},\varphi_{\mathrm{LOS,AOA}}\right)\end{bmatrix}^{\mathrm{T}}\begin{bmatrix}\exp\left(\mathrm{j}\Phi_{\mathrm{LOS}}\right) & 0\\ 0 & -\exp\left(\mathrm{j}\Phi_{\mathrm{LOS}}\right)\end{bmatrix}\\&\begin{bmatrix}F_{tx,v,\theta}\left(\theta_{\mathrm{LOS,ZOD}},\varphi_{\mathrm{LOS,AOD}}\right)\\ F_{tx,v,\varphi}\left(\theta_{\mathrm{LOS,ZOD}},\varphi_{\mathrm{LOS,AOD}}\right)\end{bmatrix}\cdot\exp\left[\mathrm{j}2\pi\lambda_0^{-1}\left(\hat{r}_{rx,\mathrm{LOS}}^{\mathrm{T}}.\bar{d}_{rx,u}\right)\right]\cdot\exp\left[\mathrm{j}2\pi\lambda_0^{-1}\left(\hat{r}_{tx,\mathrm{LOS}}^{\mathrm{T}}.\bar{d}_{tx,s}\right)\right]\cdot\\&\exp\left(\mathrm{j}2\pi v_{\mathrm{LOS}}t\right)\end{aligned} \tag{3-68}$$

其中，下标为 LOS 的参数为 LOS 径参数，物理含义与其对应的多径参数含义相同，生成过程也与多径参数的生成过程相同，在此不再赘述。

步骤 12：对每个簇的时域信道添加路损、穿透损耗以及阴影衰落。

3.9 小　结

本章主要对大规模天线波束赋形的无线信道建模进行了分析和介绍。大规模天线对于未来低频段和高频段无线移动通信系统都是不可或缺的关键技术，适用于高层楼宇覆盖、室外宏覆盖、热点覆盖和无线回传等场景，起到提升频谱效率、扩展覆盖等作用。对于这些场景进行抽象概括，得到了信道建模的场景，分别为 UMa、UMi、RMa 和 Indoor Office 场景。本章重点探讨了垂直维度的引入对信道建模的影响，包括大尺度建模和小尺度建模等。主要内容包括：

① 局部坐标系与全局坐标系之间的转换方法，用于在全局坐标系内建模天线单元的增益和场分量；

② 天线模型以及双极化天线在局部坐标系中的天线单元增益和场分量到全局坐标系的转换方法；

③ 3D 距离的定义和应用条件，由于垂直维度的引入，部分信道建模参数需用 3D 距离进行计算；

④ 大尺度信道建模，包括 LOS 概率计算模型、路径损耗计算模型和穿透损耗计算模型；

⑤ 小尺度信道建模，包括垂直角度参数模型，多径分量统计相关矩阵，垂直角度生成方法等。

最后，本章 3.8 节给出了信道建模的完整流程。

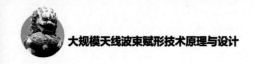

附表

附表 1 信道模型参数[38]（适用于模型 1）

场景		3D-UMi			3D-UMa		
		LOS	NLOS	O-to-I	LOS	NLOS	O-to-I
扩展时延（DS）lg ([s])	μ_{DS}	−7.19	−6.89	−6.62	−7.03	−6.44	−6.62
	ε_{DS}	0.40	0.54	0.32	0.66	0.39	0.32
AOD 扩展（σ_{ASD}）lg([°])	μ_{ASD}	1.20	1.41	1.25	1.15	1.41	1.25
	ε_{ASD}	0.43	0.17	0.42	0.28	0.28	0.42
AOA 扩展（σ_{ASA}）lg ([°])	μ_{ASA}	1.75	1.84	1.76	1.81	1.87	1.76
	ε_{ASA}	0.19	0.15	0.16	0.20	0.11	0.16
ZOA 扩展（σ_{ZSA}）lg ([°])	μ_{ZSA}	0.60	0.88	1.01	0.95	1.26	1.01
	ε_{ZSA}	0.16	0.16	0.43	0.16	0.16	0.43
阴影衰落(*SF*)[dB]	ε_{SF}	3	4	7	4	6	7
K-factor（*K*）[dB]	μ_K	9	N/A	N/A	9	N/A	N/A
	ε_K	5	N/A	N/A	3.5	N/A	N/A
互相关系数	ASD vs DS	0.5	0	0.4	0.4	0.4	0.4
	ASA vs DS	0.8	0.4	0.4	0.8	0.6	0.4
	ASA vs SF	−0.4	−0.4	0	−0.5	0	0
	ASD vs SF	−0.5	0	0.2	−0.5	−0.6	0.2
	DS vs SF	−0.4	−0.7	−0.5	−0.4	−0.4	−0.5
	ASD vs ASA	0.4	0	0	0	0.4	0
	ASD vs K	−0.2	N/A	N/A	0	N/A	N/A
	ASA vs K	−0.3	N/A	N/A	−0.2	N/A	N/A
	DS vs K	−0.7	N/A	N/A	−0.4	N/A	N/A
	SF vs K	0.5	N/A	N/A	0	N/A	N/A
	ZSD vs SF	0	0	0	0	0	0
	ZSA vs SF	0	0	0	−0.8	−0.4	0
	ZSD vs K	0	N/A	N/A	0	N/A	N/A
	ZSA vs K	0	N/A	N/A	0	N/A	N/A
	ZSD vs DS	0	−0.5	−0.6	−0.2	−0.5	−0.6
	ZSA vs DS	0.2	0	−0.2	0	0	−0.2
	ZSD vs ASD	0.5	0.5	−0.2	0.5	0.5	−0.2
	ZSA vs ASD	0.3	0.5	0	0	−0.1	0
	ZSD vs ASA	0	0	0	−0.3	0	0

（续表）

场景		3D-UMi			3D-UMa		
		LOS	NLOS	O-to-I	LOS	NLOS	O-to-I
互相关系数	ZSA vs ASA	0	0.2	0.5	0.4	0	0.5
	ZSD vs ZSA	0	0	0.5	0	0	0.5
时延分布		指数	指数	指数	指数	指数	指数
AOD 和 AOA 分布		折叠高斯分布			折叠高斯分布		
ZOD 和 ZOA 分布		拉普拉斯分布			拉普拉斯分布		
时延缩放参数 r_τ		3.2	3	2.2	2.5	2.3	2.2
XPR [dB]		9	8.0	9	8	7	9
		3	3	5	4	3	5
簇的数量		12	19	12	12	20	12
每个簇内子径的数量		20	20	20	20	20	20
簇 ASD（c_{ASD}）		3	10	5	5	2	5
簇 ASA（c_{ASA}）		17	22	8	11	15	8
簇 ZSA（c_{ZSA}）		7	7	3	7	7	3
每簇阴影衰落标准差[dB]		3	3	4	3	3	4
在水平面上的相关距离[m]	DS	7	10	10	30	40	10
	ASD	8	10	11	18	50	11
	ASA	8	9	17	15	50	17
	SF	10	13	7	37	50	7
	K	15	N/A	N/A	12	N/A	N/A
	ZSA	12	10	25	15	50	25
	ZSD	12	10	25	15	50	25

注 1：DS=均方根时延扩展，ASD=均方根水平出发角度扩展，ASA=均方根水平到达角度扩展，ZSD=均方根垂直出发角度扩展，ZSA=均方根垂直到达角度扩展，SF=阴影衰落，K = Ricean K-factor。
注 2：阴影衰落为正值意味着终端接收的信号功率高于按路损模型的预测值。
注 3：ZSD 与 ZSA 的互相关值基于 WINNER+模型以及文档 R1-134221，R1-134222，R1-134795，R1-131861，R1-132543，R1-132544，R1-133525 中的测量结果得到，并且，为保证正定性对互相关值做了微调。
注 4：ZSA 和各簇的 ZSA 的取值重用了 WINNER+模型的取值。
注 5：由于缺少测量数据，为简化模型，不同楼层的所有大尺度参数假设是不相关的。
注 6：根据文稿 R1-150894 中的讨论，UMi 和 UMa 场景中 O-to-I 的 XPR 标准差值从 11dB 修改为 5dB。

附表 2 UMi 和 UMa 场景的信道模型参数[41]（适用于模型 2）

场景		UMi-Street Canyon			UMa		
		LOS	NLOS	O2I	LOS	NLOS	O2I
时延扩展（DS） lgDS=lg (DS/1s)	$\mu_{\lg DS}$	−0.24 lg(1+f_c) −7.14	−0.24 lg(1+f_c) − 6.83	−6.62	−6.955 − 0.0963 lg(f_c)	−6.28 − 0.204 lg(f_c)	−6.62
	$\sigma_{\lg DS}$	0.38	0.16 lg(1+f_c) + 0.28	0.32	0.66	0.39	0.32
AOD 扩展（ASD） lgASD=lg(ASD/1°)	$\mu_{\lg ASD}$	−0.05 lg(1+f_c) + 1.21	−0.23 lg(1+f_c) + 1.53	1.25	1.06 + 0.1114 lg(f_c)	1.5 − 0.1144 lg(f_c)	1.25
	$\sigma_{\lg ASD}$	0.41	0.11 lg(1+f_c) + 0.33	0.42	0.28	0.28	0.42
AOA 扩展（ASA） lgASA=lg(ASA/1°)	$\mu_{\lg ASA}$	−0.08 lg(1+f_c) + 1.73	−0.08 lg(1+f_c) + 1.81	1.76	1.81	2.08 − 0.27 lg(f_c)	1.76
	$\sigma_{\lg ASA}$	0.014 lg(1+f_c) + 0.28	0.05 lg(1+f_c) + 0.3	0.16	0.20	0.11	0.16
ZOA 扩展（ZSA） lgZSA=lg (ZSA/1°)	$\mu_{\lg ZSA}$	−0.1 lg(1+f_c) + 0.73	−0.04 lg(1+f_c) + 0.92	1.01	0.95	−0.3236 lg(f_c) +1.512	1.01
	$\sigma_{\lg ZSA}$	−0.04 lg(1+f_c) + 0.34	−0.07 lg(1+f_c) + 0.41	0.43	0.16	0.16	0.43
阴影衰落（SF）[dB]	σ_{SF}	4	7.82	7	4	6	7
K-factor (K) [dB]	μ_K	9	N/A	N/A	9	N/A	N/A
	σ_K	5	N/A	N/A	3.5	N/A	N/A
互相关系数	ASD vs DS	0.5	0	0.4	0.4	0.4	0.4
	ASA vs DS	0.8	0.4	0.4	0.8	0.6	0.4
	ASA vs SF	−0.4	−0.4	0	−0.5	0	0
	ASD vs SF	−0.5	0	0.2	−0.5	−0.6	0.2
	DS vs SF	−0.4	−0.7	−0.5	−0.4	−0.4	−0.5
	ASD vs ASA	0.4	0	0	0	0.4	0
	ASD vs K	−0.2	N/A	N/A	0	N/A	N/A
	ASA vs K	−0.3	N/A	N/A	−0.2	N/A	N/A
	DS vs K	−0.7	N/A	N/A	−0.4	N/A	N/A
	SF vs K	0.5	N/A	N/A	0	N/A	N/A

（续表）

场景		UMi-Street Canyon			UMa		
		LOS	NLOS	O2I	LOS	NLOS	O2I
互相关系数	ZSD vs SF	0	0	0	0	0	0
	ZSA vs SF	0	0	0	−0.8	−0.4	0
	ZSD vs K	0	N/A	N/A	0	N/A	N/A
	ZSA vs K	0	N/A	N/A	0	N/A	N/A
	ZSD vs DS	0	−0.5	−0.6	−0.2	−0.5	−0.6
	ZSA vs DS	0.2	0	−0.2	0	0	−0.2
	ZSD vs ASD	0.5	0.5	−0.2	0.5	0.5	−0.2
	ZSA vs ASD	0.3	0.5	0	0	−0.1	0
	ZSD vs ASA	0	0	0	−0.3	0	0
	ZSA vs ASA	0	0.2	0.5	0.4	0	0.5
	ZSD vs ZSA	0	0	0.5	0	0	0.5
时延缩放参数 r_τ		3	2.1	2.2	2.5	2.3	2.2
XPR [dB]	μ_{XPR}	9	8.0	9	8	7	9
	σ_{XPR}	3	3	5	4	3	5
簇的数量 N		12	19	12	12	20	12
每个簇内子径的数量 M		20	20	20	20	20	20
簇 DS(c_{DS})[ns]		5	11	11	max［0.25,6.5622 −3.4084 lg(f_c)］	max［0.25,6.5622 −3.4084 lg(f_c)］	11
簇 ASD(c_{ASD})[°]		3	10	5	5	2	5
簇 ASA(c_{ASA})[°]		17	22	8	11	15	8
簇 ZSA(c_{ZSA})[°]		7	7	3	7	7	3
每簇阴影衰落标准差 ξ[dB]		3	3	4	3	3	4
在水平面上的相关距离（m）	DS	7	10	10	30	40	10
	ASD	8	10	11	18	50	11
	ASA	8	9	17	15	50	17
	SF	10	13	7	37	50	7
	K	15	N/A	N/A	12	N/A	N/A

（续表）

场景		UMi-Street Canyon			UMa		
		LOS	NLOS	O2I	LOS	NLOS	O2I
在水平面上的相关距离（m）	ZSA	12	10	25	15	50	25
	ZSD	12	10	25	15	50	25

f_c 是载波频率，单位为 GHz；d_{2D} 是基站到 UE 的距离，单位为 km。

注 1：DS=均方根时延扩展，ASD=均方根水平出发角度扩展，ASA=均方根水平到达角度扩展，ZSD=均方根垂直出发角度扩展，ZSA=均方根垂直到达角度扩展，SF=阴影衰落，K=Ricean K-factor。

注 2：阴影衰落为正值意味着终端接收的信号功率高于按路损模型的预测值。

注 3：不同楼层的所有大尺度参数假设是不相关的。

注 4：对数化参数 X 的均值表示为 μ_{lgX}=mean{lg(X)}，标准差为 σ_{lgX}=std{lg(X)}。

注 5：对于所有考虑的场景，AOD/AOA 的分布建模为折叠高斯分布，ZOD/ZOA 的分布建模为 Laplacian 分布，时延的分布建模为指数分布。

注 6：对于 6GHz 频点以下的 UMa 场景，在计算频率相关的大尺度参数时，假设 $f_c = 6$。

注 7：对于 2GHz 频点以下的 UMi 场景，在计算频率相关的大尺度参数时，假设 $f_c = 2$。

附表 3　RMa 和 Indoor 场景的信道模型参数[41]（适用于模型 2）

场景		RMa			Indoor-Office	
		LOS	NLOS	O2I	LOS	NLOS
时延扩展(DS) lgDS=lg(DS/1s)	μ_{lgDS}	−7.49	−7.43	−7.47	−0.01 lg(1+f_c) −7.692	−0.28 lg(1+f_c) − 7.173
	σ_{lgDS}	0.55	0.48	0.24	0.18	0.10 lg(1+f_c) + 0.055
AOD 扩展(ASD) lgASD=lg(ASD/1°)	μ_{lgASD}	0.90	0.95	0.67	1.60	1.62
	σ_{lgASD}	0.38	0.45	0.18	0.18	0.25
AOA 扩展(ASA) lgASA=lg(ASA/1°)	μ_{lgASA}	1.52	1.52	1.66	−0.19lg(1+f_c) +1.781	−0.11 lg(1+f_c) + 1.863
	σ_{lgASA}	0.24	0.13	0.21	0.12lg(1+f_c) + 0.119	0.12lg(1+f_c) +0.059
ZOA 扩展(ZSA) lgZSA=lg(ZSA/1°)	μ_{lgZSA}	0.47	0.58	0.93	−0.26lg(1+f_c) + 1.44	−0.15 lg(1+f_c) + 1.387
	σ_{lgZSA}	0.40	0.37	0.22	−0.04 lg(1+f_c) + 0.264	−0.09 lg(1+f_c) + 0.746
阴影衰落（dB）	σ_{SF}	见文献[41]的表 7.4.1-1		8	见文献[41]的表 7.4.1-1	
K-factor（dB）	μ_K	7	N/A	N/A	7	N/A
	σ_K	4	N/A	N/A	4	N/A
互相关系数	ASD vs DS	0	−0.4	0	0.6	0.4

（续表）

场景		RMa LOS	RMa NLOS	RMa O2I	Indoor-Office LOS	Indoor-Office NLOS
互相关系数	ASA vs DS	0	0	0	0.8	0
	ASA vs SF	0	0	0	−0.5	−0.4
	ASD vs SF	0	0.6	0	−0.4	0
	DS vs SF	−0.5	−0.5	0	−0.8	−0.5
	ASD vs ASA	0	0	−0.7	0.4	0
	ASD vs K	0	N/A	N/A	0	N/A
	ASA vs K	0	N/A	N/A	0	N/A
	DS vs K	0	N/A	N/A	−0.5	N/A
	SF vs K	0	N/A	N/A	0.5	N/A
	ZSD vs SF	0.01	−0.04	0	0.2	0
	ZSA vs SF	−0.17	−0.25	0	0.3	0
	ZSD vs K	0	N/A	N/A	0	N/A
	ZSA vs K	−0.02	N/A	N/A	0.1	N/A
	ZSD vs DS	−0.05	−0.10	0	0.1	−0.27
	ZSA vs DS	0.27	−0.40	0	0.2	−0.06
	ZSD vs ASD	0.73	0.42	0.66	0.5	0.35
	ZSA vs ASD	−0.14	−0.27	0.47	0	0.23
	ZSD vs ASA	−0.20	−0.18	−0.55	0	−0.08
	ZSA vs ASA	0.24	0.26	−0.22	0.5	0.43
	ZSD vs ZSA	−0.07	−0.27	0	0	0.42
时延缩放参数 r_τ		3.8	1.7	1.7	3.6	3
XPR（dB）	μ_{XPR}	12	7	7	11	10
	σ_{XPR}	4	3	3	4	4
簇的数量 N		11	10	10	15	19
每个簇内子径的数量 M		20	20	20	20	20

（续表）

场景		RMa			Indoor-Office	
		LOS	NLOS	O2I	LOS	NLOS
簇 DS(c_{DS}) [ns]		N/A	N/A	N/A	N/A	N/A
簇 ASD(c_{ASD}) [°]		2	2	2	5	5
簇 ASA(c_{ASA}) [°]		3	3	3	8	11
簇 ZSA(c_{ZSA}) [°]		3	3	3	9	9
每簇阴影衰落[dB]		3	3	3	6	3
在水平面上的相关距离[m]	DS	50	36	36	8	5
	ASD	25	30	30	7	3
	ASA	35	40	40	5	3
	SF	37	120	120	10	6
	K	40	N/A	N/A	4	N/A
	ZSA	15	50	50	4	4
	ZSD	15	50	50	4	4

f_c是载波频率，单位为 GHz，d_{2D}是基站到 UE 的距离，单位为 km。

注 1：DS=均方根时延扩展，ASD=均方根水平出发角度扩展，ASA=均方根水平到达角度扩展，ZSD=均方根垂直出发角度扩展，ZSA=均方根垂直到达角度扩展，SF=阴影衰落，K=Ricean K-factor。

注 2：阴影衰落为正值意味着终端接收的信号功率高于按路损模型的预测值。

注 3：对数化参数 X 的均值表示为 μ_{lgX}=mean{lg(X) }，标准差为 σ_{lgX}=std{lg(X) }。

注 4：对于所有考虑的场景，AOD/AOA 的分布建模为折叠高斯分布，ZOD/ZOA 的分布建模为 Laplacian 分布，时延的分布建模为指数分布。

注 5：对于 6GHz 频点以下的 Indoor-Office 场景，在计算频率相关的大尺度参数时，假设 $f_c = 6$。

附表 4　强二径内中径分布信息[38]（适用于模型 1）

中径	包含的子径	功率	时延偏移
1	1，2，3，4，5，6，7，8，19，20	10/20	0 ns
2	9，10，11，12，17，18	6/20	5 ns
3	13，14，15，16	4/20	10 ns

附表 5　强二径内中径分布信息[41]（适用于模型 2）

中径	包含的子径	功率	时延偏移
i=1	R_1={1,2,3,4,5,6,7,8,19,20}	10/20	0
i=2	R_2={9,10,11,12,17,18}	6/20	1.28 c_{DS}
i=3	R_3={13,14,15,16}	4/20	2.56 c_{DS}

第4章 大规模天线波束赋形关键技术

随着对 MIMO 技术研究的逐步深入，大规模天线系统中的关键技术已经成为当前学术界与产业界密切关注的重点之一，其技术方案的设计将会直接关系到整个无线通信系统的效能、吞吐量、用户体验、成本以及功耗等。因此，为了充分挖掘大规模天线的技术优势，满足日益增长的通信需求，需要深入研究适用于此类系统的关键技术。本章将重点讨论大规模天线系统中较为常见的关键技术，其中包括无线通信信道估计、接收端信号检测技术、发送端信号预编码技术、信道状态信息（CSI）的获取及反馈、天线间的校准技术以及多小区间天线协作技术，并对相应的技术方案进行介绍与分析。

4.1 大规模天线信道估计

在大规模天线系统中，为了准确而高效地接收传输数据，信道准确估计是一项关键的研究方向，对大规模天线波束赋形性能具有重要影响。本节将介绍 4 种信道估计方法，分别是基于最小二乘（LS，Least Square）的信道估计、结合信道与噪声信息的最小均方误差（MMSE）信道估计、不同信道间趋于正交特点的基于特征值分解（EVD，Eigen Value Decomposition）的信道估计、基于大规模天线系统信道稀疏性的压缩感知（CS，Compressive Sensing）信道估计。前两种是目前大规模天线重点运用的技术方案，后两种尚以学术界探讨为主，但对于信道估计技术发展具有一定的指导意义。

4.1.1 系统分析模型

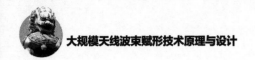

第 2 章中图 2.2 所示的多小区 Massive MIMO 蜂窝系统。系统中有 L 个小区，每个小区有 K 个单天线用户，每个小区的基站配备 M 根天线。假设系统的频率复用因子为 1，即 L 个小区均工作在相同的频段。为了描述和分析方便，

假设上行和下行均采用 OFDM，并以单个子载波为例描述大规模天线波束赋形的原理。以下分析以上行链路为例，下行链路有类似结论。

假设第 j 个小区的第 k 个用户到第 l 个小区的基站信道矩阵为 $\boldsymbol{g}_{l,j,k} \in C^{M\times1}$，它可以建模为

$$\boldsymbol{g}_{l,j,k} \triangleq \sqrt{\boldsymbol{\lambda}_{l,j,k}\boldsymbol{h}_{l,j,k}}$$

其中，$\boldsymbol{\lambda}_{l,j,k}$ 表示大尺度衰落，$\boldsymbol{h}_{l,j,k}$ 表示第 j 个小区的第 k 个用户到第 l 个小区基站的小尺度衰落，它是一个 $M\times1$ 的矢量，为简单起见，假设小尺度衰落为瑞利衰落。因此，第 j 个小区的所有 K 个用户到第 l 个小区的基站所有天线间的信道矩阵可以表示为

$$\boldsymbol{G}_{l,j} = \begin{bmatrix} \boldsymbol{g}_{l,j,1} & \cdots & \boldsymbol{g}_{l,j,K} \end{bmatrix}$$

基于上述大规模天线的信道模型，小区 l 的基站接收到的上行链路信号可以表示为

$$\boldsymbol{y}_l = \boldsymbol{G}_{l,l}P_{l,l}^{1/2}X_{l,l} + \sum_{j\neq l}\boldsymbol{G}_{l,j}P_{l,j}^{1/2}X_{l,j} + \boldsymbol{z}_l \tag{4-1}$$

其中，$\boldsymbol{y}_l$ 矩阵表示在第 l 个小区中基站接收到的数据信息，其维数为 $M\times1$；$G_{i,j}$ 表示信道矩阵，其维数为 $M\times K$。第 j 个小区的 K 个用户发送到第 l 个小区基站的信号矩阵为 $X_{l,j}=[x_{l,j,1},\cdots, x_{l,j,K}]^{\mathrm{T}}$，维度为 $K\times1$，假设 $X_{l,j}$ 服从 i.i.d 的循环对称复高斯分布；$P_{l,j}^{1/2} = \mathrm{diag}\left\{P_{l,j,1}^{1/2},\cdots,P_{l,j,k}^{1/2}\right\}$ 表示第 j 个小区的 K 个用户发送到第 l 个小区基站的信号功率，为 $K\times K$ 矩阵；$\boldsymbol{z}_l$ 表示加性高斯白噪声矢量，其协方差矩阵为 $\boldsymbol{\varepsilon}\left(z_l z_l^{\mathrm{H}}\right) = \gamma_{\mathrm{UL}}I_{\mathrm{M}}$，$\gamma_{\mathrm{UL}}$ 为噪声方差。

4.1.2 最小二乘（LS）信道估计算法

LS 信道估计算法是现阶段最常采用的估计算法。此方法的优点在于简单易行，对接收导频信号进行简单处理即可，不需要复杂的先验信息或其他附加信息，可以适当降低大规模天线系统由于大数量天线所带来的信号处理复杂度需求；但缺点也比较明显，估计方法的准确度较低，且在导频污染存在的情况下，估计方法的性能受导频污染的影响很大。

LS 信道估计方法就是对信道参数 $\boldsymbol{G}_{l,l}$ 进行估计，通过式（4-2）得到 $\hat{\boldsymbol{\Omega}}_{l,l}^{\mathrm{LS}}$

$$\hat{\boldsymbol{\Omega}}_{l,l} = \left\|\left(y_l - \hat{\boldsymbol{G}}_{l,l}X_{l,l}\right)^{\mathrm{H}}\left(y_l - \hat{\boldsymbol{G}}_{l,l}X_{l,l}\right)\right\|$$

$$\hat{\boldsymbol{\Omega}}_{l,l}^{\mathrm{LS}} = \arg\min_{\hat{\boldsymbol{G}}_{l,l}} \left\| \left(y_l - \hat{\boldsymbol{G}}_{l,l} X_{l,l} \right)^{\mathrm{H}} \left(y_l - \hat{\boldsymbol{G}}_{l,l} X_{l,l} \right) \right\| \tag{4-2}$$

其中，$\hat{\boldsymbol{\Omega}}_{l,l}^{\mathrm{LS}}$ 表示 LS 信道估计算法的估计器。利用 LS 估计算法得到的信道表示成

$$\hat{\boldsymbol{G}}_{l,l}^{\mathrm{LS}} = \frac{1}{P_{l,l}^{1/2}} y_l \hat{\boldsymbol{\Omega}}_{l,l}^{\mathrm{LS}} \tag{4-3}$$

为求式中的 $\hat{\boldsymbol{\Omega}}_{l,l}^{\mathrm{LS}}$，对式（4-2）求偏导

$$\frac{\partial(\hat{\boldsymbol{\Omega}}_{l,l})}{\partial(\hat{\boldsymbol{G}}_{l,l})} = \frac{\partial\left[\left(y_l - \hat{\boldsymbol{G}}_{l,l} X_{l,l} \right)^{\mathrm{H}} \left(y_l - \hat{\boldsymbol{G}}_{l,l} X_{l,l} \right) \right]}{\partial\left(\hat{\boldsymbol{G}}_{l,l} \right)} \tag{4-4}$$

令公式（4-4）等于 0，则可以求出 LS 估计算法对应的矩阵

$$\hat{\boldsymbol{\Omega}}_{l}^{\mathrm{LS}} = X_{l,l} \left(X_{l,l}^{\mathrm{H}} X_{l,l} \right)^{-1} \tag{4-5}$$

于是，信道 $\boldsymbol{G}_l$ 的 LS 估计值可以表示为

$$\hat{\boldsymbol{G}}_{l,l}^{\mathrm{LS}} = \frac{1}{P_{l,l}^{1/2}} y_l \hat{\boldsymbol{\Omega}}_{l,l}^{\mathrm{LS}} = \frac{1}{P_{l,l}^{1/2}} y_l X_{l,l} \left(X_{l,l}^{H} X_{l,l} \right)^{-1} \tag{4-6}$$

值得注意的是，式（4-6）得到的估计实际上是矩阵的伪求逆，此操作的目的是，使 $\hat{\boldsymbol{\Omega}}_{l}^{\mathrm{LS}}$ 成为方阵，从而满足矩阵求逆运算对矩阵维数的要求。同时，对应的导频矩阵必须是可逆的，即导频矩阵 $\boldsymbol{X}_{l,l}$ 必须满足行满秩。

将估计式展开，得到

$$\hat{\boldsymbol{G}}_{l,l}^{\mathrm{LS}} = \frac{1}{P_{l,l}^{1/2}} y_l \hat{\boldsymbol{\Omega}}_{l,l}^{\mathrm{LS}} = \frac{1}{P_{l,l}^{1/2}} \left(\boldsymbol{G}_{l,l} P_{l,l}^{1/2} X_{l,l} \hat{\boldsymbol{\Omega}}_{l,l}^{\mathrm{LS}} + \sum_{j \neq 1}^{L} \boldsymbol{G}_{l,j} P_{l,l}^{1/2} X_{l,j} \hat{\boldsymbol{\Omega}}_{l,l}^{\mathrm{LS}} + z_l \hat{\boldsymbol{\Omega}}_{l,l}^{\mathrm{LS}} \right) \tag{4-7}$$

当不考虑系统中的高斯白噪声时，用 LS 信道估计所得到的 $\hat{\boldsymbol{G}}_{l,l}^{\mathrm{LS}}$ 其实是系统中目标信道 $\boldsymbol{G}_{l,l}$ 与系统中其他干扰信道 $\boldsymbol{G}_{l,j}$ 叠加的结果。由式（4-7）可以看出，LS 信道估计算法与发送信号和接收信号有关，并没有充分利用系统中信道的特征信息与其他统计信息，导致了此方法得到的信道精确度较低，容易受噪声影响。当系统中的噪声严重时，LS 信道估计的效果会下降。因此，LS 估计算法只适用于系统噪声影响不大的场景。

图 4-1 给出了有无导频污染的情况下，大规模天线系统采用 LS 信道估计算法时系统的码速率的变化趋势[42]。当存在导频污染时，系统的和速率随着天线数增多而增加的速度非常缓慢，并且其很快逐渐趋于平稳。此时天线数的增多已不能成为提高系统性能的有效途径。

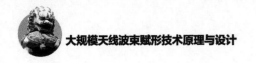

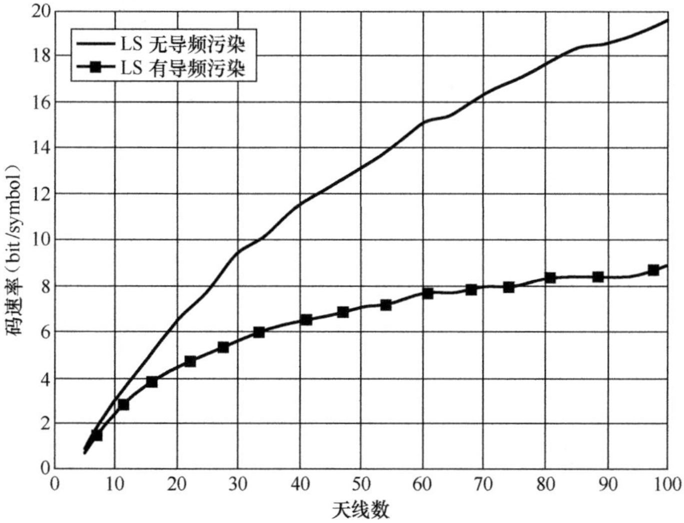

图 4-1　导频污染对 LS 方案的系统性能的影响

4.1.3　最小均方误差（MMSE）信道估计算法

MMSE 信道估计算法也是大规模天线系统中常用的估计算法，此估计算法的优点是能够较好地利用不同信道的相关性，因此可以在一定程度上抵抗系统中导频污染的影响，同时 MMSE 估计算法还对噪声有一定的抑制作用。研究证明，MMSE 估计算法在高斯信道环境下的估计效果在理论上是最优的。MMSE 估计方法的缺点在于算法的复杂度较高，当天线数量大的时候，需要考虑采用降低复杂度的一些措施后才能使用。

假设利用 MMSE 估计的 $\hat{\boldsymbol{G}}_l^{\text{MMSE}}$ 为

$$\hat{\boldsymbol{G}}_{l,l}^{\text{MMSE}} = \frac{1}{P_{l,l}^{1/2}} y_l \hat{\boldsymbol{\Omega}}_{l,l}^{\text{MMSE}} \tag{4-8}$$

其中，$\hat{\boldsymbol{\Omega}}_l^{\text{MMSE}}$ 表示 MMSE 信道估计的估计器，其设计的原则为

$$\begin{aligned}\hat{\boldsymbol{\Omega}}_{l,l}^{\text{MMSE}} &= \arg\min_{\hat{\boldsymbol{G}}_{l,l}} \mathbb{E}\{\| \boldsymbol{G}_{l,l} - \hat{\boldsymbol{G}}_{l,l} \|_{\text{F}}^2\} \\ &= \arg\min_{\hat{\boldsymbol{G}}_{l,l}} \mathbb{E}\left\{\text{tr}\left[\left(\boldsymbol{G}_{l,l} - \hat{\boldsymbol{G}}_{l,l}\right)^{\text{H}} \left(\boldsymbol{G}_{l,l} - \hat{\boldsymbol{G}}_{l,l}\right)\right]\right\}\end{aligned} \tag{4-9}$$

定义 $\boldsymbol{F}_{\text{e}} = \mathbb{E}\left\{\text{tr}\left[\left(\boldsymbol{G}_{l,l} - \hat{\boldsymbol{G}}_{l,l}\right)^{\text{H}} \left(\boldsymbol{G}_{l,l} - \hat{\boldsymbol{G}}_{l,l}\right)\right]\right\}$，并将其展开得到

$$\boldsymbol{F}_{\mathrm{e}}=\mathbb{E}\left\{\operatorname{tr}\left[\begin{array}{l}\dfrac{1}{P_{l,l}^{1/2}}\left(\boldsymbol{G}_{l,l}-\left(\boldsymbol{G}_{l,l}P_{l,l}^{1/2}X_{l,l}+\sum\limits_{j\neq l}\mathbf{G}_{l,j}P_{l,j}^{1/2}{}_{l,j}X_{l,j}+\mathbf{z}_{l}\right)\hat{\boldsymbol{\Omega}}_{l,l}^{\mathrm{MMSE}}\right)^{\mathrm{H}}\cdot\\ \left(\boldsymbol{G}_{l,l}-\left(\boldsymbol{G}_{l,l}P_{l,l}^{1/2}X_{l,l}+\sum\limits_{j\neq l}\mathbf{G}_{l,j}P_{l,j}^{1/2}{}_{l,j}X_{l,j}+\mathbf{z}_{l}\right)\hat{\boldsymbol{\Omega}}_{l,l}^{\mathrm{MMSE}}\right)\end{array}\right]\right\} \tag{4-10}$$

将式（4-9）对$\left(\hat{\boldsymbol{\Omega}}_{l,l}^{\mathrm{MMSE}}\right)^{\mathrm{H}}$求偏导为 0 并经过化简，求出对应的$\hat{\boldsymbol{\Omega}}_{l,l}^{\mathrm{MMSE}}$为

$$\hat{\boldsymbol{\Omega}}_{l,l}^{\mathrm{MMSE}}=\left(\boldsymbol{X}_{l,l}\boldsymbol{R}_{G_{l,l}}\boldsymbol{X}_{l,l}^{\mathrm{H}}+\gamma_{\mathrm{UL}}\boldsymbol{I}\right)^{-1}\boldsymbol{X}_{l,l}\boldsymbol{R}_{G_{l,l}} \tag{4-11}$$

其中，$\boldsymbol{R}_{G_{l,l}}=\mathbb{E}\left\{G_{l,l}^{\mathrm{H}}G_{l,l}\right\}$，$\gamma_{\mathrm{UL}}$为噪声方差。将式（4-11）代入 MMSE 估计式中，得到

$$\hat{\boldsymbol{G}}_{l,l}^{\mathrm{MMSE}}=\frac{1}{P_{l,l}^{1/2}}y_{l}\hat{\boldsymbol{\Omega}}_{l,l}^{\mathrm{MMSE}}=\frac{1}{P_{l,l}^{1/2}}y_{l}X_{l,l}\left(\boldsymbol{X}_{l,l}^{\mathrm{H}}X_{l,l}\right)^{-1}\left(\boldsymbol{R}_{G_{l,l}}+\gamma_{\mathrm{UL}}\boldsymbol{I}\right)^{-1}\boldsymbol{R}_{G_{l,l}} \tag{4-12}$$

从上述分析可知，MMSE 信道估计充分利用了信道的先验信息，并考虑了噪声的影响，所以 MMSE 信道估计采用的算法对信道噪声和符号间的干扰有很好的抑制作用，但也存在一定的缺陷。MMSE 算法的复杂度随着抽样点指数增长，需要知道或假设信道的统计信息。

4.1.4 特征值分解信道估计算法

基于特征值分解（EVD）信道估计算法也成为大规模天线系统获取信道状态信息的主要方式之一。该方法将接收信号进行正交分解，并且利用了大规模天线系统中不同信道间趋于正交的特点对系统信道进行估计。EVD 算法采用基站接收信号的协方差矩阵和信道向量的正交性来估计信道状态信息，因而能有效地提高信道估计精度并且对导频污染有一定的抵抗力；但这一算法需要系统在天线数量较大的情况下可以获得好的性能，否则估计效果将受到很大的影响。

设基站接收到的信号的协方差矩阵为

$$\boldsymbol{R}_{y}=\mathbb{E}\left\{\boldsymbol{y}_{l}\boldsymbol{y}_{l}^{\mathrm{H}}\right\}=\sum_{i=1}^{L}\boldsymbol{G}_{l,j}\boldsymbol{P}_{l,l}\boldsymbol{G}_{l,j}^{\mathrm{H}}+\boldsymbol{I} \tag{4-13}$$

其中，$\boldsymbol{y}_{l}=\sum\limits_{j=1}^{L}\boldsymbol{G}_{l,j}\boldsymbol{P}_{l,j}^{1/2}\boldsymbol{X}_{l,j}+\boldsymbol{Z}_{l}$（假设对于复高斯随机变量，共轭操作不改变其性质）。根据大数定理，当基站端的天线数 M 很大时，且用户间信道小尺度

衰落是独立同分布的，那么不同用户与基站之间的信道冲击响应是渐进收敛的[10]，利用这一特性，可以得到

$$\begin{aligned} \boldsymbol{R}_y \boldsymbol{G}_{l,l} &\approx M\boldsymbol{G}_{l,l}\boldsymbol{P}_{l,l} + \boldsymbol{G}_{l,l} \\ &= \boldsymbol{G}_{l,l}\left(M\boldsymbol{P}_{l,l} + \boldsymbol{I}\right) \end{aligned} \tag{4-14}$$

当 M 较大时，信道的各列是近似正交的，$M\boldsymbol{P}_{l,l}+\boldsymbol{I}$ 为一对角矩阵。于是，式（4-13）可视为协方差 $\boldsymbol{R}_y$ 的特征值分解方程，$\boldsymbol{G}_{l,l}$ 的第 k 列是特征值 $M\boldsymbol{P}_{l,l,k}+1$ 对应的特征向量。现使用 $\boldsymbol{U}_{l,l}$ 的第 k 列表示 $\boldsymbol{R}_y$ 的原特征值 $M\boldsymbol{P}_{l,l,k}+1$ 对应的特征向量，其中，$\boldsymbol{U}_{l,l}$ 为 $M\times K$ 维，则可以将信道估计为

$$\tilde{\boldsymbol{G}}_{l,l} = \boldsymbol{U}_{l,l}\boldsymbol{\varepsilon}$$

其中，$\boldsymbol{\varepsilon} = \mathrm{diag}\left\{\varepsilon_k\right\}$ 是模糊因子，可以通过用户向基站端发送较短的导频信号得到[43]。通过对模糊因子进行估计，采用 LS 估计算法[43]，设导频序列长度为 τ，得到其估计值为

$$\hat{\boldsymbol{\varepsilon}} = \frac{\left(\boldsymbol{U}_{l,l}^{\mathrm{H}}\boldsymbol{U}_{l,l}\right)^{-1}\boldsymbol{U}_{l,l}\boldsymbol{y}_l P_{l,l}^{1/2}\boldsymbol{X}_{l,l}^{\mathrm{H}}}{\boldsymbol{P}_{l,l}^{1/2}\tau}$$

在实际系统中，一般采集一段有限长度的接收数据作为样本数据，求得此时的信号协方差为

$$\hat{\boldsymbol{R}}_y = \frac{1}{N}\sum_{n=1}^{N} y_l(n) y_l(n)^{\mathrm{H}} \tag{4-15}$$

根据上述的 EVD 估计算法，其步骤如下：

① 基站端接收到一段长度为 N 的样本数据，计算相应样本数据的协方差矩阵 $\hat{\boldsymbol{R}}_y$；

② 对 $\hat{\boldsymbol{R}}_y$ 进行 EVD 操作，得到 $M\times K$ 维矩阵 $\boldsymbol{U}$，其第 k 列为特征值 $MP_{l,l,k}+1$ 对应的特征向量；

③ 采用 LS 估计算法，得到模糊因子矩阵 $\hat{\boldsymbol{\varepsilon}}$；

④ 计算信道的估计值 $\tilde{\boldsymbol{G}}_{l,l} = \boldsymbol{U}_{l,l}\boldsymbol{\varepsilon}$。

图 4-2 比较了基于 EVD 的信道估计算法和基于导频的 LS 信道估计算法在抽样值 N 取不同值时，误比特率随信噪比（SNR）的变化规律[43]。可以看到，基于 EVD 的信道估计算法相较于传统的方法，其系统误比特性能得到了提升，且随着采样数的增大，接收信号的采样协方差矩阵将接近其真实的协方差矩阵，因此，此时 BER 将变小。

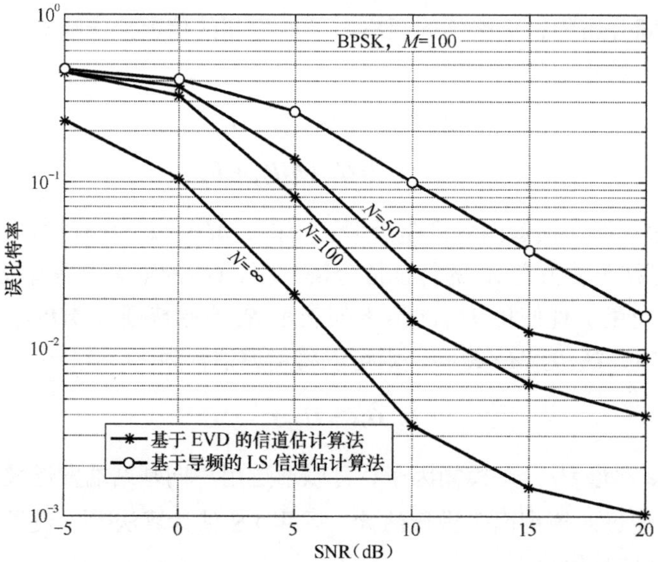

图 4-2 EVD 信道估计方法的 BER 曲线对比

4.1.5 基于压缩感知的信道估计

压缩感知理论是近几年来在应用数学和信号处理领域发展的一种理论，它与奈奎斯特抽样定理不同，若信号是可压缩的或者在某一个变换域上能被稀疏表示，就可以通过一个与变换域上的变换基非相关的观测矩阵，将高维的信号映射到一个低维的空间，形成低维信号，从而用一系列优化算法以很高的概率恢复出原始信号。压缩感知（CS）的技术原理包括以下 3 个方面[44]。

① 信号的稀疏表示：换言之，就是找到一个稀疏基 ψ，使得要处理的信号在该变换域上的等效可表示出具有一定的稀疏性或可压缩性。在此，所谓的“稀疏”是指该信号在稀疏基下的加权值大部分元素均为零，或者近似为零的较小值，只有很少的元素值较大，这是压缩感知理论应用的前提条件。

② 设计测量矩阵：测量矩阵的结构并不是任意的，通过研究证实测量矩阵要满足与稀疏基 ψ 互不相关，这样在将信号从 N 维降维到 M 维，即获得较少的样本数的过程时重要信息不会遭到破坏，而且测量矩阵的结构可能会影响到后续的重构算法的重构精度，因此设计结构稳定、提高重构精度的测量矩阵是压缩感知的一个重要问题。

③ 构建合适的重构算法：无论是传统的信号处理过程还是基于压缩感知的信号处理过程，信号处理的目的都是要通过接收信号对原始信号进行重构，

因此 CS 重构是压缩感知的一个关键环节，于是如何设计快速重构算法，从少量的测量点 y 中快速、准确地重构出原始信号 f 是压缩感知的核心问题之一。

近几年来，很多学者利用实验证明，在实际的无线通信系统中，纵然无线多径信道的多径分量很多，但是大部分路径的能量为零或者接近于噪声的较低能量，仅少量的路径具有很大的能量，即多径信道表现出稀疏的特性，这在大规模天线波束赋形系统中更为明显。这种稀疏特性可以为压缩感知理论在信道估计中得以应用提供了基本依据及前提条件[44]。基于压缩感知的信道估计，一般建模成如下的范数最小化问题：

$$\begin{aligned} &\min \|\boldsymbol{G}\|_1 \\ &s.t. \quad \boldsymbol{y} = \boldsymbol{G}\boldsymbol{x} \end{aligned} \tag{4-16}$$

一阶范数的求解可以将问题转化为凸优化问题，进而采用相关的求解方案，如匹配追踪（MP，Matching Pursuit）、正交匹配追踪（OMP，Orthogonal Matching Pursuit）、信息熵等方法，获得相应的信道信息，减少了传输量，保证在大规模天线波束赋形系统中有较好的适应性。下面给出 OMP 算法[45]的简要过程。

对于多小区场景，将第 l 个小区视为目标小区，得到：

$$\boldsymbol{Y}_l = \sqrt{p_u}\boldsymbol{G}_{ll}\boldsymbol{X}_l + \sqrt{p_u}\sum_{i=1,i\neq l}^{L}\boldsymbol{G}_{li}\boldsymbol{X}_i + \boldsymbol{N}_l \tag{4-17}$$

其中，$\boldsymbol{X}_i$，$i=1$，…，L 为第 i 个小区内所有 K 个用户发送的训练导频序列。考虑到压缩感知的表示形式，将式（4-17）进行转置得到：

$$\boldsymbol{Y}_l^{\mathrm{T}} = \sqrt{p_u}\sum_{i=1}^{L}\boldsymbol{X}_i^{\mathrm{T}}\boldsymbol{G}_{li}^{\mathrm{T}} + \boldsymbol{N}_l^{\mathrm{T}} \tag{4-18}$$

此时，对信道矩阵以列为单位进行估计，通过搜索 $\boldsymbol{Y}_l^{\mathrm{T}}(:,1)$ 与 $\boldsymbol{X}_i^{\mathrm{T}}$ 各列的相关性来确定信道各列中最大元素的位置，具体的算法步骤如下：

① 初始化，$\boldsymbol{\varUpsilon} = \boldsymbol{Y}_l^{\mathrm{T}}$；

② 取值，取 $\boldsymbol{\varUpsilon}$ 中的某列 $i=1$，$\boldsymbol{\varUpsilon}(:,i)$，$\boldsymbol{\varLambda}=\phi$，即空集；

③ 搜索，$j = \arg\max\left|\left\langle \boldsymbol{\varUpsilon}(:,i), \left[\boldsymbol{X}_i^{\mathrm{T}}\right]_j \right\rangle\right|$；

④ 更新，$\boldsymbol{\varLambda} = \boldsymbol{\varLambda}\cup\{j\}$，$\boldsymbol{\varUpsilon}(:,i) = \boldsymbol{Y}_l^{\mathrm{T}}(:,1) - \left[\boldsymbol{X}_i^{\mathrm{T}}\right]_{\varLambda}\left[\boldsymbol{X}_i^{\mathrm{T}}\right]_{\varLambda}^{\dagger}\left[\boldsymbol{Y}_l^{\mathrm{T}}\right]_i$；

⑤ 迭代，重复 3 ~ 4 步，直到集合 $\boldsymbol{\varLambda}$ 包含 $\boldsymbol{X}_i^{\mathrm{T}}$ 中所有的 K 维数量；

⑥ 恢复，恢复出 $\boldsymbol{G}_{ll}^{\mathrm{T}}$ 中第 $i=1$ 列的估计值 $\hat{\boldsymbol{G}}_{ll}^{\mathrm{T}}(:,i) = \left[\boldsymbol{X}_i^{\mathrm{T}}\right]_{\varLambda}^{\dagger}\left[\boldsymbol{Y}_l^{\mathrm{T}}\right]_i$；

⑦ 迭代，重复 2 ~ 6 步，直到 i 取遍所有的列，得到估计的信道矩阵 $\hat{\boldsymbol{G}}_{ll}^{\mathrm{T}}$ 并作转置变换。

其中，$(\cdot)^{\dagger}$为伪逆运算；$|\langle\cdot\rangle|$为内积运算；$(:,i)$为取矩阵中第i列，$[\cdot]_{\Lambda}$为取矩阵中相应列进行运算。可以看到，在每一次迭代过程中，在导频序列中选择与接收信号影响较大的列，将剩余向量中减去确定列的贡献来更新剩余向量，并在更新过程中进行正交化以保证迭代的最优性[46]。

另外，在估计信道时考虑了信道的空间相关性，应用压缩感知理论与信道的稀疏特性，在充分研究传统的 OMP 算法的基础上，这里提出一种改进的 OMP 算法以减小导频开销和提高信道估计精度。

以 FDD 方式为例，研究多用户大规模天线系统，该系统包括一个具有 M 根天线的基站和 K 个用户，每个用户有 N 个天线。在时刻 t 从基站发射的导频符号表示为 $\boldsymbol{x}(t)\in\mathbb{C}^{M\times 1}$，$t$=1，2，…，$T$，其中，$T$ 代表导频符号的时间长度。因而，在时刻 t 第 $\boldsymbol{k}$ 个用户接收的信号可表示为

$$\boldsymbol{y}_k(t)=\boldsymbol{G}_k(t)\boldsymbol{x}(t)+\boldsymbol{n}_k(t) \tag{4-19}$$

其中，$\boldsymbol{G}_k(t)$表示从基站到第 k 个用户的准静态复值信道矩阵，$\boldsymbol{n}_k(t)$表示第 k 个用户接收端的加性复高斯白噪声，其元素为独立同分布的，即 $\boldsymbol{n}_k(t)\sim CN(\boldsymbol{0},\boldsymbol{I}_N)$。用 $\boldsymbol{X}=[\boldsymbol{x}_1,\boldsymbol{x}_2,\cdots,\boldsymbol{x}_T]$表示在 T 时间内基站向第 k 个用户发射的导频信号，相应地用 $\boldsymbol{Y}_k=[\boldsymbol{y}_1,\boldsymbol{y}_2,\cdots,\boldsymbol{y}_T]$和 $\boldsymbol{N}_k=[\boldsymbol{n}_{k1},\boldsymbol{n}_{k2},\cdots,\boldsymbol{n}_{kT}]$分别表示在 T 时间内第 k 个用户接收到的信号和噪声，因而系统模型可以等价地表示为

$$\boldsymbol{Y}_k=\boldsymbol{G}_k\boldsymbol{X}+\boldsymbol{N}_k \tag{4-20}$$

其中，$Tr(\boldsymbol{X}\boldsymbol{X}^{\mathrm{H}})=ET$ 表示 T 个导频符号发射的总功率，E 表示单个导频符号的发射功率。

如果大规模天线波束赋形的天线间隔不够大，信道在空间上将存在相关性。这里考虑一个服从 Kronecker 相关的信道模型[47]，则 $N\times M$ 维 MIMO 信道矩阵 $\boldsymbol{G}_{\mathrm{k}}$ 可以建模为

$$\boldsymbol{G}_k=\frac{1}{\sqrt{Tr(\boldsymbol{R}_r)}}\boldsymbol{R}_r^{1/2}\boldsymbol{G}_k^R\boldsymbol{R}_t^{1/2} \tag{4-21}$$

这里的 $\boldsymbol{R}_r$ 和 $\boldsymbol{R}_t$ 分别表示接收机侧和发射机侧的相关矩阵。考虑到受约束的阵列孔径，假定基站和用户的天线为均匀方阵（URA，Uniform Rectangular Array），$\boldsymbol{R}_r$ 和 $\boldsymbol{R}_t$ 可由 Kronecker 积给出：

$$\boldsymbol{R}_r=\boldsymbol{R}_{rh}\otimes\boldsymbol{R}_{rv} \tag{4-22}$$

$$\boldsymbol{R}_t=\boldsymbol{R}_{th}\otimes\boldsymbol{R}_{tv} \tag{4-23}$$

其中，符号⊗表示 Kronecker 积。$\boldsymbol{R}_{th}$，$\boldsymbol{R}_{tv}$，$\boldsymbol{R}_{rh}$ 和 $\boldsymbol{R}_{rv}$ 中的任意一个元素都可近似用 Jakes 模型表示

$$r_{mn}=J_0\left(\frac{2\pi|m-n|\Delta d}{\lambda}\right) \tag{4-24}$$

Δd为基站侧和用户侧的天线间隔，λ为发射的载波信号波长，整数$|m-n|$表示基站的第 m 个天线与用户第 n 个天线的距离，$J_0(\bullet)$表示第一类零阶修正的贝塞尔函数。

在多数大规模天线的研究中，$\boldsymbol{G}_k^R$ 倾向于建模成一个随机的复高斯信道[48]。在实际的信道模型中，$\boldsymbol{G}_k^R$ 用角度域表示。根据文献[49]，信道矩阵 $\boldsymbol{G}_k^R$ 可以表示为

$$\boldsymbol{G}_k^R=\frac{1}{\sqrt{P}}\sum_{p=1}^{P}g_{kp}\boldsymbol{E}_r\left(\xi_p\right)\boldsymbol{E}_t\left(\varphi_p\right) \tag{4-25}$$

P 是物理传播的路径数，g_{kp} 表示从基站到第 k 个用户的第 p 条路径上的随机传播增益，包括快衰落、路径损耗和阴影。在式（4-25）中，$\boldsymbol{E}_r=[\mathrm{e}_r(\xi_1),\mathrm{e}_r(\xi_2),\cdots,\mathrm{e}_r(\xi_P)]\in\mathbb{C}^{N\times P}$ 包含了 P 个导向矢量：

$$\mathrm{e}_r\left(\xi_p\right)=\frac{1}{\sqrt{N}}\left[1,\exp\left(-\mathrm{j}2\pi\frac{\Delta d}{\lambda}\cos(\xi_p)\right),\cdots,\exp\left(-\mathrm{j}2\pi\frac{\Delta d}{\lambda}(N-1)\cos\left(\xi_p\right)\right)\right]$$

这是接收方向ξ_p上的空间特征，而ξ_p是与第 k 个用户相关的第 p 条路径上的随机到达角（AOA）。同理，$\boldsymbol{E}_t=\left[\mathbf{e}_t(\varphi_1),\mathbf{e}_t(\varphi_2),\cdots,\mathbf{e}_t(\varphi_P)\right]\in\mathbb{C}^{M\times P}$ 也包含了 P 个导向矢量：

$$\mathrm{e}_t\left(\varphi_p\right)=\frac{1}{\sqrt{M}}\left[1,\exp\left(-\mathrm{j}2\pi\frac{\Delta d}{\lambda}\cos\left(\varphi_p\right)\right),\cdots,\exp\left(-\mathrm{j}2\pi\frac{\Delta d}{\lambda}(M-1)\cos\left(\varphi_p\right)\right)\right]$$

这是发射方向φ_p上的空间特征，而φ_p是与第 k 个用户相关的第 p 条路径上的随机离开角（DOA）。

大多数大规模天线波束赋形的信道矩阵都有近似的稀疏特性[50]，如图 4-3 所示。由于物理传播环境的散射效应和相同的路径时延，天线间隔相对用户到基站的距离很小，因此时延差很小，所以，不同的发射和接收天线对共享相同的稀疏特性。

对同一个用户，$\boldsymbol{G}_k^R$ 的所有行矢量通常具有相同的稀疏序号，即

$$\sup\left(\boldsymbol{G}_{k1}\right)=\sup\left(\boldsymbol{G}_{k2}\right)=\cdots=\sup\left(\boldsymbol{G}_{kN}\right)\triangleq\Omega_k \tag{4-26}$$

其中，$\sup\left(\boldsymbol{G}_{kN}\right)$表示矢量 $\boldsymbol{G}_{kN}$ 中非零元素的序号集$\Omega_k(0<\Omega_k\leqslant M)$。对于不同的用户共享相同的稀疏序号，也就是存在一个集合满足

$$\bigcap_{k=1}^{K}\Omega_k=\Omega_c \tag{4-27}$$

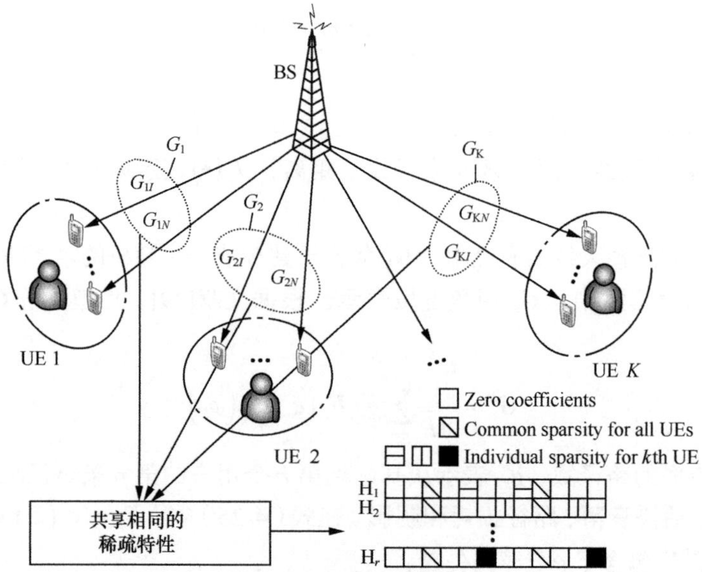

图 4-3　信道稀疏特征说明图

当$\Omega_k = \Omega_c, \forall k$指所有的用户共享相同的稀疏序号，而当$\Omega_c = \Phi$时，表示所有的用户没有共同的稀疏特性。在 FDD 系统中，传统的估计 CSI 的方法是发射天线通过下行链路向用户发射导频序列，用户根据已知的导频序列矩阵$\boldsymbol{X}$估计信道后再经过上行链路反馈给发射方。若接收方利用 LS 方法估计信道，可得

$$\hat{\boldsymbol{G}}_k^{LS} = \boldsymbol{Y}_k \boldsymbol{X}^{\dagger} = \boldsymbol{Y}_k \boldsymbol{X}^H \left(\boldsymbol{X}\boldsymbol{X}^H\right)^{-1} \tag{4-28}$$

$\boldsymbol{X}^{\dagger}$表示$\boldsymbol{X}$的伪逆。

LS 信道估计算法因实现比较容易而被广泛应用，但由于 LS 算法基于信道是密集多径传输的假设，对于稀疏的多径信道，信道估计误差较大，式（4-28）并没有利用信道的稀疏特性。因此 LS 方法不适用于 FDD 多用户大规模天线波束赋形系统，而探索能够利用稀疏特性的有效估计非常重要。如果能有效利用稀疏特性，可以提升大规模天线系统的频谱效率和估计精度。为了降低多用户大规模天线系统的导频开销，利用压缩感知理论提高信道估计性能。第 k 个用户的信道估计问题可以描述为：

$$\begin{aligned} &\min_{\{\boldsymbol{H}_k,\forall k\}} \sum_{k=1}^{K} \left\|\boldsymbol{Y}_k - \boldsymbol{G}_k \boldsymbol{X}\right\|_{\mathrm{F}}^2 \\ &\text{s.t.} \bigcap_{k=1}^{K} \Omega_k = \Omega_c, \quad \Omega_k \triangleq \boldsymbol{G}_k(n,:)\text{的稀疏序号}, n \in \{1,\cdots,N\} \end{aligned} \tag{4-29}$$

传统的 CS 恢复是 l_0 范数最小化问题，也是一个 NP-hard 问题，但可转化为 l_1 范数最小化问题，这是一个凸问题并可用 OMP 算法求解。然而，由于存在式（4-29）中的约束项使得这一问题与传统的 CS 恢复不同。因此，提出一个改进的稀疏算法来解决这一问题。

为了实现 $\boldsymbol{G}_k$ 在空间频率域的稀疏表达，可利用离散余弦变换（DCT，Discrete Cosine Transform)作为稀疏基。若用符号 $\overline{\boldsymbol{G}}_k$ 表示 $\boldsymbol{G}_k$ 的稀疏表达，$\overline{\boldsymbol{G}}_k$ 可以写成

$$\overline{\boldsymbol{G}}_k = \boldsymbol{C}_T^{\mathrm{H}}\boldsymbol{G}_k^{\mathrm{H}}\boldsymbol{C}_R \tag{4-30}$$

这里 $\boldsymbol{C}_R \in \mathbb{C}^{N\times N}$ 和 $\boldsymbol{C}_T \in \mathbb{C}^{M\times M}$ 分别表示在用户和基站侧的 DCT 矩阵 $(\boldsymbol{C}_R\boldsymbol{C}_R^{\mathrm{H}} = \boldsymbol{C}_R^{\mathrm{H}}\boldsymbol{C}_R = \boldsymbol{I}, \boldsymbol{C}_T\boldsymbol{C}_T^{\mathrm{H}} = \boldsymbol{C}_T^{\mathrm{H}}\boldsymbol{C}_T = \boldsymbol{I})$。同理，导频矩阵、接收信号和噪声都要作相应的变换

$$\overline{\boldsymbol{Y}}_k = \sqrt{\frac{M}{PT}}\boldsymbol{Y}_k\boldsymbol{C}_R,\quad \overline{\boldsymbol{Y}}_k \in \mathbb{C}^{T\times N} \tag{4-31}$$

$$\overline{\boldsymbol{X}} = \sqrt{\frac{M}{PT}}\boldsymbol{X}^{\mathrm{H}}\boldsymbol{C}_T,\quad \overline{\boldsymbol{X}} \in \mathbb{C}^{T\times M} \tag{4-32}$$

$$\overline{\boldsymbol{N}}_k = \sqrt{\frac{M}{PT}}\boldsymbol{N}_k^{\mathrm{H}}\boldsymbol{C}_R,\quad \overline{\boldsymbol{N}}_k \in \mathbb{C}^{T\times N} \tag{4-33}$$

将上述变量带入 $\boldsymbol{Y}_k = \boldsymbol{G}_k\boldsymbol{X} + \boldsymbol{N}_k$，可得

$$\overline{\boldsymbol{Y}}_k = \overline{\boldsymbol{X}}\,\overline{\boldsymbol{G}}_k + \overline{\boldsymbol{N}}_k \tag{4-34}$$

式（4-34）满足标准的 CS 测量模型，$\overline{\boldsymbol{X}}$ 表示稀疏基字典矩阵，$\overline{\boldsymbol{G}}_k$ 是稀疏矩阵。则式（4-29）可转化为

$$\begin{aligned}&\min_{\{\boldsymbol{H}_k,\forall k\}} \sum_{k=1}^{K}\left\|\overline{\boldsymbol{Y}}_k - \overline{\boldsymbol{X}}\,\overline{\boldsymbol{G}}_k\right\|_{\mathrm{F}}^2\\ &\text{s.t.} \bigcap_{k=1}^{K}\overline{\Omega}_k = \overline{\Omega}_c,\quad \Omega_k \triangleq \overline{\boldsymbol{G}}_k(n,:)\text{的稀疏序号}, n\in\{1,\cdots,N\}\end{aligned} \tag{4-35}$$

式（4-27）等价于寻找 $\{\overline{\boldsymbol{G}}_k,\forall k\}$ 以最小化 $\sum_{k=1}^{K}\left\|\overline{\boldsymbol{Y}}_k - \overline{\boldsymbol{X}}\,\overline{\boldsymbol{G}}_k\right\|_{\mathrm{F}}^2$，也就是从 $\overline{\boldsymbol{Y}}_k$ 重建 $\overline{\boldsymbol{G}}_k$。

理论研究表明，在无噪声的条件下，当字典矩阵 $\overline{\boldsymbol{X}}$ 满足 k 阶的约束等距常数 δ_k 的条件时，从 $\overline{\boldsymbol{Y}}_k$ 中能以较高的概率重建 $\overline{\boldsymbol{G}}_k$ [51]。其中，对于所有的集合 $\boldsymbol{g}\in\mathbb{C}^{M\times 1}$，$\|\boldsymbol{g}\|_0 \leqslant k$，$\delta_k$ 取满足下面条件的最小的量

$$(1-\delta_k)\|\boldsymbol{g}\|_2^2 \leqslant \left\|\overline{\boldsymbol{X}}\boldsymbol{g}\right\|_2^2 \leqslant (1+\delta_k)\|\boldsymbol{g}\|_2^2 \tag{4-36}$$

由前面的讨论知，从观测矩阵 $\boldsymbol{Y}_k$ 中能够稳定地恢复信道矩阵 $\boldsymbol{G}_k$。式（4-34）等价为

$$\bar{Y}_k = X^{\mathrm{H}} C_T \bar{G}_k + \bar{N}_k \tag{4-37}$$

若测量矩阵 $\bar{X}$ 与 DCT 变换基不相关，C_T 能以很高的概率满足约束等距特性，如随机高斯矩阵，贝努利矩阵和部分的傅里叶矩阵。基于式（4-32）和文献[52]所描述的内容，导频矩阵可以设计为 $\bar{X} = \sqrt{\dfrac{M}{PT}} X^{\mathrm{H}} C_T$。

通常式（4-34）可用优化算法如 OMP 算法求解。但当信道具有稀疏序号时，OMP 算法就不再适合。因此，基于信道稀疏特性，这里提出一种改进的 OMP 算法。与传统的 OMP 算法相比，改进的 OMP 算法为了降低迭代次数，首先选取列集合中 $\boldsymbol{m}$ 个最大的非零元素，然后组成一个新的序号集Ω。详细的算法如下。

输入：

- $\{Y_k\text{: } \forall k\}$，$X$，稀疏 $m = \max\{m_c, \{m_k : \forall k\}\}$，误差限 ε。

输出：

- 信道 $G_k, \forall k$ 的稀疏估计。

第一步：初始化

- 根据式（4-29）和式（4-30）计算 $\{\bar{Y}_k\text{: } \forall k\}$ 和 $\bar{X}$。
- 初始化：迭代步数 $n = 0$，设置初始的剩余残差 $r_k = \{\bar{Y}_k\text{: } \forall k\}$，初始解 X_0，初始化非零元素位置的索引 $\tilde{\Omega}_c = \Phi$。

第二步：主要的迭代步骤

- $n \leftarrow n+1$，然后执行下面的步骤：

步骤 2a：（选择）根据 $\{\bar{Y}_k\text{: } \forall k\}$ 在列集合中选取 m 个最大的非零元素并把它们组成一个新的序号集 Ω；

步骤 2b：（索引的计算）根据 $\tilde{\Omega}_c = \arg\max\{\bar{Y}_k | \bar{Y}_k = \langle r_k, \bar{X}_\Omega \rangle : \forall k\}, \tilde{\Omega}_c \subset \Omega$；

步骤 2c：（更新索引）根据 $\tilde{\Omega}_c = \{\tilde{\Omega}_c \cup \tilde{\Omega}_{c-1}\}$；

步骤 2d：（更新暂时解）计算 $\bar{G}_k^n$ 使得 $\| \bar{Y}_k - \bar{X}\bar{G}_k \|_{\mathrm{F}}^2$ 在满足稀疏序号约束条件下最小；

步骤 2e：（更新剩余残差)计算 $r_n = \left[I - \left(\bar{X}_{\tilde{\Omega}_c}\right)\left(\bar{X}_{\tilde{\Omega}_c}\right)^{\dagger} \right] \bar{Y}_k$。

第三步：迭代终止

- 如果满足 $n > m$ 或者 $\|r_n\|_{\mathrm{F}} \leqslant \varepsilon$，则迭代终止，否则继续迭代。

第四步：根据 LS 方法估计信道

- 第 k 个用户的信道估计为 $G_k = C_R \bar{G}_k^{\mathrm{H}} C_T^{\mathrm{H}}$，这里 $\bar{G}_k = \bar{Y}_k \bar{X}^{\mathrm{H}} (\bar{X}\bar{X}^{\mathrm{H}})^{-1}, \forall k$。

采用归一化的均方误差（NMSE）来评价信道的估计性能。NMSE 定义为

$$\mathrm{NMSE}=\frac{1}{K}\frac{\sum_{k=1}^{K}\left\|\boldsymbol{G}_k-\bar{\boldsymbol{G}}_k\right\|_{\mathrm{F}}^2}{\sum_{k=1}^{K}\left\|\boldsymbol{G}_k\right\|_{\mathrm{F}}^2} \tag{4-38}$$

考虑 FDD 平坦衰落的多用户大规模天线系统。取 $K=40, M=144, N=4$。基站和用户侧的均匀线性天线阵水平和垂直方向上各配置 12 根和 2 根天线。载波频率为 700MHz，传播路径取 $P=20$，天线间隔 $\Delta d/\lambda=0.5$。假定空间路径具有相同的路损和 $\xi_p=-\pi/2+(p-1)\pi/p$，$\varphi_p=-\pi/2+(p-1)\pi/p, p=1,2,\cdots,P$。发射的导频功率 E=28dB，重建误差设置为 $\varepsilon=1\times10^{-3}$。

图 4-4 描述了 3 种估计方法（LS 算法、OMP 算法及改进的 OMP 算法）的 NMSE 随 SNR 的变化趋势。稀疏级设置 $m=17$，导频开销设置 $T=35$ 或 $T=45$。可以看出，OMP 算法和改进的 OMP 算法都优于 LS 算法。这意味着稀疏信道估计方法能使用更少的导频获得比 LS 更好的信道估计精度。而且，通过利用空间相关性，使用相同的导频开销，改进的 OMP 算法能显著地优于其他实际估计方法。另外，从图 4-4 中还可看出，在导频开销 $T=45$ 和 $T=35$ 时，改进的 OMP 算法相对于 OMP 算法具有很大的性能增益，NMSE 性能平均提高 2.441dB 和 1.265dB。即使导频训练序列长度减小，通过利用信道矩阵内在的稀疏特性，所提出的算法仍然能够获得相对较大的性能增益，特别是在高信噪比时更是如此。

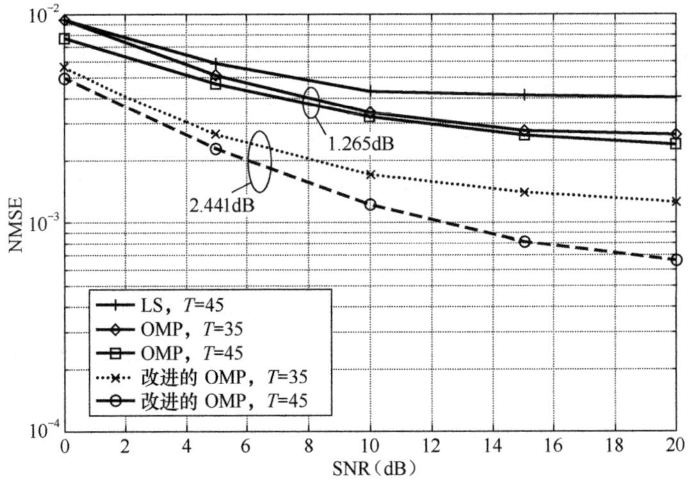

图 4-4　NMSE 随 SNR 的变化

图 4-5 中比较了 OMP 和改进的 OMP 两种算法在 SNR=20dB、$T=45$ 的情况下，NMSE 随稀疏级的变化趋势。可以看出，两种算法的 NMSE 性能都几乎不受稀疏级的影响。而且在不同稀疏级下，提出的改进 OMP 算法的 NMSE 性能都

优于传统的 OMP 算法。这是此算法利用了信道矩阵内在的稀疏特性的原因。

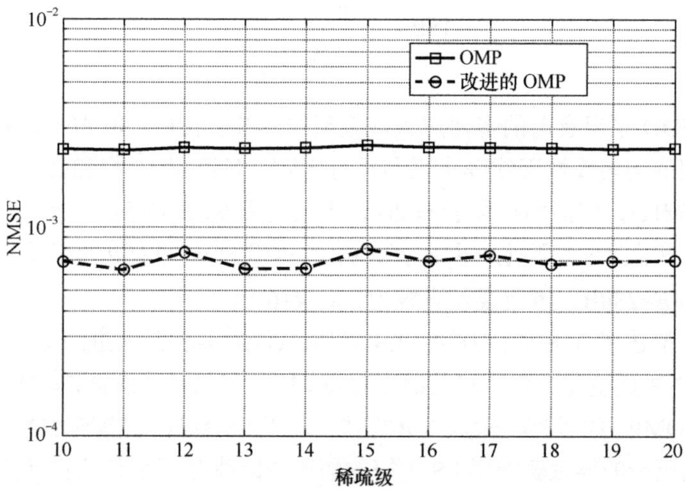

图 4-5　不同稀疏级对两种算法的影响

4.2 检测技术

在大规模天线系统中，基站需要同时接收分布于不同地理位置的多个用户的信息，需要将多个用户的叠加信号区分出来。因此在接收端的信息之间存在干扰，需要通过检测技术区分不同用户信息，检测就是在接收端对所接收的叠加信息进行处理，从而把有用信号恢复出来的技术。通常情况下，假设接收端已知信道状态信息或者统计信道状态信息，根据多用户信息，当接收端已知理想信道状态信息时，可获得较好的性能。

在传统的多天线 MIMO 系统中，检测技术通常分为线性检测和非线性检测两大类。通常采用的线性检测算法，包括最大比合并（MRC，Maximum Ratio Combination）检测、迫零（ZF）检测和最小均方误差（MMSE）检测[54]。这些线性检测算法在传统的 MIMO 系统中并不能达到很高的检测性能。对于非线性检测，其主要包括最大似然检测算法（ML，Maximum Likelihood）近似 ML 的检测算法，如 QR 分解与 M 算法相结合的最大似然（QRM-MLD，QR decomposition and M algorithm-Maximum Likelihood Detection）信号检测方法和球形译码检测算法（SD，Sphere Decoder）等；以及迭代信号检测算法，如 MMSE-SIC（Serial Interference Cancellation）和 ZF-SIC 等[66]。理论上最大似然检测算法具有最优的检测性能，按实际系统中则由于复杂度太高使得通常无法使用；MMSE-SIC/ZR-SIC 在天线数量较少以及传输并行层数较少时，可以有效地减少层间干扰，提升接收性能。

在大规模天线系统中，从两个方面考虑使得采用非线性检测必要性不高的原因：一方面由于天线数量通常有几十至几百根，采用非线性检测算法将大幅度增加硬件成本和升高算法的复杂度；另一方面，由于大规模天线使得多个用户间的干扰降低，小区内干扰不再是主要干扰源，因此采用非线性检测的必要性也不是太强。因此在大规模多天线系统中，随着天线数量的大幅度增加，可以达到接近最佳的系统指标，因此通常采用线性检测算法。当然，在实际系统中天线数量也受到较大限制，因此在天线数量较少的情况下，可以考虑通过非线性检测算法来提升检测性能。本节将首先介绍线性检测算法，然后简要介绍非线性 MMSE-SIC/ZF-SIC 算法。

4.2.1 线性检测技术

根据 4.1.1 节系统分析模型描述，第 l 个基站接收的基带信号可以表示为

$$\boldsymbol{y}_l = \boldsymbol{G}_{l,l}P_{l,l}^{1/2}X_{l,l} + \sum_{j\neq l}\boldsymbol{G}_{l,j}P_{l,j}^{1/2}{}_{l,j}X_{l,j} + \boldsymbol{z}_l \tag{4-39}$$

其中，式（4-39）能够表示为多小区多用户 MIMO 系统模型的紧凑形式

$$\boldsymbol{y}_l = \sum_{j=1}^{L}\boldsymbol{G}_{l,j}\boldsymbol{P}_{l,j}^{1/2}X_{l,j} + z_l \tag{4-40}$$

假设每个小区内的 K 个用户使用正交的导频序列，而不同小区间使用相同的导频序列，则在导频发送阶段，第 l 个基站接收的上行导频信号 $y_l^{\text{pilot}} \in \mathbb{C}^{M\times 1}$ 为

$$y_l^{\text{pilot}} = \sum_{j=1}^{L}G_{l,j}\boldsymbol{P}_{l,j}^{1/2}\boldsymbol{\Phi}_{l,j} + z_l \tag{4-41}$$

其中，$\boldsymbol{\Phi}_{l,j} = \left[\boldsymbol{\phi}_{l,j,1}\cdots\boldsymbol{\phi}_{l,j,K}\right]^{\mathrm{T}} \in \mathbb{C}^{K\times 1}$ 为第 i 个小区内 K 个用户发送的导频序列，导频信号满足 $\boldsymbol{\Phi}_{l,j}^{\mathrm{H}}\boldsymbol{\Phi}_{l,j} = \boldsymbol{I}_k$。

通过利用信道的均值和方差，由接收到的导频信号，利用线性最小均方误差（LMMSE）估计算法获得 $g_{l,j,k}$ 估计信息 $\hat{g}_{l,j,k}$，则 $\hat{g}_{l,j,k}$ 可表示为

$$\hat{g}_{l,j,k} = \bar{g}_{l,j,k} + \frac{p_{l,j,k}^{1/2}}{\sum_{i=1}^{L}p_{l,j,k} + \gamma_{\text{UL}}}\left(y_l^{\text{pilot}}\boldsymbol{\phi}_{l,j,k} - \sum_{i=1}^{L}\bar{g}_{l,j,k}p_{l,j,k}^{1/2}\right) \tag{4-42}$$

其中，γ_{UL} 为噪声方差，估计误差 $e_{l,j,k} = g_{l,j,k} - \hat{g}_{l,j,k}$，与信道 $g_{l,j,k}$ 和估计信道 $\hat{g}_{l,j,k}$ 相互独立，具有零均值，方差为

$$\mathrm{MSE}_{l,j,k}=\beta_{l,j,k}\left(1-\frac{\tau_p,\beta_{l,j,k}p_{l,j,k}}{\sum_{j=1}^{L}\tau_p,\beta_{l,j,k}p_{l,j,k}+\gamma_{\mathrm{UL}}}\right) \tag{4-43}$$

其中，$\beta_{l,j,k}$为第 l 个小区基站和第 j 个小区用户 k 之间的大尺度衰落。利用公式（4-42）的估计矩阵和公式（4-43）的误差信息，分析非协作大规模天线系统遍历容量性能。在上行数据发送阶段，第 l 个基站利用接收的信息检测本小区用户发送信息，其他小区用户发送的干扰信息作为加性噪声。通过将公式（4-39）的接收信息乘以检测向量 $\boldsymbol{v}_{lk}^{\mathrm{H}}\in\mathbb{C}^{M\times1}$，第 l 个基站检测本小区第 k 个用户发送的导频信息为

$$\begin{aligned}\boldsymbol{v}_{lk}^{\mathrm{H}}\boldsymbol{y}_l&=\sum_{j=1}^{L}\sum_{t=1}^{K}\boldsymbol{v}_{lk}^{\mathrm{H}}g_{l,j,k}p_{l,j,k}x_{l,j,t}+\boldsymbol{v}_{lk}^{\mathrm{H}}\boldsymbol{n}_l\\&=\underbrace{\boldsymbol{v}_{lk}^{\mathrm{H}}g_{l,l,k}p_{l,l,k}x_{l,j,k}}_{\text{期望信号}}+\underbrace{\sum_{\substack{t=1\\t\neq k}}^{K}\boldsymbol{v}_{lk}^{\mathrm{H}}g_{l,l,t}p_{l,l,t}x_{l,l,t}}_{\text{小区内干扰}}+\underbrace{\sum_{\substack{j=1\\j\neq l}}^{K}\sum_{t=1}^{K}\boldsymbol{v}_{lk}^{\mathrm{H}}g_{l,j,t}p_{l,j,t}x_{l,j,t}}_{\text{小区间干扰}}+\underbrace{\boldsymbol{v}_{lk}^{\mathrm{H}}z_l}_{\text{噪声}}\end{aligned} \tag{4-44}$$

其中，$x_{l,j,t}$表示第 j 个小区的第 t 个用户发送的符号。由公式（4-44）可知，经过检测处理后的信息分为 4 个部分：期望信号、小区内干扰、小区间干扰以及噪声。在第 l 个基站的检测矩阵为 $\boldsymbol{V}_l=[\boldsymbol{v}_{l1}\cdots\boldsymbol{v}_{lK}]\in\mathbb{C}^{M\times K}$。在大规模天线系统中主要考虑线性检测方案，常用的线性检测方案有最大比合并（MRC)、迫零（ZF）以及最小均方误差（MMSE）检测算法

$$\boldsymbol{V}_l=\begin{cases}\hat{G}_{l,l} & \text{MRC}\\ \hat{G}_{l,l}\left(\left(\hat{G}_{l,l}\right)^{\mathrm{H}}\hat{G}_{l,l}\right)^{-1} & \text{ZF}\\ \hat{G}_{l,l}\left(\left(\hat{G}_{l,l}\right)^{\mathrm{H}}\hat{G}_{l,l}+\boldsymbol{I}_K\right)^{-1} & \text{MMSE}\end{cases} \tag{4-45}$$

MRC 检测算法定义为最大化平均信号增益与检测向量范数之比，则由

$$\mathbb{E}\left[\frac{\boldsymbol{v}_{lk}^{\mathrm{H}}g_{l,l,k}}{\|\boldsymbol{v}_{lk}\|}\right]=\frac{\boldsymbol{v}_{lk}^{\mathrm{H}}\hat{g}_{l,l,t}}{\|\boldsymbol{v}_{lk}\|}\leqslant\|\hat{g}_{l,l,t}\| \tag{4-46}$$

其中，期望针对零均值信道估计误差。当 $\boldsymbol{v}_{lk}=\hat{g}_{l,l,k}$ 时，式（4-46）的等号成立。

ZF 检测算法最小化平均小区内干扰，则由

$$E\left[V_l^{\mathrm{H}}\boldsymbol{G}_{l,l}\boldsymbol{P}_{l,l}^{1/2}\boldsymbol{x}_{l,l}\right]=\left[\left(\hat{\boldsymbol{G}}_{l,l}\right)^{\mathrm{H}}\hat{\boldsymbol{G}}_{l,l}\right]^{-1}\left[\left(\hat{\boldsymbol{G}}_{l,l}\right)^{\mathrm{H}}\hat{\boldsymbol{G}}_{l,l}\right]\boldsymbol{P}_{l,l}^{1/2}\boldsymbol{x}_{l,l}=\boldsymbol{P}_{l,l}^{1/2}\boldsymbol{x}_{l,l} \tag{4-47}$$

其中，期望针对零均值信道估计误差部分，第二个等式来自于 ZF 检测的定义。平均处理后的信号为

$$\boldsymbol{P}_{l,l}^{1/2}\boldsymbol{x}_l=\left[\sqrt{p_{l,l,1}}x_{l,l,1}\cdots\sqrt{p_{l,l.K}}x_{l,l,K}\right]^{\mathrm{T}} \tag{4-48}$$

由式（4-47）可以看出，上述包括小区内干扰。需要注意的是，$K\times K$ 矩阵 $\left(\hat{\boldsymbol{G}}_{l,l}\right)^{\mathrm{H}}\hat{\mathrm{G}}_{l,l}$ 存在的条件是 $M\geqslant K$。针对多小区场景，ZF 检测的改进算法能够消除小区间干扰，具体算法在此不再赘述。

检测方案的目的是，使检测后信号 $\tilde{x}_{l,l,k}$ 等于实际信号 $x_{l,l,k}$，由于噪声和估计误差的存在，检测信号与实际信号总是存在偏差，因此通信链路存在极限容量。假设实际信号 $x_{l,l,k}$ 来自调制后的离散符号集合 X 如 QAM（Quadrature Amplitude Modulation），$\tilde{x}_{l,l,k}$ 为选自于集合 $x_{l,l,k}\in\mathcal{X}$ 中与 $\boldsymbol{v}_{lk}^{\mathrm{H}}\boldsymbol{y}_l$ 距离最小的符号

$$\tilde{x}_{l,l,k}=\min_{x_{l,l,k}\in X}\left|\boldsymbol{v}_{lk}^{\mathrm{H}}\boldsymbol{y}_l-\boldsymbol{v}_{lk}^{\mathrm{H}}g_{l,l,k}p_{l,l,k}^{1/2}x_{l,l,k}\right| \tag{4-49}$$

式（4-49）能够用于计算误比特率以及相应的未编码系统指标。在实际通信系统中，非理想 CSI 条件下系统遍历容量的确切表达式很难获得，可以通过容量下界进行近似分析。

在上行非理想 CSI 系统中，第 l 个小区内的第 k 个用户的遍历容量下界可以表示为

$$R_{lk}^{\mathrm{UL}}=\gamma^{\mathrm{UL}}\left(1-\frac{\tau_p}{\tau_c}\right)\log_2\left(1+\mathrm{SINR}_{lk}^{\mathrm{UL}}\right) \tag{4-50}$$

其中，γ^{UL} 为上行负载传输比（γ^{DL} 为下行负载传输比，且$\gamma^{\mathrm{UL}}+\gamma^{\mathrm{DL}}=1$)，上行检测信干噪比（SINR，Signal-to-Interference-Plus-Noise Ratio）为

$$\mathrm{SINR}_{lk}^{\mathrm{UL}}=\frac{p_{l,l,k}\left|\mathbb{E}\left[\boldsymbol{v}_{lk}^{\mathrm{H}}g_{l,l,k}\right]\right|^2}{\sum_{j=1}^{L}\sum_{t=1}^{K}p_{l,j,t}\mathbb{E}\left[\left|\boldsymbol{v}_{lt}^{\mathrm{H}}g_{l,j,t}\right|^2\right]-p_{l,l,k}\left|\mathbb{E}\left[\boldsymbol{v}_{lk}^{\mathrm{H}}g_{l,l,k}\right]\right|^2+\gamma_{\mathrm{UL}}\mathbb{E}\left[\left\|\boldsymbol{v}_{lk}\right\|^2\right]} \tag{4-51}$$

由公式（4-51）可知，在大规模天线波束赋形系统中，任意用户的遍历信道容量与 SINR 中小尺度衰落的期望有关。式（4-51）中的分子包含期望信号增益，分母包含 3 个不同的项：① 所有信号平均功率，有多用户干扰和期望信号；② 期望信号功率；③ 有效噪声功率。缩放因子$1-\tau_p/\tau_c$ 为发送数据的时间长度。

4.2.2　非线性检测技术

当基站天线数趋于无穷时，线性检测算法可以获得近似最优的性能。实际无线通信系统中基站天线数不可能趋于无穷，从而使得线性检测算法性能与非线性检测算法具有一定差距。此外研究表明：相同性能非线性检测算法所需天线数要少于线性算法。在非线性检测算法中，ZF-SIC 和 MMSE-SIC 算法具有算法复杂度较低、易于工程实现等优点。鉴于上述讨论，本节主要讨论上述两种非线性检

测算法，考虑到单小区情况（L=1），且在下面的描述中，基站序号省略。

利用 ZF 和 MMSE 算法的分层结构，接收机可以考虑在线性 ZF 和 MMSE 算法的基础上允许进行连续干扰消除技术来消除用户间干扰，如图 4-6 所示。

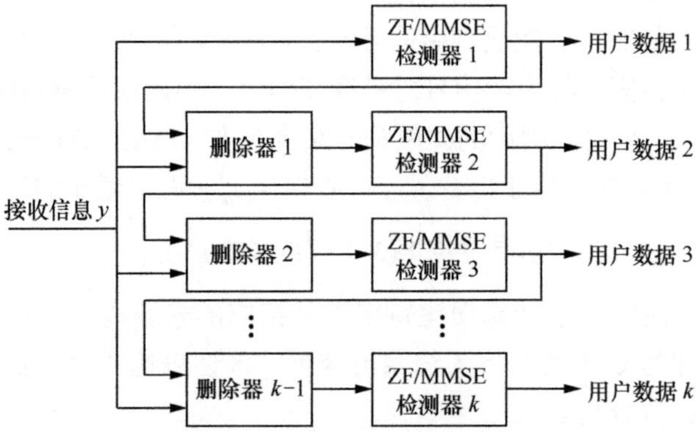

图 4-6　ZF/MMSE-SIC 检测示意图

其核心思想是，根据一定的顺序依次检测每一个用户的发射信号，并从接收信号消除这一层信号，逐次迭代最终完成对整个小区内的用户信息的检测。例如，如果对用户 k 进行检测，首先需要检测用户 1 的信息，并在接收信息中将检测到用户 1 的信息删除，接着检测用户 2 的信息并删除，直到检测到用户 k–1 的数据并删除，最后检测用户得到 k 的信息。使用上述的 ZF-SIC 和 MMSE-SIC 检测算法，可得到第 k 个用户的检测器并表示为

$$\boldsymbol{v}_k=\begin{cases}\left[\boldsymbol{T}_k\left(\boldsymbol{T}_k^{\mathrm{H}}\boldsymbol{T}_k\right)^{-1}\right]_{:,1} & \text{ZF}-\text{SIC}\\ p_k\left(\sum\limits_{j=k}^{K}p_j\hat{\boldsymbol{g}}_j\hat{\boldsymbol{g}}_j^{\mathrm{H}}+\boldsymbol{I}_M\right)^{-1} & \text{MMSE}-\text{SIC}\end{cases} \tag{4-52}$$

其中，T_k 为信道矩阵 $\hat{\boldsymbol{G}}$ 的最后 K–k+1 列，$[\cdot]_{:,1}$ 为矩阵的第 1 列。根据式（4-48），ZF-SIC 和 MMSE-SIC 检测算法下第 k 个用户的 SINR 为

$$\text{SINR}_k^{\text{UL}}=\begin{cases}\dfrac{p_k}{\left\|\boldsymbol{v}_k\right\|^2} & \text{ZF}-\text{SIC}\\ p_k\hat{\boldsymbol{g}}_k^{\mathrm{H}}\left(\sum\limits_{j=k+1}^{K}p_j\hat{\boldsymbol{g}}_j\hat{\boldsymbol{g}}_j^{\mathrm{H}}+\boldsymbol{I}_M\right)^{-1}\hat{\boldsymbol{g}}_k & \text{MMSE}-\text{SIC}\end{cases} \tag{4-53}$$

进一步可以得到类似式（4-50）的系统性能表达式。

从上述可知，SIC 算法需要进行反复的排序和检测操作，具有较高的复杂度；此外，SIC 算法具有差错传播的特点，即当某一层不能完全解码时，该错误将会传播一次。鉴于此，诸多研究者致力于低复杂度 SIC 和差错传播控制等

方面的研究，为本技术用于大规模天线波束赋形提供很好的借鉴。

4.3 预编码技术

预编码技术可以简单地分为线性预编码和非线性预编码两大类。根据其预编码矩阵的不同，常用的线性预编码器可以分为最大比传输（MRT）预编码器、迫零（ZF）预编码器和规化迫零（RZF）预编码器等[10]。尽管线性预编码具有低复杂度优势，但相对于非线性预编码的性能差异较大，尤其是服务于用户数量较多的时候。非线性预编码通过引入一些非线性操作（如求模、反馈、格搜索、扰动等），以牺牲一定复杂度为代价提升性能。在大规模天线系统中，经典的非线性预编码算法包括恒包络预编码(Constant Envelope Precoding)、THP 预编码(THP，Tomlinson-Harashima Precoding ）、VP 预编码（VP，Vector Pertubation)和时域向量扰动预编码（TD-VP，Time Domain VP）等。目前通信系统中主要采用的是线性预编码技术，由于非线性预编码技术存在算法复杂度高，对信道状态信息精度需求高等问题，尚需要进一步解决在实际系统中的应用。

另外，在毫米波大规模天线波束赋形系统中，受能耗和成本等因素的限制，设计合理的预编码方案显得尤为重要。传统的 MIMO 预编码方案主要集中在基带，通过采用全数字的预编码器对信号进行空域预处理，从而减小数据流或用户之间的干扰，从而能够在达到相同接收检测性能的前提下降低接收机处理的复杂度。在 6GHz 以下的系统中，一般天线数量较少，因此全数字预编码的能耗和成本问题并不是特别突出。而在毫米波大规模天线波束赋形系统中，由于基站的天线数可能高达数百甚至上千，而且由于占用的带宽更大，无论从设备复杂度与成本还是功耗与散热角度考虑，这种全数字预编码方案已不再适用。

针对上述问题，目前的主要解决方法是混合预编码技术。其中，一类混合预编码方案基于全连接型设计[55]，即假设每个 RF 链路均与所有天线相连。例如，文献[56]提出了一种基于 OMP 算法的混合预编码方法，将预编码设计等效为多元稀疏信号恢复的问题，并取得了较好的性能。针对基于 OMP 算法的混合预编码方法复杂度较高的问题，可以通过适当的矩阵优化处理，避免 OMP 算法所需要的矩阵求逆，从而降低算法复杂度。另一类混合预编码方法则基于部分连接型设计[57]，即每一个 RF（Radio Frequency）链路仅与部分天线或一个子阵相连。与全连接型相比，该模型以牺牲部分天线增益来换取复杂度的降低。

因此，相比基于全连接型设计的混合预编码算法，其系统性能有所损失。

4.3.1 线性预编码技术

考虑一个包含 L 个小区的大规模 MIMO 系统，其中每个小区包括一个配置了 M 个天线的基站和 K 个单天线用户。

第 l 个基站和第 i 个小区内的第 k 个用户之间的信道响应为 $\boldsymbol{h}_{ik}^{l}=\left[h_{ik1}^{l},\cdots,h_{ikM}^{l}\right]^{\mathrm{T}}\in\mathbb{C}^{M\times1}$，其中，$[\cdot]^{\mathrm{T}}$ 表示向量/矩阵转置。假设信道向量为遍历的随机变量，并且在不同的相干时间间隔内独立生成，则信道响应的均值为

$$\bar{\boldsymbol{h}}_{ik}=\mathrm{E}\left[\boldsymbol{h}_{ik}^{l}\right]=\left[\bar{h}_{ik1}^{l},\cdots,\bar{h}_{ikM}^{l}\right]^{\mathrm{T}} \tag{4-54}$$

信道响应 $\boldsymbol{h}_{ik}^{l}$ 的第 m 个系数的方差可表示为

$$\beta_{ik}^{l}=\mathbb{V}\left(h_{ikm}^{l}\right) \tag{4-55}$$

式（4-55）与天线下标 m 是独立的（假设大尺度衰落在整个基站天线是平稳的）。假设每个基站和用户能够追踪到理想的长期统计特性，并且用户信道是统计独立的。利用信道的上述性质，下面给出大规模天线波束赋形下行预编码方案及其遍历容量性能。

在上述下行大规模天线波束赋形系统中，对于任意基站 l，$\boldsymbol{x}_l$ 为发送到本小区 K 用户的目标信道向量，将发送信息通过线性预编码处理后的信息表示为

$$\boldsymbol{x}_l=\sum_{t=1}^{K}\sqrt{\rho_{lt}}\,\boldsymbol{w}_{lt}s_{lt},,t=1,\cdots,K \tag{4-56}$$

其中，s_{lt} 为发送到第 l 个小区的第 t 个用户的信息，具有单位发射功率 $\mathbb{E}\left[\left|s_{lt}\right|^2\right]=1$，$\rho_{lt}$ 为发射端为第 t 个用户分配的功率，$\boldsymbol{w}_{lt}\in\mathbb{C}^{M\times1}$ 为相应的线性预编码向量。

因此，第 l 个小区的第 k 个用户的接收信号可以表示为

$$y_{lk}=\sum_{i=1}^{L}\left(\boldsymbol{h}_{lk}^{i}\right)^{\mathrm{H}}\boldsymbol{x}_i+n_{lk} \tag{4-57}$$

其中，$n_{lk}\sim\mathcal{CN}\left(0,\sigma_{\mathrm{DL}}^{2}\right)$ 为加性高斯白噪声。注意由于信道互易性，$\boldsymbol{h}_{lk}^{i}$ 与上行的信道相同。

（1）数字预编码

① MRT 预编码

假设 $\boldsymbol{w}_{lk}$ 为第 k 个用户信号的预编码向量，估计信道向量为 $\hat{\boldsymbol{h}}_{lk}$，则预编码向量为 $\boldsymbol{w}_{lk}=\hat{\boldsymbol{h}}_{lk}^{l}\Big/\sqrt{\mathbb{E}\left[\left\|\hat{\boldsymbol{h}}_{lk}^{l}\right\|^2\right]}$，其中 $\sqrt{\mathbb{E}\left[\left\|\hat{\boldsymbol{h}}_{lk}^{l}\right\|^2\right]}$ 用于归一化系数，则基站的发射信号为：

$$\begin{aligned} \boldsymbol{y}_l = & \sqrt{\rho_{lk}}\left\|\hat{\boldsymbol{h}}_{lk}\right\| s_{lk} + \sum_{m\neq k}^{k}\sqrt{\rho_{lm}}\hat{\boldsymbol{h}}_{lm}\hat{\boldsymbol{h}}_{lk}^{\mathrm{H}} \Big/ \sqrt{\mathbb{E}\left[\left\|\hat{\boldsymbol{h}}_{lk}\right\|^2\right]} s_{lm} \\ & + \sum_{l'\neq l}^{L}\sqrt{\rho_{l'k}}\hat{\boldsymbol{h}}_{l'k}\hat{\boldsymbol{h}}_{lk}^{\mathrm{H}} \Big/ \sqrt{\mathbb{E}\left[\left\|\hat{\boldsymbol{h}}_{lk}\right\|^2\right]} s_{l'k}, k=1,\cdots,K, l'=1,\cdots,L \end{aligned} \tag{4-58}$$

第 i 个小区和第 l 个小区估计信道 $\hat{\boldsymbol{h}}_{ik}^i$ 和 $\hat{\boldsymbol{h}}_{lk}^i$ $(l\in\mathcal{P}_i)$有下述关系

$$\hat{\boldsymbol{h}}_{lk}^i = \frac{\sqrt{p_{lk}}\beta_{lk}^i}{\sqrt{p_{ik}}\beta_{ik}^i}\hat{\boldsymbol{h}}_{ik}^i \tag{4-59}$$

其中，β_{lk}^i 表示第 i 个小区基站和第 l 个小区第 k 个用户之间的大尺度衰落。

② ZF 预编码

ZF 预编码是大规模天线波束赋形系统中最常用的线性预编码技术之一，其核心思想是在使非期望信息映射于预编码矩阵的零空间，从而消除不同发射天线/用户间的干扰。ZF 在处理过程中有急剧放大噪声的可能，会影响系统的性能。假设 $\boldsymbol{w}_{lk}$ 为第 k 个用户信号的预编码向量，估计信道向量为 $\hat{\boldsymbol{h}}_{lk}$，则预编码向量为 $\boldsymbol{w}_{lk} = \hat{\boldsymbol{H}}_l^l\boldsymbol{r}_{lk} \Big/ \sqrt{\mathbb{E}\left[\left\|\hat{\boldsymbol{H}}_l^l\boldsymbol{r}_{lk}\right\|^2\right]}$。其中，$\boldsymbol{r}_{lk}$ 为 $\left[\left(\hat{\boldsymbol{H}}_l^l\right)^{\mathrm{H}}\hat{\boldsymbol{H}}_l^l\right]^{-1}$ 的第 k 列，同理 $\hat{\boldsymbol{H}}_l^l\boldsymbol{r}_{lk} \Big/ \sqrt{\mathbb{E}\left[\left\|\hat{\boldsymbol{H}}_l^l\boldsymbol{r}_{lk}\right\|^2\right]}$ 为归一化系数，则第 k 个用户接收的信息为

$$\begin{aligned} \boldsymbol{y}_{lk} = & \sqrt{\rho_{lk}} s_{lk} + \sum_{n=1,n\neq k}^{K}\sqrt{\rho_{lm}}\hat{\boldsymbol{h}}_{lm}\hat{\boldsymbol{h}}_{lk}^{\mathrm{H}}\left(\hat{\boldsymbol{h}}_{lk}\hat{\boldsymbol{h}}_{lk}^{\mathrm{H}}\right)^{-1} s_{lm} \\ & + \sum_{l'=1,l'\neq l}^{L}\sqrt{\rho_{l'k}}\hat{\boldsymbol{h}}_{l'k}\hat{\boldsymbol{h}}_{lk}^{\mathrm{H}}\left(\hat{\boldsymbol{h}}_{lk}\hat{\boldsymbol{h}}_{lk}^{\mathrm{H}}\right)^{-1} s_{l'k} + n_{lk} \end{aligned} \tag{4-60}$$

文献[10]中指出，当基站天线数趋于无穷时，由于用户间的信道趋于正交，简单的 MRT 算法就可以获得理想的性能。文献[58]中则进一步提出，天线数无穷多时，ZF 及 MRT 等线性预编码算法性能就可以逼近 DPC 的系统容量。但是，实际部署的基站天线数量往往受限于天线尺寸等因素，上述理想特性往往还无法体现出来。

图 4-7 中（a）与（b）中分别给出了基站使用不同规模的天线时，MRT 和 ZF 的性能对比。其中 UE 的接收天线数目为 2，横坐标的数值表示基站侧发射天线数量。在（$M\times N$）中，M 表示基站天线阵中阵子的列数，N 表示阵子的行数。

由图 4-7 可以看出，天线数量较低时，在相近的扇区平均频谱效率性能条件下，MRT 所要求的基站天线数目大致是 ZF 算法的 4 倍。或者说，在较为实际的部署场景中，MRT 往往很难达到令人满意的性能。

（2）混合预编码

本节以全连接结构的混合预编码设计作为分析对象，部分连接型的结论与

之类似。设发送端配置 N_t 根发送天线和 N_{RF}^t 个 RF 链路，向具有 N_r 根天线和 N_{RF}^r 个 RF 链路的接收端发送 N_s 数据流。得到信号模型如下

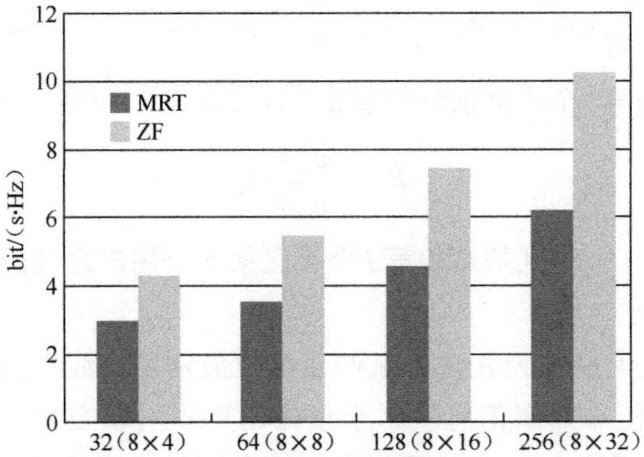

(a) 扇区平均频带利用率

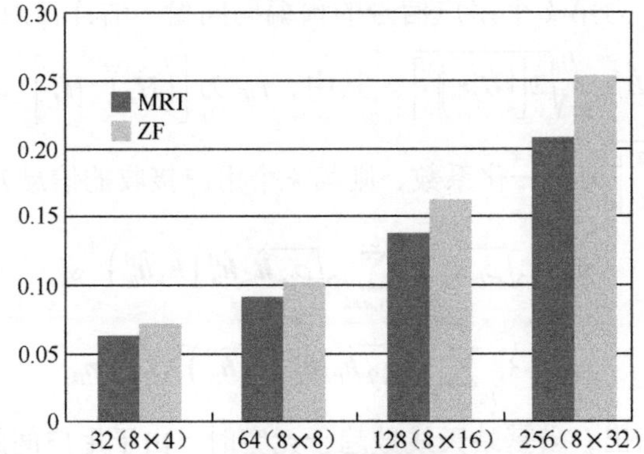

(b) 边缘用户频带利用率

图 4-7　MRT 与 ZF 的频带利用效率对比

$$\boldsymbol{y}=\sqrt{p}\boldsymbol{W}_{\mathrm{BB}}^{\mathrm{H}}\boldsymbol{W}_{\mathrm{RF}}^{\mathrm{H}}\boldsymbol{H}\boldsymbol{F}_{\mathrm{RF}}\boldsymbol{F}_{\mathrm{BB}}\boldsymbol{x}+\boldsymbol{W}_{\mathrm{BB}}^{\mathrm{H}}\boldsymbol{W}_{\mathrm{RF}}^{\mathrm{H}}\boldsymbol{n} \tag{4-61}$$

其中，$\boldsymbol{F}_{\mathrm{BB}}\in\mathbb{C}^{N_{RF}^t\times N_s}$ 为发送端基带预编码器；$\boldsymbol{F}_{\mathrm{RF}}\in\mathbb{C}^{N_t\times N_{RF}^t}$ 为发送端模拟 RF 预编码器；$\boldsymbol{W}_{\mathrm{RF}}\in\mathbb{C}^{N_r\times N_{RF}^r}$ 为接收端模拟 RF 合并器；$\boldsymbol{W}_{\mathrm{BB}}\in\mathbb{C}^{N_{RF}^r\times N_s}$ 为接收端基带合并器，$\boldsymbol{n}$ 为服从零均值，协方差矩阵为 $\sigma^2\boldsymbol{I}$ 的噪声向量。信道 $\boldsymbol{H}\in\mathbb{C}^{N_r\times N_t}$ 可以采用群簇信道模型[59]

$$\boldsymbol{H}=\sqrt{\frac{N_tN_r}{N_{\mathrm{cl}}N_{\mathrm{ray}}}}\sum_{i=1}^{N_{\mathrm{cl}}}\sum_{j=1}^{N_{\mathrm{ray}}}\alpha_{ij}\boldsymbol{a}_r\left(\phi_{ij}^r\right)\boldsymbol{a}_t\left(\phi_{ij}^t\right)^{\mathrm{H}} \tag{4-62}$$

其中，N_{cl} 与 N_{ray} 分别表示群簇数目与每个簇中的路径数，α_{ij} 为路径增益因子，而 $\boldsymbol{a}_r$ 与 $\boldsymbol{a}_t$ 分别表示接收和发送天线阵列响应向量，其自变量分别为路径到

达角与离开角。对于 N 维均匀平面阵 ULA，其响应限量表示为

$$\boldsymbol{a}_{\mathrm{ULA}}(\phi)=\frac{1}{\sqrt{N}}\left[1,\mathrm{e}^{\mathrm{j}kd\sin(\phi)},\cdots,\mathrm{e}^{\mathrm{j}(N-1)d\sin(\phi)}\right]^{\mathrm{T}} \tag{4-63}$$

其中，$k=\dfrac{2\pi}{\lambda}$，λ为波长，d 表示天线间距。则系统的频谱效率可表示为

$$R=\log\left(\left|I+\frac{p}{N_s}\boldsymbol{R}^{-1}\boldsymbol{W}_{\mathrm{BB}}^{\mathrm{H}}\boldsymbol{W}_{\mathrm{RF}}^{\mathrm{H}}\boldsymbol{H}\boldsymbol{F}_{\mathrm{RF}}\boldsymbol{F}_{\mathrm{BB}}\times\boldsymbol{F}_{\mathrm{BB}}^{\mathrm{H}}\boldsymbol{F}_{\mathrm{RF}}^{\mathrm{H}}\boldsymbol{H}^{\mathrm{H}}\boldsymbol{W}_{\mathrm{RF}}\boldsymbol{W}_{\mathrm{BB}}\right|\right) \tag{4-64}$$

其中，$\boldsymbol{R}^{-1}=\sigma^2\boldsymbol{W}_{\mathrm{BB}}^{\mathrm{H}}\boldsymbol{W}_{\mathrm{RF}}^{\mathrm{H}}\boldsymbol{W}_{\mathrm{RF}}\boldsymbol{W}_{\mathrm{BB}}$。于是，可以将混合预编码设计问题转化为

$$\begin{aligned}&\arg\max R\\ &s.t.\ \ \boldsymbol{F}_{\mathrm{RF}}\in F,\left\|\boldsymbol{F}_{\mathrm{RF}}\boldsymbol{F}_{\mathrm{BB}}\right\|_{\mathrm{F}}^2=N_s\end{aligned} \tag{4-65}$$

其中，F 为全连接（各连接簇可选）模拟 RF 预编码器的搜索集合。进而，可演变为

$$\begin{aligned}&\arg\max\left\|\boldsymbol{F}_{\mathrm{opt}}-\boldsymbol{F}_{\mathrm{RF}}\boldsymbol{F}_{\mathrm{BB}}\right\|\\ &s.t.\ \boldsymbol{F}_{\mathrm{RF}}\in F,\left\|\boldsymbol{F}_{\mathrm{RF}}\boldsymbol{F}_{\mathrm{BB}}\right\|_{\mathrm{F}}^2=N_s\end{aligned} \tag{4-66}$$

其中，$\boldsymbol{F}_{\mathrm{opt}}$ 为全数字最优预编码矩阵。通过 OMP 及相应的改进算法，可以获得次优的混合预编码设计。下面简要描述基于 OMP 算法[59]的稀疏预编码设计流程，其中，$\boldsymbol{A}_t=\left[\boldsymbol{a}_t\left(\phi_{11}^t\right),\cdots,\boldsymbol{a}_t\left(\phi_{N_{\mathrm{cl}}N_{\mathrm{ray}}}^t\right)\right]$表示天线阵列响应矩阵。

基于 OMP 算法的空间稀疏预编码设计

1. $\boldsymbol{F}_{\mathrm{RF}}=[\ ]$，即为空。
2. $\boldsymbol{F}_{\mathrm{res}}=\boldsymbol{F}_{\mathrm{opt}}$
3. for $i\leqslant N_{\mathrm{RF}}^t$ do
4. $\boldsymbol{\varPsi}=\boldsymbol{A}_t^*\boldsymbol{F}_{\mathrm{res}}$
5. $k=\arg\max_{l=1,\cdots,N_{\mathrm{cl}}N_{\mathrm{ray}}}\left(\boldsymbol{\varPsi}\boldsymbol{\varPsi}^*\right)_{ll}$
6. $\boldsymbol{F}_{\mathrm{RF}}=\left[\boldsymbol{F}_{\mathrm{RF}}\middle|\boldsymbol{A}_t^{(k)}\right]$
7. $\boldsymbol{F}_{\mathrm{BB}}=\left(\boldsymbol{F}_{\mathrm{RF}}^*\boldsymbol{F}_{\mathrm{RF}}\right)^{-1}\boldsymbol{F}_{\mathrm{RF}}^*\boldsymbol{F}_{\mathrm{opt}}$
8. $\boldsymbol{F}_{\mathrm{res}}=\dfrac{\boldsymbol{F}_{\mathrm{opt}}-\boldsymbol{F}_{\mathrm{RF}}\boldsymbol{F}_{\mathrm{BB}}}{\left\|\boldsymbol{F}_{\mathrm{opt}}-\boldsymbol{F}_{\mathrm{RF}}\boldsymbol{F}_{\mathrm{BB}}\right\|_{\mathrm{F}}}$
9. end for
10. $\boldsymbol{F}_{\mathrm{BB}}=\sqrt{N_s}\dfrac{\boldsymbol{F}_{\mathrm{BB}}}{\left\|\boldsymbol{F}_{\mathrm{RF}}\boldsymbol{F}_{\mathrm{BB}}\right\|_{\mathrm{F}}}$
11. 返回 $\boldsymbol{F}_{\mathrm{BB}}$，$\boldsymbol{F}_{\mathrm{RF}}$

可以看到，在每一次迭代中，先计算得到残差 $\boldsymbol{F}_{res}$ 与响应矩阵的内积，并找到内积最大的列，作为残差在子空间上的最优投影，从而添加到混合预编码器当中；通过最小二乘算法得到数字预编码器，并将已选预编码器的影响从残差中除去；残差更新后进行回代，直至迭代结束；最后进行归一化处理并输出。

上述的 OMP 搜索算法将混合预编码器的设计问题转化为稀疏信号的重建，利用正交匹配搜索从天线阵列响应向量中选择码本向量构成模拟预编码矩阵，同时利用最小二乘估计算法求出数字预编码矩阵，获得了较好的性能。这种算法需要获取信道的部分信息，先计算出最优预编码矩阵，并进行内积计算与搜索，其计算复杂度较大。此外，码本向量的设计与存储也需要额外的开销。因此在实际应用中，需要考虑改进的低复杂度天线结构与混合预编码算法，并结合非理想信道条件进行进一步的考量。

图 4-8 所示仿真了传统结构基于 SVD 的预编码[60]、全连接结构基于稀疏空间 OMP 的预编码[55]、半连接结构基于 SVD 的预编码[57]、半连接结构基于 SIC 的预编码[57]与半连接结构的传统模拟预编码[61]的速率性能对比（在 MIMO 点对点系统中），可以看到，仿真性能依次下降。全连接结构由于使用了所有天线映射的每一流数据，较半连接结构有一定的性能优势，但同时功率消耗也将增大。

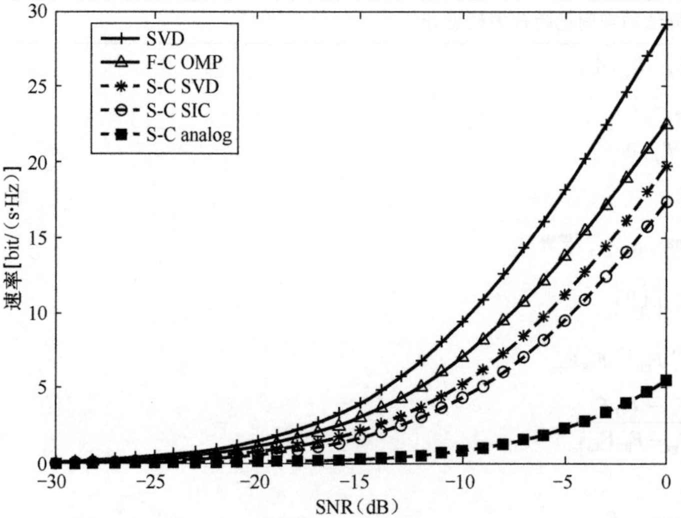

图 4-8 各类预编码方案性能仿真对比

4.3.2 非线性预编码技术

（1）恒包络预编码

恒包络预编码算法由 Mohammed 等人于 2012 年提出。该算法的主要思想是，在发送端各天线上的发送信号具有恒包络特性，不随信道矩阵的变化而变化，从而降低发射信号中高峰均比（PAPR，Peak-to-Average Power Ratio）的问题。恒包络预编码算法用于大规模天线波束赋形具有显著优势。首先，在恒包络预编码算法中，每个天线上发送的信号功率恒定，这就大大降低了发送信号的峰均比，发送端可以使用具有高功率的非线性功放器件。此外，大规模天线波束赋形系统为信道提供丰富的自由度，从而为恒包络预编码算法的实现提供了可能。

在恒包络算法中，每根发射天线上的信号功率是一个与信道条件和信号符号无关的常数，发射出的符号信息则通过每根天线上恒包络信道的相位来携带，接收端在将接收天线上把所有恒包络信号进行线性组合，就可以恢复出星座点，从而实现一个调制符号的发送。恒包络预编码算法原理如图 4-9 所示。

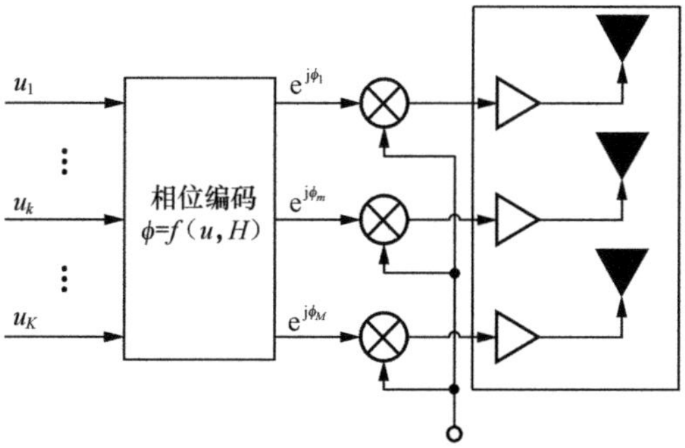

图 4-9 恒包络预编码原理图

考虑单小区下行多用户大规模 MMO 系统，假设基站端配置 M 根天线，同时服务 K 个单天线用户。采用恒包络预编码算法时，基站端各个天线上的发送信号具有恒定功率

$$|x_i|^2=\frac{P_{\mathrm{T}}}{M},i=1,\cdots,M \tag{4-67}$$

其中，x_i 为经过预编码之后的发送信号。

由于每根天线的包络受限，则可得

$$x_i=\sqrt{\frac{P_\mathrm{T}}{M}}\mathrm{e}^{\mathrm{j}\theta_i} \tag{4-68}$$

其中，θ_i为信号x_i的相位。

在恒包络发送时，第k个用户接收到的信息为

$$y_k=\sqrt{\frac{P_\mathrm{T}}{M}}\sum_{i=1}^{M}h_{k,i}\mathrm{e}^{\mathrm{j}\theta_i}+w_k,\quad k=1,2,\cdots,K \tag{4-69}$$

其中，$h_{k,i}$为第i根基站天线与第k个用户之间的复信道增益，$w\sim CN(0,\sigma^2)$为复加性高斯白噪声。为了计算方便，假设$\boldsymbol{u}=\left(\sqrt{E_1}u_1,\sqrt{E_2}u_2,\cdots,\sqrt{E_K}u_K\right)$为$K$个用户的发送信息，则公式（4-69）可以进一步表示为

$$y_k=\sqrt{P_T E_k}u_k+\left(\sqrt{\frac{P_\mathrm{T}}{M}}\sum_{i=1}^{M}h_{k,i}\mathrm{e}^{\mathrm{j}\theta_i}-\sqrt{E_k}u_k\right)+w_k \tag{4-70}$$

其中，式（4-70）的第1项为期望信号，第2项为干扰项，第3项为噪声项，则下行第k个SINR为

$$\mathrm{SINR}_k^{\mathrm{DL}}=\frac{E_k}{E\left[\left|s_k^i\right|^2\right]+\dfrac{\sigma^2}{P_\mathrm{T}}} \tag{4-71}$$

其中，$s_k^i=\sqrt{\frac{P_\mathrm{T}}{M}}\sum_{i=1}^{\mathrm{M}}h_{k,i}\mathrm{e}^{\mathrm{j}\theta i}-\sqrt{E_k}u_k$。

在完美CSI情况下，第k个用户的数据速率为

$$R_k^{\mathrm{DL}}=\log_2\left(1+\mathrm{SINR}_k^{\mathrm{DL}}\right) \tag{4-72}$$

在非完美CSI情况下，利用线性预编码的方法，第k个用户的数据速率为

$$R_{lk}^{\mathrm{DL}}=\gamma^{\mathrm{DL}}\left(1-\frac{\tau_p}{\tau_c}\right)\log_2\left(1+\frac{E_k}{E\left[\left|s_k^i\right|^2\right]+E\left[\left|s_k^\mathrm{e}\right|\right]+\dfrac{\sigma^2}{P_\mathrm{T}}}\right) \tag{4-73}$$

其中，$s_k^\mathrm{e}=\frac{1}{\sqrt{M}}\sum_{i=1}^{M}\varepsilon_{k,i}\mathrm{e}^{\mathrm{j}\bar{\theta}}$，$\tau_p$和$\tau_c$分别为训练时间和相关传输时间。

（2）THP预编码

THP预编码技术是由英国的Tomlison和日本的Hiroshima分别独立提出的[62-63]，该技术的提出最初用于时域均衡。THP预编码是脏纸编码原理的扩展应用，通过前向反馈、后向反馈和取模操作来进行非线性串行干扰消除（SIC），能够显著提高系统性能。根据信道不同分解和串行干扰消除方式，THP预编码可以分成QR-ZF-THP、QR-MMSE-THP、GMD-ZF-THP以及GMD- MMSE-THP，

本部分以 QR-ZF-THP 预编码算法为例进行介绍。THP 预编码的基本算法框图如图 4-10 所示。

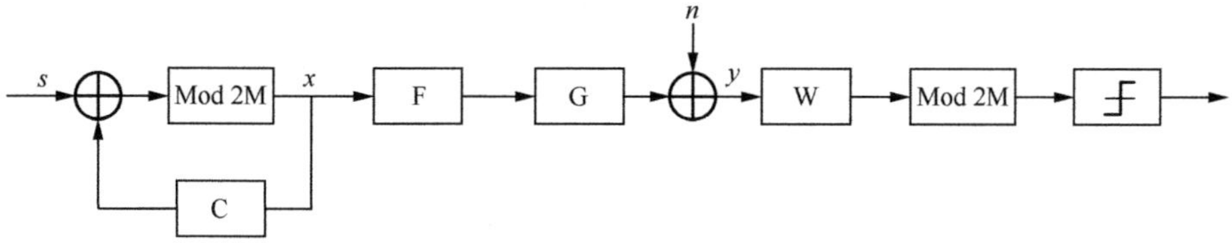

图 4-10　THP 预编码框图

假设发射信号向量 $\boldsymbol{s}$ 为经过调制后的数据，$\boldsymbol{s}$ 中的每一个元素都是 M-QAM 星座集合中的一个元素 $\left\{\pm1,\pm3,\cdots,\pm\left(\sqrt{M}-1\right)\right\}$，对上述数据进行取模操作

$$\mathrm{Mod}_m\left(x\right)=x-2\sqrt{m}\left\lfloor\frac{x+\sqrt{m}}{2\sqrt{m}}\right\rfloor \tag{4-74}$$

取模操作的主要目的是，对发送信号进行功率约束，使得发送信号的每一个元素都约束在 QAM 星座区间内，在接收端进行相同的取模操作。利用 SIC 算法，对发射信号进行干扰消除，并通过取模操作限制信号幅值

$$x_k=\mathrm{Mod}_m\left(s_k-\sum_{n=1}^{k-1}C\left(k,n\right)x_n\right)=x-\sum_{n=1}^{k-1}C\left(k,n\right)x_n+\mathbf{e}_k \tag{4-75}$$

其中，x 为取模后值；x_k 为 QAM 的调制符号；$\mathbf{e}_k$ 为只有 k 个元素为 1，其余均为 0 的单位向量。

上式可进一步写成矩阵形式

$$\begin{aligned}\boldsymbol{x}&=\boldsymbol{U}^{-1}\boldsymbol{v}\\ \boldsymbol{U}&=\boldsymbol{C}+\boldsymbol{I}\end{aligned} \tag{4-76}$$

其中，$\boldsymbol{v}$=$\boldsymbol{s}$+$\boldsymbol{I}$ 为等效数据信号，$\boldsymbol{U}$ 为反馈矩阵。利用 QR 分解，$\boldsymbol{U}$ 矩阵可由下式获得

$$\boldsymbol{H}=\boldsymbol{R}\boldsymbol{Q}^{\mathrm{H}} \tag{4-77}$$

其中，$\boldsymbol{Q}$ 和 $\boldsymbol{R}$ 分别为酉矩阵和下三角矩阵，将 $\boldsymbol{R}$ 的对角线的倒数作为对角线元素，能够得到加权矩阵 $\boldsymbol{G}$，从而得到反馈矩阵 $\boldsymbol{U}$ 为

$$\boldsymbol{U}=\boldsymbol{G}\boldsymbol{R} \tag{4-78}$$

则接收端收到的信息为

$$\boldsymbol{y}=\boldsymbol{H}\boldsymbol{F}\boldsymbol{x}+\boldsymbol{n} \tag{4-79}$$

其中，预编码矩阵 $\boldsymbol{F}=\boldsymbol{Q}^{\mathrm{H}}\boldsymbol{F}=\boldsymbol{Q}$。接收端收到的数据通过检测矩阵可得

$$\begin{aligned}\hat{\boldsymbol{v}}&=\boldsymbol{W}\boldsymbol{y}\\ &=\boldsymbol{W}\left(\boldsymbol{H}\boldsymbol{F}\boldsymbol{U}^{-1}\boldsymbol{v}+\boldsymbol{n}\right)\\ &=\boldsymbol{W}\boldsymbol{H}\boldsymbol{F}\boldsymbol{U}^{-1}\boldsymbol{v}+\tilde{\boldsymbol{n}}\end{aligned} \tag{4-80}$$

其中，$\tilde{\boldsymbol{n}}=\boldsymbol{Wn}$。令 $\boldsymbol{WHFU}^{-1}=\boldsymbol{I}$，即为基于 ZF 的 THP。

（3）VP 预编码

VP 预编码的核心思想是，根据信道逆预编码矩阵，对发送符号进行扰动，通过一定的搜索算法，使得信息在接收端最大化。VP 预编码的基本算法框图如图 4-11 所示。

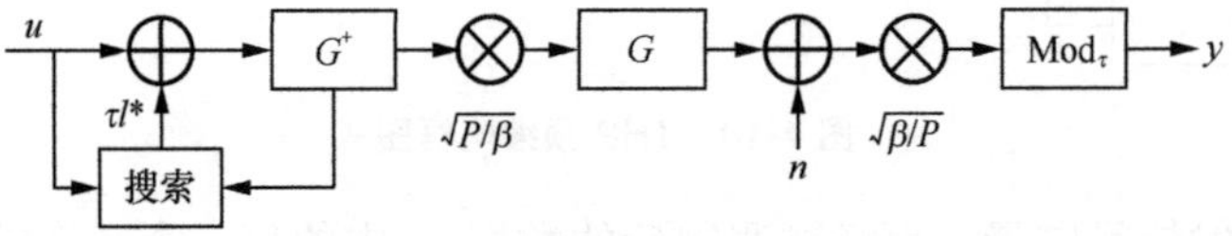

图 4-11　VP 预编码传输框图

经过扰动后的发送信号表示为

$$x=\sqrt{\frac{P}{\beta}}\boldsymbol{H}^{\dagger}\left(S+\tau\boldsymbol{l}^{*}\right) \tag{4-81}$$

其中，$\boldsymbol{H}^{\dagger}$为信道矩阵 $\boldsymbol{H}$ 的伪逆；$\boldsymbol{s}$ 为数据符号向量；$\beta=\left\|\boldsymbol{H}^{\dagger}\left(S+\tau\boldsymbol{l}^{*}\right)\right\|$为归一化因子，使得 $E\left[\|\boldsymbol{x}\|^{2}\right]=P$；$\boldsymbol{l}^{*}$为选择的扰动向量，其元素为整数；$\tau=2|c|_{\max}+\Delta$，其中，$|c|_{\max}$为星座符号最大幅度的绝对值；$\Delta$为星座符号的最小欧氏距离。基于上述表达式，接收符号向量为

$$\boldsymbol{r}=\sqrt{\frac{P}{\beta}}\left(S+\tau\boldsymbol{l}^{*}\right)+\boldsymbol{n} \tag{4-82}$$

在接收端，信号被放大以消除发送端缩放因子的影响，然后反馈到模操作器用于消除扰动量$\tau\boldsymbol{l}^{*}$，则模操作器的输出为

$$\begin{aligned} y&=\mathrm{Mod}_{\tau}\left[\sqrt{\frac{\beta}{P}}\boldsymbol{r}\right]\\ &=\mathrm{Mod}_{\tau}\left[\boldsymbol{r}=s+\tau\boldsymbol{l}^{*}+\sqrt{\frac{\beta}{P}}\boldsymbol{n}\right]\\ &=\boldsymbol{u}+\boldsymbol{w}\end{aligned} \tag{4-83}$$

其中，$\mathrm{Mod}_{\tau}[x]$为基于τ 的复模操作

$$\mathrm{Mod}_{\tau}[x]=f_{\tau}\left(\Re(x)\right)+jf_{t}\left(\Im(x)\right) \tag{4-84}$$

和

$$f_{\tau}(x)=x+\left\lfloor\frac{x+\tau/2}{\tau}\right\rfloor\tau \tag{4-85}$$

其中，$\Re(x)$和$\Im(x)$分别为复数 x 的实部和虚部，$\lfloor x\rfloor$为向下取整操作，$\boldsymbol{w}$

为接收端缩放和取模后的等价噪声向量。在接收端，最大化信号分量等价为最小化噪声分量。使式（4-83）中 β 最小化的扰动向量 $\boldsymbol{l}^*$ 为

$$\boldsymbol{l}^* = \arg\min_{1\in Z^M + jZ^m} \left\| \boldsymbol{H}^{\dagger}\left(s + \tau \boldsymbol{l}\right) \right\|^2 \tag{4-86}$$

在大规模天线场景下，文献［58］指出在基站天线数 M 趋于无穷时，并且保持基站天线数与用户数之比 $\left(M/_K = \alpha\right)$ 为恒定常数时，系统使用线性预编码与非线性预编码的和速率性能仿真结果如图 4-12 所示（假定 CSIT 理想已知）。

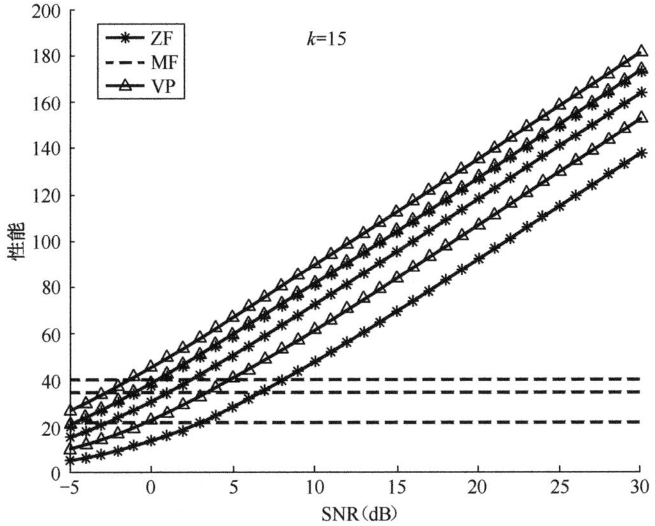

图 4-12　不同基站天线数下线性与非线性预编码方案性能比较

图 4-12 中由上至下的图线分别代表基站天线数为 100、40、15 时，不同预编码算法的性能。其中，三角标实线代表 VP 预编码，实线代表的是 ZF 预编码，虚线代表的是 MF 预编码。可以看出在基站天线数远大于用户数时，线性预编码能以较小的复杂度达到接近 VP 预编码的性能。

文献[63]指出，在基站天线数 M 趋于无穷时，信道状态非理想时，使用时域向量扰动预编码算法的系统渐近可达速率表示为：

$$\lim_{M\to\infty} r = \begin{cases} S\dfrac{\log(e)}{e\beta}, \text{如果}\dfrac{1}{\beta} < e \\ S\log\left(\dfrac{1}{\beta}\right), \text{否则}\dfrac{1}{\beta} \geqslant e \end{cases}$$

其中，$S \in [0, M]$ 为系统的承载因子，$\dfrac{1}{\beta}$ 在 $M \to \infty$ 时的意义为系统的信干

噪比（SINR）。

通过仿真结果可以得到：在高 SINR 区域，时域向量扰动（TD-VP）预编码可以达到与 ZF 预编码近似的性能，但是在低 SINR 区域，受到非理想 CSI 的影响，由于 VP 预编码结构中格解码（Lattice Decoding）的非线性处理带来的性能损失，TD-VP 的性能会劣于线性 ZF 预编码的性能，具体如图 4-13 所示。

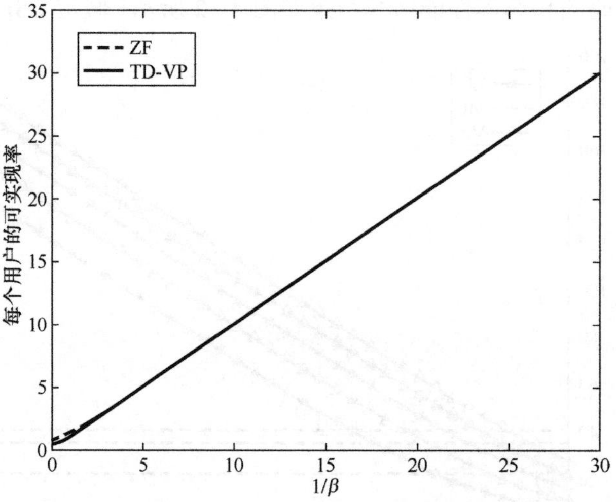

图 4-13 非理想 CSI 下，ZF 与 TD-VP 预编码性能对比

4.4 CSI 获取及反馈

如何实现大规模天线传输方案的计算复杂度与系统性能之间的平衡，是该技术进入实用化的首要问题。而 CSI 的获取与反馈则是系统进行频率选择性多用户调度以及传输模式/方案切换、发送信号预处理/预编码、速率分配、Rank 自适应等几乎所有关键的物理层操作时最基本的依据。因此与之相关的参考信号设计以及 CSI 反馈机制、上报模式与相关的控制信令设计一直是 MIMO 技术标准化过程中需要关注的核心问题。

由于 MIMO 传输方案的设计在很大程度上取决于 CSI 的获取能力，因此在 MIMO 技术的实际应用中，传输方案与 CSI 反馈方案的设计往往是密不可分的。本节将针对几种典型的反馈方案进行介绍。

4.4.1 基于码本的隐式反馈方案

相对于显式和基于互易性的反馈方式，基于码本的隐式反馈机制由于具有较好的稳健性，以及能够通用于TDD和FDD系统之中，曾经占据了LTE系统MIMO反馈方案的主流。然而，随着 MIMO 维度的进一步扩展，单纯使用基于码本的隐式反馈在参考信号开销、码本设计、预编码矩阵搜索复杂度、反馈开销等方面存在的弊端已经开始逐步显现。LTE Rel-10 引入支持 8 天线端口的 MIMO 技术时，针对上述问题，采用了多颗粒度的双级码本、测量参考信号与解调参考信号功能分离等诸多技术手段。但是，当未来的大容量 MIMO 技术开始使用多达上百个或更大规模的天线阵列时，为了保证下行信道测量的空间分辨率以及 CSI 反馈的精度，这种基于下行参考信号进行测量，基于码本并通过上行信道进行上报的 CSI 测量与反馈机制将面临巨大的参考信号开销及反馈开销。上述不利因素将有可能完全抵消大规模天线技术的性能增益。这种情况下，随着天线规模的进一步扩大，单纯的隐式反馈方案将较难适用于大规模天线系统之中。

对于大规模天线系统隐式反馈机制，其设计重点在于保证反馈精度的同时有效压缩反馈量。同时，考虑到现有 LTE 标准中的码本结构与 CSI 反馈机制，在天线规模相对较小的阶段（如 64 天线以下），可充分利用现有技术体系并结合大规模天线技术的特点进行扩展。例如，大规模天线系统可以通过多颗粒度反馈（逐层细化）方式（见图 4-14），首先得到 CSI 的粗量化值。若信道变化较慢且反馈信道有足够资源，则可以进一步对真实 CSI 与 CSI 粗量化值之间的差值进行量化。实际应用中可根据实际情况动态调整反馈精度。

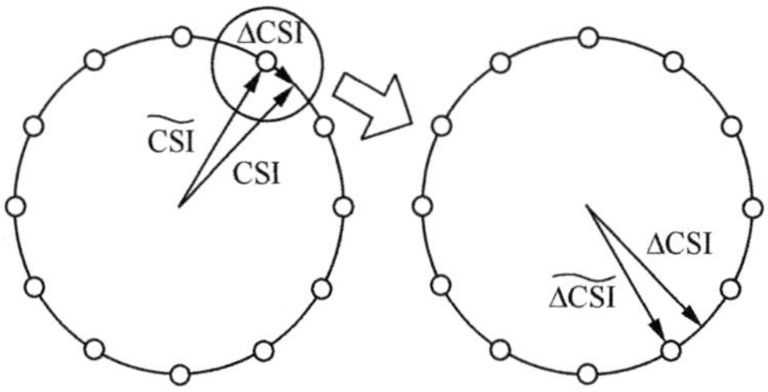

图 4-14　多颗粒度反馈方案

分级反馈方案（见图 4-15）可将 CSI 分解为长期/宽带与瞬变/子带两类。较为稳定的（长期/宽带）CSI 所包含的信息量较大，但是可采用较低的上报频率并以宽带方式反馈，因而其平均反馈开销可以得到控制。瞬变（短期/子带）CSI 是相对于长期 CSI 的差分信息，针对每个上报时间/频率单位的反馈信息量较小，但是其在时域/频域表现出较明显的波动性，因此可采用较高的上报频率以子带为单位反馈。通过这种方式，针对信道状态中慢变与快变的信道信息的不同特点，采用不同的码本和反馈颗粒度进行量化，还可以压缩反馈量。图 4-15 中的 CSI 表示信道真实信息，左图 StageI 的 CSI_1 表示长期/宽带信息对 CSI 的量化表示，右图 StageII 的 CSI_2 表示经过短时/子带信息对 CSI_1 纠正后的信道状态反馈量化表示。从图中可以看到，经过瞬时信息修正的 CSI_2 能够更准确地表达 CSI，分级反馈方案能够适应信道变化的影响，又不至于过多地消耗上行信道资源。

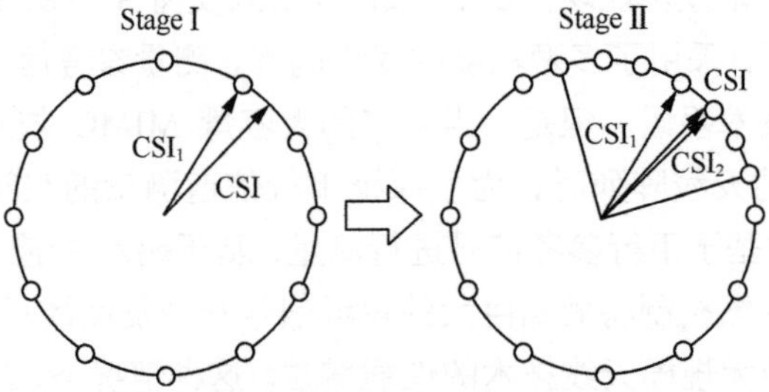

图 4-15　分级反馈方案

以 LTE Rel-10 为例，8 个发射天线码本采用两级码本结构 $\boldsymbol{W}=\boldsymbol{W}_1\boldsymbol{W}_2$，其中第一级码本为块对角阵 $\boldsymbol{W}_1=\text{diag}(\boldsymbol{X}, \boldsymbol{X})$，对角子阵 $\boldsymbol{X}$ 由 4 个相邻的 DFT 向量组成，刻画了一个极化方向天线上可选的波束集合的宽带信息，终端搜索最匹配的一组 DFT 向量并将其索引（PMI_1）反馈给基站；第二级码本 $\boldsymbol{W}_2$ 则提供在第一级码本中 DFT 向量组内列选择以及极化方向间相位调整的精确信息，既可以是宽带的又可以是窄带的，终端还要将最终确定的列选择与相位调整组合的索引（PMI_2）反馈给基站。基站根据两级反馈的 PMI_1、PMI_2 生成最终的预编码矩阵。

对于使用 2D 天线面阵的系统，其码本设计与反馈需要体现 3D 信道的特点并加以利用。多维独立反馈方案[69]（见图 4-16）可以利用现有码本结构以及 CoMP 的多 CSI 进程机制，通过对 3D 信道的垂直维和水平维信息分别进行量化，避免了统一量化 3D-CSI 的高反馈开销和复杂度。这种情况下，测量参考信号配置更为灵活（各维度天线数量也可灵活配置），可将各维度视为不同的传输点，通过不同的 CSI 进程反馈。而每一维度的 CSI 可进一步采用上述多颗粒度及多级方式压缩反馈开销。当水平或垂直维通道数为 2、4、8 时，多维独立反馈方案还可以重复利用现有的 2、4、8 天线码本。但是由于该方案仅有部分天线参与 CSI 导频（CSI-RS）的发射，因此存在着终端无法准确估计信道质量（CQI）的问题，对性能产生一定影响。

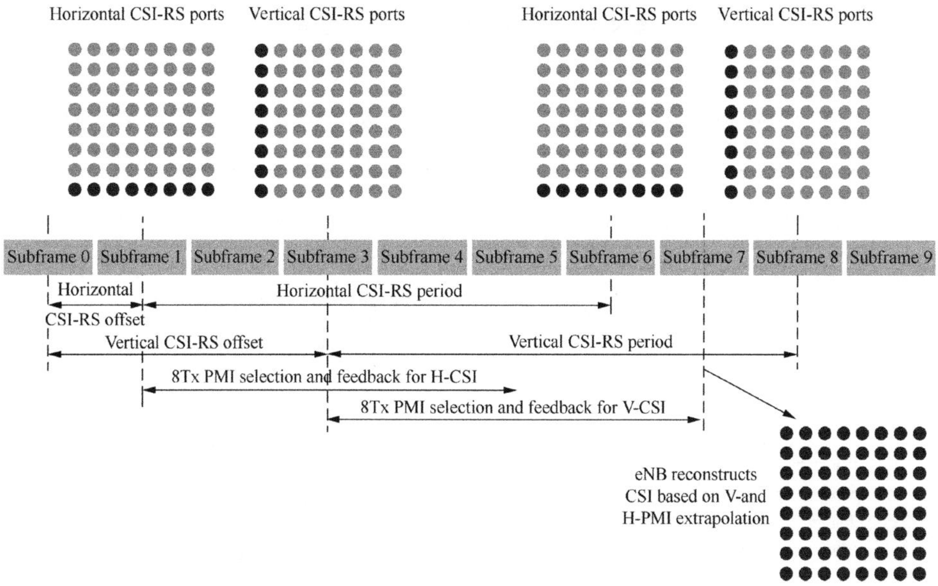

图 4-16 多维独立反馈方式

另一种方案是设计包含水平维和垂直维信息的码本。此时，多个 CSI-RS 端口应具有一致的较宽的波束宽度和波束方向以实现整个小区的广覆盖，并且 CSI-RS 端口扩展至二维布局。3GPP 的 eBF/FD-MIMO 对 Rel-10 的两级码本进行了扩展，增加了垂直维信息。其两级码本结构仍可写为 $\boldsymbol{W}=\boldsymbol{W}_1\boldsymbol{W}_2$。具体实现方式有多种选择，例如：

$$\boldsymbol{W}_1=\begin{bmatrix} \boldsymbol{X}_{\mathrm{H}}^{k}\otimes\boldsymbol{X}_{\mathrm{V}}^{l} & \boldsymbol{0} \\ \boldsymbol{0} & \boldsymbol{X}_{\mathrm{H}}^{k'}\otimes\boldsymbol{X}_{\mathrm{V}}^{l'} \end{bmatrix}$$

其中，两个对角子阵分别对应两个极化方向；$\boldsymbol{X}_{\mathrm{H}}^{k}$、$\boldsymbol{X}_{\mathrm{V}}^{l}$、$\boldsymbol{X}_{\mathrm{H}}^{k'}$、$\boldsymbol{X}_{\mathrm{V}}^{l'}$ 中的列取自 DFT 矩阵，$\boldsymbol{X}_{\mathrm{H}}^{k}$ 和 $\boldsymbol{X}_{\mathrm{H}}^{k'}$ 代表水平维波束，$\boldsymbol{X}_{\mathrm{V}}^{l}$ 和 $\boldsymbol{X}_{\mathrm{V}}^{l'}$ 代表垂直维波束，$\otimes$ 表示克罗内克积（Kronecker Product）。两个极化方向的对角子阵还可相等，即 $l=l'$、$k=k'$。$\boldsymbol{W}_2$ 则实现 $\boldsymbol{W}_1$ 的列（波束）选择和两个极化方向的相位调整，或对 $\boldsymbol{W}_1$ 的波束选择、波束线性合并的线性变换等功能。

这里给出增强码本方案的评估结果[70]，其中，发送天线 TXRU 的配置 $(M_{\mathrm{TXRU}},N_{\mathrm{TXRU}},P)=(8,4,2)$，$M_{\mathrm{TXRU}}$ 表示同一个极化方向垂直维方向的天线数量，N_{TXRU} 表示同一个极化方向水平维的天线数量，P 表示极化的数量。第一级码本 $\boldsymbol{W}_1$ 的两个对角子阵相等，其中，$\boldsymbol{X}_{\mathrm{H}}^{k}$ 采用 Rel-10 的 8 天线 $\boldsymbol{W}_1$ 码本，$\boldsymbol{X}_{\mathrm{V}}^{l}$ 为从表 4-1 的 4-bit 码本中挑选的垂直波束赋形向量，$\boldsymbol{W}_2$ 由 Rel-10 的 8 天线 $\boldsymbol{W}_2$ 码本直接扩展得到。

表 4-1　垂直维码本对应的下倾角

4-bit 垂直维码本对应的下倾角
71.79°，75.52°，79.19°，82.82°，84.62°，86.42°，88.21°，90°，91.79°，93.58°，95.38°，97.18°，98.99°，102.64°，106.33°，110.11°

图 4-17 给出了码本增强方案的仿真结果，可以看到与波束赋形 CSI-RS 的垂直虚拟扇区化基准方案（通过采用不同 CSI-RS 赋形方向，将小区划分为多个同心圆覆盖区域的简化方法）相比，码本增强方案能够带来 1%～14%的增益，但需要付出反馈量增加的代价，并且需要标准化的改动以支持该方案的实现，包括码本的增强与反馈的增强等。

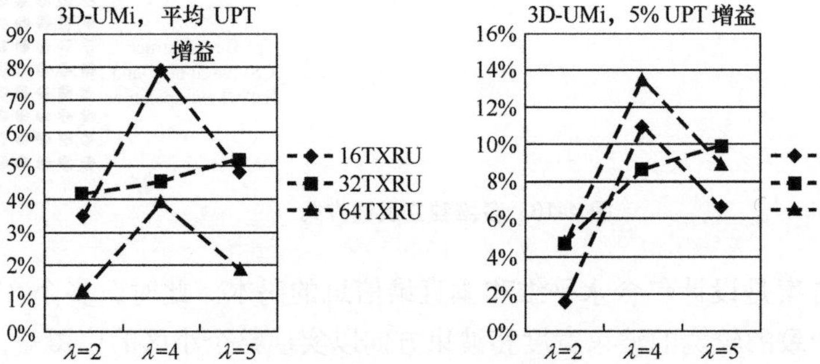

图 4-17　使用 FTP 业务模型时，不同业务到达率（$\lambda=2,4,5$）条件下基于码本增强技术的用户数据分组吞吐量（UPT）增益

4.4.2　基于信道互易性的反馈方式

由于上下行使用相同的载频，TDD 系统在 CSI 获取方面具有天然的优势。TDD 系统的基站可以根据上行发送信号获得上行信道信息，并基于信道互易性，获得下行信道信息。对于 FDD 系统，虽然也可以利用信道中长期统计特性的对称性获取下行 CSI，但是瞬时或短期 CSI 只能通过终端的上报获得。如果基站能够及时获得准确且完整的信道矩阵，则基站可以根据一定的优化准则直接计算出与信道传输特性匹配的预编码矩阵，因此，TDD 系统对于非码本预编码方法的应用具有较为突出的优势。图 4-18 表示 128 天线和 256 天线下 FDD 和 TDD 性能比较仿真结果，左图和右图分别为小区平均频谱效率和小区边缘用户（5%）的频谱效率。随着天线数量的增加，TDD 相对于 FDD 的性能优势更加明显。非码本方式的预编码可以避免量化精度的损失并可以灵活地选择预编码矩阵，但需要说明的是预编码的频域和时域颗粒度可能会对性能带来较为显著的影响（尤其在 6GHz 以下频段和天线规模不大的情况下），这里仿真结果只是采用了其中一种配置，进行示意性比较。

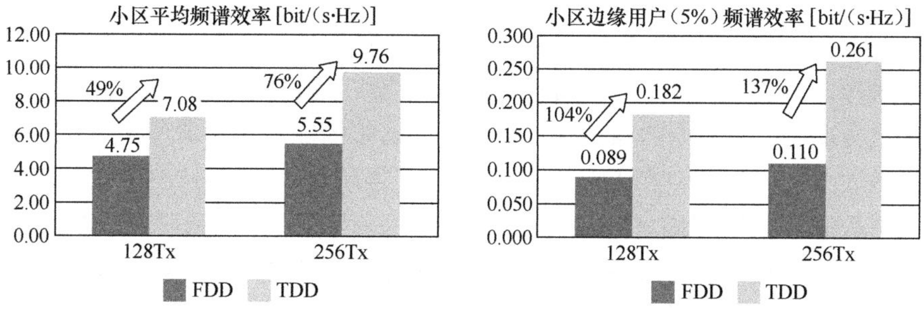

图 4-18　TDD 与 FDD 系统大规模天线技术性能对比

为了保证复基带等效信道的互易性，TDD 系统对整个射频/中频通道的器件选择、电路设计以及校准方案设计都有很高的要求。而且基于互易性的反馈方式以及非码本方式的预编码性能会对参考信号估计误差、上行测量参考信号资源与功率余量、时延等非理想因素较为敏感。由于阵列规模增大后，业务波束变得极为窄细，上述非理想因素的影响可能会更加突出。基于互易性的反馈方式存在的另外一个问题是，网路侧虽然有条件获得各用户的上行信道信息，但是由于基站不能获知终端使用的具体接收检测算法，无法对真实的下行信道的传输质量进行准确的预测，从而会影响到速率分配、Rank 自适应等链路自适应环节的性能。因此，单纯的互易性反馈方案的应用可能也会存在诸多限制。

在实际使用过程中，基于信道互易性的反馈方式也可以与基于码本的反馈方式相结合。如图 4-19 所示，基站侧可以利用互易性，通过对上行信道的测量判断垂直方向的波束到达角（ZoD）或计算垂直维相关矩阵。然后可以基于垂直维信道信息，对 CSI-RS 进行垂直波束赋形。终端进一步可利用 CSI-RS 测量信道的水平维信息，然后基于码本向基站上报相应的信道状态信息。

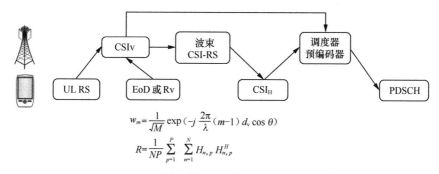

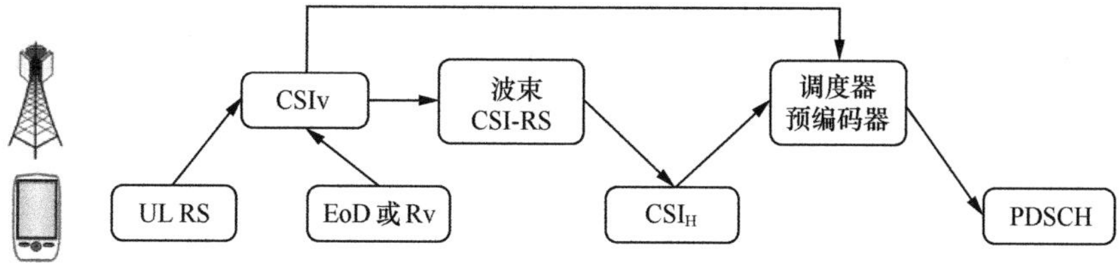

$$w_m=\frac{1}{\sqrt{M}}\exp\left(-j\frac{2\pi}{\lambda}(m-1)d_v\cos\theta\right)$$

$$R=\frac{1}{NP}\sum_{p=1}^{P}\sum_{n=1}^{N}H_{n,p}H_{n,p}^{H}$$

图 4-19　利用信道的部分互易性进行反馈与传输

4.4.3 基于压缩感知的反馈方式

压缩感知方法可以对具有稀疏性的信号进行压缩处理，其核心思想是将压缩与采样合并进行。首先采集信号的非自适应线性投影（测量值），然后根据相应重构算法由测量值重构原始信号。压缩感知的优点在于信号的投影测量数据量远远小于传统采样方法所获的数据量，使得高分辨率信号的采集成为可能。

信号能够采用压缩感知进行压缩的条件是信号必须是稀疏的或在某种变换下得到其稀疏表示。如果绝大部分信号采样是稀疏的或信号稀疏表示的变换系数的绝对值很小，那么该信号是可压缩信号。任何一个 $N\times 1$ 维的离散实信号向量 $\boldsymbol{x}\in\Re^N$ 均可表示为一组 $N\times 1$ 维的基向量的线性组合，即

$$\boldsymbol{x}=\sum_{i=1}^{N}\boldsymbol{s}_i\boldsymbol{\Psi}_i=\boldsymbol{\Psi}\boldsymbol{s} \tag{4-87}$$

其中，$\boldsymbol{s}$ 是 $N\times 1$ 维的加权系数向量，$\boldsymbol{\Psi}=[\psi_1, \psi_2, \cdots, \psi_N]$为由基向量组成的 $N\times N$ 矩阵。当信号向量 $\boldsymbol{x}$ 仅是 $K\ll N$ 个基向量的线性组合，即式（4-87）中仅有 K 个非零系数和（$N-K$）个零系数时，称该信号是 K–稀疏的。很多实际情况的原始信号 $\boldsymbol{x}$ 不是直接表现为可压缩或稀疏的，若经过变换后 $\boldsymbol{s}$ 为 K–稀疏的，那么逆变换 $\boldsymbol{s}=\boldsymbol{\Psi}^{-1}\boldsymbol{x}$ 即为稀疏化变换，向量 $\boldsymbol{s}$ 为原始信号 $\boldsymbol{x}$ 的稀疏表示。常用的变换包括离散余弦变换（DCT）和离散傅里叶变换（DFT）等。DCT 变换具有很好的能量集中特性，而且仅需实数运算。原始信号经过 DCT 变换后便将大部分能量压缩到低频域，通常信号的低频系数值很大，它决定了信号的主要特征；而高频系数值很小或为零，它代表了信号的精细特征。因此，DCT 变换广泛应用于各种图像压缩编码，如 JPEG、MPEG 等。$N\times N$ 维的 DCT 变换矩阵为 $\boldsymbol{\Psi}^{-1}=\boldsymbol{D}_N$，元素 $d_{k,l}=\alpha_l\cos\left[\frac{\pi k}{N}\left(l-\frac{1}{2}\right)\right]$，$\alpha_0=1/\sqrt{2}$ 并且 $\alpha_l=\sqrt{1/N}$，$k,l=1,2,\cdots,N$。由于 $\boldsymbol{D}_N\boldsymbol{D}_N^{\mathrm{T}}=\boldsymbol{D}_N^{\mathrm{T}}\boldsymbol{D}_N=\boldsymbol{I}_N$，因此，信号 $\boldsymbol{x}$ 的 DCT 变换为 $\boldsymbol{s}=\boldsymbol{\Psi}^{-1}\boldsymbol{x}=\boldsymbol{D}_N\boldsymbol{x}$，DCT 反变换（IDCT，Inverse Discrete Cosine Transformation）为 $\boldsymbol{x}=\boldsymbol{\Psi}\boldsymbol{s}=\boldsymbol{D}_N^{\mathrm{T}}\boldsymbol{s}$。

传统的压缩方法对原始信号稀疏化变换得到 K–稀疏信号 $\boldsymbol{s}$，然后仅保留 K 个值较大的系数和位置并对它们进行统一编码，以便恢复原始信号。压缩感知编码则无须这个过程，而是直接以盲编码方式将原始信号 $N\times 1$ 压缩成 $M\times 1$ 维（$M\times N$）$(M<N)$ 的测量向量。

$$\boldsymbol{y}=\boldsymbol{\Phi}\boldsymbol{x}=\boldsymbol{\Phi}\boldsymbol{\Psi}\boldsymbol{s}=\boldsymbol{\Theta}\boldsymbol{s} \tag{4-88}$$

其中，$\boldsymbol{\Phi}$是 $M\times N$ 维的测量矩阵。测量过程是非自适应的，即测量矩阵$\boldsymbol{\Phi}$是确定

的并与信号 $M\times 1$ 无关。由此可见，压缩感知方法有两个问题需要解决：① 设计稳定的测量矩阵$\boldsymbol{\Phi}$；② 设计由仅获得 $M\approx K$ 个测量值的测量向量 $\boldsymbol{y}$ 恢复原始信号 $M\times 1$ 的重构算法。

一般来说，含有 N 个未知数的 $M<N$ 个方程是不定方程组，有无穷多个解。但是当 $M\times 1$ 是 K–稀疏的并且 $\boldsymbol{s}$ 中的 K 个非零系数的位置已知，只要 $M\geqslant K$，该问题就可解。此时该问题有解的充要条件是任意 K–稀疏的向量 $\boldsymbol{v}$ 满足存在某个$\varepsilon>0$，使得

$$1-\varepsilon\leqslant\frac{\|\boldsymbol{\Theta v}\|_2}{\|\boldsymbol{v}\|_2}\leqslant 1+\varepsilon \tag{4-89}$$

然而在压缩感知中，$\boldsymbol{s}$ 的 $\boldsymbol{K}$ 个非零系数的位置也是未知的，当满足约束等距性（RIP，Restricted Isometry Property）条件和非相干性（Incoherence）条件时便有稳定的解。RIP 条件将满足上述条件的 $\boldsymbol{v}$ 扩展为任意 $3K$–稀疏向量，非相干性条件则要求$\boldsymbol{\Phi}$中的任意行向量均不是$\boldsymbol{\Psi}$中列向量的稀疏表示，反之亦然。当测量矩阵$\boldsymbol{\Phi}$为随机矩阵时便会以大概率满足 RIP 和非相干条件，例如，测量矩阵$\boldsymbol{\Phi}$的元素是独立同分布（i.i.d.）的零均值、方差为 $1/N$ 的高斯随机变量。信号重构算法就是要搜索信号的稀疏系数向量 $\boldsymbol{s}$，一种有效的求解方法是最小 L1 范数法，即在采用 $M\times N$ 维的 i.i.d.高斯测量矩阵$\boldsymbol{\Phi}$且 $M\geqslant ck\log(N/K)$时

$$\hat{\boldsymbol{s}}=\arg\min_{\boldsymbol{s}'}\|\boldsymbol{s}'\|_1 \tag{4-90}$$

此时满足$\boldsymbol{\Theta s}'=\boldsymbol{y}$，其中，$\boldsymbol{\Theta}=\boldsymbol{\Phi\Psi}$，$c$ 是一个很小的常数，那么 $\hat{\boldsymbol{s}}$ 即为 K－稀疏信号并且与原稀疏信号 $\boldsymbol{s}$ 以高概率近似。这个搜索是凸优化问题，可以利用基追踪法（BP，Basis Pursuit）、正交匹配追踪法（OMP）求解。

综上所述，压缩感知的实现步骤是：对 $N\times 1$ 维的可压缩原始信号 $N\times 1$ 经过 $M\times N$ 维的测量矩阵$\boldsymbol{\Phi}$得到 $M\times 1$ 维的测量向量 $\boldsymbol{y}=\boldsymbol{\Phi x}$。然后，运用重构算法由测量向量 $\boldsymbol{y}$ 首先恢复原始信号的稀疏表示 $\hat{\boldsymbol{s}}$，最后再由稀疏反变换恢复原始信号 $\hat{\boldsymbol{x}}=\boldsymbol{\Psi}\hat{\boldsymbol{s}}$。

当大规模天线阵列的天线间距较小时，MIMO 信道存在较强的空间相关性，MIMO 信道的空频域就存在稀疏表示的可能，因此，可以利用压缩感知技术对大规模天线波束赋形的信道矩阵或对应特征向量进行压缩。

图 4-20 是采用压缩感知方法压缩大规模 MIMO 信道的框图。首先，用户终端对信道矩阵 $\boldsymbol{H}$ 的实部和虚部分别进行向量化 vec(·)得到 $N_\mathrm{T}N_\mathrm{R}\times 1$ 维的信道向量 $\boldsymbol{h}_\mathrm{Re}=\mathrm{vec}(\boldsymbol{H}_\mathrm{Re})$和 $\boldsymbol{h}_\mathrm{Im}=\mathrm{vec}(\boldsymbol{H}_\mathrm{Im})$，记作 $\boldsymbol{h}_\mathrm{Re/Im}=\mathrm{vec}(\boldsymbol{H}_\mathrm{Re/Im})$。此外，信道向量也可为信道主奇异向量的实部或虚部。根据式（4-88），分别令 $\boldsymbol{x}=\boldsymbol{h}_\mathrm{Re}$、$\boldsymbol{x}=\boldsymbol{h}_\mathrm{Im}$，有

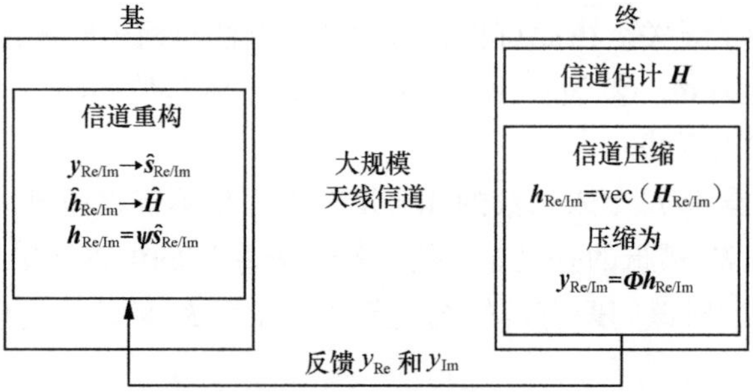

图 4-20 大规模天线信道 CSI 的压缩、反馈与重构

$$\boldsymbol{y}_{Re/Im} = \boldsymbol{\Phi h}_{Re/Im} \tag{4-91}$$

即将 $N_T N_R \times 1$ 维的信道向量 $\boldsymbol{h}_{Re}$、$\boldsymbol{h}_{Im}$ 压缩为 $M \times 1$ 维的测量向量 $\boldsymbol{y}_{Re}$、$\boldsymbol{y}_{Im}$，$M << N_T$。基站和终端均已知测量矩阵 $\boldsymbol{\Phi}$，如前所述，$\boldsymbol{\Phi}$ 的元素服从高斯分布。终端只需要反馈测量向量 $\boldsymbol{y}$ 即可，压缩比为 $\eta = M / (N_T N_R)$。基站收到反馈的测量向量 $\boldsymbol{y}_{Re}$、$\boldsymbol{y}_{Im}$ 后，需要求解式（4-90），得到信道向量的稀疏表示 $\hat{\boldsymbol{s}}_{Re}$、$\hat{\boldsymbol{s}}_{Im}$，最后再由稀疏反变换重构实部和虚部信道向量 $\hat{\boldsymbol{h}}_{Re/Im} = \boldsymbol{\Psi}\hat{\boldsymbol{s}}_{Re/Im}$，进而恢复信道矩阵 $\hat{\boldsymbol{H}}$。

与基于互易性的反馈类似，利用压缩感知技术，可以使基站获得更为丰富的多用户信道信息，从而便于基站从全局角度进行调度和多用户预编码。但是，反馈开销和精度之间的矛盾以及终端侧计算复杂度问题将是该技术实用化过程中需要关注的。

4.4.4 预感知式反馈方式

在传统的基于码本的隐式反馈机制中，终端侧需要测量各天线端口的参考信号。当天线规模很大时，这种方式会带来巨大的参考信号开销。针对这一问题，可以考虑利用经过了波束赋形的参考信号测量并反馈 CSI 的机制（见图 4-20）。例如，可以对一组参考信号分别进行波束赋形，使其根据用户分布覆盖扇区。用户通过对这样一组参考信号进行测量，就可以使终端在调度之前预先感知经过波束赋形之后的信号和相应的信道质量。相对于隐式反馈，这种所谓的预感知式的反馈方式对参考信号设计及资源的要求放松，不需要对与实际天线规模相当的大量的原始信道系数测量，而只需要测量经过波束赋形之后的维度相对较低的信道。用户可以预先体验波束赋形之后的信道，并在此基础之上向网络侧推荐与其信道相匹配的波束以及相应的更为精确的信道质量指示信息。同时，终端还可以在与所选波束相关性较高的区域内进一步感知具有更高分辨率的波束，由此可以通过逐层细化的方式支持多种空间分辨率。在图 4-20 中，假设网络有

100 根天线，可以将这 100 根天线赋形为图 4-21（a）中 3 个互相重叠不多的区域，终端在黑色区域内收到天线赋形信号，将相关信息反馈回去，基站进一步细化，在终端反馈的区域内再细化为 3 个更小的赋形区域［如图 4-21（b）］，最后在图 4-20（c）的 3 个小区域内选择最合适的区域反馈给基站，从而将自身最适合的赋形信道反馈给基站。后续基站可以根据这个赋形反馈来传输数据。

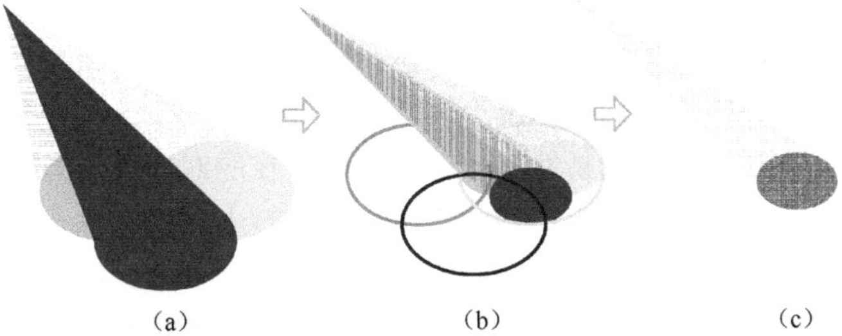

图 4-21　预感知式 CSI 测量与反馈机制

预感知式的反馈方式也可以与基于码本的隐式反馈机制结合起来。例如，可以让终端先测量经过预编码的一组波束，使其预先体验业务传输时的效果。然后终端可以选择一组推荐的波束，并利用码本量化波束之间的相对信息。这一过程可由图 4-22 表示。

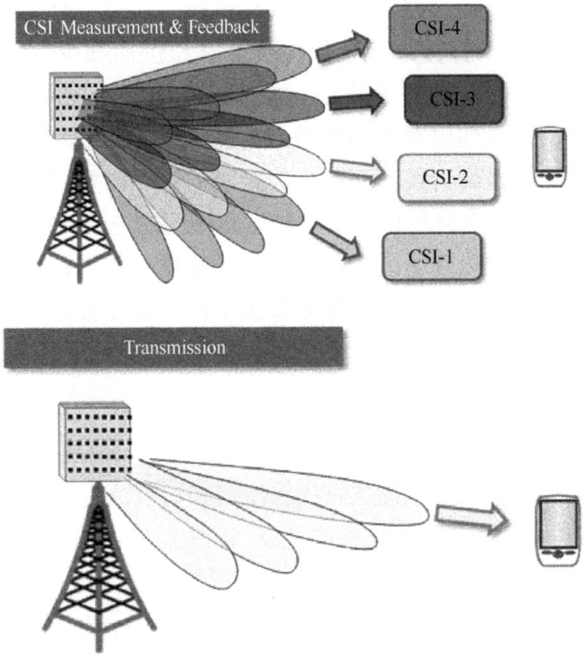

图 4-22　预感知式反馈与隐式反馈的结合

隐式反馈、互易性反馈及预感知反馈 3 种方式的 CSI 反馈精度为递进关系，而这 3 种方式的顽健性则呈递减的顺序。反馈方式的选择与当前的信道条件以及具体的传输质量需求有关，因此，可以根据应用场景、移动性、信道条件预编码算法对 CSI 的需求以及 HARQ 等外环控制信息自适应地选择反馈方案（若反馈的 CSI 波动较大或 NACK 增加，或反馈信道容量受限，可以逐渐向高顽健性方案转换，反之，可以逐步提高反馈精度）。

在这种自适应的反馈机制中，对于基于信道互易性的反馈方案，其设计重点在于抑制非理想因素的影响以及合理的上行参考信号设计和资源配置。对于 TDD 系统，针对利用瞬时互易性进行 CSI 获取存在的对非理想因素较为敏感的问题，也可以采用基于统计互易性的方式，通过对上行信道统计信息（如波达方向、信道协方差矩阵等）的测量获取信道信息。这一方式虽然反馈精度受到一定影响，但对非理想因素有一定的平滑作用，敏感度也相应降低。

4.5 大规模天线的校准

在 TDD 系统中实现大规模天线波束赋形时，在相干时间内基站可以利用上行信道估计来进行下行波束赋形权值的计算，进而减少下行导频以及用户 CSI 反馈的开销。这是 TDD 系统实现大规模天线波束赋形的天然优势。

然而，信道的互易性仅对空间传播的物理信道成立。信号在基带处理完成后要经过发射电路输送到天线，而从天线接收的信号也要经过接收电路输送到基带。一般来说，发射电路和接收电路是两套不同的电路，如图 4-23 所示。因此，由发射电路和接收电路引入的时延以及幅度增益并不相同，即收发电路不匹配。发射电路和接收电路的不匹配导致上下行信道互易性并不严格成立。具体来说，记

$$H_{n,k}^{\mathrm{DL}}(f)=\alpha_k(f)\mathrm{e}^{-\mathrm{j}2\pi A_k(f)}H_{n,k}^{S}(f)\eta_n(f)\mathrm{e}^{-\mathrm{j}2\pi B_n(f)} \tag{4-92}$$

为基站的第 k 根天线到 UE 的第 n 根天线的下行基带等效信道，包括空间传播信道 $H_{k,n}^{s}(f)$，基站第 k 根天线发射电路的幅度响应 $\alpha_k(f)$ 以及相位响应 $\mathrm{e}^{-\mathrm{j}2\pi A_k(f)}$，UE 的第 n 根天线接收电路的幅度响应 $\eta_n(f)$ 和相位响应 $\mathrm{e}^{-\mathrm{j}2\pi B_n(f)}$，$f$ 是频率。UE 的第 n 根发射天线到基站的第 k 根接收天线的上行基带等效信道记为

$$H_{k,n}^{\mathrm{UL}}(f)=\beta_k(f)\mathrm{e}^{-\mathrm{j}2\pi X_k(f)}H_{n,k}^{S}(f)\omega_n(f)\mathrm{e}^{-\mathrm{j}2\pi E_n(f)} \tag{4-93}$$

包括基站第 k 根天线接收电路的幅度响应 $\beta_k(f)$ 以及相位响应 $\mathrm{e}^{-\mathrm{j}2\pi X_k(f)}$，UE 第 n

根天线发射电路的幅度响应 $\omega_n(f)$ 和相位响应 $\mathrm{e}^{-\mathrm{j}2\pi E_n(f)}$ 。对比式（4-92）和式（4-93）可以发现，即使空间传播信道相同，等效的上行基带信道和下行基带信道也可能是不同的。

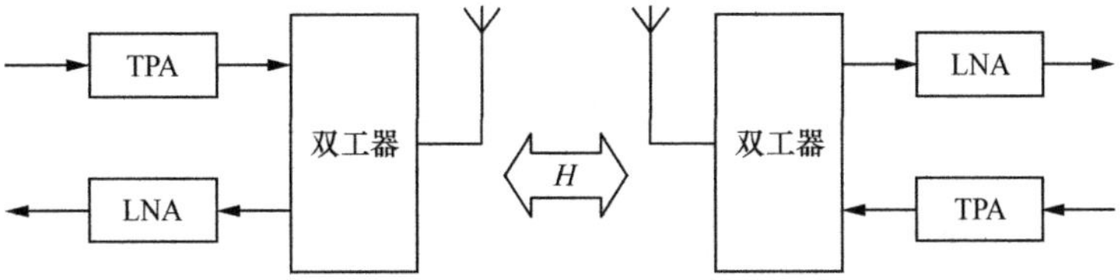

图 4-23　收发链路示意图

将 UE 天线到基站天线的上行基带信道写成矩阵的形式：

$$
\begin{aligned}
\boldsymbol{H}_{\mathrm{UL}}(f)&=\begin{bmatrix} H_1^{\mathrm{UL}}(f)\\ \vdots \\ H_K^{\mathrm{UL}}(f)\end{bmatrix}\\
&=\begin{bmatrix}\beta_1(f)\mathrm{e}^{-\mathrm{j}2\pi X_1(f)} & 0 & 0\\ 0 & \ddots & 0\\ 0 & 0 & \beta_K(f)\mathrm{e}^{-\mathrm{j}2\pi X_K(f)}\end{bmatrix}\cdot\\
&\boldsymbol{H}^{\mathrm{T}}(f)\begin{bmatrix}\omega_1(f)\mathrm{e}^{-\mathrm{j}2\pi E_1(f)} & 0 & 0\\ 0 & \ddots & 0\\ 0 & 0 & \omega_N(f)\mathrm{e}^{-\mathrm{j}2\pi E_N(f)}\end{bmatrix}\\
&=C_{\mathrm{BS,T}}\boldsymbol{H}^{\mathrm{T}}C_{\mathrm{UE,T}}
\end{aligned}
\tag{4-94}
$$

将基站的天线到 UE 天线的下行基带信道写成矩阵的形式：

$$
\begin{aligned}
\boldsymbol{H}_{\mathrm{DL}}(f)&=\left[H_1^{\mathrm{DL}}(f),\cdots,H_K^{\mathrm{DL}}(f)\right]\\
&=\begin{bmatrix}\eta_1(f)\mathrm{e}^{-\mathrm{j}2\pi B_1(f)} & 0 & 0\\ 0 & \ddots & 0\\ 0 & 0 & \eta_N(f)\mathrm{e}^{-\mathrm{j}2\pi B_N(f)}\end{bmatrix}\cdot\\
&\boldsymbol{H}(f)\begin{bmatrix}a_1(f)\mathrm{e}^{-\mathrm{j}2\pi A_1(f)} & 0 & 0\\ 0 & \ddots & 0\\ 0 & 0 & a_K(f)\mathrm{e}^{-\mathrm{j}2\pi A_K(f)}\end{bmatrix}\\
&=C_{\mathrm{UE,R}}HC_{\mathrm{BS,T}}
\end{aligned}
\tag{4-95}
$$

假设 UE 仅有一个天线，并假定下行传输方案为最大比发送（MRT），则根据 $\boldsymbol{H}^{\mathrm{UL}}(f)$ 计算出的下行预编码向量（波束赋形加权值）为

$$w(f)=\frac{\left[\boldsymbol{H}^{\mathrm{UL}}(f)\right]^{*}}{\left\|\boldsymbol{H}^{\mathrm{UL}}(f)\right\|} \tag{4-96}$$

其中，$(\boldsymbol{A})^*$为向量$\boldsymbol{A}$中元素的复共轭，$\|\boldsymbol{A}\|$为向量$\boldsymbol{A}$的范数。UE 接收到的信号表示为

$$\begin{aligned} r&=\boldsymbol{H}^{\mathrm{DL}}(f)\boldsymbol{w}(f)\boldsymbol{s}(f)+\boldsymbol{n}(f)=\boldsymbol{H}^{\mathrm{DL}}(f)\frac{\left[\boldsymbol{H}^{\mathrm{UL}}(f)\right]^{*}}{\left\|\boldsymbol{H}^{\mathrm{UL}}(f)\right\|}\boldsymbol{s}(f)+\boldsymbol{n}(f)\\ &=\frac{\left[\eta_1(f)\mathrm{e}^{-\mathrm{j}2\pi B_1(f)}\mathrm{e}^{-\mathrm{j}2\pi E_1(f)}\right]\sum_{k=1}^{K}\alpha_k(f)\mathrm{e}^{-\mathrm{j}2\pi A_k(f)}\beta_k(f)\mathrm{e}^{\mathrm{j}2\pi X_k(f)}\left|H_k^s(f)\right|^2}{\sqrt{\sum_{k=1}^{K}\left|\beta_k(f)\right|^2\left|H_k^s(f)\right|^2}}\boldsymbol{s}(f)+\boldsymbol{n}(f) \end{aligned} \tag{4-97}$$

其中，$\boldsymbol{s}(f)$和$\boldsymbol{n}(f)$分别是发送给 UE 的数据符号和加性噪声。如果上下行信道互易性严格成立，即$\alpha_k(f)=\beta_k(f)$且$A_k(f)=X_k(f)$，则$\boldsymbol{w}(f)$使得 UE 接收的各天线的信号是同相叠加的，此时 UE 接收到信号的信噪比最高。如果上下行电路不匹配，尤其是相位不同时，则无法保证各天线的信号同相叠加，使得接收信号的信噪比降低，造成性能恶化。

为降低互易性误差的影响，TDD 系统实现大规模天线波束赋形需要先进行天线校准。校准方法大致可以分为两类，即硬件电路自校准和空口校准。

硬件电路校准利用耦合器和多路开关连接每一根天线的发送电路和其他天线的接收电路，形成回路，进行测量校准[65]。对于大规模天线波束赋形来说，通过硬件电路校准具有快速准确的优点。但是，其缺点也十分明显，即增加了硬件成本。另外，需要注意的是，对于分布式 MIMO，由于传输点处于不同的物理位置，虽然传输点内可以采用硬件电路自校准，但是传输点之间却无法采用硬件电路校准。因此，硬件电路自校准难以用于大规模分布式 MIMO。

由于硬件电路自校准方法需要引入额外的硬件校准电路，代价昂贵，所以人们提出了空口（OTA，Over The Air）校准方法。空口校准无须引入额外的硬件校准电路，通过互相接收到的校准信号，计算校准系数。我们根据是否校准用户端的互易性误差，把空口校准分为全端校准和部分校准。

全端校准方法的思想是，基站和 UE 互相收发校准信号，用户把接收到的校准信号反馈给基站，然后基站根据接收的上行校准信号和 UE 反馈的下行校准信号，计算得到校准系数。该方法的优点是可以完成用户端和基站端双方的全校准。其代表性方法是文献[53]提出的一种基于总体最小二乘（TLS，Total Least Squares）的校准方法，该方法可以获得最优的校准性能。但是，在大规模天线系统中，随着基站端天线的增加，反馈校准信号会导致巨大的开销。

文献[71]提出了大规模天线波束赋形的校准方法，基站端选择一个参考天线，其他天线与参考天线进行校准信号的收发。对于分布式 MIMO，参考节点与其他节点交换校准信号、计算校准系数[72]。文献[71，72]的校准性能非常依赖于参考天线（或参考节点）的选择。如果参考天线与其他天线之间的信道质量较差，校准性能将会大大降低。为了进一步提高校准性能，文献[71]提出了最小二乘（LS）校准方法。该方法利用所有天线之间的校准信号，而不是只依赖于参考天线，从而获得更好的性能。文献[56]证明了 LS 校准方法是文献[53]所提出的 TLS 校准方法在基站端部分校准的推广。为了避免 LS 校准所涉及的特征值分解，文献[56]提出了低复杂度的迭代坐标下降法，性能逼近 LS 校准方法。

文献[53]提出的 TLS 算法，将信道互易性误差的校准过程建模为一个 TLS 问题。在校准过程中，基站端根据 UE 发送的校准导频信号估计出上行信道。然后，UE 根据基站发送的校准导频信号估计出下行信道，并将其反馈给基站。为了方便讨论，假设没有反馈和量化误差，且没有反馈时延。

对于前面所描述的上下行信道矩阵，可以通过对上行信道和下行信道分别右乘校准矩阵 $\boldsymbol{D}_{\mathrm{UE}}$ 和左乘校准矩阵 $\boldsymbol{D}_{\mathrm{BS}}$ 来消除上下行电路不匹配引入的互易性误差：

$$\boldsymbol{H}_{\mathrm{UL}}\boldsymbol{D}_{\mathrm{UE}}=\boldsymbol{D}_{\mathrm{BS}}\boldsymbol{H}_{\mathrm{DL}}^{\mathrm{T}} \tag{4-98}$$

其中，$\boldsymbol{D}_{\mathrm{UE}}$ 和 $\boldsymbol{D}_{\mathrm{BS}}$ 均为对角矩阵。结合式（4-94）和式（4-95）可知

$$\boldsymbol{D}_{\mathrm{UE}}=C_{\mathrm{UE,R}}C_{\mathrm{UE,T}}^{-1},\boldsymbol{D}_{\mathrm{BS}}=C_{\mathrm{BS,R}}C_{\mathrm{BS,T}}^{-1} \tag{4-99}$$

则考虑观测噪声存在的情况，校准矩阵可通过求解如下的优化问题得出

$$\underset{\{\boldsymbol{D}_{\mathrm{UE}},\boldsymbol{D}_{\mathrm{BS}}\}}{\arg\min}\left\|\mathrm{vec}\left(\boldsymbol{H}_{\mathrm{UL}}\boldsymbol{D}_{\mathrm{UE}}\right)-\mathrm{vec}\left(\boldsymbol{D}_{\mathrm{BS}}\boldsymbol{H}_{\mathrm{DL}}^{\mathrm{T}}\right)\right\|^2 \tag{4-100}$$

根据矩阵计算原理，式（4-100）的优化问题可以进一步写为

$$\begin{aligned}
&\underset{\{D_{\mathrm{UE}},D_{\mathrm{BS}}\}}{\arg\min}\left\|\mathrm{vec}\left(\boldsymbol{H}_{\mathrm{UL}}\boldsymbol{D}_{\mathrm{UE}}\right)-\mathrm{vec}\left(\boldsymbol{D}_{\mathrm{BS}}\boldsymbol{H}_{\mathrm{DL}}^{\mathrm{T}}\right)\right\|^2\\
&=\arg\min\left\|\left(I_N\otimes\boldsymbol{H}_{\mathrm{UL}}\right)\mathrm{vec}\left(\boldsymbol{D}_{\mathrm{UE}}\right)-\left(\boldsymbol{H}_{\mathrm{DL}}\otimes I_K\right)\mathrm{vec}\left(\boldsymbol{D}_{\mathrm{BS}}\right)\right\|^2\\
&=\arg\min\left\|\left[I_N\otimes\boldsymbol{H}_{\mathrm{UL}}-\boldsymbol{H}_{\mathrm{DL}}\otimes I_K\right]\begin{bmatrix}\mathrm{vec}\left(\boldsymbol{D}_{\mathrm{UE}}\right)\\ \mathrm{vec}\left(\boldsymbol{D}_{\mathrm{BS}}\right)\end{bmatrix}\right\|^2
\end{aligned} \tag{4-101}$$

这是经典的最小二乘优化问题，文献[53]将该问题转化为总体最小二乘问题，并给出了最优解。

TLS 算法要求 UE 向基站发送上行校准信号，并且反馈下行信道的估计值。对于大规模天线波束赋形系统来说，这样大大增加了实现的复杂度和系统资源开销。实际上，在多用户系统中，根据理论分析结果，用户端的互易性误差对

系统性能的影响较小，我们只需要对基站端进行互易性校准。下面给出一种低反馈开销的对基站端进行校准的方法。

记终端估计出的信道矩阵 $\boldsymbol{H}_{\text{DL}}$，终端采用如下两种方式计算校准反馈参数

（1）特征向量法：对信道矩阵的相关矩阵 $\boldsymbol{R}=\boldsymbol{H}_{\text{DL}}^{\text{H}}\boldsymbol{H}_{\text{DL}}$ 做特征值分解，取其最大特征值对应的特征向量为校准反馈参数，记为 V；

（2）相关矩阵法：从预先定义好的集合中选出校准反馈参数：

$$\boldsymbol{V}=\arg\max_{\boldsymbol{W}_K\in C}\left\|\boldsymbol{W}_K^{\text{H}}\boldsymbol{H}_{\text{DL}}^{\text{H}}\boldsymbol{H}_{\text{DL}}\boldsymbol{W}_K\right\|^2 \tag{4-102}$$

其中，$C=\{\boldsymbol{W}_1,\boldsymbol{W}_2,\cdots,\boldsymbol{W}_L\}$ 为预先定义好的校准反馈参数集合，也可以称码本，L 为码本中元素的个数。加权参数的维度为 $K\times1$，即 K 行 1 列，$\boldsymbol{V}=[v_1,v_2,\cdots,v_K]^{\text{T}}$。

终端将计算出的校准反馈参数 $\boldsymbol{V}$ 通过上行信道反馈到基站，如果 $\boldsymbol{V}$ 是从码本中选择出来的，则可以只反馈 $\boldsymbol{V}$ 在码本中的编号，基站根据此编号从码本中确定 $\boldsymbol{V}$。如果 $\boldsymbol{V}$ 不是从码本中选择出来的，则可以将 $\boldsymbol{V}$ 中的各个元素量化后反馈。$\boldsymbol{V}$ 的计算与反馈是针对一定带宽进行的，例如将系统带宽划分成若干个子带，每个子带计算并反馈一个校准反馈参数。相对于直接反馈信道估计值，反馈开销大大降低。

基站接收终端反馈的校准参数 $\boldsymbol{V}$，基站通过终端发送的上行参考信号计算出上行信道矩阵 $\boldsymbol{H}_{\text{UL}}$。基站计算 K 个天线的校准系数，可以通过求解如下优化问题的方式计算校准系数。

$$\boldsymbol{D}_{\text{BS}}=\arg\max_{\text{D}}\left\|\boldsymbol{H}_{\text{UL}}^{\text{T}}\boldsymbol{D}\boldsymbol{V}\right\|^2 \tag{4-103}$$

其中

$$\boldsymbol{D}_{\text{BS}}=\begin{bmatrix} d_1 & 0 & \cdots & 0 \\ 0 & d_2 & 0 & 0 \\ \vdots & 0 & \ddots & \vdots \\ 0 & 0 & \cdots & d_K \end{bmatrix}$$

d_K 为第 k 个天线的校准系数。对上式优化问题进行变化，可以得到等效的优化问题。

$$\boldsymbol{E}=\arg\max_{\boldsymbol{E}_s}\left\|\boldsymbol{H}_{\text{UL}}^{\text{T}}\text{diag}(\boldsymbol{V})\boldsymbol{E}_s\right\|^2 \tag{4-104}$$

其中

$$\text{diag}(\boldsymbol{V})=\begin{bmatrix} v_1 & 0 & \cdots & 0 \\ 0 & v_2 & 0 & 0 \\ \vdots & 0 & \ddots & \vdots \\ 0 & 0 & \cdots & v_K \end{bmatrix}$$

是由 UE 反馈的校准反馈参数构造的对角矩阵，$\boldsymbol{E}=\left[e_1,e_2,\cdots,e_K\right]^{\mathrm{T}}$，$e_K$ 为第 K 个天线对应的校准系数。容易看出，等效优化问题的解即为矩阵 $\left[\boldsymbol{H}_{\mathrm{UL}}^{\mathrm{T}}\mathrm{diag}\left(\boldsymbol{V}\right)\right]^{\mathrm{H}}\boldsymbol{H}_{\mathrm{UL}}^{\mathrm{T}}\mathrm{diag}\left(\boldsymbol{V}\right)$ 的最大特征值对应的特征向量，即 $\boldsymbol{E}=\mathbf{eigvec}\{[(\boldsymbol{H}_{\mathrm{UL}}^{\mathrm{T}}\mathrm{diag}(\boldsymbol{V})]^{\mathrm{H}}\boldsymbol{H}_{\mathrm{UL}}^{\mathrm{T}}\mathrm{diag}(\boldsymbol{V})\}$，$\mathbf{eigvec}\left(\boldsymbol{A}\right)$ 为矩阵 $\boldsymbol{A}$ 的最大特征值对应的特征向量。

基站的互易性误差是由基站的硬件决定的，为基站本身的特性，因此，基站可以利用多个终端反馈的校准反馈参数计算校准系数，提高校准的精度。假设基站可以获得 Q 组数据值，每组数据包括上行信道 $H_{\mathrm{UL},q}$ 以及终端反馈的校准参数 V_q，这 Q 组数据值可以是一个终端多次测量上报得到的，也可以是不同的终端测量上报得到的。由 Q 组数据值联合优化得到校准系数的优化问题为

$$\boldsymbol{E}=\arg\max_{\boldsymbol{E}_s}\frac{1}{Q}\sum_{q=1}^{Q}\left\|\boldsymbol{H}_{\mathrm{UL},q}^{\mathrm{T}}\mathrm{diag}\left(\boldsymbol{V}_q\right)\boldsymbol{E}_s\right\|^2 \tag{4-105}$$

此优化问题的解为 $\boldsymbol{E}=\mathbf{eigvec}\left\{\frac{1}{Q}\sum_{q=1}^{Q}\left[\boldsymbol{H}_{\mathrm{UL},q}^{\mathrm{T}}\mathrm{diag}\left(\boldsymbol{V}_q\right)\right]^{\mathrm{H}}\boldsymbol{H}_{\mathrm{UL},q}^{\mathrm{T}}\mathrm{diag}\left(\boldsymbol{V}_q\right)\right\}$。

4.6　大规模天线波束协作技术

无线信号的广播特性使得干扰成为无线通信系统提高频谱效率的主要瓶颈，有效地管理干扰是通信网络设计中的核心问题之一。在现代蜂窝通信系统中，为了提高频谱利用率，都需实现同频复用，严重的邻小区同频干扰导致小区边缘用户的吞吐量大大降低。小区边缘用户能达到的速率远远低于系统设计的峰值速率。图 4-24 展示了站间距为 500m 的三扇区结构蜂窝网络中的 SINR 分布情况。小区中心的用户可以达到极高的 SINR，从而实现高速通信。然而小区间干扰使得小区边缘只能达到较低的 SINR，这意味着小区边缘用户只能达到小区中心用户的通信速率的几分之一。在 ITU 提出的 5G 的关键技术指标中，用户体验速率的要求为 100Mbit/s，要求小区边缘的用户也能达到这个速率指标。小区间干扰的存在使得这个指标的达成极具挑战性。

同频组网的情况下，小区间干扰的存在都会使部分用户的 SINR 远低于小区内的平均水平。多小区协作进行信号的收发处理则是解决小区间干扰问题的

有效手段。根据小区间信息交互的需求，小区间协作技术可以分成半静态协作和动态协作两类。

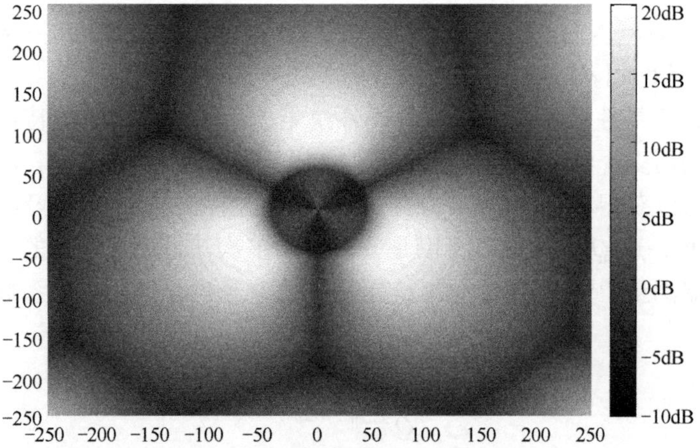

图 4-24 同构蜂窝网络 SINR 分布

半静态协作技术，包括部分频率复用（FFR，Fractional Frequency Reuse）[73]、软频率复用（SFR，Soft Frequency Reuse）[74]，以及增强型小区间干扰协调技术（eICIC，enhanced Inter-cell Interference Coordination）[75]等。半静态协作技术只需要在小区间交互少量的对时延不敏感的信息即可实现协作。半静态协作技术在回程链路（Backhaul）引入的开销以及实现的复杂度都比较低，在干扰管理方面可以获得一定的效果。然而因为不能快速适应由动态调度和波束赋形导致的干扰状况的动态变化，半静态协作技术所能获得的增益有限。此外，半静态协作需要半静态地划分出一部分资源，这导致网络的调度灵活度受到一定的限制。

动态地对多个小区发送和接收到的信号进行协作处理可以获得更大的性能增益。结合多天线技术，小区间动态协作技术包括网络 MIMO[76]、分布式 MIMO[77]和多小区 MIMO。这些本质相同的方案可以有效解决小区间干扰问题，使用户获得均匀的体验，统称为多点协作传输。参与协作的各个小区的基站，或者一个小区内的多个射频拉远单元（RRU）都可以被看作是传输点（TP，Transmission Point）。

多小区协作方案可以分成 4 类：动态传输点切换（DPS，Dynamic Point Switching）、动态传输点静默（DPB，Dynamic Point Blanking）、联合传输（JT，Joint Transmission）和协作调度/波束赋形（CS/CB，Coordinated Scheduling/Beamforming），如图 4-25 所示。

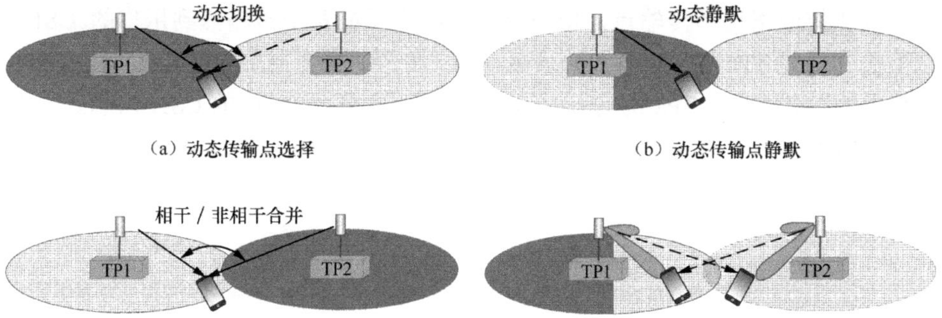

（a）动态传输点选择　（b）动态传输点静默

（c）联合传输　（d）协作调度 / 波束赋形

图 4-25　多小区协作传输方案

4.6.1　多小区协作传输方案

1. DPS 传输方案

无线信道由于多径效应以及多普勒效应会存在频率选择性以及时间选择性，即无线信道的增益在时域和频域内呈高低起伏状态。此外，多个传输点的地理位置分离，其到用户的信道的统计特性相对独立。因此，用户的多个传输点的瞬时信道增益的相对值也是随频率和时间不断变化的。从中选择信道增益相对较好的传输点并动态切换至该传输点为用户进行数据传输，可以充分利用信道的瞬时时变特性，获得时间或频率选择分集增益，如图 4-25（a）所示。

这里的动态切换是指子帧级别的切换，即连续的两个子帧的传输点可以不同。DPS 与小区切换的区别在于 DPS 是基于瞬时信道状态信息进行，而小区切换是基于长时统计量（RSRP/RSRQ，Reference Signal Received Power/ Reference Signal Received Quality）完成。另外，DPS 的传输点切换可以在每个子帧都发生，而小区切换过程通常需要持续更长时间。

DPS 是基于瞬时信道状态信息完成的，有两种实现方式。一种是用户自行选择，即用户根据多个传输点到用户的 CSI 选择出对其有利的传输点，将选择出的传输点的标识以及相应的 CSI 反馈给网络，网络参考用户的选择进行数据调度。

另一种是用户将多个传输点的 CSI 都反馈给网络，由网络根据 CSI 以及网络的业务负荷等条件选择合适的传输点调度传输。用户选择方式的优点是反馈的开销比较小，但用户选择的传输点未必对网络整体性能来说是最优的。网络选择的开销相对较大，但是网络掌握的信息更加全面，可以做出对整体性能最有利的选择。

为支持网络选择传输点，用户需要向网络反馈各个传输点到用户的 CSI。以两个传输点 TP1 和 TP2 为例，网络需要 TP1 和 TP2 到用户的 CSI。对于 TP1 到用户的 CSI 来说，TP2 的信号对用户是干扰，如图 4-26 中的 CSI1 所示。同理对于 TP2 到用户的 CSI，TP1 的信号对用户是干扰，如图 4-26 中的 CSI2 所示。

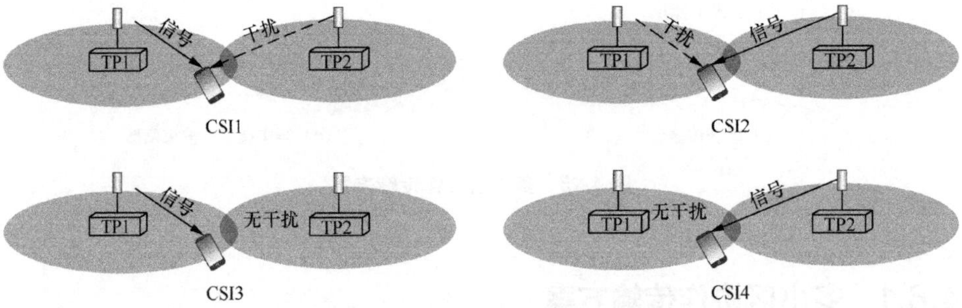

图 4-26　DPS/DPB 所需的信道状态信息

2. DPB 传输方案

在通常情况下，用户受到的干扰主要来自少数几个干扰源的贡献，如果通过协作控制主要干扰源在用户调度的资源上保持静默，则用户的通信质量可以获得显著提高。DPB 方案即是控制用户的主要干扰源在特定的时频资源上保持静默的协作方案，如图 4-25（b）中的 TP2 即通过静默的方式降低对用户的干扰。静默的传输点由于其资源被迫闲置，会带来一定的性能损失，因此，是否静默取决于整个协作区域的性能。如果一个传输点静默能使其他的传输点获得增益，且其增益足以弥补该传输点静默所带来的损失，则该传输点可以选择静默，否则仍应该进行正常的数据传输。

DPB 方案在异构网络中的优势尤为明显。异构网络中通常静默的是宏小区，一个宏小区内部署的多个微小区会同时因此受益。多个微小区获得的增益叠加很有可能超过宏小区静默所带来的损失，从而给整个协作区域带来增益。

为了帮助网络做出是否静默的决策，用户需要向网络反馈其主要干扰源静默与否两种状态下的 CSI。有了这两种状态的信息，网络就可以计算出主要干扰源静默相对于主要干扰源正常传输所能带来的性能提高，从而判断静默是否会对协作区域的吞吐量提高有所贡献。

DPB 方案可以和 DPS 方案结合起来使用，即除了选中的传输点外，其他的传输点保持静默，同时获得传输点选择增益以及传输点静默带来的增益。两种方案结合起来，网络需要的 CSI 将包括多个传输点在多种干扰状态下的 CSI，如图 4-26 所示。其中，CSI1 和 CSI2 为 DPS 所需的信道状态信息，CSI3 是传输点为 TP1，TP2 保持静默条件下的信道状态信息，CSI4 则为传输点为 TP2，TP1 保持静默条件下的信道状态信息。如果用户将这 4 种 CSI 反馈给网络，网络可以灵活地在 TP1 和 TP2 之间选择传输点，以及选择是否将另外的传输点置为静默。

3. CS/CB 传输方案

协作调度/波束赋形方案通过协调多个传输点的调度决策和波束来降低相互间的干扰，而数据始终从固定的传输点发出。协作调度是指对用户的资源分配进行协调，避免强干扰的情况出现，如避免将两个小区中空间隔离程度很小的两个用户调度到相同的资源上，而是将他们调度到正交的时频资源上。此外，合理的选择波束赋形的权值可以进一步降低干扰，例如，在邻小区调度的用户所处的方向上形成零陷，如图 4-25（d）所示。在调度的过程中，网络在选择调度用户或者选择波束时需要在最大化服务用户的性能和最小化对其他用户的干扰间进行折中。SLNR（Signal to Leakage plus Noise Ratio) 准则在两者之间进行了较好的平衡。根据 SLNR 准则，用户 i 的预编码向量 $\boldsymbol{F}_i$ 可以通过求解如下优化问题得到。

$$\boldsymbol{F}_i = \arg\max \frac{\operatorname{tr}\left(\boldsymbol{F}_i^{\mathrm{H}} \boldsymbol{R}_i^k \boldsymbol{F}_i\right)}{\operatorname{tr}\left(\sum_{j \neq i} \boldsymbol{F}_i^{\mathrm{H}} \boldsymbol{R}_j^k \boldsymbol{F}_i + \alpha I\right)}$$

其中，$\boldsymbol{R}_i^k$ 为基站 k 到用户 j 的信道协方差矩阵，分子即表示目标用户使用预编码向量 $\boldsymbol{F}_i$ 后的接收信号功率，分母中表示用户 i 使用预编码向量 $\boldsymbol{F}_i$ 后对其他用户造成的干扰功率，α 表示正则项，用于在最大化目标用户的接收功率和最小化对其他用户的干扰之间的平衡。α 取无穷大，则 SLNR 相当于最大化目标用户的接收功率，α 取值越小，对其他用户的干扰会越小。

理想的策略是将调度决策和波束的选择联合进行优化，在实际系统中由于计算量过大而无法应用。一种简单可行的方法是采用多次迭代调度的方式实现 CS/CB。在迭代过程中，每个小区基于当前其他小区的调度决策和波束选择重新进行用户和波束的选择，而其他小区的调度和波束选择保持不变。在重新选择的过程中，除了要考虑当前小区的性能，还需要考虑其他小区的已经调度的用户的性能，即优化的目标是协作区域内整体的性能。实际调度中，少量的几次迭代就可以得到性能良好的调度结果。

4. JT 传输方案

DPB 方案中用户的主要干扰源保持静默以降低 UE 的干扰，其资源处于空闲状态。如果向用户传输的数据包能通过多个传输点向其传输，则可以进一步提高传输的性能，这称为 JT 传输方案。JT 方案中两个或者更多的传输点同时在相同的时频资源上向一个用户传输数据，如图 4-25（c）所示。

根据多个传输点的信号在用户处的合并方式，可以分为相干 JT 和非相干 JT。相干 JT 可以保证 UE 接收到的多个传输点的信号相位基本相同，更有利于信号质量的提升。另外相干 JT 允许多个传输点联合对同信道调度的用户进行干扰抑制。因此，在所有的协作方案中相干 JT 的性能是最优的。然而，相干 JT 对信道状态信息的精确程度非常敏感[50]，实现方案复杂度也比较高。但是在 TDD 系统中可以在设备实现时利用信道互易性来实现复杂度较低的相干 JT 方案，从而获得更好的性能。

非相干 JT 不能保证实现信号的同相叠加，但是由于信号功率的增加和干扰源的减少，UE 的 SINR 仍能获得一定提高。非相干 JT 与 DPB 一样，其受到的干扰不包括其主要干扰源产生的干扰，而非相干 JT 的信号源比 DPB 的信号源更多，因此，在相同条件下非相干 JT 比 DPB 的 SINR 会更高。但是这不意味着非相干 JT 比 DPB 的性能更好，一方面非相干 JT 的信号源多，相应的对其他的用户产生的干扰也更大；另一方面，DPB 中一个传输点静默可以使得周围多个传输点内的用户产生性能提升，而非相干 JT 中只能使一个用户受益。所以，选择非相干 JT 亦或 DPB 应以系统整体性能为依据。在网络负荷不高时，邻小区空闲的资源可以用来实现非相干 JT 传输，此时非相干 JT 的增益会更明显。

4.6.2 多小区协作传输技术分析

1. **系统模型**

（1）无协作场景

在多小区系统中，如果基站之间没有合作，即一个基站不能访问其他基站发送的数据和信道状态信息，那么这个系统可以抽象为多小区多用户的下行干扰信道。

考虑一个最简单的 K-用户 MIMO 对称干扰信道，如图 4-27 所示，系统中有 K 个发送接收对，每个发射端有 M 根天线，接收端有 N 根天线，则第 k 个接收端收到的信号为

$$y_k=\sum_{i=1}^{K}\boldsymbol{G}_{ki}X_i+n_k=\boldsymbol{G}_{kk}X_k+\sum_{i\neq k}\boldsymbol{G}_{ki}X_i+n_k \tag{4-106}$$

其中，$\boldsymbol{G}_{ki}$ 是第 k 个发射端到第 i 个接收端的信道矩阵，n_k 为加性高斯白噪声，$G_{kk}X_{kk}\,G_{kk}X_k$ 为预期目标信号，而 $\sum_{i\neq k}\boldsymbol{G}_{ki}X_i$ 为来自其他小区的干扰信号。

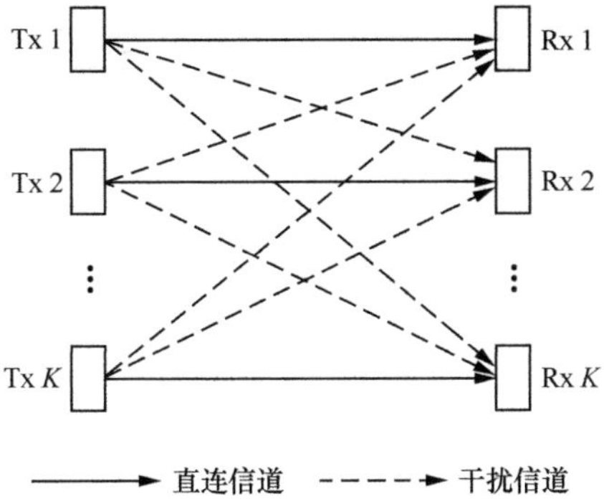

图 4-27　K-用户干扰信道

（2）协作传输场景

在前面介绍的多小区协作传输方案中，JT 传输方案和 CS/CB 方案可以被看作是单小区多天线方案的自然延伸，并且有明显的性能优势，因此，本节后续重点讨论这两种方案。这两种方案对协作基站间信息共享有不同程度的要求。

- JT：当协作基站间通过大容量低延迟回程网络相连时，基站间不仅可以共享信道状态信息，同时还可以共享各自接收到的用户数据。在这种情况下，一个用户受一个基站服务的概念就消失了，多个协作小区共同构成一个巨大的虚拟 MIMO 小区，每个小区都可以利用所有协作基站的天线来收发信号。
- CS/CB 方案：目前的蜂窝网络性能可以通过在基站间共享链路的信道信息得到改善。CSI 可以使得协作基站除了能够协调时间和频率外，还可以协调用户调度、功率分配和波束赋形方向等。由于不需要在基站间共享发送和接收数据，因此所需的网络带宽不大，但在系统用户足够多的情况下能够带来不错的增益。

如果不同小区的基站允许通过理想回程链路共享信息进行合作传输，那么前述的 MIMO 干扰信道就可以转化为 MIMO 广播信道，小区间的干扰处理问题就转化为了用户间的干扰处理问题，如图 4-28 所示。等效 MIMO 广播信道的输入输出模型为

$$\boldsymbol{y} = \boldsymbol{G}\boldsymbol{x} + \boldsymbol{n} \tag{4-107}$$

其中，$\boldsymbol{y} = \left[y_1^{\mathrm{T}} \cdots y_K^{\mathrm{T}}\right]^{\mathrm{T}}$，$\boldsymbol{n} = \left[n_1^{\mathrm{T}} \cdots n_K^{\mathrm{T}}\right]^{\mathrm{T}}$，$G$ 为下行协作传输的扩展信道矩阵

$$\boldsymbol{G} = \begin{bmatrix} G_{11} & \cdots & G_{1K} \\ \vdots & \ddots & \vdots \\ G_{K1} & \cdots & G_{KK} \end{bmatrix} \in C^{KN \times KM}$$

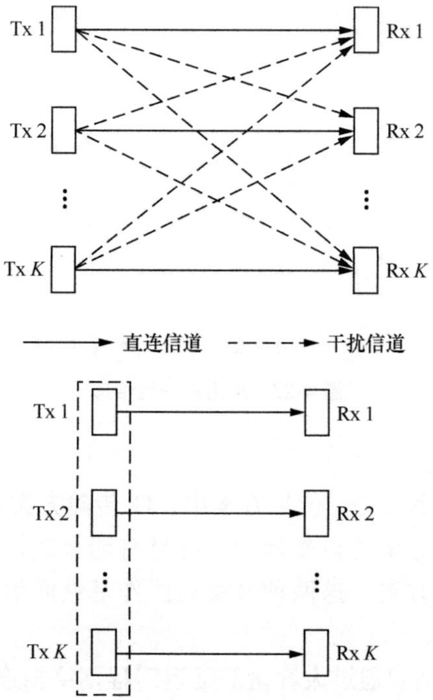

图 4-28　等效的多用户广播信道

如果存在一个中心处理单元已知发射信号的扩展向量 $\boldsymbol{x}$ 和扩展信道矩阵 $\boldsymbol{G}$，那么这个系统就等价于单小区多用户 MIMO 系统，可以使用 MU-MIMO 的相关非线性或线性预编码技术进行处理。

2. **性能分析**

为评估联合传输方案的性能，考虑两个评估场景，如图 4-29 所示。其中场景 1 是指共站址的 3 个扇区之间的协作。由于是共站址协作，基站之间的信息交互可以认为是理想交互，即零时延，容量不受限。场景 2 是指不共站址的 3 个站点的 9 个小区之间的协作。3 个站点之间通过光纤连接，也可以认为是理想信息交互。每个基站的天线数量为 8，对于场景 2，协作的天线数量达到 72 根。

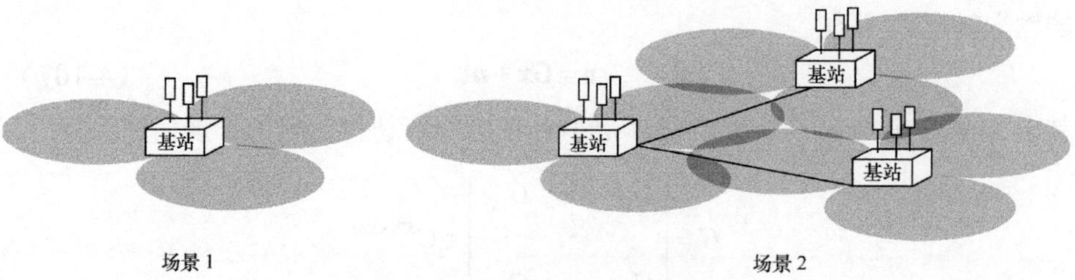

图 4-29　联合传输方案评估场景

发送端通过信道互易性获得信道状态信息。协作区域内的基站联合计算所调度的用户的发射波束赋形权值以抑制协作区域内同信道用户之间的干扰。图 4-30 给出了相干 JT 相对于单小区传输的小区平均和小区边缘用户频谱效率的增益。因为时频资源在多个用户之间进行了复用，小区边缘和小区中心的用户均能获得显著的性能提升。图 4-30 中场景 2 是指 9 个小区之间的协作，场景 1 是指共站址的 3 个扇区之间的协作。场景 2 的协作区域要大于场景 1 的协作区域，因此，其协作增益也相应更大。详细的仿真条件可以参考文献[78]。

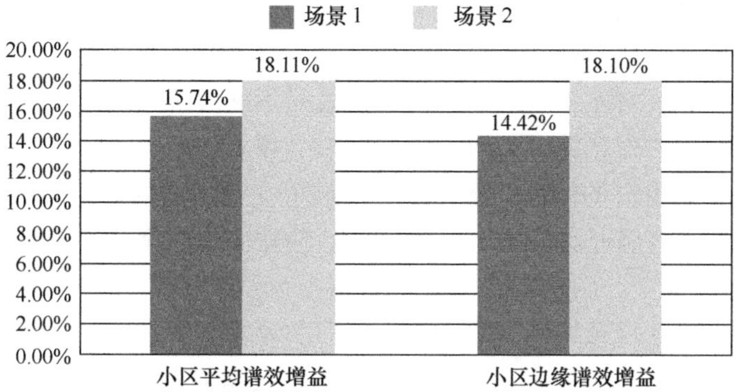

图 4-30　同构蜂窝网络中联合传输方案的性能评估

4.6.3　大规模多天线波束协作技术

在过去的二十多年中，MIMO 技术由于具有在不增加额外的功率或频谱资源的条件下提供随天线数量线性增长的容量，且能降低干扰和延迟、提高可靠性而得到了广泛的关注。为了进一步提高频谱效率和能量效率，文献[10]提出了大规模天线波束赋形的概念，由于基站安装的天线数达几十根甚至几百根，极大的空间自由度带来了谱效和能效的巨大提高，可以实现容量提升 10 倍以上，辐射能效提高 100 倍以上。通常的大规模天线为集中式天线配置，即为一个终端服务的基站天线集中在一处地理位置。前述的多小区协作技术随着规模的扩展，可以被看作是另一种实现大规模多天线的方式，即分布式的大规模多天线。扩展规模可以从两个方向进行：① 扩大协作的范围，实现几十、几百个基站之间的协作；② 增加单个基站的天线数量。从这两个方向扩展均可以实现对终端的分布式大规模多天线传输。

由于分布式大规模多天线更有效的利用了信道衰落的多样性，相比于集中式系统来说可以获得更高的性能，具体实现时也面临诸多的挑战。

1. 预编码算法

集中式大规模多天线技术的预编码算法包括 MRT 预编码、ZF 预编码和正则化迫零（RZF）预编码[10]等线性预编码算法，以及 THP 和 VP 等非线性预编码算法。这些预编码算法在大规模多天线协作系统中仍然可以使用，但是要考虑协作系统的特点进行优化调整。

首先要考虑基站间信息交互的问题。根据基站间信息交互程度的不同，预编码算法可以分成 3 类。

（1）单基站算法

基站间不需要交互任何用户的信道状态信息和用户的数据信息，单个基站独立完成计算，这对应于基站间无协作场景，不能解决小区间干扰问题。

（2）基站间协作预编码（协作波束赋形）算法

基站间交互用户的信道状态信息，但是不交互用户的数据信息，多个基站联合完成计算或者各基站独立计算，各基站独立传输数据，对应于 CS/CB 协作方案。

（3）基站间联合预编码（联合波束赋形）算法

基站间交互用户的信道状态信息和用户的数据信息，多个基站联合完成计算，多个基站联合传输数据，对应于 JT 传输方案。

协作预编码算法相对于联合预编码算法，不需要在基站间交互用户的数据信息，此外，用户的信道状态信息交互量也更少。对于协作预编码算法，系统内的每一个基站可以独立的计算预编码，只要基站可以获得其到协作区域内所有用户的信道状态信息。例如，采用 SLNR 算法计算预编码，记第 l 个基站到第 i 个用户的信道矩阵为 $\boldsymbol{G}_{li}$，则第 l 个基站为第 i 个用户传输数据的预编码可以计算为

$$\boldsymbol{F}_i = \arg\max_{\boldsymbol{P}} \frac{\operatorname{tr}\left(\boldsymbol{P}^{\mathrm{H}}\boldsymbol{G}_{li}\boldsymbol{G}_{li}^{\mathrm{H}}\boldsymbol{P}\right)}{\operatorname{tr}\left(\sum_{j\neq i}\boldsymbol{P}^{\mathrm{H}}\boldsymbol{G}_{lj}\boldsymbol{G}_{lj}^{\mathrm{H}}\boldsymbol{P}\right)+\alpha I}$$

可以看出上述计算公式中只利用了基站 l 到所有用户的信道矩阵。当然，更加复杂优化的协作预编码算法可以利用所有基站到所有用户的信道信息联合计算。

而对于联合预编码算法，需要有一个中心处理单元（可以是某一个基站）进行计算，中心处理单元需要知道协作区域内所有基站到所有用户的信道状态信息。例如，采用迫零算法，中心处理单元需要对扩展信道矩阵 $\boldsymbol{G}$ 求逆，用到了所有相关的信道矩阵。

当协作规模变大以及基站的天线数目变大时，协作预编码和联合预编码算

法需要在基站间交互的信息量也线性增加。此外，各种预编码算法对于信道状态信息的实时性有比较高的要求，即基站间需要频繁地交互信道状态信息以保证预编码算法的性能，这就给实际的应用带来了很大的挑战。如何降低基站间的交互量以及在基站间信息交互的容量和时延受限的情况下的设计预编码算法是大规模协作技术需要进一步探索的问题。

第二个需要考虑的是单基站或者天线的功率约束问题。MRT 或者 RZF 一类算法计算出来的预编码权值是非恒模的，即不同天线的发射功率不同。对于分布式的大规模多天线系统，基站间功放可能存在不同情况，在计算预编码时必须考虑各基站功率约束的问题。以 MRT 算法为例，如果协作区域内 L 个基站到 K 个用户的扩展信道矩阵记为

$$\boldsymbol{G}=\begin{bmatrix} G_{11} & \cdots & G_{1L} \\ \vdots & \ddots & \vdots \\ G_{K1} & \cdots & G_{KL} \end{bmatrix} \in \boldsymbol{C}^{KN\times LM}$$

则 MRT 算法得到的预编码为

$$\boldsymbol{F}=\boldsymbol{G}^{\mathrm{H}}=\begin{bmatrix} \boldsymbol{G}_{11}^{\mathrm{H}} & \cdots & \boldsymbol{G}_{K1}^{\mathrm{H}} \\ \vdots & \ddots & \vdots \\ \boldsymbol{G}_{1L}^{\mathrm{H}} & \cdots & \boldsymbol{G}_{KL}^{\mathrm{H}} \end{bmatrix} \in \boldsymbol{C}^{LM\times KN}$$

由预编码矩阵计算出第 l 个基站的发射功率为

$$P_l=\left\|\boldsymbol{G}_{1l}\right\|^2+\left\|\boldsymbol{G}_{2l}\right\|^2+\cdots+\left\|\boldsymbol{G}_{Kl}\right\|^2$$

记第 l 个基站的最大发射功率为 $\overline{P}_l$。如果 $P_l<\overline{P}_l$，则实际发射功率小于基站最大的发射功率，基站的能力没有得到充分利用；如果 $P_l>\overline{P}_l$，则在发射时会造成发射信号的失真，影响预编码的性能。因此，传统预编码算法需要在有单基站功率约束的条件下重新设计才能工作于分布式大规模多天线系统。

2. 信道状态信息获取

大规模多天线协作技术的效果取决于基站侧所能获得的信道状态信息的准确程度。FDD 系统主要依靠终端通过上行信道的反馈获得信道状态信息。受限于上行信道的容量限制，所得的信道状态信息在精度和时效性上难以满足要求。随着协作规模的扩大，反馈开销也急剧增加。TDD 系统的优势在于利用信道互易性可以获得准确的信道状态信息。但是利用信道互易性的前提条件是参与协作的各个基站的天线是经过校准的。集中式大规模天线可以通过硬件电路实现自校准，但是对于分布式的大规模多天线来说，在各个基站之间连接耦合电路进行自校准方式并不现实。因此，可以考虑本章前面介绍空口自校准方式实现分布式大规模多天线的校准。此外，也可以考虑基站之间直接进行空口的

信号收发实现校准，这要求参与协作的基站之间的连接质量比较好，足以支持校准信号的传输。

3. 基站间信息交互

大规模多天线协作技术通过回程链路在不共站址的基站之间交互用户的数据信息、信道状态信息等。理想回程链路为吞吐量非常高，时延非常低的回程链路，如采用光纤或 LOS 微波的点到点连接，见表 4-2。非理想回程链路为广泛使用的典型回程链路，如 xDSL、NLOS 微波和其他回程链路，如中继给出了理想回程链路和非理想回程链路的典型参数，见表 4-3。实际网络中的回程链路有各种形式，所能提供的信息交互能力也不同，如随着光纤能力不断提高，也可以支持高达 100Gbit/s 的传输能力，但成本较高。大规模多天线协作技术方案需与回程链路的能力相匹配。

表 4-2 理想回程链路典型参数

回程链路技术	时延（单路）	吞吐量
光纤	2～5ms	50Mbit/s～10Gbit/s

表 4-3 非理想回程链路参数

回程链路技术	时延（单路）	吞吐量
光纤接入 1	10～30ms	10Mbit/s～10Gbit/s
光纤接入 2	5～10ms	100Mbit/s～1000Mbit/s
DSL 接入	15～60ms	10Mbit/s～100Mbit/s
电缆	25～35ms	10Mbit/s～100Mbit/s
无线回程链路	5～35ms	典型值 10Mbit/s～100Mbit/s，可能达到吉比特每秒

联合预编码方案由于其交互量大，对时延的要求高，只能基于理想回程链路实施。而协作预编码方案，在部分非理想回程链路上也具有实施的可能性。

MAC 处理之后的数据在物理层基带的处理过程包括信道编码、速率匹配、加扰、调制、层映射、资源映射、预编码、OFDM 调制。基带生成的信号经过数模转换和模拟波束赋形后发射出去。下行数据传输处理过程如图 4-31 所示。

联合预编码方案完整地实施上述过程需要多个网络实体的参与，包括中心处理单元和协作的基站。上述处理过程在各个实体之间划分的方式会影响到回程链路上的信息交互量和交互内容。

中心处理单元将 OFDM 调制之后的基带数据通过回程链路发送给各个协

作的基站，如图 4-32（a）所示。所有的计算集中于中心处理单元，回程链路上的数据传输量极大，数据量正比于系统带宽和天线数量。优势是通过集中处理简化了远端基站的实现，较容易实现计算负荷的均衡，可以充分利用网络的计算能力。

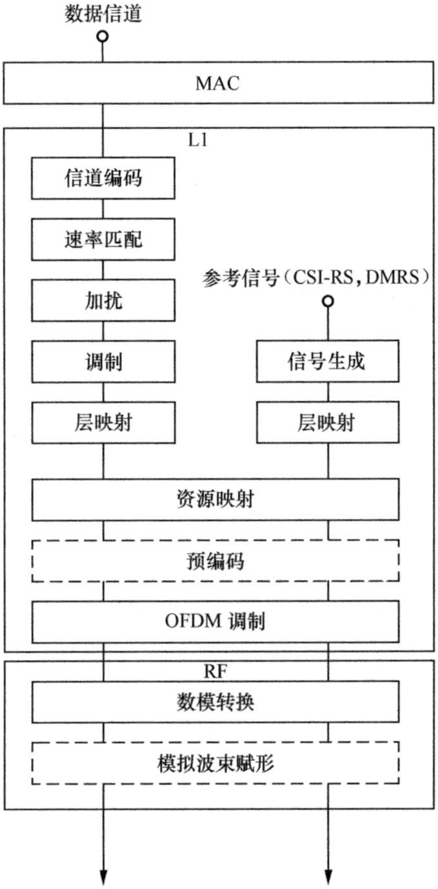

图 4-31　下行数据传输处理过程

中心处理单元将 MAC 层的数据包直接发送给各协作基站，由各协作基站完成信道编码、调制、OFDM 调制以及预编码等计算，如图 4-32（b）所示。中心处理单元负责完成预编码的计算，并将计算得到的预编码发送给各个基站。这种方式在回程链路上的数据量最小，数据量和待传输的用户数据量有关。大量的计算放到基站端，对基站端的实现要求比较高。

上述是两个极端，分别为信息交互量最大和最小的方式。实际上还可以有介于两者之间的处理方式，例如，中心处理单元将预编码后的数据发送给各协作基站，由各个基站进行后续的 OFDM 调制等操作。具体使用哪种信息交互方式需根据回程链路的容量、各节点的处理能力等综合考虑确定。

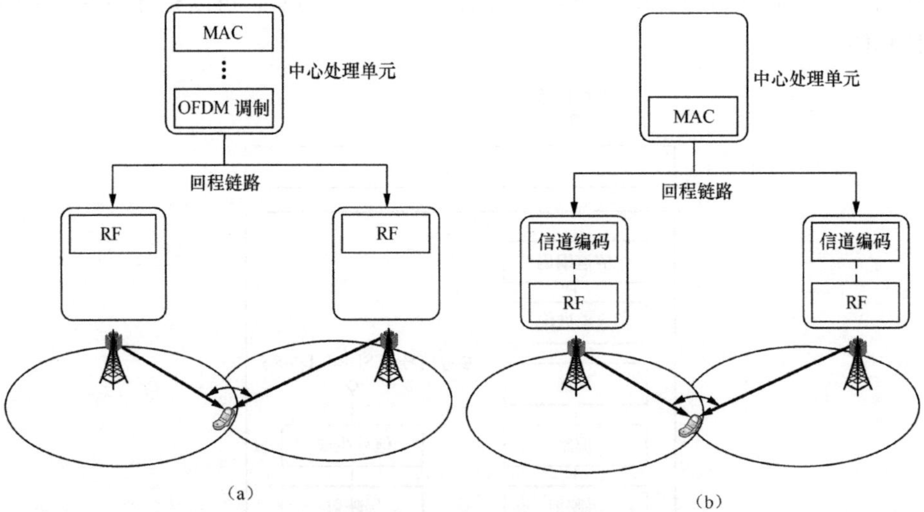

图 4-32　基站间信息交互方式

4. *基站间时频同步*

在大规模协作传输中，用户需要从多个基站接收数据。各基站到用户的距离不同，无线信号的传播时间不同，所以即使是各个基站同时发射出的信号，到达用户的时间也不相同。采用 OFDM 调制的系统，一般来说信号的到达时间差在 CP 范围之内就不会对数据的接收产生不良影响。但是如果用户接收下行信号的定时参考基站（用户获得下行接收定时的基站）不是距离最近（传播时间最短）的基站，一些协作基站发出的信号会早于用户的接收定时时间到达。这种超前到达的信号会带来较强的符号间干扰，导致解调性能恶化。下面分别讨论。

（1）协作基站信号相对于定时参考基站的信号延迟到达的情况

此时协作基站前一个 OFDM 符号的信号会进入当前符号。由于 OFDM 符号循环前缀的保护，当延时不大于循环前缀长度时，延时的影响主要表现在增大信道的频率选择性，不会产生明显的符号间干扰，不会严重影响性能。但是考虑大规模协作区域内包括几十、几百个基站的情况，协作基站的信号的延迟仍有一定概率大于循环前缀长度，对接收端的检测算法提出了挑战。

（2）协作基站信号相对于定时参考基站的信号提前到达的情况

当发生协作基站信号提前到达时，并且超过 CP 长度时，协作基站下一个

OFDM 符号的信号会进入当前 OFDM 符号 FFT（Fast Fourier Transform）接收窗，从而引起符号间干扰，循环前缀在这里起不到保护作用，对用户数据的解调产生较大的影响。

解决以上问题可以考虑两类方法，一种是用户调整下行定时参考点的方法，一种是基站调整发射时间。

（1）基站调整发射时间

用户仍然以选定的基站作为定时参考基站，协作传输基站利用用户上行参考信号和/或随机接入信号测量基站到用户的传输时延，计算出相对用户的定时参考基站的定时提前量。协作基站根据该提前量调整信号发射的时间，保证协作基站的信号相对于定时参考基站的信号滞后到达。

该方案虽然避免了用户的定时参考调整，但是由于基站需要对每个用户单独调整发射时间，下行信号无法同步发射，破坏了网络的同步。

（2）用户调整下行定时参考

用户可以根据对下行信号的测量重新选择定时参考基站，即选择协作区域内最近的基站（信号最早到达）为定时参考基站。如果网络能判断出距离终端最近的协作基站，也可以通过信令配置终端更改定时参考基站。

此外，网络也可以测量各个协作基站与用户定时参考基站的信号到达时间差，并将该时间差通知终端，使终端对接收时间窗进行偏移调整。

4.7 小　结

本章主要介绍大规模天线系统中的若干关键技术，对其进行分析。4.1 节首先介绍了大规模天线信道估计方法，包括传统的 LS、MMSE 估计，以及新型的基于特征值分解与压缩感知的信道估计方法；4.2 节与 4.3 节分别介绍了接收端的信号检测与发送端的信号预编码技术，并进一步分成线性与非线性两大类技术；4.4 节考虑了 CSI 的获取及反馈，对几种典型的反馈方案进行介绍；4.5 节考虑了大规模天线间的校准技术；4.6 节介绍了小区间的协作技术，给出多小区技术传输方案与技术分析。

第5章 5G 多天线传输标准

本章在前面章节讨论的大规模天线波束赋形理论和关键技术的基础上，结合第五代移动通信（5G）NR 的标准化研究和制订工作，向读者介绍 3GPP 标准化组织针对 5G 大规模天线的标准设计方案，主要包括大规模天线的上下传输方案、参考信号设计、信道状态信息反馈设计、波束管理、准共站址（QCL，Quasi Co-Location）等关键技术在标准中的方案设计，以及大规模多天线传输对物理层信道设计方案的影响。通过本章介绍，读者可以了解到大规模天线波束赋形技术在 5G 中的应用方式及设计特点，加深对大规模天线技术的认识和理解，并对从事大规模天线工程设计具有较好的参考意义。

5.1 概　　述

随着有源天线技术商业成熟度的提升，垂直维数字端口的开放与天线规模的进一步扩大逐渐成为可能。在这一背景之下，3GPP 从 Rel-12 阶段开始了针对 3D 信道与场景模型问题的研究，并在 Rel-13、14 及后续版本中全维度 MIMO（FD-MIMO）技术进行了研究与标准化。自此，开启了大规模天线波束赋形技术进入标准化发展的新篇章。随着 5G 系统的出现，面对诸多更加严苛的技术指标需求，大规模天线波束赋形技术仍然被认为是最重要的一项物理层技术。在 NR 系统的第一个版本（Rel-15）中，针对大规模天线波束赋形技术的研究与标准化也是 3GPP 的一个重要工作方向。

在 5G 系统中，新的技术需求与更灵活的部署场景将会对 MIMO 技术方案的设计与标准化带来新的挑战：

1．天线规模的影响

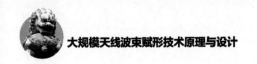

天线系统的体积、重量与迎风面积等参量对大规模天线系统的部署与维护有着十分重要的影响。对于给定的频段，天线阵列的尺寸与天线规模直接相关。以现有的常用频段为例，为了维持与被动式天线面板类似的迎风面积，

并将天线系统重量维持在合理的范围之内，实用的有源天线系统中所使用的数字通道数通常不会超过 64 个。这一因素将会对信道状态信息参考信号（CSI-RS）端口数的选择、SU-MIMO 与 MU-MIMO 层数、码本与反馈设计等产生影响。

天线规模增大除了会为网络部署带来影响之外，对于系统设计带来的另外一个重要影响便是设备的复杂度问题。随着天线规模增大以及用户数量的提升，如果按照传统的 MIMO 处理流程，系统在进行各项 MIMO 处理过程中将面临大量高维度的矩阵运算。而且，天线系统与地面基带系统之间需要交互的大量数据会对前向回程（Fronthaul）接口带来较大的传输压力。尽管 Fronthaul 的传输瓶颈可以通过大容量光纤以及更先进的压缩和光传输技术来解决，但是 MIMO 计算复杂度的提升仍然是不可避免的。

针对这一问题，对等效信道进行降维处理是一种可行的解决方式。例如，对于上行信号的接收，基站可以在靠近天线的一侧首先用一个粗略匹配信道的接收检测矩阵对信号进行线性处理，从而降低等效信道的维度。这样在后续的操作中，无论是 MIMO 检测所面临的等效信道维度，还是 Fronthaul 需要传输的数据冗余度都得到了大幅度的降低。需要说明的是，这种将 MIMO 的空域处理拆分成两级的思路既适用于全数字阵列也适用于数模混合阵列。在全数字阵列，上述两级操作都可以在数字域实现。而对于数模混合阵列，靠近天线侧的第一级预处理在模拟域通过模拟移相器组来实现。这种结构又称为数模混合波束赋形。

天线规模的扩大为 CSI 的获取与参考信号的设计也带来了新的挑战。CSI 的测量与反馈对于 MIMO 技术乃至整个系统都有至关重要的作用，对于系统设计重点优化的 MU-MIMO 传输而言，CSI 的精度与及时性更是有效地获得性能增益的重要保障。然而，随着天线规模的扩大，CSI 测量精度与参考信号和反馈信息开销之间的矛盾将更加突出。这一问题与 CSI-RS 设计、码本设计与反馈机制设计等方面都有着直接的联系。

2. 频段的影响

由于 6GHz 以下频段资源的日益紧张，向着更高频段进一步拓展资源是 5G 系统发展的迫切需求与必然趋势。在 Rel-15 中，系统可以支持最高 52.6GHz 的载频。而在后续版本中，NR 系统将会逐渐将频段扩展到最高 100GHz 载频。

高频段信号传播特性与低频段存在很明显的差异。在高频段，信号的传播会受到很多非理想因素的影响，例如，电磁波穿越雨水、植被时可能会产生显著的衰减。周围的行人、车辆及其他物体会对电磁波的传播造成遮挡，产生阴影衰落。而且实测结果表明，上述不利因素往往会随着频率的提高而更加恶化。

在这种情况下，大规模天线波束赋形技术带来的高增益以及灵活的空域预处理方式为高频段系统克服不利的传播条件、提升链路余量、保证覆盖范围提供了非常重要的技术手段。因此，尽管高频段拥有更为充裕的频带资源，而实际上多天线技术的对于整个接入系统的意义反而显得更为重要。

频段的提升对于大规模天线系统设计的影响是多方面的。

- 首先，更高的频段意味着在维持相同天线数的条件下，天线尺寸可以更小。或者说，在相同的尺寸约束下，频段越高则可以容纳的天线数越多。因此，频段的升高无论对设备的小型化、部署的便利化还是对于天线规模的进一步扩大都是有利的。

- 综合考虑设计复杂度与散热等因素，较为合理的结构是以若干个天线阵子及相应的射频通道和部分基带功能模块为单位进行集成，形成子阵或称面板、阵面（Panel）形式的基本模块。然后以此为基础，根据部署条件与场景需要组合形成所需的阵列形态见图 5-1。在终端侧，由于设备尺寸所限，以多子阵的方式扩展天线数量也是一种比较现实的实现手段。除了灵活性之外，这种高模块化的设计方式为大规模天线技术的应用也带来了一些其他方面的影响。例如，基站侧可以适当拉远子阵之间的间距，降低信道的空间相关性，从而获取更大的复用增益或分集增益。进一步，网络侧可以采用分布式的方式部署多个子阵，并通过光纤等后向回程（Backhaul）链路将其汇集至统一的基带处理单元。由于接入节点之间的协作以及更短的通信距离，这种部署形式将有利于提升用户体验速率，避免小区中心与边缘的显著服务差异。同时，对于高频段系统经常发生的阻挡问题，多站点/子阵之间的协作也提供了非常有效的抗阴影效果（如图 5-2 所示）。在终端侧，多子阵的结构也将有助于避免阻挡效应对链路质量的影响（如图 5-3 所示）。

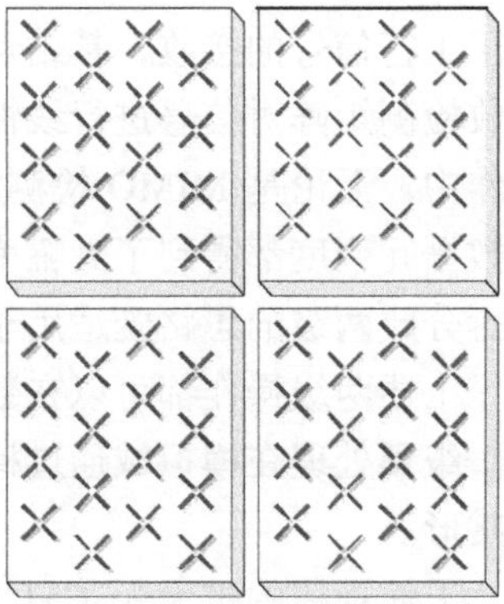

图 5-1　基于多 Panel 的基站天线结构

- 在高频段，利用大规模天线波束赋形技术来克服非理想传播条件是保障传输质量的重要手段。但是出于成本与复杂度的考虑，不可能将所有的天线都配置完整的射频与基带通道。尤其是当系统带宽较大时，全数字阵列中大量的 ADC/DAC（Analogue to Digital Converter/ Digital to Analogue Converter）以及高维度的基带运算会对系统的成本与复杂度以及散热等实际问题带来难以想象的挑战。基于上述考虑，数模混合波束赋形甚至是单纯的模拟赋形将是高频段大规模天线波束赋形系统的主要实现形式。在这种情况下，接收机无法通过数字域的参考信号估计出所有收发天线对之间的完整 MIMO 信道矩阵。因此，在数字域的 CSI 测量与反馈机制之外，模拟域波束赋形的操作需要一套波束搜索、跟踪、上报与恢复等过程。上述过程在标准化研究过程中统称为波束管理以及波束失效恢复。

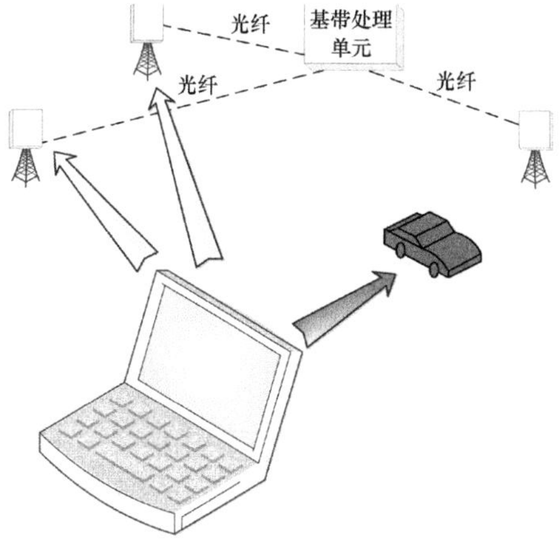

图 5-2　多点协作传输

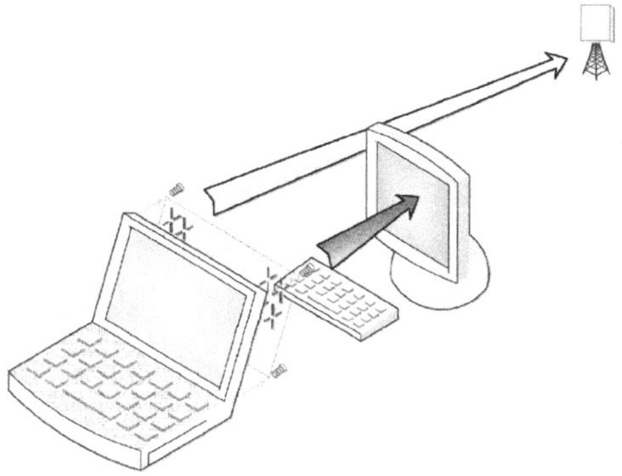

图 5-3　终端利用多 Panel 对抗阻挡效应

- 为了获得较高的模拟赋形增益以对抗路径损耗，模拟波束所能覆盖的角度可能会比较窄，只能涵盖角度和时延扩展较小的一组直射与反射传播路径。因而会显著地影响赋形之后的等效信道的大尺度统计特性。例如，如果时延扩展降低，信道的频域选择性程度也会相应地降低。在这种情况下，频率选择性调度的增益以及频率选择性预编码的颗粒度选择都将受到影响。
- 毫米波频段的相位噪声会对数据解调产生严重的影响，因此需要考虑特殊的参考信号设计用于估计相位噪声。针对这一问题，NR 系统中专门设计了相位噪声跟踪导频（PT-RS，Phase Tracking Reference Signal）。PT-RS 的主要设计目标是估计相邻 OFDM 符号之间由于相位噪声而导致的相位变化。

3．多用户 MIMO 技术的影响

尽管可用带宽资源正在逐渐增加，随着用户数量的激增以及大量数据传输业务的出现，系统的频带资源仍将面临日益紧张的状况。在这种情况下，MU-MIMO 技术是提升系统频带利用率的一种重要的手段。相对于 SU-MIMO 而言，由于用户侧的天线数与并发数据流数（包括自己需要接收的数据流与共同调度用户的数据流）的比率更小，而且干扰信号的信道矩阵一般难于估计，MU-MIMO 系统的性能更加依赖于 CSI 的获取精度以及后续的预编码与调度算法的优化程度。因此，CSI 的获取是大规模天线系统设计与标准化的一个关键议题。

针对这一问题，NR 系统中定义了两种类型的 CSI 反馈方式，即常规精度（Type I）与高精度（Type II）方式。其中，Type I 主要针对 SU-MIMO 或 MU-MIMO，而 Type II 则主要针对 MU-MIMO 传输的增强。Rel-15 的 Type II 码本采用了线性合并方式构造预编码矩阵，能够显著地提升 CSI 精度进而极大地改善了 MU-MIMO 传输的性能。

需要说明的是，天线规模的增加一方面为 MU-MIMO 性能的提升创造了条件，另一方面对系统的复杂度和开销造成了巨大的影响。而系统性能与复杂度及开销的平衡性问题将是大规模天线系统设计面临的一个重要问题。

4. 系统设计灵活性的影响

面临复杂多样的应用场景以及更为丰富的业务类型，面向 5G 的大规模天线系统设计需要充分地考虑到各项系统参数配置的灵活性，并尽可能在各个层面降低处理时延。上述需求具体体现在包括 CSI-RS、DM-RS 以及 CSI 反馈机制设计在内的诸多方面。

- 灵活可配置的 CSI-RS 导频设计。为了保证前向兼容性和降低功耗，NR 应尽量减少“持续发送”的参考信号，基本上所有的参考信号的具体功能、发送的时频位置、带宽等都是可以配置的。例如，NR 系统中对 LTE 已经存在的 CSI-RS 进行了进一步的扩展，除了支持 CSI 测量外，还支持波束测量、RRM/RLM（Radio Resource Management/ Radio Link Monitoring）测量、时频跟踪等。CSI-RS 支持的端口数包括 1、2、4、8、12、16、24、32。CSI-RS 的图样由基本图样聚合得到，并且支持多种基本图样和 CDM 类型。

- Front-loaded DM-RS 设计。为降低译码时延，NR DM-RS 的位置被放置在尽量靠前的位置，即放在一个时隙的第 3 个或者第 4 个 OFDM 符号上，或者放置在所调度的 PDSCH/PUSCH（Physical Downlink Shared Channel/ Physical Uplink Shared CHannel）数据区域的的第 1 个 OFDM 符号上。在此基础上，为了支持各种不同的移动速度，可以再配置 1、2 或者 3 个额外的 DM-RS 符号。上下行 DM-RS 采用了趋于一致的设计，目的是方便上下行交叉干扰的测量和抑制。NR 支持两种类型的 DM-RS，两种类型分别支持最多 12 个和 8 个正交 DM-RS 端口。

- 灵活的 CSI 反馈框架。NR 系统引入了一套统一的反馈框架，能够同时支持 CSI 反馈和波束测量上报。该反馈框架内，所有的和反馈相关的参数都是可以配置的，例如测量信道和干扰的参考信号、反馈的 CSI 的类型、所使用的码本、反馈所占用的上行信道资源、反馈的时域特性（周期、非周期、半持续等）、反馈的频域特性（CSI 的带宽）等。网络设备可以根据实际的需要配置相应的参数。相比之下，LTE 需要使用多种反馈模式，并且将反馈和传输模式绑定，因而灵活度欠佳。

围绕上述问题，本章将结合技术原理与标准化发展现状，分别从大规模天线系统传输方案设计、物理信道设计、导频信号设计、信道状态信息获取、模拟与数模混合波束赋形等方面对大规模天线的系统设计进行分析与探讨。最后，本章将对大规模天线波束赋形技术在标准化进展方面进行总结，并对未来可能的演进方向进行展望。

5.2 多天线传输方案

5.2.1 下行传输方案

从标准化的角度考虑，多天线传输方案涵盖了从传输块到码字、码字到层以及层到端口的映射过程。具体而言，多天线传输方案涉及的问题包括码字映射、数据加扰、PRB bundling 以及闭环/开环/准开环传输、多点协作传输等几类问题。本节将对上述问题的技术原理及候选方案进行介绍与分析，其中，5.2.1 节将重点讨论下行传输方案的设计问题，5.2.2 节将简要介绍上行传输方案的设计思路。对于上行传输方案的详细分析将安排在 5.6 节之中。

1. **码字映射**

（1）码字数量

MIMO 技术可以通过数据在空间域的并行传输提升峰值速率（或峰值频谱效率）。为了满足 30bit/(s·Hz）的下行峰值频谱效率需求[79]，NR 系统中的 SU-MIMO 可以支持最多 8 层的数据传输。

从理论上讲，可以根据 MIMO 链路中每个等效的数据传输通道的信道质量，分别为其选择相应的调制和编码格式（MCS）以实现吞吐量的优化。但是在实际应用中，考虑到信道状态信息反馈以及控制/指示的开销与复杂度，一般不会对每层进行独立的 MCS 调整。例如，LTE Rel-8 及 Rel-9 系统中，下行最多可以支持 4 层，但只能支持最多两个码字的并行传输。Rel-10 及后续版本中，下行 SU-MIMO 最多可以支持 8 层，也只支持最多两个码字。

与 LTE 系统类似，在 NR MIMO 系统设计过程中，首先面临的一个问题便是码字数量的选择问题。而这个问题在很大程度上影响到了诸多物理层技术方案的设计，如 CSI 反馈、控制信令、控制信道等。

单码字传输中，所有的并行数据层都对应于一个调制与编码方式可调的传输块。因此，相应的反馈与控制开销及复杂度较低。将经过信道编码之后的传输块分散到各层也可以带来一定的空间分集效果。但是，当各层的信道质量存在较明显的差异时，MCS 的选择无法与每层的传输能力相匹配，因而会存在吞吐量的损失。

对于多层传输的 MIMO 链路，一般可以利用 SIC 接收机获得优于传统线性接收检测算法的性能。但是，对于单码字传输，在使用通常的 SIC 接收机时，只能重构调制符号级别的层间干扰，而无法通过译码更为精确地在比特级恢复并消除层间干扰。尽管可以通过对检测顺序的优化改善 SIC 接收机的性能，但是误差传播仍然可能对接收性能带来较为明显的影响。

相对于单码字传输，多码字传输的优势主要在于：

- 可以根据每个码字所对应的一组数据层的传输质量，为各码字选择与其信道条件相匹配的 MCS，从而更加充分地利用信道容量；
- 当各码字的信道条件存在较明显的差异时，可以通过信道译码更为准确地恢复码字及层之间的干扰，从而保证 SIC 检测的性能。

然而为了支持多码字传输，需要针对每个码字反馈相应的 CQI（除非采用了类似 LTE TM3 中的层交织方式），在下行控制信令中需要分别指示各个码字的 MCS、RV（Redundancy Version）与 NDI（New Data Indicator）信息。

基于对上述因素的综合考虑，经过较为充分地评估和讨论之后，LTE 系统中最终采用最多支持两个码字的下行传输方式。除了上述原因之外，在 NR 系统的标准化过程中，提出采用最大两个码字的另外一个动机是为了更好地支持多传输/接收点（TRP，Transmission/Receiption Point）和多天线阵面场景下的 NC-JT（Non-Coherent Joint Transmission）。在这一场景之下，由于参与协作的 TRP 或 Panel 的信道质量存在较为明显的差异，一个统一的 MCS 很难与来自不同 TRP/Panel 的两组数据层的信道同时匹配，因此单码字传输可能会存在一定的性能损失。

但是采用双码字传输存在以下一些弊端。

• 处理时延。双码字传输的一个主要优势是SIC检测时可以通过信道译码，实现码字/层间干扰的更为准确的重构与消除，但是这种方式会带来处理时延的增加。

• 缓存需求。除了处理时延的增加之外，在下行数据的接收过程中，译码重构码字/层间干扰的操作会对终端的缓存带来更大的需求。

除了上述因素之外，在Rel-15 NR标准化讨论过程中出于进度安排的考虑，降低了multi-TRP/Panel传输议题的优先级。这在一定程度上进一步限制了双码字传输的适用场景。

根据以上的分析，标准最后采用的方案为：在层数为1～4的范围内采用单码字传输，而在层数为5～8的传输时才能够采用双码字方式。考虑到中低层数（层数为1～4）是多流传输的主要使用场景，这一结论实际上在很大程度上制约了双码字传输的应用。

（2）传输块到码字的映射

在LTE的早期版本（Rel-8/9）中，双码字传输时，传输块到码字的映射是可以通过DCI（Downlink Control Information）中的一个Swap Bit灵活控制的。由于这一功能在实际应用中没有明确的性能优势，而且还占用了DCI开销，所以从Rel-10引入的DCI format 2C开始就已经去掉了这一信息域，采用了一种固定的传输块到码字的映射方式。对于两码字传输，这种固定的映射方式也被Rel-15所沿用。

LTE系统中，对于单码字传输，无论哪一个传输块被开启，这一传输块都会被映射到第0个码字上去。NR中选择沿用简单的固定映射到码字0的方式。

（3）码字到层的映射

在Rel-15的标准化讨论过程中，码字到层的映射方案主要分为两类。

• 对等映射。如图5-4所示，与LTE类似，即两个码字对应的层数尽可能对等。层数为偶数时，两个码字的层数相同。层数为奇数时，码字0的层数比码字1少一个。

• 非对等映射。没有上述限制，可完全根据各层的信道条件灵活调整码字与层的对应关系。例如，可以根据信道质量的相近程度对层进行分组。

提出第二类方式的主要动机是更好地支持multi-TRP/Panel传输。因为在这种情况下，各个TRP/Panel的信道质量可能存在较明显的差异，如果仍然按照近乎对等的方式进行映射，则有可能存在某个TPR/Panel中包含两个码字对应的层的情况。例如在图5-5（b）中，如果两个TPR/Panel的信道质量差异较大，按照对等方式进行映射时，码字1的MCS选择很难同时匹配两个TPR/Panel

的信道条件，从而会对链路自适应的性能带来损失。

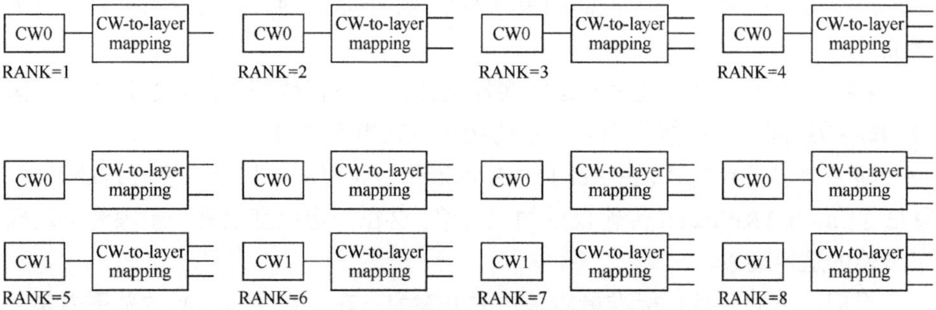

图 5-4　尽可能对等的映射方式（与 LTE 一致）

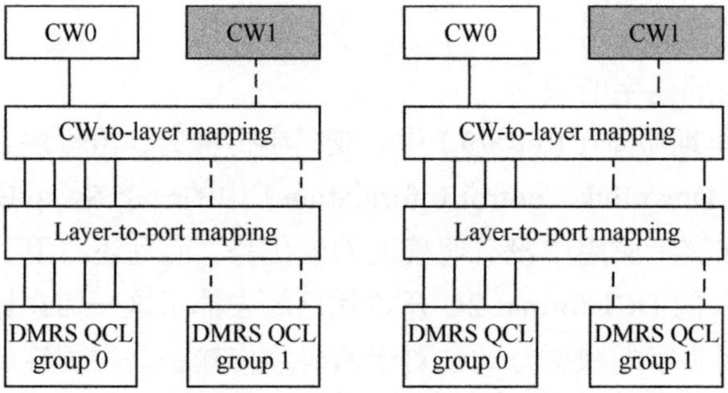

（a）非对等映射方式　　（b）对等映射方式

图 5-5　两种映射方式示例

但是，基于目前的 CSI 获取机制，gNB（next Generation NodeB）一侧无法获知每个层的信道质量，因此也很难合理地调整每个码字对应的层数。在后续的标准化工作中，由于与 multi-TRP/Panel 传输相关议题被降低了优先级，第二类方案失去了重要的适用场景，最终被 Rel-15 所排除。

（4）码字到空/时/频资源的映射

在 LTE 系统中，传输块映射到码字之后是按照先空域（层）再频域（子载波）后时域（符号）的顺序将调制符号映射到可用资源上的。在 Rel-15 的标准化过程中，针对基于 OFDM 的传输方式，曾经讨论过如下几种映射顺序。

• 方式 1（L-F-T）：即 LTE 的映射顺序，这种方式的优势在于 UE 收到了某个 CBG（Code Block Group）对应的一个或数个符号之后，就立即可以进行译码，从而具有较低的时延。

• 方式 2（layer set1-F-T，layer set2-F-T）：即对于对应于不同 TRP/Panel（或 QCL 组）的两组层，分别在组内按照 L-F-T 的顺序进行映射。这种方式主要是针对 multi-TRP/Panel 传输的。在这种情况下，如果一个码字被映射到多个 TRP/Panel，则可以根据各层的信道质量情况对层进行分组，使信道质量相近的层处于相同的分组之中。进行传输时，可以将不同的 CBG 分别映射到不同的层组（分别对应于不同的 TRP/Panel）之中。当各 TRP/Panel 的传输质量不平衡时，上述方式将有可能降低 CBG 发生错误的概率，从而降低重传概率。

• 方式 3（L-T-F）：即每层的调制符号先依次映射到对应于某一子载波的各 OFDM 符号上，然后再在下一子载波重复上述操作。这种方式的优势在于，在时变信道中可以获得更高的时间分集增益。但是，这种方式需要接收完整个时隙的样点之后，才能进行译码，因此时延更高。同时，这种方式也需要更多的缓存。

经过长期的讨论之后，综合考虑 multi-TRP/Panel 传输的标准化优先级以及译码时延和终端复杂度因素，对于基于 OFDM 的传输，Rel-15 选择了沿用 LTE 的 L-F-T 映射方式。

2. PRB 绑定（Bundling）

对于基于透明专用调制解调导频（DM-RS）的传输而言，DM-RS 与数据采用了相同的预编码方式。在这种情况下，频率选择性预编码的性能与信道估计精度之间存在一定的矛盾。为了获得多个 PRB（Physical Resource Block）联合信道估计的性能增益，会限制频率选择性预编码的颗粒度，从而降低预编码增益。反之，如果为了保证频率选择性预编码的增益而对每个 PRB 独立预编码，则无法进行联合信道估计。

针对上述问题，LTE 对 FDD 和 TDD 系统采用了不同的方案。

• 对于配置了 PMI 反馈的系统而言，由于 PMI/RI 只是信道的粗糙量化，频率选择性预编码的性能增益并不明显。然而，联合信道估计却能直接提升信道估计性能，并改善链路的接收质量。因此，对于 FDD 系统采用了 PRB Bundling 方式，即 UE 可以假设 PDSCH 的预编码在连续的若干个 PRB 上保持不变。具体的 PRB Bundling 大小取决于系统带宽（如表 5-1 所示）。

表 5-1　LTE 系统的 Bundling 大小

系统带宽（#PRB）	预编码资源组大小（PRB）
≤10	1
11～26	2

（续表）

系统带宽（#PRB）	预编码资源组大小（PRB）
27～63	3
64～110	2

• 对于配置了 Non-PMI 反馈的系统而言，eNB 有可能利用信道互易性获得更为精准的信道状态信息。因此，相对于 FDD 系统，频率选择性预编码对于链路性能而言具有更为重要的意义。这种情况下，通过多个 PRB 的联合预编码来支持 PRB 之间的联合信道估计所带来的增益将无法补偿由此造成的预编码增益损失。基于上述考虑，配置 Non-PMI 反馈时将不是用 PRB Bundling。此时 UE 假设每个被调度的 PRB 使用了独立的预编码方式，因而不能进行联合信道估计。

如上所述，LTE 系统的 PRB Bundling 大小取决于系统带宽。在 NR 系统的标准化过程中，考虑到系统部署环境的多样性，曾经讨论过 Bundling 大小完全灵活可控的 Bundling 方案。但是，出于对控制开销与信令复杂度的顾虑，NR 中采用了一种动态和半静态配置相结合的 Bundling 方案。经过仿真评估比较，可用的 Bundling 大小最终确定为 2、4 或者连续的被调度带宽 3 种取值。

在 NR 系统的单播传输中，为了针对不同系统带宽优化传输，采用动态 PRB Bundling 方式，其功能的开关由 RRC 配置，具体 Bundling 方案如下。

• 如果 RRC 关闭了动态 Bundling 功能，则使用高层配置的 Bundling 大小。

• 如果 RRC 打开了动态 Bundling 功能，则可选的 Bundling 大小（从 2、4 及连续的被调度带宽中选取）由 RRC 进行配置，并通过下行控制信令（DCI format 1_1）确定具体的 Bundling 大小。

- 为了保持足够的灵活度，RRC 可以配置两个参数集合。
    - 集合 1 包含一个或两个 Bundling 大小参数取值。当包含一个取值时，可配置为 2、4 或连续被调度带宽；当包含两个取值时，可配置为 2/连续被调度带宽或者 4/连续被调度带宽。
    - 集合 2 中只包含一个取值，可配置为 2、4 或连续被调度带宽。

- 当 DCI 中的 Bundling 大小指示域设置为 0 时，使用的 Bundling 大小从集合 1 中选取。如果集合 1 中包含两个 Bundling 大小。
    - 如果调度的 PRB 数超过 BWP 带宽的一半，则 Bundling 大小为连续被调度带宽；

○ 反之，Bundling 大小为 2 或者 4。

- DCI 中的 Bundling 大小指示域设置为 1 时，使用集合 2 中的 Bundling 大小。

3. **高可靠性传输方案**

针对高速移动场景以及高频段常见的遮挡效应，NR MIMO 研究初期出现过一些高可靠传输方案，如下。

• 基于 multi-TRP/Panel 的发射分集方案：通过多个 TRP/Panel 分别发送具有一定冗余度（或完全重复）的多个样本，这样多个链路被同时阻挡的可能性将被降低。除此之外，多个 TRP/Panel 发送的信息之间还可以进行联合的空时/空频编码，以进一步提升分集增益。例如，参与协作的两个 TRP/Panel 可以分别发送两个波束对准终端，在这两个波束上可以使用 Almouti 编码获得分集效果。

• 与 LTE FD/eFD-MIMO 中讨论的半开环方式类似，这一类方案的基本思路也是将粗略的波束反馈（闭环）与开环的预编码轮询相结合。例如，可以根据用户的上报信息，使用较宽的波束或小范围扫描的一组波束向用户所处的大致方向进行赋形以保证覆盖。同时，由于移动性等因素的限制，可以假设基站侧无法准确掌握信道在极化间或 Panel 之间的瞬变情况。因此，第二级预编码矩阵可以在预先设定的范围内随时间、频率进行切换，以此提升等效信道的频率或时间选择性，从而获得一定的分集增益。

在预编码切换的开环/准开环传输过程中，涉及 DM-RS 的透明性问题。

• 对于透明传输而言，DM-RS 和数据经历相同的预编码。为了不影响 DM-RS 信道估计的性能，一般只能以 PRB 为单位进行预编码的切换。因此，其分集增益较为有限。

• 非透明传输时，不对 DM-RS 进行预编码操作，因此预编码矩阵的切换不会对 DM-RS 信道估计造成影响。这种情况下，可以使用更高的颗粒度对预编码矩阵进行切换，如 RE（Resource Element）级的切换。

非透明传输会带来更高的分集增益，但是为了支持这种方式，需要在规范中明确定义相应的传输方案以及相应的 CSI 上报假设。目前，NR 的 R15 版本中将不会显式地支持任何一种基于非透明 DM-RS 的传输方案。但是，基于透明 DM-RS 的半开环传输方案的 CQI 计算与 CSI 上报是 Rel-15 规范所支持的。例如，根据 CSI 上报量的配置，在计算 CQI 时可以假设 W1 取决于上报的 PMI，而 W2 则随机进行切换。这种上报方式实际上正是针对准开环传输的。

对于 SFBC 或 SFBC+FSTD 等单纯的发射分集方案，由于其很难扩展到四端口以上的天线系统中，而且相对于闭环或半开环方案也没有性能优势。在NR系统的下行链路中，也没有定义发射分集传输方案。

4. 多传输点协作

为了改善小区边缘的覆盖，在服务区内提供更为均衡的服务质量，多点协作在NR系统中仍然是一种重要的技术手段。考虑到NR系统的部署条件、频段及天线形态，多点协作传输技术在NR系统中的应用具有更显著的现实意义。首先，从网络形态角度考虑，以大量的分布式接入点+基带集中处理的方式进行网络部署将更加有利于提供均衡的用户体验速率，并且显著的降低越区切换带来的时延和信令开销。随着频段的升高，从保证网络覆盖的角度出发，也需要相对密集的接入点部署。而在高频段，随着有源天线设备集成度的提高，将更加倾向于采用模块化的有源天线阵列。每个TRP的天线阵可以被分为若干相对独立的天线子阵（或Panel），因此，整个阵面的形态和端口数都可以随部署场景与业务需求进行灵活的调整。而Panel或TRP之间也可以由光纤连接，进行更为灵活的分布式部署。在毫米波波段，随着波长的减小，人体或车辆等障碍物所产生的阻挡效应将更为显著。在这种情况下，从保障链路连接顽健性的角度出发，也可以利用多个TRP或Panel之间的协作，从多个角度的多个波束进行传输/接收，从而降低阻挡效应带来的不利影响。

根据发送信号流到多个TRP/Panel上的映射关系，多点协作传输技术可以大致分为相干和非相干传输两种。其中，相干传输时，每个数据层会通过加权向量映射到多个TRP/Panel之上。而非相干传输时，每个数据流只映射到部分的TRP/Panel上。相干传输对于传输点之间的同步以及回程的传输能力有着更高的要求，因而对现实部署条件中的很多非理想因素较为敏感。相对而言，非相干传输受上述因素的影响较小，因此是Rel-15多点传输技术的重点考虑方案。

围绕多点协作传输技术，5G NR对以下问题进行了初步的讨论。

• 部署场景与仿真假设。NR系统中考虑的多点协作技术的应用场景主要包括室内热点、密集城区和城市宏区等。而仿真与评估假设也主要参照3GPP TR38.802及36.741等现有方案。

• 传输方案。考虑对发射分集、DPS/DPB、CS/CB、NC-JT/C-JT（Coherent Joint Transmission）、eICIC等方案进行研究，但主要关注点还是NC-JT技术。

• PDCCH及PDSCH设计。曾经考虑过的方案主要包括每个TRP/Panel的PDCCH调度该TRP/Panel传输的PDSCH；单个TRP/Panel的PDCCH调度多个不同TRP/Panel发送PDSCH（NC-JT：各PDSCH分别从不同的传输点发出）。

• 其他问题。针对多点协作传输的 CSI 测量以及 QCL 问题。

需要说明的是，在 Rel-15 中针对 NC-JT 的研究和标准化工作并没有充分展开。但是考虑到理想回程（Backhaul）条件下的 C-JT 技术并未涉及 PDCCH 和 PDSCH 设计等问题，其影响主要在 CSI 反馈方面。因此，Rel-15 中引入了针对 C-JT 的 multi-panel 码本，这部分内容将安排在 5.4 节进行介绍。

5.2.2　上行传输方案

CP-OFDM 调制可以更好地与 MIMO 技术结合，并且其均衡算法比较简单，因此 NR 系统的上行链路支持了 CP-OFDM 调制。同时，考虑到终端功放效率以及小区边缘的覆盖问题，NR 的上行传输系统中仍然保留了 DFT-S-OFDM 方案。但是使用 DFT-s-OFDM 时，每个用户只能进行单流传输。而使用 CP-OFDM 时，每个用户最多可以使用 4 个数据流，从而可以支持更高的峰值速率。

在 NR 的第一个版本中，上行可以支持基于码本和非码本的传输方式。

• 对于基于码本的传输方式而言，码本的设计是标准化的核心内容。在上行链路中，针对 DFT-s-OFDM 与 CP-OFDM 两种波形，其码本的设计思路存在明显的差异。对于 DFT-s-OFDM 波形，由于其应用场景主要是功率受限的边缘覆盖场景，因此，在码本中需要充分考虑预编码矩阵对功率利用率的影响。这一因素对码本的优化存在很大的限制。相对而言，CP-OFDM 波形的应用场景对功放效率的要求更为宽松，因而其码本设计优化的灵活度也更高。除了波形的因素之外，上行码本的设计还需要考虑到终端天线的相干传输能力的影响。

• 对于上下行存在互易性的系统，可以采用非码本的传输方式。在这种情况下，终端可以基于对下行信道的测量向基站推荐上行链路中可以使用的预编码矩阵，然后由基站确定上行调度时使用的预编码矩阵。

关于上行链路的传输方案设计问题，将在 5.6 节中进行详细介绍。

5.3　参考信号设计

参考信号是 MIMO 的重要组成部分。下行参考信号的主要作用包括信道状态信息的测量、数据解调、波束训练和时频参数跟踪等。上行参考信号的主要作用是上下行信道测量、数据解调等。以下介绍 4 种参考信号—信道状态信息参考信号（CSI-RS）、解调参考信号（DM-RS）和相位跟踪参考信号（PT-RS）以及上行探测参考信号（SRS）。

5.3.1 解调参考信号（DM-RS）设计

面临复杂多样的应用场景以及更为丰富的业务类型，5G NR 系统的设计需要充分地考虑到各项系统参数配置的灵活性，并尽可能在各个层面降低处理时延。同时，考虑到大规模天线系统的应用、更高的系统负载以及更高的系统频带利用效率需求，对 MU-MIMO 的增强是 5G NR MIMO 系统设计的一个重要方向，也是 DM-RS 设计的一个重要考虑因素。

1. DM-RS 的设计原则

具体而言，NR 系统中对于 DM-RS 的设计有以下考虑因素。

（1）DM-RS 导频前置

为了降低解调和译码时延，5G NR 系统中数据信道（PDSCH/PUSCH）DM-RS 采用了前置（Front-Load）设计思路。在每个调度时间单位内，DM-RS 首次出现的位置应当尽可能地靠近调度的起始点。例如，在基于时隙的调度传输中，前置 DM-RS 导频的位置应当紧邻 PDCCH 区域之后。此时前置 DM-RS 导频的第一个符号的具体位置取决于 PDCCH 的配置，可能从第三或者第四个符号开始。在基于微时隙的调度传输（调度单位小于一个时隙），前置 DM-RS 导频从调度区域的第一个符号开始传输。前置 DM-RS 导频的使用，有助于接收侧快速估计信道并进行接收检测，对于降低时延并支持自包含结构具有重要的作用。

（2）附加 DM-RS 导频

对于低移动性场景，前置 DM-RS 导频能以较低的开销获得满足解调需求的信道估计性能。但是，5G NR 系统所考虑的移动速度最高可达 500km/h，面临动态范围如此之大的移动性，除了前置 DM-RS 导频之外，在中/高速场景之中，还需要在调度持续时间内安插更多的 DM-RS 导频符号，以满足对信道时变性的估计精度。针对这一问题，5G NR 系统采用了前置 DM-RS 导频与时域密度可配置的附加 DM-RS 导频相结合的 DM-RS 导频结构。每一组附加 DM-RS 导频的图样都是前置 DM-RS 导频的重复。因此，与前置 DM-RS 导频一致，每一组附加 DM-RS 导频最多也可以占用两个连续的 DM-RS 导频符号。根据具体的使用场景，在单符号解调的条件下最多可以增加 3 个附加导频符号、在双符号解调导频的条件下最多可以增加 1 个附加导频符号，具体根据需要进行配置并通过控制信令指示。

（3）上下行对称

考虑到更为灵活的网络部署以及双工方式，可能会存在上下行链路之间的干扰。在这种情况下，上下行的对称设计将会为抑制不同链路方向之间的干扰带来更大的便利。同时，CP-OFDM 波形在上行链路中的应用，也为上下行对称设计创造了条件。在 DM-RS 导频设计中，上下行的对称性体现于：

• 图样以及端口的复用方式的一致性，上行使用 CP-OFDM 波形时，上下行 DM-RS 的图样、序列以及复用方式均一致；

• 配置方式的一致性，取决于具体配置，上下行 DM-RS 导频的时域位置可以相同，从而有可能估计出不同方向链路的空间干扰信息，并更为有效地对其进行抑制。

（4）支持的层数

MIMO 传输的层数会直接影响系统的频带利用效率以及峰值速率等指标，而天线端口数的增加为进一步提升 MIMO 维度创造了可能。考虑到更多的用户以及更高的系统频谱效率需求，在 5G NR 系统中将 MU-MIMO 的正交端口数增加到了 12 个。同时，在 MU-MIMO 传输时，每个用户的层数最多可以达到 4 层。这样可以较为有效地提升系统频谱效率，同时也能提升 MU-MIMO 传输时每个用户的峰值速率。对于 SU-MIMO 而言，5G NR 系统的峰值频谱效率指标与 4G LTE-Advanced 系统一致，因此，单用户传输时的最大层数没有进一步提升，下行与上行链路中每用户最多分别可以使用 8 层与 4 层。

（5）DFT-s-OFDM 波形的上行 DM-RS

这种情况只支持单流传输，所采用的导频类型为解调导频类型 1。在这种情况下 DM-RS 设计也需要满足单载波特性，采用类似 LTE 系统的设计。

2. DM-RS 端口复用方式

如前所述，DM-RS 导频在 OFDM 符号内可以在频域通过不同方式分为多个组，每个组之间通过 FDM 方式正交复用。组内可以通过码分正交复用方式（OCC，Orthogonal Cover Code）进一步分为两个端口。前置 DM-RS 类型 1 采用了梳状+OCC 结构，类型 2 基于频分+OCC 结构，采用高层信令进行配置选择 DM-RS 导频类型。当 DM-RS 导频配置为两个 OFDM 符号，在频域 CS（Cyclic Shift）或 OCC 基础之上，又在时域使用了 TD-OCC。各端口具体复用和配置方式描述如下。

（1）DM-RS 导频类型 1（见图 5-6）

• 单 OFDM 符号时，共两组频分的梳状资源，最多支持 4 个端口，其中每组梳状资源内部通过 OCC 方式支持 2 端口复用；

- 双 OFDM 符号时，最多支持 8 个端口。

（2）DM-RS 导频类型 2（见图 5-7）

- 单 OFDM 符号时，将 OFDM 频谱资源分为 3 组，每组由相邻的两个资源 RE 构成，组间采用 FDM 方式，最多支持 6 个端口，其中每组梳状资源内部通过 OCC 方式支持 2 端口复用；
- 双 OFDM 符号时，将每个 OFDM 频谱资源分为 3 组，最多支持 12 个端口。

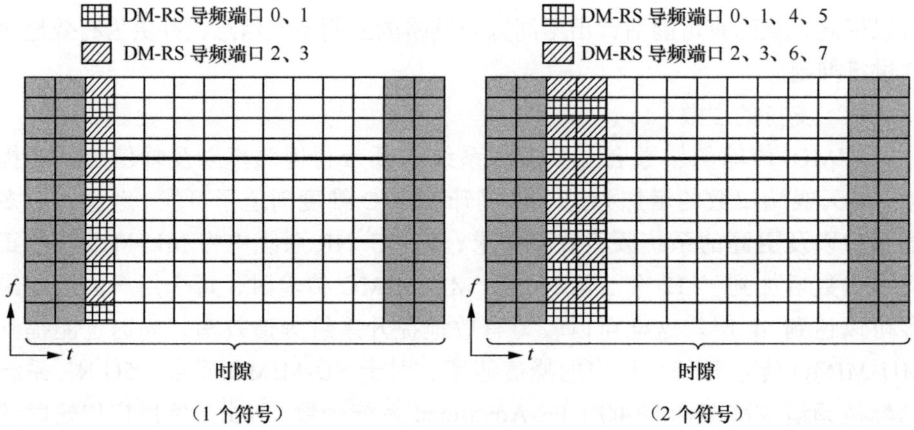

图 5-6　DM-RS 导频类型 1

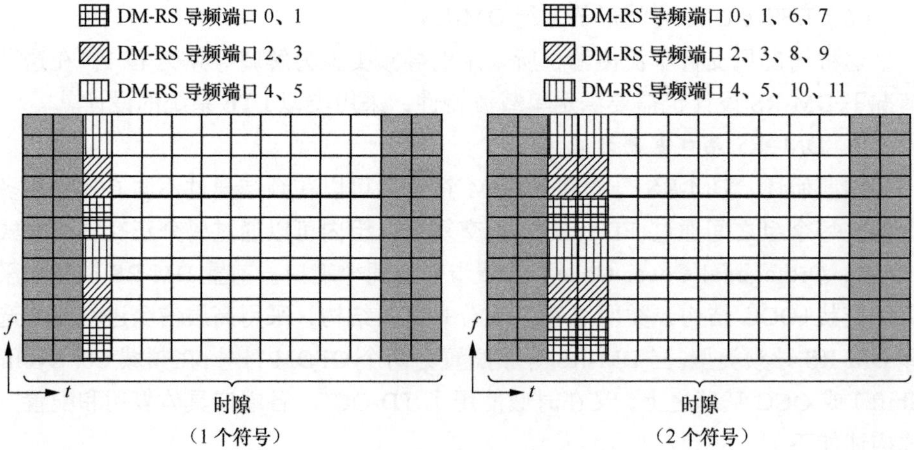

图 5-7　DM-RS 导频类型 2

由以上图样可以看出，类型 1 的频域密度更高，支持最多 8 个端口，在每个包含 DM-RS 的符号上平均每个端口占用 3 个 RE，相应的开销也更高。类型 2 在每个 DM-RS 符号上的密度为 2 RE/端口，支持的端口数更多，达到 12 个，可以更好地支持 MU-MIMO，同时在相对常用的 Rank 1～4 范围内具有更低的开销。在频率选择性较高的场景中，类型 1 在中低信噪比的链路性能较好，但是其性能优势随着信噪比的提升逐渐减小。在时延扩展较小的场景中，尤其是在高信噪比区域，开销更小的类型 2 则具有更高的吞吐量性能。

如上所述，两类方案各有优缺点及适用场景，经过长时间的讨论也很难得到融合方案。最终，两种方案都得到标准化，并纳入规范，采用基于高层信令进行 DM-RS 配置的方式来支持。需要说明的是，由于类型 1 的信道估计精度更高，RRC 配置之前的 DM-RS 默认使用类型 1。

3. 附加 DM-RS 配置

在中/高速场景之中，除了前置 DM-RS 之外，还需要在调度持续时间内安插更多的 DM-RS 符号，以满足对信道时变性的估计精度。NR 系统中采用了前置 DM-RS 与时域密度可配置的附加 DM-RS 相结合的结构。每一组附加 DM-RS 的图样都是前置 DM-RS 的重复。因此，与前置 DM-RS 一致，每一组附加 DM-RS 最多也可以占用两个连续的 DM-RS 符号。根据具体的使用场景及移动性，在每个调度可以配置最多 3 组附加 DM-RS。附加 DM-RS 的数量取决于高层参数配置以及具体的调度时长。关于附加 DM-RS 的位置，在设计过程中主要考虑了以下几方面的原则。

- 尽可能具有均匀的时域分布。
- 在不同调度时长情况下，DM-RS 符号的位置尽可能相同。
- 尽量避开调度区域的最后一个符号。

其中，关于时域密度均匀性的需求主要来自信道估计时域内插的需求；对不同的调度时长维持尽可能相同的 DM-RS 符号位置是为了减少终端信道估计器需要考虑的情况；而尽量使 DM-RS 避开最后一个符号的原则是：

- 对于下行链路，最后一个 DM-RS 符号位置过于靠后会增加检测和译码时延。

- 对于上行链路，PUSCH 调度之后可能紧邻 SRS 等其他信号或信道的传输，而后续传输的发射功率可能会发生变化。考虑到功放调整所需的时间，为了保证后续信号的时序，调度区域内最后一个符号的发送可能会受到影响，从而影响信道估计性能。

5.3.2 信道状态信息参考信号（CSI-RS）

LTE系统从Rel-10开始引入了CSI-RS，用于进行信道状态的测量。在NR中，继续使用CSI-RS设计思路，主要用于以下几个方面：

① 用于获取信道状态信息，适用于调度和链路自适应以及和MIMO相关的传输设置；

② 用于波束管理的CSI-RS，适用于终端和基站侧波束的赋形权值的获取，用于支持波束管理过程；

③ 用于精确的时频跟踪，系统中通过设置TRS（Tracking Reference Signal）来实现；

④ 用于移动性管理的CSI-RS信号，系统中通过对本小区和邻小区的CSI-RS信号获取跟踪，来完成用户的移动性管理相关的测量；

⑤ 用于速率匹配的ZP CSI-RS信号，系统中通过这种零功率的CSI-RS信号的设置完成数据信道的RE级别的速率匹配功能。

在NR系统中，有效地支持大规模天线高精度的CSI反馈，同时保持较低的测量复杂度、反馈开销、功率消耗和UE复杂度，是NR CSI-RS信号设计和反馈设计的主要任务。此外为了支持多种用途，对CSI-RS的灵活性也有一定的要求。

1．用于信道状态信息获取的CSI-RS设计

在NR系统中，为了能够灵活支持不同天线的虚拟化映射以及码本的设计，并考虑到实际的应用部署场景，支持的端口数为1、2、4、8、12、16、24、32。同时CSI-RS端口设计涉及端口图样、复用方式、密度配置以及序列设计等内容，具体如下。

（1）CSI-RS端口图样设计

为了便于支持不同天线端口数以及不同功能的CSI-RS，同时考虑到未来可扩展性，NR中将时域和频域上相邻的多个RE作为一个基本单元，并通过基本单元的聚合构造出不同端口数的CSI-RS图样。

定义每个X端口CSI-RS图样基本单元由一个PRB内频域上相邻的Y个RE和时域上相邻的Z个符号组成。综合考虑灵活性和复杂度，NR中支持的CSI-RS图样基本单元如下：

- X=1端口：（Y，Z）=（1，1）
- X=2端口：（Y，Z）=（2，1）
- X=4端口：（Y，Z）=（4，1）和（2，2）

CSI-RS 的 8、12、16、24、32 端口图样均由 2 端口或 4 端口图样组合构成。

（2）CSI-RS 的 CDM 图样

在 LTE 系统中，为了避开位置固定的小区专属导频 CRS 和 DM-RS，CSI-RS 的可映射范围被限制在 40 个 RE 中。因此，通过码分复用的 CDM-4 和 CDM-8 的图样设计较为复杂。而在 NR 系统中，系统信号设计基础比较干净，使得 CSI-RS 资源可以通过较为灵活的配置，实现多端口 CSI-RS 的规则映射，进而使得 CDM-4 和 CDM-8 也可采用规则的图样设计。

图 5-8 给出了标准中所有 CDM 的图样，其中，FD2 表示频域占用两个 RE，TD2 表示时域占用两个 RE。

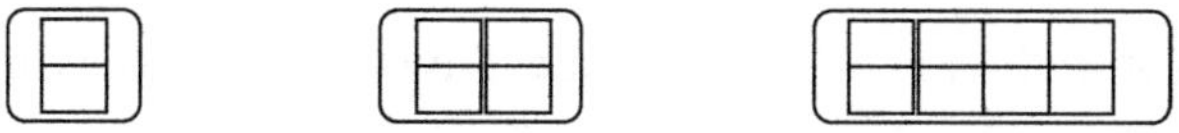

CDM-2（FD2）　CDM-4（FD2，TD2）　CDM-8（FD2，TD4）

图 5-8　采用 CDM 的 8 端口 CSI-RS 图样

（3）CSI-RS 密度

CSI-RS 的密度指的是在一个基本的 PRB 内，每个 CSI-RS 端口占据的 RE 数量。NR 支持 CSI-RS 的密度包括 D=1/2，1，3。其中，密度 D=1/2 仅用于 CSI 获取，可以降低导频的开销；而密度 D=3 仅用于波束管理，可以提高波束测量的精度。当配置为密度 D=1/2 时，仅在奇数或者偶数的 PRB 传输 CSI-RS，并通过高层参数指示实际 CSI-RS 占用为奇数 PRB 还是偶数 PRB。

（4）CSI-RS 端口资源映射指示

CSI-RS 资源映射到一个 PRB 内的时频域位置通过信令来指示。使用两维的指示来表示资源映射位置，可以保证最大的指示灵活度，但是这种方法带来的信令开销过大。为了降低信令开销，NR 对 CSI-RS 的时频位置有一定的限制；在时域上，通过高层信令参数给出最多可能的两个时域符号位置；在频域上，高层信令使用位图方式来指示一个符号上子载波的占用情况，且所有 CSI-RS 符号上的子载波占用相同。

（5）CSI-RS 序列

CSI-RS 序列的产生采用和 LTE 相同的 GOLD 序列生成，且序列的初始化基于高层配置的扰码 ID。序列 $r(m)$由下式生成。

$$r(m)=\frac{1}{\sqrt{2}}\left[1-2\cdot c(2m)\right]+j\frac{1}{\sqrt{2}}\left[1-2\cdot c(2m+1)\right]$$

其中，伪随机序列 $c(i)$的初始化由下式定义

$$c_{\text{init}}=\left[2^{10}\left(N_{\text{symb}}^{\text{slot}}n_{\text{s,f}}^{\mu}+l+1\right)\left(2n_{\text{ID}}+1\right)+n_{\text{ID}}\right]\bmod 2^{31}$$

$n_{\text{s,f}}^{\mu}$ 为无线帧内的时隙号，l 为时隙内的 OFDM 符号序号，n_{ID} 为高层配置的扰码 ID。

2. 用于波束管理的 CSI-RS 设计

（1）用于波束管理的 CSI-RS 的候选方案

NR 需要在高频段上支持动态模拟波束赋形，模拟波束赋形权值获取通常需要通过对导频信号的波束扫描测量方式来获取。在 NR 系统中，CSI-RS 设计可以分别应用于收发波束同时扫描、发送波束扫描和接收波束扫描过程。由于用于波束管理的CSI-RS只进行波束的测量和选择，从节省开销角度考虑，可以使用更少的导频端口（如 1 端口或 2 端口）。由于一个波束所覆盖的角度有限，通常会采用时分（TDM，Time Division Multiplexing）方式在多个 OFDM 符号上发送不同方向的波束，来满足整个小区覆盖的需求。当有多个波束方向待扫描时，为了加快扫描速度，可以将一个 OFDM 符号进一步分割成小于 OFDM 符号的子时间单位（子符号）。如 CSI-RS 所在符号采用更大的子载波间隔[见图 5-9(a)]或者采用 IFDMA(Interleaved Frequency Division Multiple Access）的方式［见图 5-9（b）］，这样在一个 OFDM 符号内可以获得多个用于模拟波束扫描的机会。若采用更大的子载波间隔，每个子符号内均包含保护间隔（CP）和数据部分，易于进行波束间切换；若采用 IFDMA 方式，多个重复的子符号之间没有保护间隔，更适用于固定发送波束的接收波束扫描。

（2）NR 中用于波束管理的 CSI-RS 标准化

考虑到与 CSI 获取的 CSI-RS 的统一设计，Rel-15 NR 标准并未支持子时间单位，而是最终复用 1 端口和 2 端口的用于 CSI 获取的 CSI-RS 设计实现波束管理。具体的端口示意如图 5-10 所示，其中，X 表示端口数，D 表示密度。

3. 用于精确时频跟踪的 CSI-RS 设计

LTE 系统中由于 CRS 总是在每个子帧中发送，可以通过测量 CRS 实现高精度的时频跟踪。CRS 这种持续周期性发送方式会带来前向兼容性问题和不必要的功率浪费，NR 系统取消了这种持续周期性发送的 CRS 信号，而是根据终端需要来配置和触发用于时频跟踪的参考信号，这种新的时频跟踪参考信号被称为 TRS 信号。由于 CSI-RS 具有灵活的结构，且可通过灵活的配置增加时频密度，因此，NR 中采用一种特殊配置的 CSI-RS 作为 TRS 的设

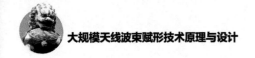

计方案。

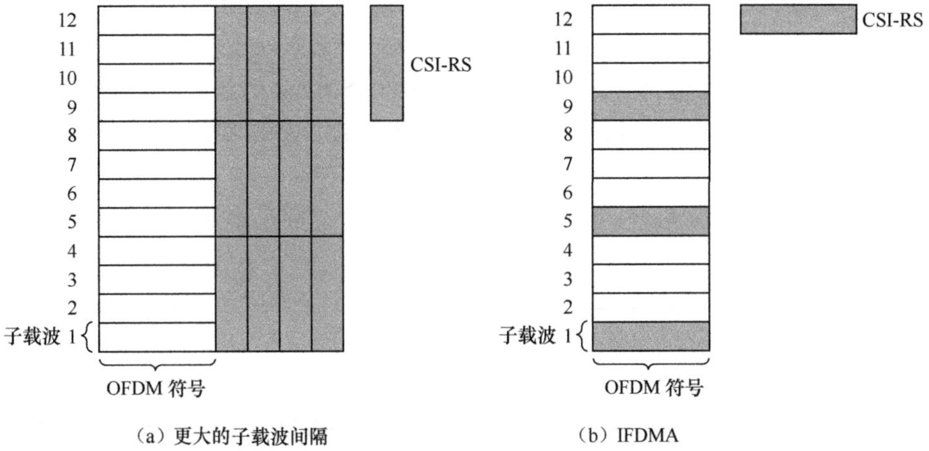

(a) 更大的子载波间隔 (b) IFDMA

图 5-9 用于提升 CSI-RS 波束扫描资源的方式

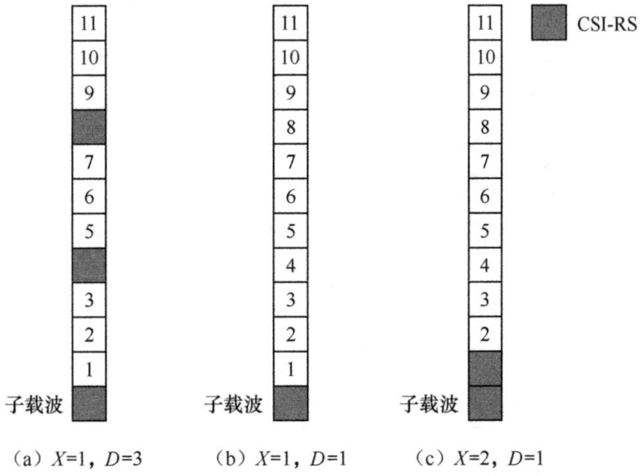

图 5-10 用于波束管理的 CSI-RS 端口资源映射

(1) TRS 的时域结构

对于周期性发送的 TRS 信号，周期值可以针对不同的场景区别配置。每个周期内有一个 TRS 突发（TRS Burst），一个 TRS Burst 内有多个时隙，一个时隙内有多个 OFDM 符号。

在设计一个 TRS Burst 中的 TRS 符号位置时，有以下 3 个设计准则[84]。

① 为了支持大的频率偏移估计，在 TRS Burst 中参考信号所占符号的间距要适当（符号间距越大，频率偏移的估计范围越小）。

② TRS Burst 在时间上的跨度要足够大以获得良好的频率估计精度。

③ 考虑到能效和便于与其他参考信号相组合，在每个 TRS Burst 中的 TRS 所占符号个数要适当。

根据以上准则，如果令 X、S_t、N 分别表示 TRS Burst 的长度（时隙的个数）、TRS 符号间隔数和在一个时隙中 TRS 所占的符号的个数，则 NR 中的 TRS 时域的结构如下：

- 对于频率范围 1（FR1，Frequency Range 1），即小于 6GHz，X=2，S_t=3，N=2；
- 对于频率范围 2（FR2，Frequency Range 2），即大于 6GHz，X=1 或 2，S_t =3，N=2。

（2）TRS 的频域结构

参考信号的频率密度决定了时间跟踪范围，在频域上信号间隔越稀疏，时间跟踪的范围越小。为了保证某一解调性能，参考信号的传输带宽要超过某一最小带宽值。根据仿真结果，NR 中确定 TRS 的频域密度为 3RE/PRB/端口，且在 TRS 的带宽为 50 个 PRB 时，可获得可靠的时频跟踪性能。由于 TRS 采用的是 CSI-RS 资源，而 CSI-RS 资源配置的带宽大小需是 4 的倍数，所以 NR 中将 TRS 的最小带宽定为 52PRB。分别采用 S_f 和 B 表示 TRS 的子载波间隔和带宽，则 S_f=3，带宽 B 为 52 和 BWP 带宽的最小值，在周期大于 10ms 并且 BWP 带宽大于 52 时 B 为 BWP 带宽。

由时域和频域结构设计可知，一种 TRS 的图样如图 5-11 所示。图中给出了一个 TRS 突发，包含 2 个时隙，每个时隙中占用 2 个 OFDM 符号。在一个时隙中，2 个 TRS 符号间隔为 3 个 OFDM 符号。

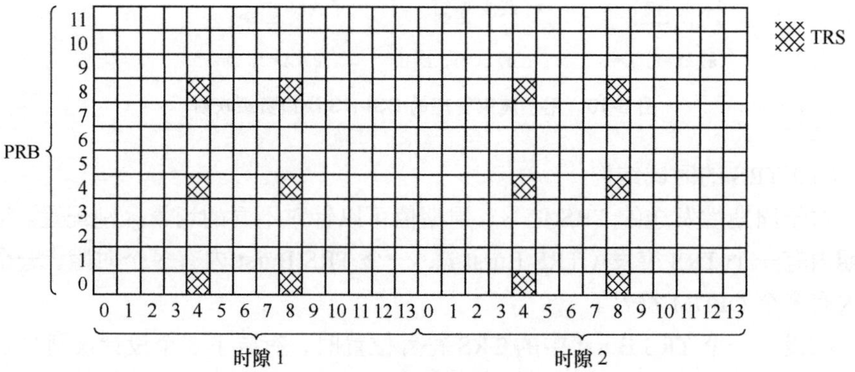

图 5-11 TRS 的图样设计

（3）TRS 的配置

由于系统支持密度大于 1 的 1 端口的 CSI-RS，因此，可把 CSI-RS 设计直接应用于 TRS。在具体设计中，可将包含 N 个周期性 CSI-RS 资源的一个 CSI-RS 资源集合（CSI-RS Resource Set）作为一个 TRS，其中每个 CSI-RS 资源单独占据一个 OFDM 符号。根据 TRS 的时域结构设计，对于 FR1，通过高层信令给 UE 配置一个包含 4 个 CSI-RS 资源的 CSI-RS 资源集合，这 4 个资源分布在 2 个连续的时隙内，每个时隙内包含 2 个 CSI-RS 资源，并且这 2 个时隙中的 CSI-RS 资源在时域上的位置相同。对于 FR2，通过高层信令给 UE 配置一个分布在 1 个时隙上包含 2 个 CSI-RS 资源的 CSI-RS 资源集合，或者配置一个分布在 2 个连续的时隙上包含 4 个 CSI-RS 资源的 CSI-RS 资源集合，每个时隙包含 2 个 CSI-RS 资源，并且这 2 个时隙中的 CSI-RS 资源在时域上的位置相同。

每个时隙中包含的 CSI-RS 资源在时域上的位置由高层参数配置决定。考虑到 PDCCH 和 DM-RS 在一个时隙中所占的资源和避免或减少与其他参考信号的冲突，对于 FR1 和 FR2，在一个时隙中 CSI-RS 资源的时域位置有以下几个选项：$l \in \{4,8\}$、$l \in \{5,9\}$ 或 $l \in \{6,10\}$，符号索引的起始位置是从 0 开始。在 FR2，即高频传输中，进一步考虑到会有多个波束的操作，只有上面 3 个选项是不够的。因此，在 FR2 中又引入了其他选项，如 $l \in \{0,4\}$、$l \in \{1,5\}$、$l \in \{2,6\}$、$l \in \{3,7\}$、$l \in \{7,11\}$、$l \in \{8,12\}$ 或 $l \in \{9,13\}$，但其符号间隔仍然为 3。

（4）非周期 TRS

系统中有许多非周期事件和一些周期事件不能与周期的 TRS 相对齐，如在辅载波（SCell，Secondary CEll）激活时，假设 TRS 的周期是 80ms，UE 最多需要等待 80ms 才能接收 TRS，这为 UE 的解调会带来严重的影响。此外，在高频段的波束改变后，长时间无法根据 TRS 进行时频跟踪也是不能接受的。因此，需要在周期 TRS 的基础上，引入非周期的 TRS 信号。

非周期 TRS 与周期 TRS 的结构相同，如采用相同的带宽具有相同的频域位置和一个 TRS Burst 中具有相同的时隙个数。此外，非周期的 TRS 和一个周期 TRS 的关于 QCL-Type-A 和 QCL-Type-D 是 QCL 的（参考 QCL 一节）。考虑与非周期 CSI-RS 的触发方法的一致性，NR 中使用 DCI 触发非周期的 TRS。

5.3.3　相位跟踪参考信号（PT-RS）

1. PT-RS 信号特性

相位噪声（PN，Phase Noise）由本振引入，其破坏了 OFDM 系统中各子载波的正交性，从而引起共相位误差（CPE，Common Phase Error），导致调制星座以固定角度的旋转，并引起子载波间干扰（ICI，Inter-Carrier Interference），导致星座点的散射。在高频时这种情况更加明显。由于 CPE 的影响更大，在 NR 中主要考虑对 CPE 进行补偿。

PT-RS 用于跟踪基站和终端（UE）中的本振引入的相位噪声。为了增强信号的覆盖，PT-RS 作为一种终端专有（UE-Specific）的参考信号，基于终端专用的窄波束进行传输。PT-RS 可以被看作 DM-RS 的一种扩展，它们具有紧密的关系，如采用相同的预编码、端口关联性、正交序列的生成、QCL 关系等。

由于相位噪声引起的 CPE 在整个频带上具有相同的频率特性，在时间上具有随机的相位特性，因此 PT-RS 在频域上设计较为稀疏，而在时域上具有较高密度。

2. PT-RS 导频的设计

（1）PT-RS 的时频域密度

由于相位噪声的相干时间短，有必要在多个 OFDM 符号中连续发送 PT-RS 来保证相位估计的精度。此外 PT-RS 在时域上的图样设计还取决于链路传输的质量，当链路信道条件较好时，可以通过较少的 PT-RS 导频来完成相位估计，如果信道质量较差，则需要更多的 PT-RS 符号来保证精度。因此，PT-RS 的时域密度与 MCS 等级相关。PT-RS 的频域密度与调度带宽相关，其在调度带宽内均匀分布，可以在每个 PRB 或者每若干个 PRB 中选择一个子载波用于 PT-RS 映射。

为了节省信令开销，NR 协议规定当开启 PT-RS 时，通过 MCS、调度带宽参数确定 PT-RS 的时频密度，如表 5-2 和表 5-3 所示。

- 时域密度

表 5-2 PT-RS 时域密度为调度 MCS 的函数

调度 MCS	时域密度（L_{PT-RS}）
I_{MCS}<ptrs-MCS1	不存在 PT-RS
ptrs-MCS1 ≤ I_{MCS}<ptrs-MCS2	4
ptrs-MCS2 ≤ I_{MCS}<ptrs-MCS3	2
ptrs-MCS3 ≤ I_{MCS}<ptrs-MCS4	1

- 频域密度

表 5-3　PT-RS 频域密度为调度带宽的函数

调度带宽	频域密度（K_{PT-RS}）
$N_{RB} < N_{RB0}$	不存在 PT-RS
$N_{RB0} \leqslant N_{RB} < N_{RB1}$	2
$N_{RB1} \leqslant N_{RB}$	4

其中，时域密度表示每 L_{PT-RS} 个 OFDM 符号配置一个 PT-RS，而频域密度表示每 K_{PT-RS} 个 RB 配置一个 PT-RS。

（2）PT-RS 端口数

PT-RS 的端口数与相位噪声源的个数相关。当存在多个独立的相位噪声源时，每个相位噪声源均需要一个 PT-RS 端口用于对其进行相位估计。对于下行传输，多个 PT-RS 端口主要应用于多点协作方式。每个协作点的相位噪声源相互独立，因此，每个协作点需要配置一个 PT-RS 端口。而对于上行传输，考虑上行的部分相干或非相干传输，非协作场景也需要多个 PT-RS 端口。NR Rel-15 中支持下行一个 PT-RS 端口和上行两个 PT-RS 端口。NR 后续版本中将考虑对多点协作的支持，因此下行 PT-RS 端口数将进一步增加。

（3）PT-RS 端口关联

PT-RS 可以作为解调导频的扩展，配置在用户的调度带宽内与用户数据同时传输。此时，PT-RS 既可以用于相位估计，又可以用于数据解调。对于多数据流传输场景，若所有数据流经历相同的相位噪声，则 PT-RS 可以使用任一数据流的预编码传输。即 PT-RS 可以关联至任一 DM-RS 端口，与此端口使用相同的预编码。此 PT-RS 估计出的相位噪声可以用于所有数据流的相位噪声补偿。因此，NR 中规定，PT-RS 端口与其关联的 DM-RS 端口之间关于 QCL-TypeA 和 QCL-TypeD 准共站址。

为了保证 PT-RS 的传输性能，可以使用信道质量最优的数据流的预编码进行传输。根据 NR 协议，下行传输时，若 UE 只调度了一个码字，PT-RS 端口关联至最低索引值的 DM-RS 端口；若 UE 调度了两个码字，PT-RS 端口关联至最高 MCS 的码字对应的最低索引值的 DM-RS 端口；若两个码字相同，PT-RS 端口关联至第一个码字对应的最低索引值的 DM-RS 端口。由于 UE 可以反馈 LI（见 5.4 节），指示了最强层使用的预编码，因此 gNB 可以保证 PT-RS 使用最优的预编码进行传输。上行传输时，由于 gNB 已知上行信道状态信息，PT-RS 端口与 DM-RS 端口的关联由 DCI 信令指示。特别的，对于基于码本的部分相干和非相干传输，其上行码本的结构（如表 5-4 中的 TPMI=1，2 时），隐含了 SRS 端口 0 和 SRS 端口 2 具有相同的相位噪声，而 SRS 端口 1 和 SRS 端口 3 具有相同的相位噪声的假设。因此，协议中规定 PT-RS 端口 0 关联至 SRS 端口 0 和 SRS 端口 2 上传输的 DM-RS 端口，而 PT-RS 端口 1 关联至 SRS 端口 1 和 SRS 端口 3 上传输的 DM-RS 端口。

表 5-4　上行 4 端口 4 层传输的预编码矩阵

TPMI 索引	*W* 按照 TPMI 顺序从左到右依次为			
0～3	$\frac{1}{2}\begin{bmatrix}1&0&0&0\\0&1&0&0\\0&0&1&0\\0&0&0&1\end{bmatrix}$	$\frac{1}{2\sqrt{2}}\begin{bmatrix}1&1&0&0\\0&0&1&1\\1&-1&0&0\\0&0&1&-1\end{bmatrix}$	$\frac{1}{2\sqrt{2}}\begin{bmatrix}1&1&0&0\\0&0&1&1\\j&-j&0&0\\0&0&j&-j\end{bmatrix}$	$\frac{1}{4}\begin{bmatrix}1&1&1&1\\1&-1&1&-1\\1&1&-1&-1\\1&-1&-1&1\end{bmatrix}$
4	$\frac{1}{4}\begin{bmatrix}1&1&1&1\\1&-1&1&-1\\j&j&-j&-j\\j&-j&-j&j\end{bmatrix}$	—	—	—

（4）PT-RS 端口正交性

对于 SU-MIMO 场景，为了保证 PT-RS 的估计性能，UE 的多个 PT-RS 端口之间正交，且与数据正交。由于 PT-RS 是 UE 专属配置的，对于 MU-MIMO 场景，为了保证每个用户 PT-RS 的相位估计精度，多个用户的 PT-RS 之间应保持相互正交。但由于 PT-RS 的时域密度较大，正交性的要求会造成较大的导频开销。考虑到多个用户之间已采用预编码降低了用户间干扰，为了节省导频开销，多个用户的 PT-RS 之间采用了非正交的方式，且与其他用户的数据间也采用非正交的方式。

（5）PT-RS 的频域位置

由于 PT-RS 在频域分布较为稀疏，其频域位置可以灵活配置。PT-RS 的频域位置包括 RB 级的配置和 RE 级的配置。

• RB 级配置：用于指示在调度带宽上的 RB 偏移，其通过 RNT1 隐式确定。

• RE 级配置：由于与 PT-RS 关联的 DM-RS 端口在一个 RB 内占用多个子载波，因此，需要指示 PT-RS 映射至此 DM-RS 端口的某个子载波上。NR 中采用了隐式指示和显式指示两种方式。如表 5-5 所示，当采用隐式指示时，默认采用配置“00”所在列。例如，PT-RS 关联至 Type 1 DM-RS 端口 3 时，其占用子载波 3 传输。当采用显式指示时，可以通过高层信令配置不同的列，以改变子载波位置。

表 5-5　PT-RS 的 RE 偏移

DM-RS 天线端口 $\tilde{p}$	$k_{\mathrm{ref}}^{\mathrm{RE}}$							
	DM-RS 配置 Type 1				DM-RS 配置 Type 2			
	子载波偏移				子载波偏移			
	00	01	10	11	00	01	10	11
0	0	2	6	8	0	1	6	7
1	2	4	8	10	1	6	7	0
2	1	3	7	9	2	3	8	9
3	3	5	9	11	3	8	9	2
4	—	—	—	—	4	5	10	11
5	—	—	—	—	5	10	11	4

3. 基于上行 DFT-s-OFDM 波形的 PT-RS 设计

（1）PT-RS 的传输

与多载波 CP-OFDM 不同，单载波的 DFT-s-OFDM 在信号生成过程中增加了 DFT 变换操作，实现时域至频域的转换。这样 PT-RS 既可以放置在 DFT 变换前（时域内插）也可以放置在 DFT 变换后（频域内插），如图 5-12 所示。

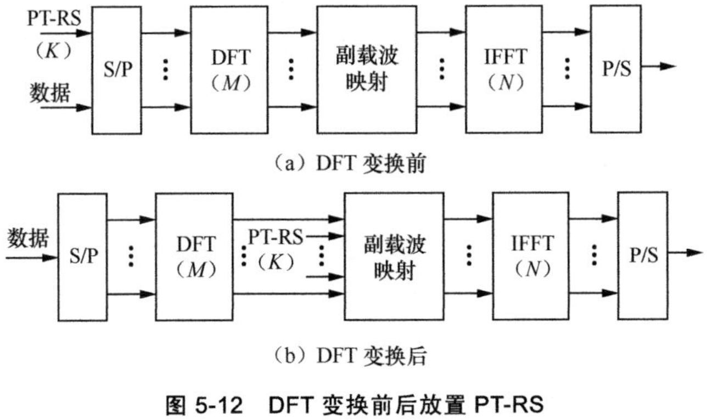

图 5-12　DFT 变换前后放置 PT-RS

时域内插可以保证单载波 DFT-s-OFDM 波形的 PAPR 特性。但 DFT 变换将 PT-RS 扩展至整个频域带宽，会造成与同符号的数据混叠，进而不能在频域进行相位变化的估计。由于 DM-RS 在频域内插，在进行相位噪声补偿时，基于 DM-RS 的信道估计和基于 PT-RS 的相位变化估计需要在频域和时域分别进行。这样接收机需要使用与 CP-OFDM 波形不同的相位噪声估计算法。频域内插可以在频域中打孔数据的子载波用于传输 PT-RS［见图 5-12（b）］，使用与 CP-OFDM 相同的相位噪声估计算法，简化了接收机的实现。但一方面频域内插破坏了单载波特性，造成 PAPR 的增加，另一方面由于数据子载波被打孔，性能有一定的损失。NR 中采用了时域内插的方式用于 PT-RS 的传输。

（2）PT-RS 的映射

在 NR 中，时域 PT-RS 的映射采用分束（Chunk）映射的方式，如图 5-13 所示。这种方式既可以实现邻近样点的平均也可以实现样点间的内插，并且可以灵活配置分束数目及每个分束中的 PT-RS 样点的个数。

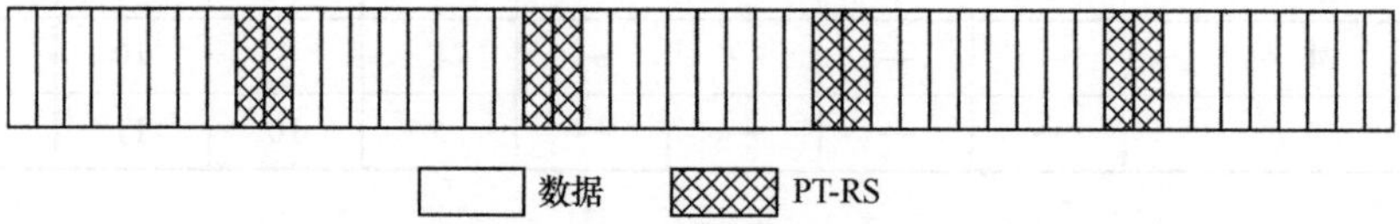

图 5-13　PT-RS 的分束映射方式

（3）PT-RS 的密度

对于 DFT-s-OFDM 波形，PT-RS 的密度包括时域密度和 DFT 域密度。其中时域密度是指一个时隙中占用的 OFDM 符号数，DFT 域密度是指 DFT 变换前 PT-RS 占用的样点数。NR 中定义了 PT-RS 的时域密度固定为每个 OFDM 符号或每两个 OFDM 符号。DFT 域密度与调度带宽相关，如表 5-6 所示，其中 PT-RS 组数表示分束数目，每组的样点数即为每个分束内的 PT-RS 样点数（图 5-13 对应表中的第三行配置）。

表 5-6　DFT-s-OFDM 波形的 PT-RS 的 DFT 域密度

调度带宽	PT-RS 组数	每个 PT-RS 组的样点数
$N_{RB0} \leqslant N_{RB} < N_{RB1}$	2	2
$N_{RB1} \leqslant N_{RB} < N_{RB2}$	2	4
$N_{RB2} \leqslant N_{RB} < N_{RB3}$	4	2
$N_{RB3} \leqslant N_{RB} < N_{RB4}$	4	4
$N_{RB4} \leqslant N_{RB}$	8	4

5.3.4　上行探测参考信号（SRS）

在 5G NR 系统中上行探测参考信号（SRS）可以是周期、半持续或非周期、窄带或宽带、单端口或多端口的，主要是为了获得上行信道信息。上行 SRS 的用途除了获取上行信道信息以外，还可以通过信道互易性在基站获取下行信道信息以及管理上行波束。

上行 SRS 的传输参数通过网络发送给终端，包括端口数目、频域资源位置、时域资源位置、序列、序列循环偏移量等。在 5G NR 系统中，上行探测参考信号在一个上行时隙的最后 6 个符号上映射，图 5-14 所示为一个时隙内可以用于终端发送上行 SRS 符号区域。SRS 可以配置多个端口，可以采用码分或频分方式复用、利用 ZC（Zadoff–Chu）序列的不同循环移位获得正交序列用于发送 SRS。另外，在频域采用隔子载波映射方式获得频域正交性。SRS 可以隔 1 个子载波或隔 3 个子载波映射，图 5-15 所示为上行 SRS 资源映射示意。

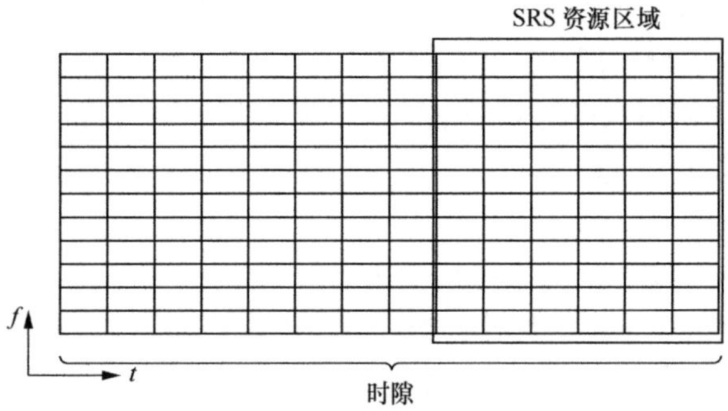

图 5-14　SRS 时域符号示意

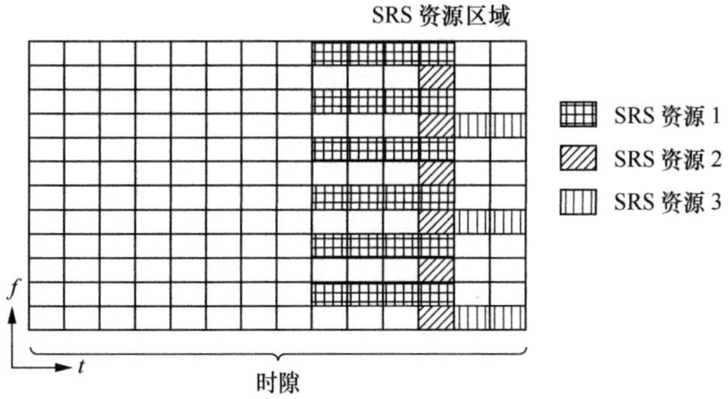

图 5-15　SRS 资源映射示意

基站可以为终端配置多个上行 SRS 集合，不同的 SRS 集合有不同的用处，如波束管理、下行信道信息获取、上行信道信息获取。1 个上行 SRS 资源可以包含 1 个或 2 个或 4 个端口，而且不同的端口可以以频分（分为子载波）或码分（分为不同序列）方式在 1 个符号内复用。1 个 SRS 资源可以占用 1 个或 2 个或 4 个符号。当 1 个 SRS 资源在多于 1 个符号映射时，将在所有的符号上重复映射相同的信号。

在同一个时隙中，如果终端发送上行数据信道（PUSCH）和上行 SRS，上行 SRS 在 PUSCH 的最后一个符号或上行解调导频 DM-RS 的最后一个符号之后发送。上行 SRS 和短上行控制信道（Short PUCCH）不能在同一个符号不同的子载波上发送，在同一个符号上冲突时终端不发送上行 SRS。

1. SRS 的发送周期设计

在 5G NR 系统中基站可以配置终端周期或非周期或半持续发送上行 SRS，具体情况如下。

- 周期

周期上行 SRS 的所有参数由高层信令配置，由高层信令进行配置后终端根据所配置的参数进行周期性发送。5G NR 系统中因为支持各种子载波间隔，所以 SRS 周期以及偏移量以时隙为单位进行配置，最小支持的周期为一个时隙而最大周期为 2560 个时隙。

- 半持续发送

5G NR 系统还支持终端半持续发送上行 SRS。半持续上行 SRS 的一个优势是其配置以及激活、去激活相比高层信令（RRC 信令）更快、更灵活，适应于要求时延较低的业务的快速传输。半持续上行 SRS 的所有参数也由高层信令配置，与周期上行 SRS 的不同之处是虽然相应参数已经被配置，但终端在未收到激活命令之前不能发送上行 SRS，一旦被激活终端开始发送 SRS 参考信号直到收到基站发的去激活命令。半持续上行 SRS 的激活、去激活命令由 MAC 层发送也就是 MAC CE 命令。在激活状态期间终端发送半持续上行 SRS，其行为与周期上行 SRS 发送行为相同。

- 非周期

5G NR 系统也支持终端非周期方式发送上行 SRS，由 2 比特控制信令（DCI 信令）（如表 5-7 所示）触发终端发送非周期上行 SRS。2 比特共有 4 个状态，其中一个状态不触发非周期上行 SRS 发送，其他 3 个状态分别触发第一、第二、第三个上行 SRS 资源组；一个状态可以触发一个或多个集合，一个状态对应的多个集合可以对应多个载波。

表 5-7 下行控制信令 DCI 比特值指示 SRS 资源触发方式

取值	触发命令
00	不触发

（续表）

取值	触发命令
01	触发第一 SRS 资源组
10	触发第二 SRS 资源组
11	触发第三 SRS 资源组

2. SRS 的序列和发送带宽

在 5G NR 系统上行 SRS 序列基于 ZC 序列产生，序列长度根据一个终端所配置的带宽产生而不是系统带宽。

$$r^{(p_i)}(n,l') = r_{u,v}^{(\alpha_i,\delta)}(n)$$
$$0 \leqslant n \leqslant M_{\mathrm{sc,b}}^{\mathrm{RS}} - 1$$
$$l' \in \left\{0,1,\cdots,N_{\mathrm{symb}}^{\mathrm{SRS}} - 1\right\}$$

其中，$M_{\mathrm{sc,b}}^{\mathrm{RS}} = m_{\mathrm{SRS,b}} N_{\mathrm{sc}}^{\mathrm{RB}} / K_{\mathrm{TC}}$，$m_{\mathrm{SRS,b}}$ 由表 5-8 给出、$N_{\mathrm{sc}}^{\mathrm{RB}}$ 为一个 PRB 包含的子载波数目、K_{TC} 为 Comb 数，取值为 2 或 4，由高层信令配置，$\delta = \log_2(K_{\mathrm{TC}})$。循环移位 α_i 和天线端口 p_i 的关系如下：

$$\alpha_i = 2\pi \frac{n_{\mathrm{SRS}}^{\mathrm{cs},i}}{n_{\mathrm{SRS}}^{\mathrm{cs,max}}}$$
$$n_{\mathrm{SRS}}^{\mathrm{cs},i} = \left(n_{\mathrm{SRS}}^{\mathrm{cs}} + \frac{n_{\mathrm{SRS}}^{\mathrm{cs,max}}(p_i - 1000)}{N_{\mathrm{ap}}^{\mathrm{SRS}}} \right) \bmod n_{\mathrm{SRS}}^{\mathrm{cs,max}}$$

其中，$n_{\mathrm{SRS}}^{\mathrm{cs}} \in \left\{0,1,\cdots,n_{\mathrm{SRS}}^{\mathrm{cs,max}} - 1\right\}$ 由高层信令 transmissionComb 进行配置。当 $K_{\mathrm{TC}} = 4$ 时，最大可支持的循环移位数为 $n_{\mathrm{SRS}}^{\mathrm{cs,max}} = 12$、当 $K_{\mathrm{TC}} = 2$ 时，可支持的循环移位数为 $n_{\mathrm{SRS}}^{\mathrm{cs,max}} = 8$。

为了干扰随机化，5G NR 系统支持序列跳频或序列组跳频，序列跳频或序列组跳频功能是通过高层信令可以开启或关闭。SRS 的基序列被分成若干组，每组包含若干序列。如果基站配置终端序列跳频或序列组跳频功能被关闭，每次终端发送 SRS 序列不变；如果该功能使能，每次终端发送上行 SRS 时按照一定规则采用不同序列。

SRS 的最小发送带宽为 4 个 PRB，而最大发送带宽是 272 个 PRB，如表 5-8 所示，5G NR 系统支持 64 种带宽配置，其中，C_{SRS} 和 B_{SRS} 均为用户级配置参数。

表 5-8　上行探测参考信号（SRS）配置带宽

C_{SRS}	$B_{SRS}=0$		$B_{SRS}=1$		$B_{SRS}=2$		$B_{SRS}=3$	
	$m_{SRS,0}$	N_0	$m_{SRS,1}$	N_1	$m_{SRS,2}$	N_2	$m_{SRS,3}$	N_3
0	4	1	4	1	4	1	4	1
1	8	1	4	2	4	1	4	1
2	12	1	4	3	4	1	4	1
3	16	1	4	4	4	1	4	1
4	16	1	8	2	4	2	4	1
5	20	1	4	5	4	1	4	1
6	24	1	4	6	4	1	4	1
7	24	1	12	2	4	3	4	1
8	28	1	4	7	4	1	4	1
9	32	1	16	2	8	2	4	2
10	36	1	12	3	4	3	4	1
11	40	1	20	2	4	5	4	1
12	48	1	16	3	8	2	4	2
13	48	1	24	2	12	2	4	3
14	52	1	4	13	4	1	4	1
15	56	1	28	2	4	7	4	1
16	60	1	20	3	4	5	4	1
17	64	1	32	2	16	2	4	4
18	72	1	24	3	12	2	4	3
19	72	1	36	2	12	3	4	3
20	76	1	4	19	4	1	4	1
21	80	1	40	2	20	2	4	5
22	88	1	44	2	4	11	4	1
23	96	1	32	3	16	2	4	4
24	96	1	48	2	24	2	4	6
25	104	1	52	2	4	13	4	1
26	112	1	56	2	28	2	4	7
27	120	1	60	2	20	3	4	5
28	120	1	40	3	8	5	4	2
29	120	1	24	5	12	2	4	3
30	128	1	64	2	32	2	4	8
31	128	1	64	2	16	4	4	4

（续表）

C_{SRS}	$B_{SRS}=0$		$B_{SRS}=1$		$B_{SRS}=2$		$B_{SRS}=3$	
	$m_{SRS,0}$	N_0	$m_{SRS,1}$	N_1	$m_{SRS,2}$	N_2	$m_{SRS,3}$	N_3
32	128	1	16	8	8	2	4	2
33	132	1	44	3	4	11	4	1
34	136	1	68	2	4	17	4	1
35	144	1	72	2	36	2	4	9
36	144	1	48	3	24	2	12	2
37	144	1	48	3	16	3	4	4
38	144	1	16	9	8	2	4	2
39	152	1	76	2	4	19	4	1
40	160	1	80	2	40	2	4	10
41	160	1	80	2	20	4	4	5
42	160	1	32	5	16	2	4	4
43	168	1	84	2	28	3	4	7
44	176	1	88	2	44	2	4	11
45	184	1	92	2	4	23	4	1
46	192	1	96	2	48	2	4	12
47	192	1	96	2	24	4	4	6
48	192	1	64	3	16	4	4	4
49	192	1	24	8	8	3	4	2
50	208	1	104	2	52	2	4	13
51	216	1	108	2	36	3	4	9
52	224	1	112	2	56	2	4	14
53	240	1	120	2	60	2	4	15
54	240	1	80	3	20	4	4	5
55	240	1	48	5	16	3	8	2
56	240	1	24	10	12	2	4	3
57	256	1	128	2	64	2	4	16
58	256	1	128	2	32	4	4	8
59	256	1	16	16	8	2	4	2
60	264	1	132	2	44	3	4	11
61	272	1	136	2	68	2	4	17
62	272	1	68	4	4	17	4	1
63	272	1	16	17	8	2	4	2

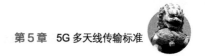

3. SRS 的跳频设计

如上所述，5G NR 系统支持终端在时隙内和时隙间跳频方式发送 SRS。跳频发送的目的是让终端每次以较小的带宽发送上行 SRS，但在一段时间内以轮询方式在不同子带发送。根据所配置的周期/非周期/半持续特性的终端，按照轮询方式一直发送/发送一轮/根据基站激活命令按照轮询方式发送，直到接收到基站的去激活命令。下面的公式定义了 SRS 发送带宽、子带大小和跳频行为。

$$n_b = \begin{cases} \lfloor 4n_{\text{RRC}}/m_{\text{SRS},b} \rfloor \bmod N_b, & \text{如果} b \leqslant b_{\text{hop}} \\ \{F_b(n_{\text{SRS}}) + \lfloor 4n_{\text{RRC}}/m_{\text{SRS},b} \rfloor\} \bmod N_b, & \text{其他} \end{cases}$$

$$F_b(n_{\text{SRS}}) = \begin{cases} (N_b/2)\left\lfloor \dfrac{n_{\text{SRS}} \bmod \prod_{b'=b_{\text{hop}}}^{b} N_{b'}}{\prod_{b'=b_{\text{hop}}}^{b-1} N_{b'}} \right\rfloor + \left\lfloor \dfrac{n_{\text{SRS}} \bmod \prod_{b'=b_{\text{hop}}}^{b} N_{b'}}{2\prod_{b'=b_{\text{hop}}}^{b-1} N_{b'}} \right\rfloor, & N_b \text{ 为偶数} \\ \lfloor N_b/2 \rfloor \left\lfloor n_{\text{SRS}} / \prod_{b'=b_{\text{hop}}}^{b-1} N_{b'} \right\rfloor, & N_b \text{ 为奇数} \end{cases}$$

下面举例说明终端跳频方式上行 SRS 发送。

如上行 SRS 带宽配置如下，为一个终端 C_{SRS}（确定宽带大小）配置为 57、B_{SRS}（确定子带大小）配置为 2，如表 5-9 所示，宽带 SRS 的带宽为 256 PRB，子带 SRS 带宽为 64PRB。

表 5-9 举例说明上行 SRS 配置带宽

C_{SRS}	$B_{\text{SRS}}=0$		$B_{\text{SRS}}=1$		$B_{\text{SRS}}=2$		$B_{\text{SRS}}=3$	
	$m_{\text{SRS},0}$	N_0	$m_{\text{SRS},1}$	N_1	$m_{\text{SRS},2}$	N_2	$m_{\text{SRS},3}$	N_3
57	256	1	128	2	64	2	4	16

图 5-16（a）为一个终端在连续 4 个时隙间跳频发送 SRS，在一个时隙配置一个符号 SRS，第 1 次在第 1 个时隙子带 0 发送 SRS、第 2 次在第 2 个时隙子带 2 发送 SRS、第 3 次在第 3 个时隙子带 1 发送 SRS、第 4 次在第 4 个时隙子带 3 发送 SRS。

图 5-16（b）为一个终端在一个时隙内的连续 4 个符号之间跳频发送 SRS 的示意图。图 5-16（c）为一个终端在连续 4 个时隙间跳频发送上行 SRS 的示意图，在每个时隙内上行 SRS 资源占用 4 个符号；图 5-16（b）和图 5-16（c）中一个 SRS 资源均占有 4 个符号，差别是在图 5-16（b）重复因子为 1，而在图 5-16（c）重复因子为 4。

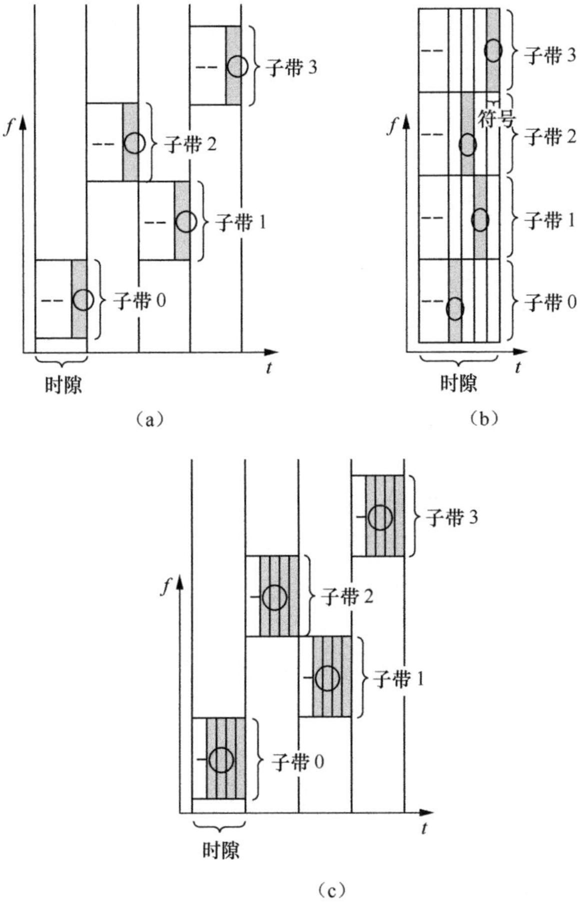

图 5-16　SRS 跳频示意

4. SRS 信号的天线切换发送

5G NR 系统中支持基站侧通过信道互易获取下行信道信息以提高下行数据传输性能。但终端同时发送的天线数量有可能与接收天线数量不一致。为了支持各种收发能力的终端都能通过信道互易有效获取下行信息，5G NR 系统特别设计了 SRS 天线切换发送方式。终端的收发能力可以分为收发天线数目相同（*T*=*R*）以及收天线多于发天线（*R*>*T*）。收天线多于发天线有如下几种情况，一发两收（1*T*2*R*）、一发四收（1*T*4*R*）、两发四收（2*T*4*R*）。

基站为收发天线数相同（*T*=*R*）的终端最多配置两个上行 SRS 资源集合，在一个集合中只有一个资源，端口数等于终端的发送天线数。2 个资源集合中最多可以有一个集合为周期性的。当两个资源集合均配置为非周期时，其对应的子带位置可以不同。这提供了上行 SRS 配置的灵活性。

基站为一发两收（1*T*2*R*）能力的终端最多配置两个资源集合，在一个集合中有两个资源，每个资源仅有一个端口，终端将一个资源由一个天线（物理天线）发送，另一个资源则从另一个天线（物理天线）发送，这类终端只有一个发送射频通道所以需要进行天线切换过程。

基站为两发四收（2*T*4*R*）能力的终端最多配置两个资源集合，在一个集合中有两个资源、每个资源有两个端口，终端将一个资源由 2 个天线（物理天线）发送，另一个资源则从另外两个天线（物理天线）发送，这类终端有 2 个发送射频通道、一个资源的 2 个端口同时发送而另一个资源的两个端口发送前需要进行天线切换过程。图 5-17 所示为终端两发四收天线切换的示意图。

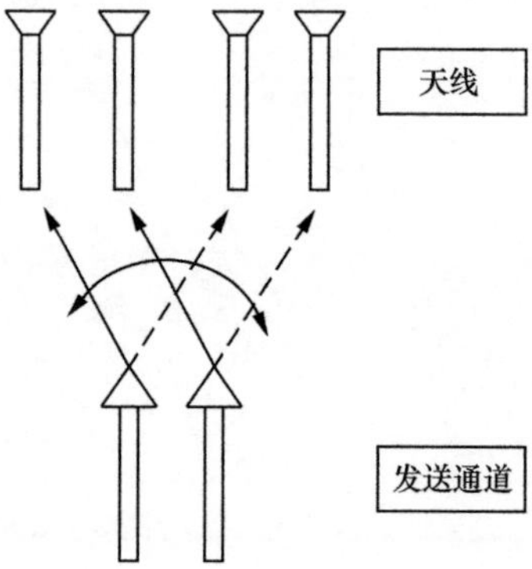

图 5-17　天线切换示意（2*T*4*R*）

基站为一发四收（1*T*4*R*）能力的终端配置上行 SRS 资源需要特殊考虑，周期或半持续上行 SRS 资源最多只能配置一个资源集合，其中，有 4 个资源，各有 1 个端口；为非周期上行 SRS 资源最多配置 2 个资源集合、2 个资源集合里一共有 4 个资源，而这 4 个资源在两个时隙内发送，且这 4 个资源由不同的物理天线发送。2 个资源集合可以各配置 2 个资源或一个集合 1 个另一个集合 3 个资源，每个资源只有 1 端口。基站为这 2 个资源集合配置一套功率控制参数，而且由 1 个控制信令（DCI 信令）触发这两个资源。

终端进行物理天线（射频通道）切换需要有一定的时间，最少切换时间要求随子载波间隔的不同而不同，为了支持终端进行天线切换方式发送上行 SRS，基站配置资源集时必须要根据表 5-10 的要求配置两个资源之间的时间间隔。

表 5-10　终端所配置资源的间隔

μ	$\Delta f=2^{\mu}\times 15$（kHz）	符号间隔
0	15	1
1	30	1
2	60	1
3	120	2

5. 载波切换

SRS 的一种用途是网络侧通过信道互易获得的下行信道信息。在载波聚合系统中因为终端的收发能力不同，终端接收载波和发送载波的能力往往不同。在接收载波多于发送载波的情况下，网络侧通过接收上行 SRS 只能获得一部分载波的下行信道信息。如图 5-18 所示，终端能接收两个载波载波 1 和载波 2，但是上行只能在载波 1 上发送；在这种情况下，网络侧通过上行 SRS 测量只能获得载波 1 对应的下行信道信息。为获得载波 2 对应的下行信道信息，5G NR 系统中支持 SRS 载波切换方式发送，也就是终端在载波 2 对应的载波上发送 SRS 信号。因为终端只能在载波 1 上发送上行数据、控制信道，终端在载波 2 上发送上行 SRS 之后需要切换到载波 1 上进行正常发送。载波切换发送上行 SRS 需要终端的射频器件间转换，所以两次发送期间要有一定的保护时间，而在这段时间内终端不能发送任何上行信道。

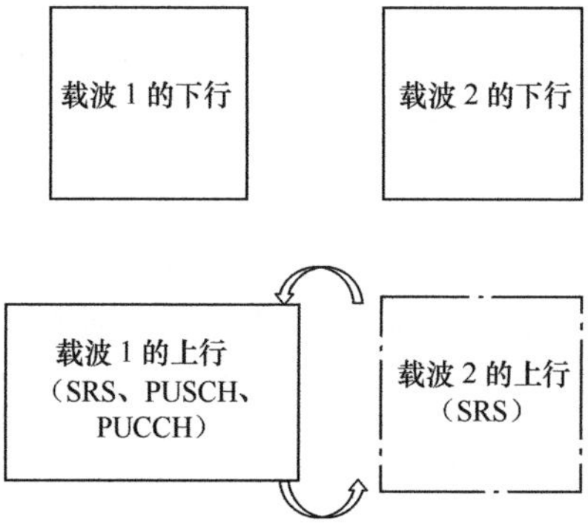

图 5-18　载波切换示意

5.4 信道状态信息反馈

5.4.1 框架设计

信道状态信息（CSI）的反馈决定了 MIMO 传输的性能，因此，在整个 MIMO 设计中具有举足轻重的作用。本节将针对 5G 系统和大规模天线的特点，结合技术设计原理，介绍 5G 标准中的 CSI 反馈的框架设计内容。

1. 信道状态信息反馈的设计原则

LTE 系统中在不同的标准化版本（Rel-8 ~ Rel-14）中定义了多种不同的反馈类型以支持不同 MIMO 传输方案。这种设计导致不同的传输方案以及信息反馈的分散和复杂化。在 5G 系统中，为了避免引入多种反馈类型/子反馈类型，考虑设计统一的 CSI 反馈框架。系统设计通过将 CSI 测量和 CSI 反馈方式进行解耦，将测量资源和测量操作与具体上报操作分离，以更加灵活的方式支持不同的 MIMO 传输方式在多种场景和多种频段应用。

与 LTE 系统类似，NR 的标准化考虑了以下 3 种反馈方式：隐式反馈、显式反馈和基于信道互易性的反馈。隐式反馈通过将信道参数化，反馈信道的参数信息（如 CQI/PMI/RI/CRI 等），用于指示信道质量，其重点在于码本的设计，以精确量化信道。显式反馈可以直接反馈信道的参数，如信道的相关矩阵、信道矩阵或者信道的特征向量等信息，也可以采用非量化的模拟 CSI 反馈。但显式反馈开销量大，需要进一步采用降维等方式来减少反馈量。基于互易性的 CSI 反馈根据反馈的条件可以分为基于完整信道互易性的反馈和基于部分信道互易性的反馈。另外，对于 5G 系统新出现的波束管理需求，还需要上报波束指示及相应的 RSRP 等信息。

考虑 SU-MIMO 和 MU-MIMO 对于反馈精度的不同要求，NR 中支持两类 CSI 反馈。一类是普通精度的 Type I CSI 反馈，其具有普通精度的空间分辨率，采用基于码本的 PMI 反馈；另一类是增强型 Type II CSI 反馈，其具有高精度的空间分辨率，候选方案包括使用显式反馈或者基于码本的反馈。

2. CSI 测量与反馈解耦机制

在 NR 系统中，CSI 可以包括 CQI、PMI、CSI-RS 资源指示（CRI，CSI-RS Resource Indicator）、SS/PBCH 块资源指示（SSBRI，Synchronization Signal Block Resource Indicator）、层指示（LI，Layer Indicator）、RI 以及 L1-RSRP（Layer-1 Reference Signal Received Power）。其中，SSBRI、LI 和 L1-RSRP 是在 LTE 系统的 CSI 反馈基础上新增的反馈量。LI 指示预编码矩阵中最强的列，用于 PT-RS 参考信号映射。SSBRI 和 L1-RSRP 用于波束管理，分别为波束索引和波束强度。

根据上述 CSI 测量和 CSI 反馈解耦的原则，系统将为每个 UE 配置 $N \geq 1$ 个 用于上报不同测量结果的上报反馈设置（Reporting Setting），以及 $M \geq 1$ 个测量资源设置。每个反馈设置关联至一个或多个测量资源设置，用于信道和干扰测量，可以根据不同终端需求和应用场景，灵活设置不同测量集合与上报组合。如图 5-19 所示，对于某个终端，配置了 3 个测量设置，分别对应于不同

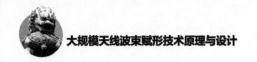

CSI-RS 的测量资源组合；同时，该终端还配置了两种上报设置，对于设置 0 上报 3 个测量资源的结果，而设置 1 则上报一个测量资源的结果。

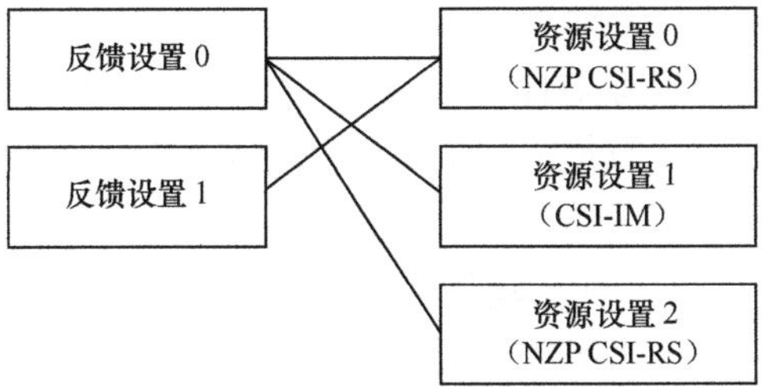

图 5-19　CSI 反馈框架

（1）CSI 的上报反馈设置（Reporting Setting）

反馈设置中包含以下参数的配置：CSI 反馈参数（Report Quantity）、码本配置、CSI 反馈的时域行为、PMI 和 CQI 的频域颗粒度以及测量约束配置。其中，CSI 反馈参数用于指示 UE 进行波束管理相关的反馈或者 CSI 获取相关的反馈以及具体的反馈内容。

NR 中支持周期、半持续和非周期 CSI 反馈方式。对于周期和半持续 CSI 反馈，需要在反馈设置中配置其反馈周期和反馈时隙偏移，每个反馈设置可以关联至 1 个或 2 个资源设置，对于非周期 CSI 反馈，反馈时隙偏移由动态信令指示，每个反馈设置可以关联至 1、2 或 3 个资源设置。

NR 中支持宽带或子带反馈。子带 CSI 上报的子带大小与终端实际使用的 BWP（Bandwidth Part）相关（由于 5G 系统带宽一般都比较宽，从节电等角度考虑，通常会将整个系统带宽分为不同大小的 BWP，每个终端在所分配的 BWP 带宽内进行发送和接收），如表 5-11 所示。每种 BWP 配置带宽下包含两种候选的子带大小，可以通过 RRC 进行配置。子带 CSI 上报时，多个子带可以在频域连续配置，也可以在频域不连续配置。

表 5-11　CSI 子带大小

BWP（PRB）	子带大小（PRB）
<24	N/A
24～72	4，8
73～144	8，16
145～275	16，32

（2）测量资源设置（Resource setting）

资源设置用于信道或干扰测量。每个资源设置包含 $S \geqslant 1$ 个资源集合，每个资源集合包含 $K_s \geqslant 1$ 个 CSI-RS 资源或者 CSI-IM 资源。NR 支持周期、半持续和非周期的资源设置，其时域行为在资源集合中配置。对于周期和半持续资源设置，只能配置一个资源集合，即 S=1。非周期的资源设置可以配置一个或多个资源集合。周期 CSI 反馈只能关联周期资源设置，半持续 CSI 反馈可以关联周期和半持续资源设置，非周期 CSI 反馈可以关联周期、半持续和非周期资源设置。为了区别 CSI 获取和波束管理，还引入了波束重复指示参数 Repetition，其配置在资源集合中用于指示此资源集合中的 CSI-RS 用于波束管理，以及是否采用重复波束发送。

5.4.2 大规模波束赋形码本设计

1. 码本设计原则

随着天线规模的增加，天线配置更加灵活。在 LTE 系统中，考虑到后续可扩展性、灵活性和码本设计的工作量，采用了参数化码本方案。参数化码本由统一的码本框架结合若干码本参数确定，采用两级码本结构 $\boldsymbol{W}=\boldsymbol{W}_1\boldsymbol{W}_2$。$\boldsymbol{W}_1$ 描述信道的长期宽带特性；$\boldsymbol{W}_2$ 描述信道的短期子带特性，用于对 $\boldsymbol{W}_1$ 中的波束进行选择和相位调整。

定义（N_1，N_2）表示同一极化方向上第一维度的天线端口数和第二维度的天线端口数。第一级码本基于块对角线结构，每个对角块表示一个极化方向的波束组，其由第一维度的波束分组与第二维度的波束分组进行 Kronecker 积计算得到。

$$\boldsymbol{W}_1=\begin{bmatrix}\boldsymbol{X}_1^{i_{1,1}}\otimes\boldsymbol{X}_2^{i_{1,2}} & 0\\ 0 & \boldsymbol{X}_1^{i_{1,1}}\otimes\boldsymbol{X}_2^{i_{1,2}}\end{bmatrix}$$

其中，$i_{1,1}$ 表示第一维度波束分组 $\boldsymbol{X}_1$ 的索引，$i_{1,2}$ 表示第二维度波束分组 $\boldsymbol{X}_2$ 的索引。$\boldsymbol{X}_1$ 是一个 $N_1\times L_1$ 维矩阵，由 L_1 个长度为 N_1 的 DFT 向量构成。每个向量经过 O_1 倍过采样，表示为

$$\boldsymbol{v}_{m_1}=\begin{bmatrix}1 & \mathrm{e}^{\mathrm{j}\frac{2\pi m_1}{N_1O_1}} & \dots & \mathrm{e}^{\mathrm{j}\frac{2\pi(N_1-1)m_1}{N_1O_1}}\end{bmatrix}^{\mathrm{T}}$$

$\boldsymbol{X}_2$ 是一个 $N_2\times L_2$ 维矩阵，由 L_2 个长度为 N_2 的 DFT 向量构成。每个向量经过 O_2 倍过采样，表示为

$$\boldsymbol{u}_{m_2}=\begin{bmatrix}1 & \mathrm{e}^{\mathrm{j}\frac{2\pi m_2}{N_2O_2}} & \cdots & \mathrm{e}^{\mathrm{j}\frac{2\pi(N_2-1)m_2}{N_2O_2}}\end{bmatrix}^{\mathrm{T}}$$

这样，$\boldsymbol{X}_1^{i_{1,1}},\boldsymbol{X}_2^{i_{1,2}}$ 可以表示为

$$\boldsymbol{X}_1^{i_{1,1}}=\begin{bmatrix}\boldsymbol{v}_{s_1\cdot i_{1,1}+0\cdot p_1} & \boldsymbol{v}_{s_1\cdot i_{1,1}+1\cdot p_1} & \cdots & \boldsymbol{v}_{s_1\cdot i_{1,1}+(L_1-1)\cdot p_1}\end{bmatrix}$$

$$\boldsymbol{X}_2^{i_{1,2}}=\begin{bmatrix}\boldsymbol{u}_{s_2\cdot i_{1,2}+0\cdot p_2} & \boldsymbol{u}_{s_2\cdot i_{1,2}+1\cdot p_2} & \cdots & \boldsymbol{u}_{s_2\cdot i_{1,2}+(L_2-1)\cdot p_2}\end{bmatrix}$$

其中，(s_1,s_2)定义为第一维度和第二维度的波束组间隔，表示两个相邻波束组中第一个波束的索引间的差异。(p_1,p_2)定义为波束组内波束间隔，表示 $\boldsymbol{X}_1$、$\boldsymbol{X}_2$ 内相邻波束间隔。图 5-20 给出了$(L_1,L_2)=(2,2)$，$(s_1,s_2)=(2,2)$和$(p_1,p_2)=(1,1)$的波束分组示意。

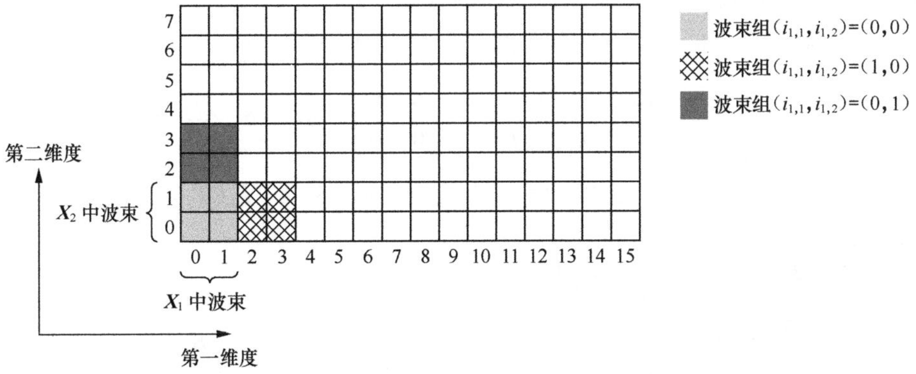

图 5-20 $\boldsymbol{W}_1$ 中的波束分组

在 LTE Rel-14 版本中定义了两种码本类型。一类是 Class A 码本，用于常规精度的 CSI 反馈；另一类是 Class A 的增强型（Advanced）CSI 码本。NR MIMO 系统沿用这一原则，使用常规精度的 CSI 反馈用于链路的保持及 SU MIMO 传输，而采用高精度的 CSI 反馈提升 MU-MIMO 的性能。常规精度的码本定义为 Type I 码本，高精度码本定义为 Type II 码本。同时考虑不同的天线阵列结构，NR 支持单天线阵面（Panel）及多天线阵面，从而需要相应的单天线阵面和多天线阵面码本结构。此外，也需要支持类似于 LTE 中的 Class A 反馈、Class B 反馈及混合反馈方式。这样，除了相位合并的码本外，还需要设计端口选择码本。

2. Type I 码本定义

Type I 码本分为单天线阵面码本和多天线阵面码本。天线阵面指采用集中

方式、均匀天线阵子排列的天线阵。其中，单天线阵面的码本设计类似于LTE系统；在多天线阵面的情况下，阵面间的部署方式和距离灵活可变，其码本设计需要考虑不同天线阵面间的分布方式。以下分别进行讨论。

（1）Type I 单阵面码本设计

① Type I 单阵面码本设计方案。

LTE Rel-13版本中首次采用参数化的Class A码本来支持不同的天线阵列。其将天线端口的分布、过采样率以及宽带波束组的构成作为码本参数，根据不同应用场景进行码本参数配置，以选择最合适码本。由于具有良好的扩展性，Type I 单阵面码本的结构以此码本为基础进行设计，采用以下两级码本结构。

$$\boldsymbol{W}=\boldsymbol{W}_1\boldsymbol{W}_2$$

其中，$\boldsymbol{W}_1$用于宽带波束组的选择，其包含一组波束。$\boldsymbol{W}_2$用于子带的波束生成。$\boldsymbol{W}_1$的具体含义及设计可以采用以下两种方案[81]：

- 方案一：不同极化方向的天线阵列使用相同的波束

$$\boldsymbol{W}_1=\begin{bmatrix}\boldsymbol{X}_1^{i_{1,1}}\otimes\boldsymbol{X}_2^{i_{1,2}} & 0\\ 0 & \boldsymbol{X}_1^{i_{1,1}}\otimes\boldsymbol{X}_2^{i_{1,2}}\end{bmatrix}=\begin{bmatrix}\boldsymbol{B} & 0\\ 0 & \boldsymbol{B}\end{bmatrix},\quad \boldsymbol{B}=\begin{bmatrix}\boldsymbol{b}_0 & \cdots & \boldsymbol{b}_{L-1}\end{bmatrix}$$

这里为了简化表示，去掉指示波束组的上标，且$L=L_1\times L_2$。此方案与LTE Class A码本结构相同。

- 方案二：天线端口分组[82]

$$\boldsymbol{W}_1=\begin{bmatrix}\tilde{\boldsymbol{X}}_1^{i_{1,1}}\otimes\boldsymbol{X}_2^{i_{1,2}} & & & \\ & \tilde{\boldsymbol{X}}_1^{i_{1,1}}\otimes\boldsymbol{X}_2^{i_{1,2}} & & \\ & & \tilde{\boldsymbol{X}}_1^{i_{1,1}}\otimes\boldsymbol{X}_2^{i_{1,2}} & \\ & & & \tilde{\boldsymbol{X}}_1^{i_{1,1}}\otimes\boldsymbol{X}_2^{i_{1,2}}\end{bmatrix}=\begin{bmatrix}\boldsymbol{B} & & & \\ & \boldsymbol{B} & & \\ & & \boldsymbol{B} & \\ & & & \boldsymbol{B}\end{bmatrix}$$

$$\boldsymbol{B}=\begin{bmatrix}\boldsymbol{b}_0 & \cdots & \boldsymbol{b}_{L-1}\end{bmatrix}$$

与方案一不同，其中，$\tilde{\boldsymbol{X}}_1$是一个$\frac{N_1}{2}\times L_1$维矩阵，由L_1个长度为$N=\frac{N_1}{2}$的DFT向量构成。每个向量经过O_1倍过采样，表示为

$$\boldsymbol{v}_{m_1}=\begin{bmatrix}1 & \mathrm{e}^{\mathrm{j}\frac{2\pi m_1}{NO_1}} & \ldots & \mathrm{e}^{\mathrm{j}\frac{2\pi(N-1)m_1}{NO_1}}\end{bmatrix}^{\mathrm{T}}$$

此方案将同一极化方向的天线端口进一步分为两组，且每组采用相同的波束。

方案一可以等效为将天线端口分为两个组，而方案二使用了更多的天线端口分组。通过分组间的相位调整，方案二易于产生多个正交波束，更适用于高阶的码本。

$\boldsymbol{W}_2$ 的设计有以下候选方案。

- 方案一：只进行相位调整，波束选择由宽带完成。此方案等效于限制 L=1。
- 方案二：对 $\boldsymbol{W}_1$ 中的 $\boldsymbol{L}$ 个波束进行线性合并。
- 方案三：进行波束选择和相位调整。此方案与 LTE Class A 码本相同。
- 方案四：类似于 LTE Class B 的端口选择码本，$\boldsymbol{W}_2$ 仅实现端口的选择或端口间的合并。波束的确定需要独立配置其他 CSI-RS 资源获得。

由于 Type I 码本为普通精度码本，其设计不但要满足链路性能要求，还要考虑码本设计的反馈开销。方案二基于线性合并的码本结构反馈精度高、开销较大，方案四需要独立的参考信号资源，其均不适合 Type I 码本的设计需求。考虑到性能和开销的折中，NR 最终选择了方案一和方案三。方案一反馈开销较小，而方案三由于引入了子带的波束选择，码本性能较好。

② Type I 单阵面的码本。

Type I 单阵面码本支持以下端口（N_1，N_2）和过采样因子（O_1，O_2）组合，具体见表 5-12。

表 5-12 Type I 单阵面码本的配置参数

CSI-RS 端口数	（N_1，N_2）	（O_1，O_2）
4	（2，1）	（4，—）
8	（2，2）/（4，1）	（4，4）/（4，—）
12	（3，2）/（6，1）	（4，4）/（4，—）
16	（4，2）/（8，1）	（4，4）/（4，—）
24	（6，2）/（4，3）/（12，1）	（4，4）/（4，4）/（4，—）
32	（8，2）/（4，4）/（16，1）	（4，4）/（4，4）/（4，—）

对于 2 端口的 Type I 码本采用单级码本结构，与其他码本设计不相同，且比较简单，不在这里详细介绍，可参考标准规范。对于 4 端口以上码本设计 Type I 单阵面码本采用两级码本结构，其由 LTE Rel-14 Class A 码本扩展得到[83]。第一级码本中的对角块矩阵 $\boldsymbol{B}$ 由 L 个过采样 2D DFT 波束构成。对于 Rank=1 和 Rank=2 码本，L 可以配置为 1 或 4。而当 Rank>2 时，L=1。第二级码本用于波束选择（L=4 时）和相位调整。在 NR 系统中，L=4 时包含以下两种波束组构成图样。

• 2D 端口（N_2>1）时，波束组图样如图 5-21（a）所示，由第一维度的两个相邻的波束和第二维度的两个相邻的波束构成。

• 1D 端口（N_2=1）时，波束组图样如图 5-21（b）所示，由第一维度的四个相邻的波束构成。

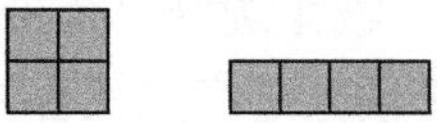

（a）　　（b）

图 5-21　L=4 时的波束组 B 的构成图样

• Rank=1 的码本设计。

Rank=1 的码本可表示为

$$\boldsymbol{W}=\frac{1}{\sqrt{2N_1N_2}}\times\begin{bmatrix}\boldsymbol{w}_{0,0}\\ \boldsymbol{w}_{1,0}\end{bmatrix},\quad \boldsymbol{w}_{r,0}=\boldsymbol{b}_{k_1,k_2}\times c_{r,0}$$

其中，$\boldsymbol{b}_{k_1k_2}$ 为索引 k_1 与 k_2 对应的 2D DFT 波束；$c_{r,0}$ 为两个极化方向间的相位调整因子，r=0,1 表示极化方向。

对于端口配置（N_1，N_2）及过采样因子（O_1，O_2），共存在 $N_1O_1N_2O_2$ 个 2D DFT 波束。波束的索引 k_1 与 k_2 分别表示为

$$k_1=i_{1,1}s_1+p_1,\quad k_2=i_{1,2}s_2+p_2$$

其中，（s_1，s_2）表示波束组间偏移，且当 L=1 时，(s_1，s_2)=(1，1)；当 L=4 时，(s_1，s_2)=(2，2)。这样，$i_{1,1}\in\{0,1,\cdots,\frac{N_1O_1}{s_1}-1\}$，$i_{1,2}\in\{0,1,\cdots,\frac{N_2O_2}{s_2}-1\}$。参数（$p_1$，$p_2$）表示波束组内的波束偏移。当 L=1 时，由于波束组内仅包含一个波束，因此，$p_1=p_2$=0；当 L=4 时，根据图 5-21 中的图样，若 N_2>1，则 $p_1\in\{0,1\}$，$p_2\in\{0,1\}$，若 N_2=1，则 $p_1\in${0，1，2，3}，p_2=0。

Rank=1 时的波束选择和相位调整均为子带上报。根据子带反馈开销的不同，将 L=1 和 L=4 分别定义为模式 1 和模式 2。模式 1 的子带开销为每个子带 2bit，模式 2 的子带开销为每个子带 4bit。

• Rank=2 的码本设计。

在 LTE 系统中，对于 Rank=2 码本通过相位调整实现层间正交。Type I 单阵面中 Rank=2 码本采用了正交波束和相位调整的方式实现层间正交。图 5-22 给出 L=4 时的 Rank=2 码本选择示例。

如图 5-22 所示，对于某一个层 1 的波束组，根据 Rank=2 的层间正交的实现原则，与其对应的层 2 的候选波束组为 4 个：包括与层 1 波束组正交的 3 个候选波束组［间隔为（O_1，0）的波束组、间隔为（0，O_2）的波束组、间隔为

（O_1，O_2）的波束组）和层 1 波束组。层 2 波束组为宽带选择（图中将与层 1 波束组的间隔为（0，O_2）的波束组作为层 2 波束组］。确定了正交波束组后，子带选择位于两个波束组中的层 1 与层 2 波束，这两个波束在各自的波束组中的位置相同。这样通过波束间的正交保证了层间的正交。

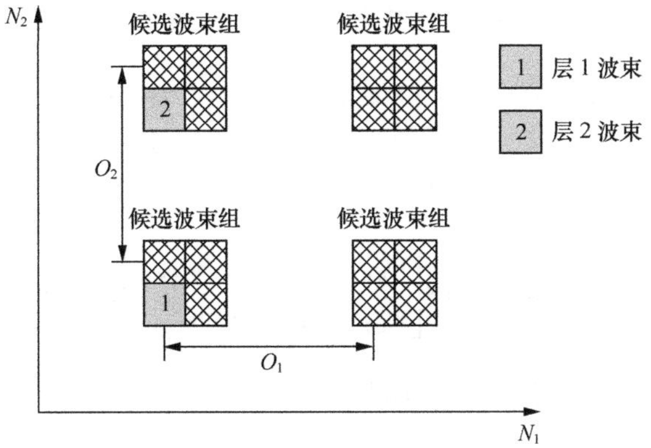

图 5-22 Type I 单阵面 Rank=2 码本的层间正交示例

Rank=2 的码本表示为

$$\boldsymbol{W}=\frac{1}{\sqrt{4N_1N_2}}\times\begin{bmatrix}\boldsymbol{w}_{0,0} & \boldsymbol{w}_{0,1}\\ \boldsymbol{w}_{1,0} & \boldsymbol{w}_{1,1}\end{bmatrix},\quad \boldsymbol{w}_{r,l}=\boldsymbol{b}_{k_1+k'_{1,l},k_2+k'_{2,l}}\times c_{r,l}$$

其中，$l=0,1$分别表示层 1 和层 2；$\boldsymbol{b}_{k_1+k'_{1,l},k_2+k'_{2,l}}$ 为长度为 N_1N_2 的过采样 2D DFT 波束，参数$(k'_{1,l},k'_{2,l})$指示正交波束的选择。

Rank=2 时的波束选择和相位调整均为子带上报，模式 1 的子带开销为每个子带 1bit，模式 2 的子带开销为每个子带 3 bit。而正交波束组的选择为宽带上报，开销为 2 bit。

• Rank=3～4 的码本设计

LTE Rel-14 Class A 的 Rank=3～4 码本，同时采用相位调整因子和正交波束选择实现了层间的正交。其中正交波束的选择与前述 NR Rank=2 码本原理相同。

NR 系统中，Rank=3～4 的码本根据端口数划分为两类设计方式。16 端口以下基于 LTE Class A 的码本设计，16 端口及以上采用天线端口分组的设计方式。图 5-23 给出了 32 端口的分组。其中，每个极化方向的端口分为两组。天线分组间采用组间相位调整，极化方向间采用极化间相位调整。

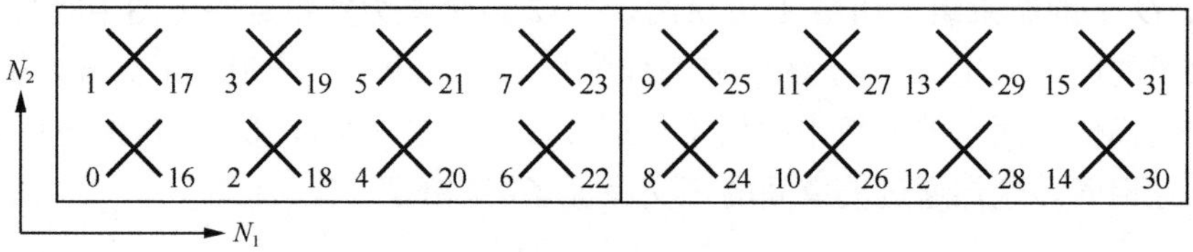

图 5-23　Type I 单阵面 Rank=3～4 码本的端口分组

对于 Rank=3 ~ 4，波束组内的波束个数 L=1。16 端口以下通过正交波束的选择实现层间的正交，16 端口及以上通过分组间的相位调整和极化间的相位调整实现层间的正交。Type I 单阵面 Rank=3 ~ 4 码本表示为

$$\boldsymbol{W}=\frac{1}{\sqrt{2RN_1N_2}}\times\begin{bmatrix}\boldsymbol{w}_{0,0} & \boldsymbol{w}_{0,1} & \cdots & \boldsymbol{w}_{0,R-1}\\ \boldsymbol{w}_{1,0} & \boldsymbol{w}_{1,0} & \cdots & \boldsymbol{w}_{1,R-1}\end{bmatrix},R=3,4$$

（a）当端口数量小于或等于 16 时

$$\boldsymbol{w}_{r,l}=\boldsymbol{b}_{k_1+k'_{1,l},k_2+k'_{2,l}}\times c_{r,l}\ ,\quad l=0,1,\cdots,R$$

正交波束的选择采用宽带上报，开销 2bit；相位调整因子的选择采用子带上报，开销每个子带 1 bit。

（b）当端口数目大于 16 时

$$\boldsymbol{w}_{r,l}=\begin{bmatrix}\boldsymbol{b}'_{k_1,k_2}\\ \boldsymbol{\psi}_{m,l}\boldsymbol{b}'_{k_1,k_2}\end{bmatrix}\times c_{r,l}\ ,l=0,1,\cdots,R$$

其中，$\psi_{m,l}=(-1)^l\mathrm{e}^{\mathrm{j}\frac{\pi m}{4}}$ 表示端口分组间相位调整；极化间相位调整与 16 端口以下相同。$\boldsymbol{b}'_{k_1,k_2}$ 为长度为$(N_1/2)\times N_2$的过采样 2D DFT 波束。分组间相位调整因子采用宽带上报，开销为 2bit；极化间相位调整因子采用子带上报，每个子带开销为 1bit。

• Rank=5 ~ 8 的码本设计

在 TE Rel-14 Class A 码本中，Rank=5 ~ 8 码本由多个相互正交的波束构成。对于 Rank=5 ~ 6 码本，采用 3 个相互正交的波束结合相应的相位调整因子构成。对于 Rank=7 ~ 8 码本，需采用 4 个相互正交的波束结合相应的相位调整因子构成。且相位调整因子取值固定，不反馈。

NR 中的 Rank=5 ~ 8 码本扩展了 LTE Rel-14 Class A 码本，增加了相位调整因子的反馈。波束组内的波束数 L=1。正交波束索引固定，不需要上报。相位调整因子 $c_{1,0}$ 子带上报，开销为 1bit。

（2）Type I 多阵面的码本设计

① Type I 多阵面码本设计方案。

考虑到多个天线阵面的放置间隔与实际部署场景相关，对于多阵面的天线阵列，多个阵面间可能非均匀分布。而 LTE 中的码本和上述单阵面码本设计均假设为均匀的天线分布，其使用的 DFT 向量不能准确地匹配非均匀分布天线阵列的信道响应，因此，基于以上码本设计并不适用于多阵面的多天线传输。多阵面码本的设计可以以单阵面码本为基础，并增加天线阵面间的补偿因子。以下讨论了两种解决方案。

- 方案一[84]：以 4 个阵面为例，其码本结构表示为

$$\boldsymbol{W}=\begin{bmatrix} \boldsymbol{W}_{\text{panel}}^{1} & 0 & 0 & 0 \\ 0 & \boldsymbol{W}_{\text{panel}}^{2} & 0 & 0 \\ 0 & 0 & \boldsymbol{W}_{\text{panel}}^{3} & 0 \\ 0 & 0 & 0 & \boldsymbol{W}_{\text{panel}}^{4} \end{bmatrix}\cdot \boldsymbol{W}_3$$

$$\boldsymbol{W}_{\text{panel}}^{i}=\boldsymbol{W}_1\cdot\boldsymbol{W}_{2,}\, i=1,\cdots,4,$$

$$\boldsymbol{W}_3=\begin{bmatrix} c_{\text{panel}}^{1} & c_{\text{panel}}^{2} & c_{\text{panel}}^{3} & c_{\text{panel}}^{4} \end{bmatrix}^{\text{T}}$$

其中，$\boldsymbol{W}_{\text{panel}}^{i}$ 表示每个阵面的预编码，其采用单阵面码本的两级结构。多个阵面的 $\boldsymbol{W}_1$ 和 $\boldsymbol{W}_2$ 可以相同或不同。$\boldsymbol{W}_3$ 表示多个阵面间补偿因子，其中，$c_{\text{panel}}^{i}, i=1,\cdots,4$ 用于 Panel i 的补偿，可以包含幅度和相位。

- 方案二[85]

采用两级码本结构：

$$\boldsymbol{W}_1\boldsymbol{W}_2=\begin{bmatrix} \begin{bmatrix} v_1 & 0_{M\times 1} \\ 0_{M\times 1} & v_1 \end{bmatrix} & \cdots & 0_{2M\times 2} \\ \vdots & \ddots & \vdots \\ 0_{2M\times 2} & \cdots & \begin{bmatrix} v_N & 0_{M\times 1} \\ 0_{M\times 1} & v_N \end{bmatrix} \end{bmatrix}\begin{bmatrix} b_1 & \cdots & b_{N_s} \end{bmatrix}$$

其中，$\boldsymbol{W}_1$ 表示每个阵面的每个极化方向使用的波束，$\boldsymbol{W}_2$ 表示不同阵面和不同极化方向间的相位调整因子。M 表示每个阵面每个极化方向的天线端口数，N 表示天线阵列的阵面数量，N_s 表示层数。向量 $\boldsymbol{v}_i$ 表示第 i 个阵面的一个极化方向上的波束，b_s 包含第 s 个层的阵面间和极化间相位调整因子。

这种结构类似于 Type I 单阵面码本，$\boldsymbol{W}_1$ 采用宽带反馈，$\boldsymbol{W}_2$ 采用子带反馈。与方案一不同，此方案将阵面间相位调整因子和极化间相位调整因子合并反馈，由于 $\boldsymbol{W}_2$ 中包含多个相位调整因子（$2N$ 个），其反馈开销较大。

② Type I 多阵面码本。

Type I 多阵面码本基于 Type I 单阵面码本构造，通过在 Type I 单阵面码本之间引入阵面间相位调整因子而得到[83]，即前面叙述的方法 1。此阵面间相位调整因子可以采用宽带反馈，或宽带+子带反馈的方式。Type I 多阵面码本支持 Rank=1～4，其支持的天线结构及码本参数的配置见表 5-13。

表 5-13 Type I 多阵面的码本配置参数

CSI-RS 端口数	（N_g，N_1，N_2）	（O_1，O_2）
8	（2，2，1）	（4，—）
16	（2，2，2）/（2，4，1）/（4，2，1）	（4，4）/（4，—）/（4，—）
32	（2，4，2）/（4，2，2）/（2，8，1）/（4，4，1）	（4，4）/（4，4）/（4，—）/（4，—）

其中，N_g 表示阵面数量，NR 中支持 2 个或 4 个阵面。

每层每个极化方向的每个阵面对应的码本部分表示为

$$\boldsymbol{w}_{p,r,l}=\boldsymbol{b}_{k_1+k'_{1,l},k_2+k'_{2,l}}\times c_{p,r,l}$$

其中，$p=0,1,\cdots,N_g-1$ 表示阵面；$\boldsymbol{b}_{k_1+k'_{1,l},k_2+k'_{2,l}}$ 与 L=1 时的 Type I 单码本相同；$c_{p,r,l}$ 表示极化间和阵面间相位调整因子。考虑不同的反馈开销，阵面间相位调整因子可以配置为低开销模式和高开销模式。

模式 1：宽带阵面间相位调整因子，低开销，支持 2 个阵面或 4 个阵面。此时的相位调整因子的反馈开销为每个子带 2bit。

模式 2：子带阵面间相位调整因子，高开销，仅支持 2 个阵面。此时的相位调整因子的反馈开销为每个子带 4bit。

- Rank=1

相位调整因子 $c_{p,r,0}$ 在不同反馈模式下取值不同。

模式 1：每个阵面中，在第一极化方向的相位调整因子上增加相同的扩展因子获得第二极化方向的相位调整因子。表示为

对于阵面 0：$c_{0,0,0}=1,c_{0,1,0}\in\{1,j,-1,-j\}$；

对于阵面 p>0：$c_{p,1,0}=c_{0,1,0}\times c_{p,0,0},c_{p,0,0}\in\{1,j,-1,-j\}$。

其中，极化间相位调整因子 $c_{0,1,0}$ 为子带反馈，每个子带 2bit；阵面间相位调整因子 $c_{p,0,0}$ 为宽带反馈，其反馈开销为 $2\times(N_g-1)$ bit。

模式 2：除阵面 0 外，每个阵面的每个极化方向上的相位调整因子可以分解为宽带反馈和子带反馈两个部分。表示为

对于阵面 0：$c_{0,0,0}=1, c_{0,1,0}\in\{1, j, -1, -j\}$

对于阵面 p>0：$c_{p,r,0}=a_{p,r,0}\times b_{p,r,0}$

其中，$a_{p,r,0}\in\{e^{\frac{j\pi}{4}}, e^{\frac{j3\pi}{4}}, e^{\frac{j5\pi}{4}}, e^{\frac{j7\pi}{4}}\}$，$b_{p,r,0}\in\{e^{-\frac{j\pi}{4}} e^{\frac{j\pi}{4}}\}$。$a_{p,r,0}$为宽带反馈，其反馈开销为 $4\times(N_g-1)$ bit；$c_{0,1,0}$ 和 $b_{p,r,0}$ 为子带反馈，其反馈开销为每个子带 $2+2\times(N_g-1)$ bit。

- Rank=2~4

对于 Rank=2 ~ 4 码本，其不同层的相位调整因子由相应的 Type I 单阵面码本的层间的相位调整因子的关系所确定。需要注意 Rank=3 ~ 4 码本采用 16 端口以下的 Type I 单阵面 Rank=3 ~ 4 码本的结构。相位调整因子表示如下。

$$c_{p,r,l}=\frac{c_{r,l}}{c_{r,0}}\times c_{p,r,0}, \quad l=1,2,3$$

其中，$\{c_{r,0}, c_{r,l}\}$ 由 Type I 单阵面码本确定；$c_{p,r,0}$ 由 Rank1 的取值确定。

模式 1：极化间相位调整因子 $c_{0,1,0}$ 为子带反馈，每个子带 1bit；阵面间相位调整因子 $c_{p,0,0}$ 为宽带反馈，其反馈开销为 $2\times(N_g-1)$ bit。

模式 2：$a_{p,r,0}$ 为宽带反馈，其反馈开销为 $4\times(N_g-1)$ bit；$c_{0,1,0}$ 和 $b_{p,r,0}$ 为子带反馈，其反馈开销为每个子带 $1+2\times(N_g-1)$ bit。

对于 Rank=3~4 时，其波束组内的正交波束选择与 Type I 单阵面码本类似，为宽带反馈，开销为 2bit。

3. Type II 码本定义

（1）Type II 单阵面码本设计方案

根据高精度反馈的需求，Type II SP 码本可以采用基于预编码的反馈、基于相关矩阵的反馈或混合 CSI 反馈。每种反馈方式下均包括多种候选方案，以下分别进行讨论。

① 基于预编码的反馈。

- 方案一：采用两级码本结构[86]。$\boldsymbol{W}_1$ 采用 L 个正交基，$L\in\{2, 3, 4, 6, 8\}$，波束选择进行宽带上报。$\boldsymbol{W}_2$ 实现每层及每个极化方向独立的线性合并，其线性合并系数中的相位量化信息采用子带上报，幅度量化信息可以采用宽带或子带上报。具体表示为

Rank=1 时：$\boldsymbol{W}=\begin{bmatrix}\tilde{\boldsymbol{w}}_{0,0}\\ \tilde{\boldsymbol{w}}_{1,0}\end{bmatrix}=\boldsymbol{W}_1\boldsymbol{W}_2$

Rank=2 时：$\boldsymbol{W}=\begin{bmatrix}\tilde{\boldsymbol{w}}_{0,0} & \tilde{\boldsymbol{w}}_{0,1}\\ \tilde{\boldsymbol{w}}_{1,0} & \tilde{\boldsymbol{w}}_{1,1}\end{bmatrix}=\boldsymbol{W}_1\boldsymbol{W}_2$

其中，$\tilde{\boldsymbol{w}}_{r,l}=\boldsymbol{BP}_{r,l}\boldsymbol{c}_{r,l}=\sum_{i=0}^{L-1}\boldsymbol{b}_{k_1^{(i)}k_2^{(i)}}\cdot p_{r,l,i}\cdot c_{r,l,i}$，$\boldsymbol{B}=\left[\boldsymbol{b}_{k_1^{(0)},k_2^{0}},\cdots,\boldsymbol{b}_{k_1^{(L-1)},k_2^{(L-1)}}\right]$，$\boldsymbol{B}^{\mathrm{H}}\boldsymbol{B}=\boldsymbol{I}$。$\boldsymbol{b}_{k_1,k_2}$为 2D DFT 波束，其两个维度的索引为$k_1=O_1n_1+q_1$，$k_2=O_2n_2+q_2$，且$q_1$和$q_2$定义为旋转因子，其表示一组正交基的偏移，取值为$q_1=0,1,\cdots,O_1-1$，$q_2=0,1,\cdots,O_2-1$。

$\boldsymbol{P}_{r,l}$为$L\times L$的对角矩阵，其对应于极化方向r层l的幅度合并系数，对角线元素$p_{r,l,i}$为波束i对应的幅度合并系数；$\boldsymbol{c}_{r,l}=\left[c_{r,l,0},\cdots,c_{r,l,L-1}\right]^{\mathrm{T}}$为相位合并系数。

• 方案二：在方案 1 的基础上增加了端口分组，将每个极化方向的端口分为两组。具体表示为

Rank=1 时：$\boldsymbol{W}=\begin{bmatrix}\tilde{\boldsymbol{w}}_{0,0}\\\tilde{\boldsymbol{w}}_{1,0}\\\tilde{\boldsymbol{w}}_{2,0}\\\tilde{\boldsymbol{w}}_{3,0}\end{bmatrix}=\boldsymbol{W}_1\boldsymbol{W}_2$，

Rank=2 时：$\boldsymbol{W}=\begin{bmatrix}\tilde{\boldsymbol{w}}_{0,0}&\tilde{\boldsymbol{w}}_{0,1}\\\tilde{\boldsymbol{w}}_{1,0}&\tilde{\boldsymbol{w}}_{1,1}\\\tilde{\boldsymbol{w}}_{2,0}&\tilde{\boldsymbol{w}}_{2,1}\\\tilde{\boldsymbol{w}}_{3,0}&\tilde{\boldsymbol{w}}_{3,1}\end{bmatrix}=\boldsymbol{W}_1\boldsymbol{W}_2$

• 方案 3：码本结构与方案 1 类似，但波束合成系数的确定需要保证各层间的正交性[88]。

② 基于相关矩阵的反馈。

基于M个正交基向量对信道相关矩阵进行压缩[89]。

③ 混合 CSI 反馈。

类似于 Type I 单阵面码本，此方案的长期波束确定和短期端口选择分别使用独立的 CSI-RS 资源。其中，长期波束的$\boldsymbol{W}_1$反馈可以采用以下方案。

• 方案一：$\boldsymbol{W}_1$使用第一类方案中的正交 DFT 波束。

• 方案二：基于波束赋形 CSI-RS（类似于 LTE Class B）的波束选择。

• 方案三：基于信道互易性。

短期$\boldsymbol{W}_2$的反馈可以类似 LTE Class B 的端口选择码本，采用端口选择或端口合并的方式设计。考虑到高反馈精度的要求，采用端口线性合并的方式更合理。

Type II SP 码本设计的原则是支持高精度反馈，但其反馈开销也需要控制在合理范围内。综合考虑反馈精度和反馈开销，相比于显式的基于相关矩阵的

反馈，基于预编码的反馈方案更为可行。

（2）NR Type II 码本

Type II 单阵面码本采用了基于预编码的反馈方案中候选方案 1 的结构[83]。在 LTE 系统设计中，采用 L=2 个正交波束作为基向量进行合并，且不同极化方向的合成波束相同。NR 中的 Type II 单阵面码本扩展了用于合并的正交波束的个数，同时不同极化方向的波束独立合成，这样在提高了反馈精度和灵活度的同时，也明显增加了反馈开销。

NR 中 Type II 单阵面天线支持 Rank=1，2 码本，其结构与前面介绍的候选方案一相同，Type II 单阵面码本支持的配置参数与表 5-13 相同。其中，每层每个极化方向的预编码向量表示为

$$\tilde{\boldsymbol{w}}_{r,l}=\sum_{i=0}^{L-1}\boldsymbol{b}_{k_1^{(i)}k_2^{(i)}}\cdot p_{r,l,i}^{(\mathrm{WB})}\cdot p_{r,l,i}^{(\mathrm{SB})}\cdot c_{r,l,i}$$

其中，进行线性合并的正交波束个数 L 可以配置，其取值范围为 $L\in\{2,3,4\}$。幅度合并系数由两个部分构成，一部分是宽带幅度合并系数 $p_{r,l,i}^{(\mathrm{WB})}$，另一部分是子带幅度合并系数。这种宽带与子带的联合设计可以降低反馈开销。相位合并系数 $c_{r,l,i}$ 可以配置为 QPSK 或 8PSK 两种量化精度。此外，为了考虑到不同的反馈开销，幅度量化还可以配置为两种模式：宽带+子带量化、仅宽带量化。

① Type II 单阵面的反馈幅度合并系数。

根据以上描述，终端可以上报宽带幅度+子带幅度合并系数或者仅上报宽带幅度合并系数。每个极化方向每一层的波束均独立合成。每个宽带幅度合并系数占用 3bit，其取值为：$\{1,\sqrt{0.5},\sqrt{0.25},\sqrt{0.125},\sqrt{0.0625},\sqrt{0.0313},\sqrt{0.0156},0\}$；每个子带幅度合并系数占用 1bit，其取值为 $\{1,\sqrt{0.5}\}$。需要注意：当宽带幅度合并系数取值为 0 时，其对应的子带幅度和相位合并系数均不需要反馈。

② Type II 单阵面的反馈相位合并系数。

相位合并系数同样在每个极化方向的每一层独立确定。当配置为 2 bit 时，其取值为 $\left\{\mathrm{e}^{\mathrm{j}\frac{\pi n}{2}},n=0,1,2,3\right\}$；当配置为 3bit 时，其取值为 $\left\{\mathrm{e}^{\mathrm{j}\frac{\pi n}{4}},n=0,1,\cdots,7\right\}$。

③ Type II 单阵面的反馈比特分配。

将量化后的（宽带幅度、子带幅度、子带相位）所占用的比特值表示为（X，Y，Z）。以下讨论在不同配置情况下的（X，Y，Z）的取值。

- 对于每层的 $2L$ 个系数，将其最强的系数表示为 1，其占用的比特值（X，Y，Z）=（0，0，0）。
- 配置为宽带+子带幅度时，对于每层（$2L-1$）个系数中的最强的（$K-1$）

个系数，有（X，Y）=（3，1）且 $Z\in\{2，3\}$；对于其余（$2L-K$）个系数，（X，Y，Z）=（3，0，2），且 K 的取值根据配置的 L 的取值来确定，当 L=2，3，4 时，对应的 K=4，4，6。每层 $2L$ 个系数中最强系数的索引采用宽带上报。

- 当配置为宽带幅度时，（X，Y）=（3，0）且 $Z\in\{2，3\}$。每层 $2L$ 个系数中最强系数的索引采用宽带上报。

4. **端口选择码本**

端口选择码本用于波束赋形的 CSI-RS 传输方案，主要用于混合反馈的方式[83]。每个 CSI-RS 端口采用不同的波束进行赋形，所用的波束既包含垂直维的波束，也包含水平维的波束，即每个端口都进行两个维度的波束赋形。实现这种赋形需要基站预先知道下行信道信息，从而确定所用的二维波束。所述的波束可以通过 Type I 或 Type II 码本的 W_1 反馈或者通过信道互易性确定。UE 收到赋形的 CSI-RS 资源后，将每个端口分别对应一个发送波束，通过 W_1 实现端口（波束）选择，并对所选择的端口（波束）进行线性合并。

NR 中的端口选择码本由 Type II 单阵面码本扩展得到，支持 Rank=1，2 的码本。端口选择码本的 W_1 表示如下。

$$\boldsymbol{W}_1=\begin{bmatrix}\boldsymbol{E}_{\frac{X}{2}\times L} & \mathbf{0}\\ \mathbf{0} & \boldsymbol{E}_{\frac{X}{2}\times L}\end{bmatrix}$$

其中，X 为 CSI-RS 端口数，其取值与 Type II SP 所支持的天线配置相同。参数 $L\in\{2，3，4\}$ 可配。进一步，每个端口选择块表示为

$$\boldsymbol{E}_{\frac{X}{2}\times L}=\left[\mathbf{e}^{(\frac{X}{2})}_{\bmod(md,\frac{X}{2})}\quad \mathbf{e}^{(\frac{X}{2})}_{\bmod(md+1,\frac{X}{2})}\quad\cdots\quad \mathbf{e}^{(\frac{X}{2})}_{\bmod(md+L-1,\frac{X}{2})}\right]$$

其中，$\mathbf{e}_i^{(\frac{X}{2})}$ 表示长度为 $\frac{X}{2}$ 的向量，其第 i 个元素为 1，其余元素为 0。参数 m 用于端口选择，其取值为 $m\in\{0,1,\cdots,\left\lceil\frac{X}{2d}\right\rceil-1\}$，采用宽带反馈。参数 $d\in\{1,2,3,4\}$ 可配，且需要满足条件 $d\leqslant\frac{X}{2}$ 及 $d\leqslant L$。

对于选择的 L 个端口，采用 Type II 单阵面码本相同的幅度合并系数和相位合并系数反馈机制。幅度合并系数可以根据配置采用宽带+子带反馈，或者仅采用宽带反馈。相位合并系数采用子带反馈。

5.4.3 信道测量机制

NR 的 CSI 反馈框架既支持波束管理又支持 CSI 获取。当用于波束管理时，终端仅测量参考信号接收功率（RSRP），无须进行干扰测量。当用于 CSI 获取时，终端既需要进行信道测量又需要进行干扰测量。

1. 信道测量资源

在 LTE 系统中，区别于较高密度的 CRS 信号及只有数据传输时才发送的 DM-RS 信号，CSI-RS 信号提供了更为有效的 CSI 获取方式，同时可以支持更多的网络节点和天线端口。在 Rel-14 版本中，LTE 系统已经可以支持 32 端口的 CSI 获取，并支持采用非预编码 CSI-RS（Class A）、波束赋形 CSI-RS（Class B）或者混合方式进行信道测量。在 NR 系统中，CSI-RS 资源配置继续保持最大 32 端口的支持能力；同时为了避免小区间干扰及节省导频开销，NR 系统中不使用类似于 LTE 的 CRS 的总是周期性持续发送的参考信号。因此，CSI-RS 设计为以终端专属（UE-specific）参考信号为基础，通过为每个终端而非整个小区的配置来完成下行的 CSI 测量。当用于波束管理时，考虑到 RSRP 的测量要求，可以配置低端口数的 CSI-RS 进行波束测量。

2. 干扰测量资源

在 LTE 系统中，UE 总是基于 SU-MIMO 假设进行 CQI 上报。当进行 MU-MIMO 传输时，由于 SU-MIMO 场景下的干扰情况和 MU-MIMO 场景下的干扰情况存在差异，基站的调度与预编码无法按照 MU-MIMO 传输时的实际情况进行优化，因此，系统性能将受到严重的影响。NR 系统即使在 6GHz 以下也可以支持几十到几百根天线，同时系统中容纳的用户数量也可能大幅度增加，因此，十分需要在相同的时频资源上通过空间区分实现更多用户的复用。这样，更需要针对 MU-MIMO 设计 CSI 反馈机制，以提高信道量化精度，并改善干扰测量的准确性。

（1）基于 CSI-IM 的干扰测量

NR 系统支持基于 CSI-IM（CSI Interference Measurement）的干扰测量，根据基站端的实现，CSI-IM 的功率可以为零也可以不为零。在 CSI-IM 资源上测得的信号通常假设为邻小区的 PDSCH。CSI-IM 资源在时域上可以是周期、半持续或者非周期。如图 5-24 所示，CSI-IM 在每个 PRB 中存在两种可能的图样，由 RRC 信令进行选择。

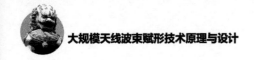

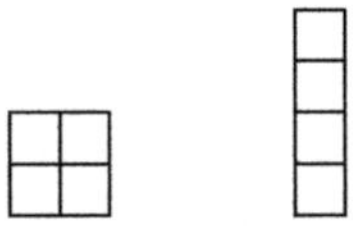

（a）图样 0　（b）图样 1

图 5-24　每个 PRB 中的 CSI-IM 图样

若仅采用 CSI-IM 进行测量，则 CSI-IM 的资源数与用于信道测量的 NZP CSI-RS（Non-Zero Power CSI-RS）资源数相同，且 CSI-IM 资源与 NZP CSI-RS 资源一一对应。

（2）基于 NZP CSI-RS 的干扰测量

NR 支持基于 NZP CSI-RS 的干扰测量。若一个 NZP CSI-RS 资源仅被配置为干扰测量时，终端假设每个 CSI-RS 端口对应一个干扰传输层。终端将所有干扰层的干扰测量进行累加，同时，每层的干扰均需要考虑其相应的功率因子。这种方式对应前述的预调度干扰测量。因为要基于调度结果传输 NZP CSI-RS，调度结果是动态变化的，因此，其仅适用于非周期 CSI 上报。

3. CSI 测量

根据以上讨论，NZP CSI-RS 和 CSI-IM 均支持周期、半持续和非周期的时域行为。对于周期和半持续 CSI-RS，其周期和时隙偏移由 RRC 信令以每个 CSI-RS 资源独立配置。对于半持续 NZP CSI-RS/CSI-IM 采用 MAC CE 进行激活和去激活。而对于非周期 CSI-RS，由 DCI 触发，且 CSI-RS 的时隙偏移候选值由 RRC 信令在测量资源设置（Resource Setting）中的每个资源集合（Resource Set）独立配置，且由 DCI 信令指示其中的一个候选值作为 CSI-RS 发送时隙偏移。

基于以上的信道测量和干扰测量资源，针对波束管理和 CSI 获取，分别使用不同的资源设置配置方式进行测量：

- 用于波束管理时：无须进行干扰测量，配置一个基于 NZP CSI-RS 的资源设置用于 RSRP 测量；
- 用于 CSI 获取时：需要进行干扰测量，可以配置一个基于 CSI-IM 的资源设置用于小区间干扰测量，也可以配置两个资源设置，其中一个基于 NZP CSI-RS 用于用户间干扰测量，另一个基于 CSI-IM 用于小区间的干扰测量。

5.4.4　信道信息反馈机制

为了保证反馈的可靠性，NR 中没有采用 LTE 系统中将完整信道状态信息拆分为多个子帧进行反馈的方式，而是将完整的信道状态信息在同一时隙进行反馈。类似于 LTE，信道状态信息既可以在 PUCCH 信道上反馈，又可以在 PUSCH 信道上反馈。基于以上的 CSI 反馈框架，NR 支持周期、半持续和非周期 CSI 上报。

1. **周期 CSI 上报**

周期性 CSI 反馈与 LTE 类似，其反馈周期和时隙偏移由 RRC 配置。周期性 CSI 上报只能采用周期性 CSI-RS 进行信道测量，采用周期性 CSI-IM 进行干扰测量，并且不支持使用 NZP CSI-RS 进行干扰测量。用于 CSI 获取时，每个周期 CSI 上报反馈设置所关联的测量资源设置中仅包含一个资源集合。其中，每个资源的 QCL 信息由此资源配置的 TCI（Transmission Configuration Indicator）状态确定。

2. **半持续 CSI 上报**

SP-CSI（Semi-Persistent CSI）反馈可以使用周期 CSI-RS 或者 SP-CSI-RS（Semi-Persistent CSI-RS）进行信道测量。半持续的 CSI 反馈，可以使用周期 CSI-RS 或者半持续 CSI-RS 进行信道测量，使用周期 CSI-IM 或者半持续 CSI-IM 进行干扰测量，不支持 NZP CSI-RS 用于干扰测量。SP-CSI 可以基于 PUSCH 上报也可以基于 PUCCH 上报。基于 PUSCH 上报的半持续 CSI 更类似于非周期 CSI 上报，其资源为动态分配；而基于 PUCCH 上报的 SP-CSI 更类似于周期 CSI 上报，其资源半静态配置。因而这两种反馈采用不同的激活与去激活方式。

（1）基于 PUSCH 的半持续 CSI（SP-CSI）上报机制

基于 PUSCH 的 SP-CSI 上报由 DCI 信令激活和去激活。在 CSI 反馈框架下，RRC 配置最大 64 个触发状态（Trigger State），且每个触发状态对应一个 CSI 反馈设置。使用 DCI 中的 CSI 请求域激活一个触发状态。且同一时刻可以有多个处于激活状态的基于 PUSCH 的 SP-CSI。用于 CSI 获取时，每个 CSI 反馈设置所关联的资源设置中仅包含一个资源集合。

由于 PUSCH 资源为动态分配，因此，SP-CSI 的反馈时隙偏移由 DCI 指示，此反馈时隙偏移表示由 DCI 激活到 SP-CSI 上报的时隙数。当在时隙 n 激活 SP-CSI 上报，且 DCI 指示时隙偏移为 Y 时，第一次 SP-CSI 上报的时隙为 $n+Y$，第二次 SP-CSI 上报的时隙为 $n+Y+P$，随后按照这一规律依次上报。其中，P 表示 SP-CSI 的反馈周期。此反馈时隙 Y 的候选值由 RRC 信令在反馈设置中配置。

（2）基于 PUCCH 的 SP-CSI

基于 PUCCH 的 SP-CSI 由 MAC CE 激活和去激活。在 CSI 反馈框架下，

RRC 配置多个 SP CSI 反馈设置，且为每个反馈设置配置多个 PUCCH 资源，其中每个候选上行 BWP 配置一个 PUCCH 资源。MAC CE 一次只激活一个反馈设置。

PUCCH 资源为半静态分配，因此，SP-CSI 的反馈周期和时隙偏移由 RRC 在反馈设置中配置，表示系统的绝对时隙位置，与 MAC CE 的激活时间无关。

3. *非周期* CSI *上报*

非周期 CSI（Aperiodic-CSI，A-CSI）上报采用 MAC CE 结合 DCI 的方式进行配置和触发，并基于 PUSCH 上报。RRC 配置多个 CSI 触发状态，与 SP-CSI 上报不同，每个 CSI 触发状态可以对应一个或者多个反馈设置。由 DCI 中的 CSI 请求域触发一个 CSI 触发状态。DCI 格式 0_1 中的 CSI 请求域的大小可由 RRC 信令配置为 0～6bit，因此，最多可以指示 63 个 CSI 触发状态。当 RRC 配置的 CSI 触发状态超过 63 时，由 MAC CE 信令将其中的 63 个 CSI 触发状态映射至 CSI 请求域指示。

非周期 CSI 上报可以采用周期、半持续或非周期 CSI-RS 进行信道测量，相应的使用周期、半持续或非周期 CSI-IM 进行干扰测量，同时也可以采用非周期 NZP CSI-RS 进行干扰测量。每个触发状态可以关联至 1、2、3 个资源设置。

- 关联至 1 个资源设置：用于波束管理。
- 关联至 2 个资源设置：一个设置用于信道测量，另一个设置用于基于 CSI-IM 的干扰测量或者基于 NZP CSI-RS 的干扰测量。
- 关联至 3 个资源设置：一个设置用于信道测量，一个设置用于基于 CSI-IM 的干扰测量，另一个设置用于基于 NZP CSI-RS 的干扰测量。

其中，若资源设置中包含多个资源集合，则只选择其中一个资源集合。此资源集合中的资源的 QCL 信息由 TCI 状态为每个资源配置。图 5-25 中给出了一种 A-CSI 的反馈配置，其中配置了 1 个触发状态，其对应 2 个反馈设置。第一个反馈设置关联至 3 个资源设置，第二个反馈设置关联至 2 个资源设置。

类似于 SP-CSI，非周期 CSI 上报的时隙偏移由 DCI 指示，且其候选取值由 RRC 信令在反馈设置中配置。由于每个触发状态可以对应多个反馈设置，不同的反馈设置可能配置为不同的上报时隙偏移，为了保证所有的 A-CSI 在同一个 PUSCH 资源中上报，需要确定唯一的上报时隙偏移。NR 系统中定义使用 DCI 指示的所有 A-CSI 上报时隙偏移中的最大时隙偏移作为此触发状态对应的时隙偏移。假设触发状态对应 N 个反馈设置，若 Y_i 表示反馈设置 i 的上报偏移，

$i = 0,1,\cdots,N-1$，则确定此触发状态的 A-CSI 的上报偏移为 $Y = \max_i Y_i$。需要注意，DCI 指示的时隙偏移仅适用于没有上行数据传输的场景。若 CSI 与 UL-SCH 复用，时隙偏移由 PUSCH 资源分配指示信息中的 K_2 取值所确定。

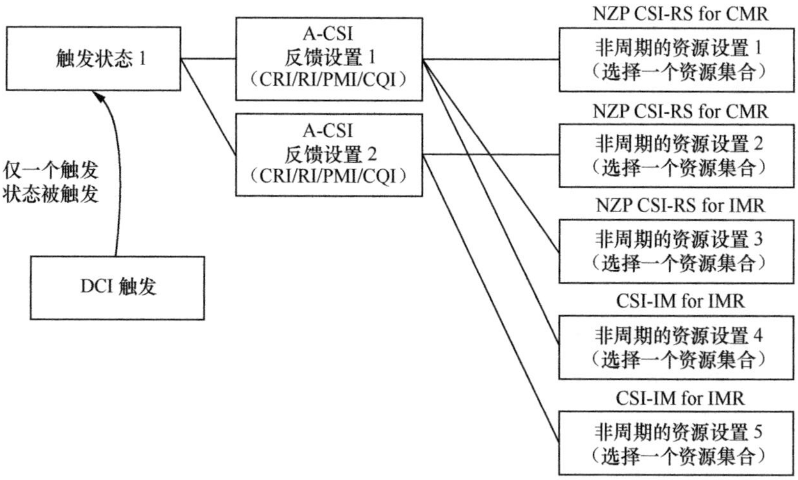

图 5-25　A-CSI 反馈配置

4. 基于 PUCCH 的 CSI 上报

基于 PUCCH 的上报支持周期和半持续 CSI 上报，如表 5-14 所示。其中给出了每种 PUCCH 信道支持的 CSI 反馈的时域行为、频域颗粒度、CSI 映射方式及码本类型。在 LTE 系统中，CSI 被拆分为多个部分，每个部分独立上报。因此，完整的 CSI 需要多个子帧的上报而得到。这种方式顽健性较差，且标准化较为复杂。NR 中的 CSI 上报避免了这种设计原则，能够保证 CSI 在一个时隙内完整上报。但新的问题在于不同的 RI 会得到不同的 CSI 反馈开销，这种不确定对系统的资源分配和 CSI 解调都将产生影响。NR 系统中采用了以下两种 CSI 上报方式以解决反馈开销模糊的问题：

- 不拆分 CSI 补零：这种方式通过补零的方式保证反馈开销在所有情况下均恒定。补零的个数根据基站配置的反馈参数条件下的 CSI 的最大反馈开销和实际 CSI 反馈开销的差值确定。根据表 5-14 的描述，此方式应用于 Type I 的宽带 CSI 上报。

- 拆分 CSI：将 CSI 拆分为两个部分，第一部分的开销固定，且根据第一部分的参数可以确定出第二部分的开销。针对不同的码本类型，Part1 和 Part2 的构成不同。

- Type I CSI：Part1 包括 RI/CRI 及第一个 CW 的 CQI；Part2 包括 LI（Layer Indicator）和 PMI，且秩大于 4 时还包括第二个 CW 的 CQI。

- Type II CSI：Part1 包括 RI、CQI 和每层非零宽带幅度系数的个数；Part2 包括 LI 和 PMI。

表 5-14　基于 PUCCH 的 CSI 上报

物理信道	频域颗粒度	CSI 划分	周期	码本类型
短 PUCCH	宽带 CSI	不划分	周期 CSI，半持续 CSI	Type Ⅰ
长 PUCCH	宽带 CSI	不划分	周期 CSI，半持续 CSI	Type Ⅰ
长 PUCCH	子带 CSI	Part1+Part2	半持续 CSI	Type Ⅰ
长 PUCCH	宽带 CSI	Part1	半持续 CSI	Type Ⅱ

另外从表 5-14 中可以看出，Type II 码本的 Part1 可以在 PUCCH 上采用半持续方式上报。这里的 Part1 上报主要用于监测 Type II CSI 的秩信息，其可以为基于 PUSCH 上报的 Type II 码本的资源分配作为参考。

当多个基于 PUCCH 的 CSI 上报发生冲突时，NR 采用 Multi-CSI PUCCH 反馈高优先级的一个或多个 CSI 而将其余 CSI 上报丢弃。系统可以配置最大两个 Multi-CSI PUCCH 资源，且每个资源独立配置，不与任何反馈设置对应。当发生冲突的多个 CSI 可以在较小的 Multi-CSI PUCCH 资源反馈时，选择此较小的 Multi-CSI PUCCH 资源进行 CSI 反馈。否则选择较大的 Multi-CSI PUCCH 资源进行 CSI 反馈。

5. 基于 PUSCH 的 CSI 上报

基于 PUSCH 的 CSI 反馈支持半持续和非周期 CSI 上报。表 5-15 给出了基于 PUSCH 上报的各种组合。

表 5-15　基于 PUSCH 的 CSI 上报

物理信道	频域颗粒度	CSI 划分	周期	码本类型
PUSCH	宽带与子带	Part1+Part2	半持续、非周期	Type I/Type Ⅱ

其中，半持续 CSI 上报不能与上行数据复用，而非周期 CSI 上报则可以与上行数据复用。根据表 5-15 的描述，宽带 CSI 和子带 CSI 反馈均采用两个部分上报。其中，Type II 码本由于秩的不同将造成巨大的反馈开销的差异（Rank=2 开销接近 Rank=1 开销的两倍）。因此，对于 Type II CSI 上报，为了保证 PUSCH 的资源分配的有效性，采用部分子带 CSI 上报的方式。这种上报方式根据分配

的 PUSCH 的资源，将 Part2 中的部分子带 CSI 丢弃，既适用于 Type I CSI 也适用于 Type II CSI[90]。如图 5-26 所示。每个 CSI 上报的 Part2 中的子带部分分成偶数子带和奇数子带，根据优先级先丢弃奇数子带部分，再丢弃偶数子带部分，以此类推，直到所余下的 CSI 可以在 PUSCH 资源中传输。即部分子带 CSI 上报的丢弃颗粒度为一半的子带 CSI。

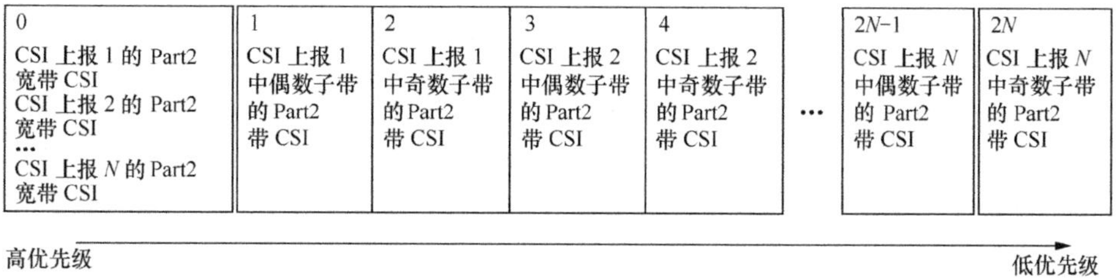

图 5-26　部分子带 CSI 上报

6. CSI 上报的优先级

多种 CSI 上报分别触发时，可能产生 CSI 上报冲突。为了应对冲突，需要定义上报优先级以进行 CSI 丢弃操作。NR 中的多种 CSI 上报采用多个规则确定 CSI 上报的优先级。首先由规则 1 区分不同优先级，其次若根据规则 1 具有相同优先级，则根据规则 2 区分不同优先级，并以此类推。

- 规则 1：时域行为或承载信道（非周期 CSI>基于 PUSCH 的 SP-CSI>基于 PUCCH 的 SP-CSI>周期 CSI）。
- 规则 2：CSI 上报内容（波束管理>CSI 获取）。
- 规则 3：服务小区索引（PCell>PSCell>其他小区且索引升序排列）。
- 规则 4：反馈设置 ID（升序排列）。

5.4.5 信道互易性

对于下行链路而言，所谓基于信道互易性的反馈是基站通过上行信道测量获得下行信道信息的反馈方式。信道互易在 4G TDD 系统中得到广泛应用，其原理在第 4 章中已经进行了详细介绍。在理想的条件下，基站通过测量上行探测信号能获得完整无量化误差的下行信道信息。上行测量得到的信道矩阵 $\boldsymbol{H}$ 经过奇异值分解获取特征向量：

$$\boldsymbol{H}=\boldsymbol{V}'\boldsymbol{D}\boldsymbol{U}$$

信道矩阵 $\boldsymbol{H}$ 经过奇异值分解后获得右奇异向量为 $\boldsymbol{U}$，由于信道的互易性，右奇异向量可以作为预编码矩阵用于下行传输。未来的系统尤其在高频段，频谱主要规划为 TDD 系统所用。在这种情况下，利用信道互易提升系统性能的反馈方式将更为重要。本节重点讨论在不同信道互易性条件下的 CSI 反馈方案。

1. 基于完整信道互易性的反馈方案

在完整信道互易性条件下，基站可以通过测量上行 SRS 获得下行 CSI。但 UE 的下行干扰无法直接通过测量 SRS 信号获得。在 LTE 系统中，此下行干扰体现在反馈的发送分集 CQI 中。但当业务传输没有采用发送分集时，此 CQI 并不准确。为了准确获得 UE 端的干扰信息，可以采用以下方式。

- 显示干扰反馈：反馈干扰相关矩阵或者反馈干扰相关矩阵的对角线元素。其中对角线元素可以采用周期反馈，表示干扰的统计特性；干扰相关矩阵可以非周期反馈，获得准确的瞬时干扰特性。
- 隐式干扰反馈：反馈干扰 PMI，或仅反馈 CQI。

与显式干扰反馈比较，隐式干扰反馈开销较低，可以基于 CSI 反馈框架实现。NR 标准化中采用了仅反馈 CQI（Non-PMI）的方案支持隐式干扰反馈。Non-PMI 反馈基于完整的信道互易性，其反馈的 CSI 中仅包含 RI 及 CQI。由于 PMI 不反馈，其主要难点在于 CQI 计算方法。NR 中终端假设使用单位矩阵作为预编码进行 Rank 自适应的 CQI 计算，且每个 Rank 都对应一个独立指示的 CSI-RS 端口索引集合。

2. 基于部分信道互易性的反馈方案

基于部分信道互易性方案主要用于 UE 侧的接收射频链路数大于发送射频链路数的场景。为了完整获得信道状态信息，可以采用以下候选方案。

- 方案一：发送与发送射频链路数量相同的 SRS 信号；并将所有只有接收射频链路，没有发送射频链路的天线端口，通过接收天线上接收到的信号，采用 CSI 反馈下行信道矢量/矩阵或部分下行信道相关矩阵[91]。
- 方案二：根据信道互易性确定基站的赋形波束，并采用此波束对 CSI-RS 进行赋形传输。UE 测量此波束赋形的 CSI-RS 并进行 CSI 反馈，包括 CQI/PMI/RI。基站的赋形波束可以由基站通过对 SRS 测量确定[92]。
- 方案三：UE 端采用时分复用（TDM）的方式从不同的天线上发送 SRS，通过多次的 SRS 传输，基站可以获得完整的信道信息。例如，UE 的射频发送链路数为 1，射频接收链路数为 4 时，基站需要至少 4 次 SRS 的传输来获得完整的 CSI。这种方案需要一个或多个射频开关实现发送天线的切换[93]。
- 方案四：基站基于部分信道互易性获得 UE 所在的可能的角度范围，并配置此角度范围用于 UE 侧进行 CSI 计算。UE 侧在此角度范围内进行 PMI 的搜索和 CQI 计算。角度范围的配置可以通过码本子集约束配置或者码本配置实现[94]。

在以上方案中，方案一需要基站对 UE 反馈的 CSI 进行合并，此合并的精度依赖 CSI 的反馈类型。若采用隐式反馈，量化误差将导致性能损失，同时基站无法准确获得合并后的 CQI。若采用显式反馈，则反馈开销较大。此外，方案一不能支持 FDD 的互易性。方案三的性能受到多个 SRS 传输的影响，此影响来自于硬件问题，如插入损耗和切换时延。同时多次 SRS 传输也会造成不必要的 CSI 时延。基于前述的 NR CSI 反馈框架，NR 系统可以支持方案二、方案三和方案四。

5.5 模拟波束管理

高频段毫米波通信是 5G 的重要技术方向，相对于传统的低频段（如 6GHz 以下）传输，毫米波面临其独特的挑战，如高频段所带来的路损大、传输通道受遮挡时通信容易中断等。为了克服这些缺点，可利用成百上千根天线构成的大规模天线阵列，通过波束赋形所形成的窄波束来提升覆盖范围。但由于天线数量太大，采用全数字滤波将造成成本、功耗、散热等大量工程问题，技术实现难度大。因此，一般在工程上都采用模拟波束赋形或者改进的混合波束赋形技术。

作为 4G LTE 和 5G NR 系统关键技术的 MIMO 传输技术，可利用有源天线阵列技术形成大规模多天线阵列，提升系统传输性能。在 4G LTE 系统中，被称为 FD-MIMO 的大规模天线，主要应用于 3GHz 以下的低频段传输。FD-MIMO 采用全数字波束赋形技术，即每个天线端口的射频链路都连接着独立的基带数字链路，最大可支持 32 个天线端口的波束赋形。

随着低频段资源变得稀缺，毫米波频段具有更多的频谱资源，能够提供更大带宽，成为移动通信系统未来应用的重要频段。毫米波频段由于波长较短，具有与传统低频段频谱不同的传播特性，例如更高传播损耗、反射和衍射性能差等。因此，通常会采用更大规模的天线阵列，以形成增益更大的赋形波束，克服传播损耗、确保系统覆盖。对于毫米波天线阵列，由于波长更短，天线阵子间距以及孔径更小，使得可以让更多的物理天线阵子集成在一个有限大小的二维天线阵列中；同时，由于毫米波天线阵列的尺寸有限，从硬件复杂度、成本开销以及功耗等因素考虑，无法采用低频段所采用的数字波束赋形方式，而是通常采用模拟波束与有限数字端口相结合的混合波束赋形方式。图 5-27 所示为混合波束赋形收发架构，设发送端有 N_T 根天线，接收端有 N_R 根天线，每根有单独的射频通道，而只有 K 条数字通道，且 K 远远小于 N_T 和 N_R。

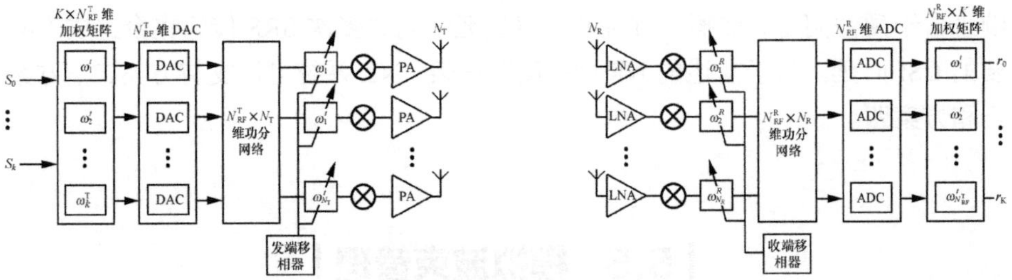

图 5-27　混合波束赋形示意

对于一个多天线阵列，其每根天线都有独立的射频链路通道，但共享同一个数字链路通道，每条射频链路允许对所传输信号进行独立的幅度和相位调整，所形成的波束主要通过在射频通道的相位和幅度调整来实现，称为模拟波束赋形。而全数字波束赋形的天线阵列，每根天线都有独立的数字链路通道，可以在基带控制每路信号的幅度和相位。

模拟波束赋形具有以下特点。

- 对于模拟波束赋形，每根天线发送的信号一般通过移相器改变其相位。
- 由于器件能力的限制，模拟波束赋形都是在整个带宽上进行赋形，无法像数字波束赋形一样针对部分子带单独进行赋形，因此，模拟波束间通过时分（TDM）方式进行复用。

由于这些特点，模拟波束赋形的赋形在灵活性方面要低于数字波束赋形。但由于模拟波束赋形的天线阵列所需要的数字链路要远低于数字波束赋形的天线阵列，在天线数量很多的情况下，模拟波束的天线阵列成本下降明显。

混合波束赋形结构在数字波束赋形灵活性和模拟波束赋形的低复杂度间做了平衡，具有支撑多个数据流和多个用户同时赋形的能力。同时，复杂度也控制在合理范围，因此成为毫米波传输的广泛采用的一种方式，并成为 5G NR 系统最重要的传输方式。

5.5.1　波束管理过程

本节对波束管理的一般性过程进行概要介绍，首先从模拟波束赋形与数字波束赋形的不同点出发，讨论支持模拟波束赋形必要的设计机理，给出了波束管理的主要步骤，包括波束测量、波束上报和波束指示等。

通过模拟波束赋形技术开展链路传输时，为了能够获得最佳的传输性能，通常需要采用发送/接收波束扫描的测量方式来搜索最佳的发送和接收波束对。

由于模拟波束在同一时间内只能发送有限个赋形波束（波束数量取决于数字端口数量，一个数字端口对应一个波束），并且波束宽度较窄，通常只能覆盖小区的一部分区域。蜂窝系统中的部分信号，如初始接入的同步信号、系统广播消息等，需要在整个小区进行广播，覆盖整个小区。为了实现整个小区的信号覆盖，需要采用时域内多个波束联合扫描的传输方式，即在一个时间段内通过轮询方式，每个波束依次接力覆盖小区不同区域来实现小区的完整覆盖。对于基站与终端间的单播（Unicast）传输，当基站与终端间的发送和接收波束对齐时，可以获得最大的链路增益。基站与终端的收发波束对齐的过程，在NR标准中被称为波束管理过程。波束管理过程包括选择和维持传输（包括业务数据和控制信道）的波束对以及波束的测量、上报和指示等过程。

由于模拟波束赋形在接收过程中需要接收机采用TDM方式在多个时间片段内对信号进行采样接收，每次接收前需要调整每个射频通道的相位来实现不同方向的接收波束赋形，这个过程与传统的数字波束赋形接收不同。数字波束赋形接收时，接收端只需要接收一次信号并进行存储，在接收端采用不同的接收波束赋形参数对存储信号进行数字均衡处理，寻找到接收性能最好的赋形参数。因此，模拟波束赋形信号的接收过程不同于数字波束赋形。

波束管理过程分为6个方面：波束选择、波束测量、波束上报、波束切换、波束指示、波束恢复。波束选择指在单播的控制或数据传输过程中基站和终端需要选择合适的波束方向，以确保最佳的链路传输质量。波束测量和波束上报是指当无线链路建立以后，终端对基站的多个发送波束以及接收端采用的多个接收波束进行测量，并将测量结果上报给基站的过程。波束切换是指当终端位置移动、方向变化以及传播路线受到遮挡，配对的收发波束对的传输质量下降时，基站和终端可以选择另外一对质量更好的收发波束对，并进行波束切换操作。基站和终端需要时常监测所选择的收发波束对的传输质量，并与其他的收发波束对进行对比，必要的情况下需要进行波束切换操作。基站利用波束指示流程，通过下行控制信令将所使用的发送波束通知终端，便于终端的接收与切换。波束恢复则是指在所监测的所有收发波束传输质量无法满足链路传输要求的情况下，重新建立基站与终端间的连接的过程。

5.5.2 波束测量和上报

本节将重点讨论下行模拟波束的测量和上报机制，包括基本的测量原理、参考信号结构、收发（Tx/Rx）波束扫描方案、上报过程和机制。

如图 5-28 所示，当基站与终端间建立连接时，以下行传输为例，设基站端有 M 个模拟发送波束，终端有 N 个模拟接收波束，一共可以建立起 MN 个收发波束对。通常，在毫米波通信中，波束对的数量都比较大，如何开展有效的波束测量和上报，最小化系统开销和终端复杂度，确保系统覆盖，成为大规模天线波束管理的重要研究课题。

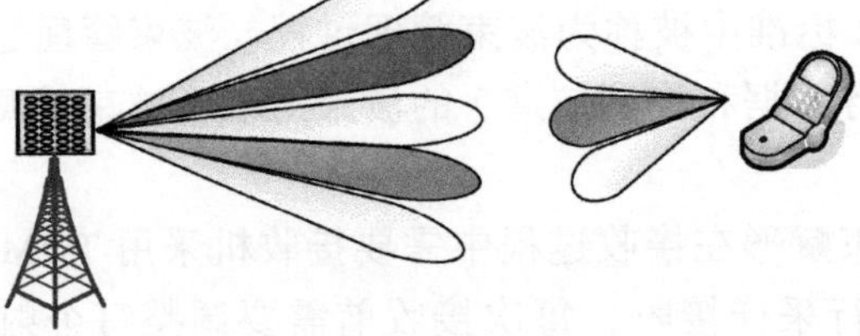

图 5-28 模拟波束赋形的图示

1. 波束测量过程

波束测量过程可以描述如下。如果一个基站能够发送 M 个模拟波束，可以为每个波束方向配置一个赋形的参考信号集合用于波束的测量，每个参考信号所赋形的方向与对应的模拟波束相同。这 M 个参考信号在不同时域和/或频域资源上传输，以便于基站能够针对每个波束方向调整移相器的配置来实现模拟波束赋形。同时，终端通过 N 个接收波束分别对 M 个赋形参考信号进行测量，选择合适的接收波束。因此，基站与终端间一共需要测量 MN 个波束对，才能寻找到最佳的收发配对波束。如图 5-29 所示的基站有 4 个模拟波束，而终端有 2 个模拟波束，基站的 4 个模拟波束各配置一个赋形参考信号，通过轮询发送和接收方式，可以获得 8 个配对波束测量结果，从中选择性能最佳的配对波束。

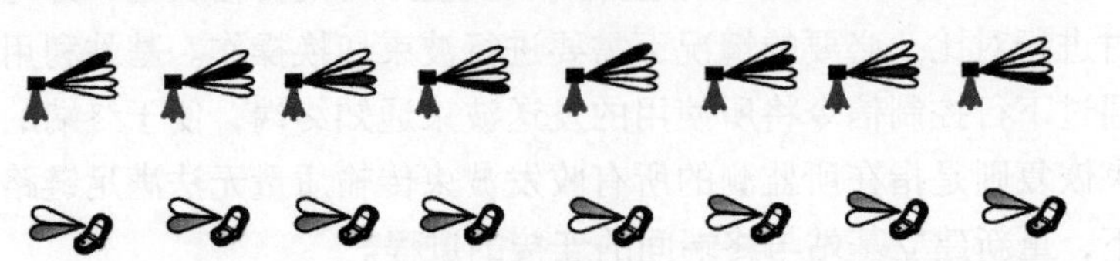

图 5-29 收发波束测量配对图示（M=4，N=2）

其中，基站的 4 个发送波束以 4 个连续时隙为周期发送，下一个周期重复以上过程，接收终端在一个周期内固定接收的波束，连续接收 4 个不同波束方向的参考信号，选择出最佳的发送波束。在下一个周期，终端切换到另外一个波束进行接收，并根据两个周期的接收结果，选择出最佳的收发波束对。另外一种波束收发顺序如图 5-30 所示，其顺序是固定发送端波束，以接收端的两个波束为周期进行波束测量。

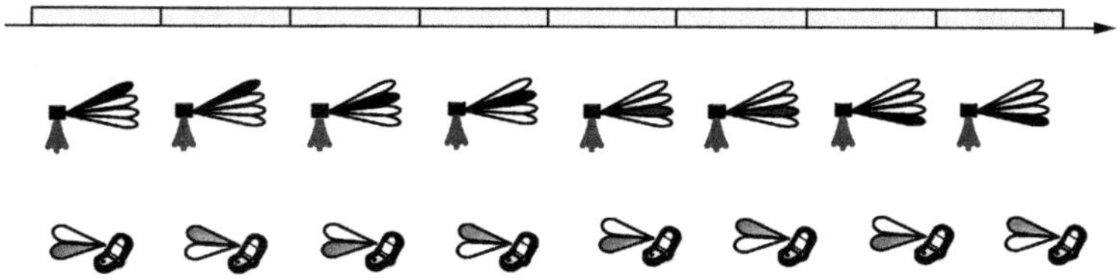

图 5-30　另一顺序的收发波束测量配对图示（M=4，N=2）

用于波束管理的参考信号集合（例如 CSI-RS），可以采用周期或非周期发送方式。在基站已知接收终端大致的方向的情况下，可以通过非周期发送方式，只在有限的几个方向上发送参考信号，通过这种非周期发送针对部分终端的参考信号，可以有效降低系统开销和接收复杂度。在系统负荷较高的情况下，通过周期性发送方式在更大角度范围内发送参考信号，可以让更多终端接收到参考信号，从而提升波束测量效率。

在 5G NR 中支持 3 种波束测量过程。

- 联合收发波束测量：基站和终端都执行波束测量，如图 5-29 和图 5-30 所示。每个波束的参考信号被发送 N 次，从而让终端能够测试 N 个不同的接收波束，选取最合适的发送和接收波束对；通常可以采用 N 个时隙或 N 个不同参考信号资源来实现。
- 发送波束测量：基站通过轮询方式发送波束的参考信号，终端采用固定的接收波束。
- 接收波束测量：终端用轮询方式测试不同接收波束，而基站采用固定波束。

系统采用两种方式通知终端所用的波束测量过程：一种用高层信令通知终端；另一种用控制信令的动态参数指示。例如，如果基站指示终端 M 个参考信号的发送波束方向相同，则终端将使用接收波束测量过程；否则，如果基站通知终端 M 个参考信号的发送波束方向不同，终端将固定接收波束，从而确定最佳发送波束[95]。

（1）发送波束扫描过程

发送波束测量过程允许基站变化发送波束，而终端则固定接收波束。波束的扩展角度由网络进行控制，并且对于终端透明。波束扩展角度可以是宽波束也可是窄波束，宽波束覆盖范围更大，窄波束覆盖范围小。对于发送波束测量过程，首先网络配置 M 个参考信号，对应着 M 个候选波束，网络通知终端，M 个参考信号对应不同方向的发送波束；终端用固定接收波束接收和测量所有的 M 个参考信号，选择最合适发送波束上报给基站，完成发送端波束测量过程，如图 5-31 所示。

用于接收 M 个发送波束的固定接收波束由网络或终端决定。

- 如果网络没有提供终端波束发送方向的辅助信息，终端对于 M 个发送波束的方向没有先验信息，则终端通常采用一个宽的接收波束或者轮询接收波束，如初始的发送波束测量，网络没有终端的方向信息，则采用这种方式进行发送波束的测量过程。

- 如果网络向终端发送辅助信息指示终端所用的接收波束，则终端可以采用所指示的接收波束对 M 个发送波束进行测量。例如，基站知道终端所处的大致方向，为了进一步确认准确的发送波束方向，基站会根据前面所知的终端大致方位，给出一个接收波束的建议，并基于原来的大致方向发送 M 个窄波束的参考信号，获得更加精确的发送波束方向。接收波束使用 TCI 状态进行通知，每个 TCI 状态指示一个待接收信号空间 QCL 的导频信号，终端使用该导频信号的接收波束来获取网络建议的接收波束方向[96]。

以上两种选择方式都在 NR 标准中得到支持，采用这两种方式，网络可以指示终端采用宽波束或者轮询接收波束来选择初始发送波束，或者获取高精度的发送波束方向。

（2）接收波束测量过程

这个过程允许终端变化接收波束，并假设基站固定发送波束。网络用相同的波束发送 N 个参考信号，并指示终端采用接收波束测量方式来确定最佳的接收波束。终端通过接收并测量、比较所有的 N 个接收波束，从而获得最佳接收波束。所确定的最佳接收波束不必上报给网络，而是存在终端中。图 5-32 为接收波束测量过程示例。

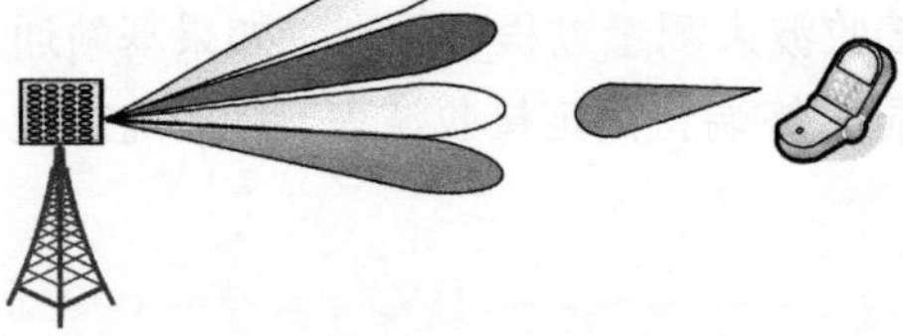

图 5-31　发送波束测量过程示例（M=4）

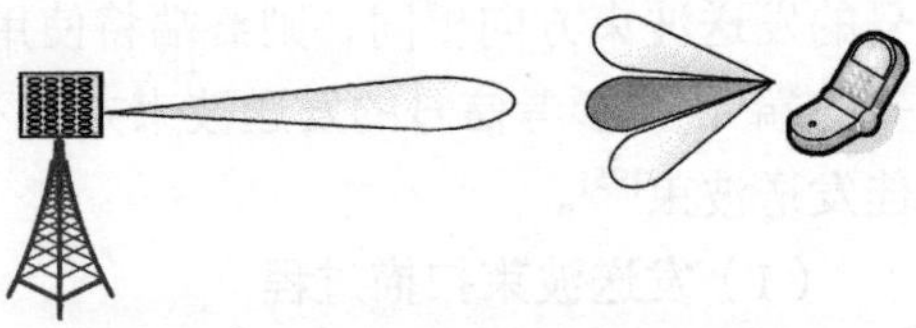

图 5-32　接收波束测量过程示例（N=3）

网络或者终端将决定接收波束测量所用的波束方向。

- 如果网络对于接收波束的方向没有先验信息，网络将不向终端提供接收波束的辅助信息，终端将会对所有接收波束进行扫描接收；或者通过自身获得的先验信息（通过测量其他下行信号获得），使用更小角度扩展的波束测量，以便获得更精确的接收方向信息。这种方式适用于初始阶段的接收波束测量。
- 如果网络能够获得部分接收波束的先验信息，网络可以指示一个接收方向信息给终端，终端将根据所指示的接收方向信息，采用更小角度扩展的接收波束进行测量，从而获得更精确的接收方向信息。

以上两种方式在 NR 标准中都得到支持。

（3）联合收发的波束测量

这个过程可同时实现收发波束的测量，具体的实现方案有以下两种。

- 网络指示终端，将有 MN 个参考信号用于波束测量，参考信号分为 N 个集合，每个集合包含 M 个参考信号，对应于 M 个发送波束方向；对于每个集合内的 M 个参考信号，终端采用一个固定的波束进行接收；终端测量和比较 M 个波束质量，获得基于该接收波束的最优发送波束；终端分别用不同的接收波束接收每个参考信号集合内的参考信号，当所有 N 个集合的参考信号测量完成后，终端可以基于所有测量信息，选出最佳的收发波束对，完成波束测量过程。
- 网络指示终端，将有 MN 个参考信号用于波束测量，参考信号分为 M 个集合，对应于 M 个发送波束方向，每个集合包含 N 个参考信号；对于每个集合内的 N 个参考信号，终端用 N 个波束分别进行接收；当所有 M 个集合的参考信号测量完成后，终端可以基于所有测量信息，选出最佳的收发波束对，完成波束测量过程。

2. 波束上报

虽然通过波束测量，终端需要监测和估算 MN 个波束对的信道质量，但终端不需要将所有波束对的信道质量上报给网络，只需要选取其中最优的波束对进行上报。而最优波束对所对应的接收波束只需要存储在终端，不需要上报给基站。在后续的传输过程中，基站只需要指示终端所选择的发送波束，终端可以根据存储信息，采用对应的接收波束进行接收处理。同时，从节省开销的角度，不需要将所有 M 个发送波束的信道质量信息或者序号上报给基站，可以选取 L 个发送波束进行上报（$1 \leq L \leq M$），根据系统负荷和需要，进行灵活配置。当 $L=1$ 时，终端只上报所有下行发送波束中最优的波束；当 $L>1$ 时，终端可以选择所有下行发送波束中最好或者最合适的 L 个发送波束进行上报。在波束覆盖角度较大，待选波束较多的情况下，可以采用非周期上报以减小上报开销。

在波束覆盖角度较小，待选波束较少情况下，可以采用周期上报来提高时域上报精度[97]。基站是单天线阵面配置情况下，终端可以选择其中最好的 L 个波束上报；而在多天线阵面配置下，终端可以选择在不同天线阵面所对应的 L 个波束。

波束测量相关的参数包括参考信号接收功率（RSRP）、参考信号接收质量（RSRQ）和 CSI。由于不同参数对终端复杂度有不同影响，因此，适用的场景也有所区别。RSRP 测量参数的计算复杂度低，适合于大量波束的快速测量，所以可用于初始波束测量和配对场景。CSI 参数测量更加复杂，但可以提供更精确的波束赋形信息，可用于在一部分候选波束中对波束精确测量的场景。基于 CSI 参数上报还能将波束训练和链路自适应需要的信息通过一步操作完成，使得基站能够快速地执行调度和传输过程。而基于 RSRP 和 RSRQ 参数的波束上报机制，则需要采用两步完成相应操作（先完成波束训练和配对，然后再上报测量配对波束的 CSI），使得调度和传输过程的时间被拉长。

5.5.3 波束指示

本节重点讨论用于下行模拟波束发送的指示方式，包括模拟波束发送指示的必要性、波束指示的基本框架及所涉及的物理层设计。

对于 M 个候选发送波束中的任意一个波束，终端需要用 N 个候选的接收波束进行接收测量，从而找到最佳的收发波束对。终端所选取的接收波束 N 的数目以及实现方式由终端确定，不需要上报给基站。另外，发送波束所对应的最优接收波束也不需要上报给基站，存储在终端侧。

当基站采用模拟波束赋形方式传输下行业务数据时，基站需要指示终端所选的下行模拟发送波束的序号。终端接收到指示后，根据波束训练配对过程中所存储的信息，调用该序号所对应的最佳接收波束进行数据接收。

所用发送波束的指示方式可以是动态或者半静态，具体方式取决于所指示波束持续时间、切换快慢以及指示信息的开销等因素，以及波束所应用的物理层信道类型。

对于数据传输，需要快速和高精度的波束赋形，因此，波束采用动态指示方式随时切换用于数据传输的波束。此时的波束指示可与其他下行控制信息，如调度的资源、调制编码方式，HARQ 信息等联合进行编码，可以基于每时隙（Slot）的动态调度。采用动态调度方式，可以允许发送和接收波束根据信道变化情况快速进行切换[98]。同时，采用动态调度也可以更好地恢复毫米波通信中由于波束被遮挡所造成链路中断。

1. **用于控制信道的波束指示**

对于采用高频段传输的系统，其上下行的控制信道（PUCCH/PDCCH）可以采用模拟波束赋形传输来实现更高赋形增益和更大覆盖。由于 PDCCH 信道没有 HARQ 重传来保证可靠性，通常为了减少经常性波束切换以及确保可靠性，控制信道会采用比数据信道更宽的波束，通过牺牲一定的波束增益来增加控制信道波束覆盖宽度，提升 PDCCH 信道的可靠性和顽健性。

用于 PDCCH 信道的无线资源被半静态分成多个控制资源集合（CORESET，Control Resource SET），每个 CORESET 包含多个 PDCCH 信道的无线资源。基站可为每个 CORESET 匹配一个发送波束方向[96]，不同 CORESET 匹配不同方向波束。基站可以在不同 CORESET 中进行动态切换，从而实现波束的动态切换。当发送 PDCCH 时，基站可根据终端的信息，选择合适波束方向的 CORESET。在接收端，终端在所配置的多个 CORESET 内进行盲检。对于每个 CORESET，终端将使用与 CORESET 发送波束对应的接收波束进行接收。

对于 PUCCH 有类似于 PDCCH 的机制。首先对 PUCCH 信道的无线资源进行配置，不同 PUCCH 资源被配置不同的发送波束方向，通过选择 PUCCH 资源，来选择不同发送波束方向，实现多个方向间的波束切换。

2. **用于业务数据信道传输的波束指示**

在系统设计中，如果使 PDCCH 与所调度的 PDSCH 之间的时间间隙可配置范围更大，将有助于兼顾快速数据调度和调度灵活性两方面的需求。当间隙较小时，如时间间隙为 d=0 个 OFDM 符号，下行 PDSCH 需要紧挨着 PDCCH 信道发送；如果间隙配置比较大，PDSCH 可以在 PDCCH 信道发送后较长时间后开始发送。与动态模拟波束相关的一个重要问题是，PDCCH 中包含了对 PDSCH 信道发送波束的指示信息，但对 PDCCH 的译码，以及从 PDCCH 的模拟波束赋形转换到 PDSCH 的模拟波束赋形，需要 PDCCH 与 PDSCH 之间有一定的时间间隙。其中波束转换时间较小（纳秒数量级），小于 CP 长度，对性能影响不大，可以忽略不计；而 PDCCH 的译码需要一定时间（从符号到时隙数量级），取决于终端的能力。因此，终端在对 PDCCH 信道进行解调译码的过程中，如果 PDSCH 与 PDCCH 间隙较小，则终端无法获得用于接收 PDSCH 的发送波束指示信息。为了接收 PDSCH 信道信息，需要给出相应的解决办法。

为了解决这个问题，在标准上定义了一个用于区分完成或未完成 PDCCH 信道解调译码的阈值[100]。如果 PDCCH 与 PDSCH 之间时隙长度小于阈值，终端在 PDCCH 信道解调译码完成之前就开始接收 PDSCH 信道，无法从 PDCCH

信道获得波束指示，此时 PDSCH 信道可以采用一个默认的波束进行接收。这个默认的接收波束与 PDCCH 信道所发送的波束指示无关，而是采用与 PDCCH 信道相同的接收波束，即 PDCCH 和 PDSCH 信道在这个时间段使用相同的接收波束。当 PDCCH 与 PDSCH 的间隙大于阈值，则对 PDSCH 的接收可以采用 PDCCH 信道所指示的波束。图 5-33 给出了接收 PDSCH 信道的图示。在与 PDCCH 信道相邻的两个时隙的 PDSCH 间隙小于阈值，采用与 PDCCH 相同的接收波束；后面两个 PDSCH 所在时隙与 PDCCH 间隙大于阈值，则根据 PDCCH 信道成功译码后获得的波束指示进行数据接收。

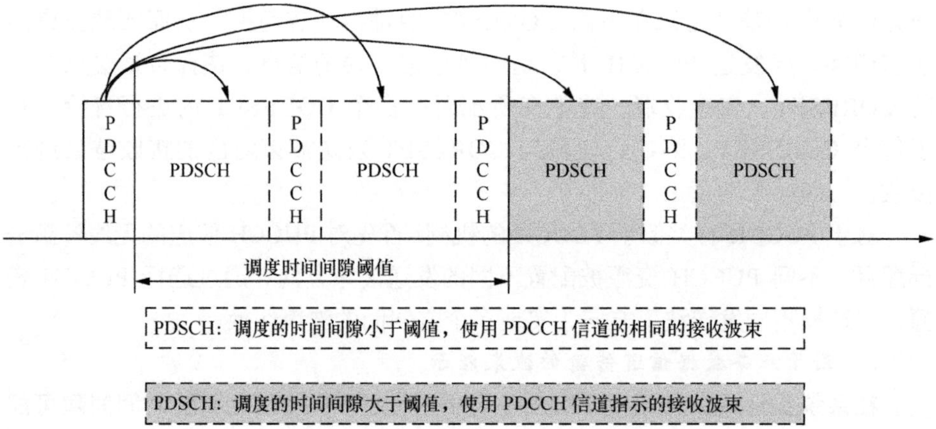

图 5-33 PDSCH 波束调度方法示例（大于或小于阈值）

5.5.4 波束恢复过程

对于高频段毫米波通信，如果波束受到遮挡，将很容易造成通信中断。这是由于高频段波长短，反射和衍射性能差，大部分传输能量都集中在直线传播路线。因此，设计能够快速从波束遮挡（Beam Blockage）中恢复，确保控制信道传输的可靠性和顽健性的机制，成为高频段传输一个重要的研究内容。本节将介绍下行控制信道波束失败恢复的关键处理方法和过程，包括波束失败检测、波束失败上报以及波束恢复过程。

1. 概述

高频段的模拟波束赋形面临的一个重要挑战是传输信号的传播损耗大、被遮挡概率高。对于被遮挡的下行控制信道 PDCCH，终端将无法准确获得下行传输的控制信息，从而接收性能下降，如速率下降、调度时延增加、用户体验下降等。一种可降低遮挡概率的方法是为 CORESET 配置多个方向的波束，可以使得 PDCCH 信道通过多个方向发送，避免在某个方向受到遮挡而导致链路不可靠的问题。然而采用这种方法带来的新问题是：由于终端对于 PDCCH 信道的盲检能力受限，使得配置给终端每个方向的 CORESET 数量会减少。例如在 NR 标准（Rel-15）中限制了每个终端在同一个激活的 BWP（Bandwidth Part）中最多配置 3 个 CORESET。理论上讲，如果发送波束角度扩展足够宽，能够覆盖整个小区覆盖角度区域，这样就不会出现波束遮挡的问题了。但为了获得更高的波束赋形增益，通常，波束的覆盖角度较小，波束较窄。考虑到有限的 CORESET 数量以及窄波束特点，在高频段毫米波通信中，控制信道的角度覆盖范围有限，容易造成控制信道的覆盖空洞，无法保证控制信道可靠接收。

对下行波束发送失败的检测，可以采用非标的方法来实现。例如，对于一个下行数据传输过程，如果终端长时间没有检测到下行控制信道，不会在上行发送反馈应答信息（ACK/NACK），基站基于长时间未收到 PUCCH 信道的反馈应答消息，就可以判断出下行波束发送失败。基站甚至可以判断出哪个方向的下行波束发送出现失败。上行传输过程也可以通过类似方法判断波束失败事件发生。基站通过长时期有规律的波束测量和上报机制，检测控制信道的覆盖空洞。但是，这个过程对于数据传输来说判断和反馈时间太长，无法支持快速的波束切换和解决高频段传输的波束遮挡问题。总而言之，对于基于实现方法的波束失败检测方案，无法满足业务传输所需要的 PDCCH 快速和可靠检测，会造成传输性能和质量的严重下降。

在 NR 标准中，一种快速、可靠的波束发送失败检测和恢复过程被标准化，使得网络侧能够快速从发送波束失败中恢复传输过程。基站通过快速地将 PDCCH 从一个波束切换到另外一个新波束发送，避免了波束遮挡对传输性能的影响，使得终端能够接收到 PDCCH 信道信息，恢复数据传输。基站所选择的新波束是根据终端上报的信息获得，该上报信息包括了终端检测到波束失败以及新候选波束的信息。基站根据终端上报信息，选择新的波束发送 PDCCH 信道。终端所上报的新候选波束必须满足系统对传输性能指标要求。

2. *波束失败检测过程*

由于基站可通过多个下行控制信道波束发送 PDCCH，下行波束发送失败被定义为终端监测的每一个下行控制信道波束的质量都低于规定阈值，使得终端无法有效地接收到 PDCCH 信道所发送的控制信息。

不失一般性，假设基站有 M 个波束用于下行控制信道发送，为每个波束配置专属的参考信号，终端通过测量 M 个波束的参考信号来判断下行控制信道是否满足接收质量要求。如果所有的 M 个波束的信道质量都低于所设立的阈值，终端将认为波束失败事件发生。

（1）波束失败的指标参数

终端可使用不同的性能参数评估控制信道的质量。在 NR 的标准化中，对误块率（BLER）和 L1-RSRP 两个参数用于评估控制信道质量进行了讨论，两种参数的定义以及实现方式、优缺点如下。

- BLER 参数工作过程为：终端测量与下行控制信道相同波束的参考信号性能，并根据所测量到参考信号的信干噪比，推断出 PDCCH 信道的译码错误概率 BLER。如果 BLER 值高于所设定阈值（例如，BLER=10%），则认为该波束失败。当终端测量到所有 M 个波束的 BLER 值都高于阈值，则认为波束发送失败。在测量 BLER 的过程中，不需要对 PDCCH 信道进行解调译码，只是测量所对应参考信号的性能，并根据参考信号的结果推测 PDCCH 信道的 BLER。由于波束失败测量的目标在于获知下行控制信道能否被终端正确接收，因此，BLER 值可以很好地达到这个目的。用 BLER 测量 PDCCH 信道的缺点在于其复杂度相对比较高。
- 基于 L1-RSRP 参数的波束发送失败事件定义为：如果 L1-RSRP 的测量值低于所设定的阈值，则认为波束发送失败。该阈值由标准协议确定或者通过网络来设定。如果终端测量到所有 M 个波束的 L1-RSRP 值小于阈值，则认为波束发送失败。采用 L1-RSRP 参数缺点在于该参数不能真正准确反映 PDCCH 信道的性能，因为 PDCCH 信道性能由 SINR 值决定，而不是 RSRP。当一个波束受到非常严重的干扰时， L1-RSRP 仍具有较高的值，但 PDCCH 的 BLER 错误率变得很高，信道传输性能很差。采用 L1-RSRP 参数的优点在于其实现复杂度低。

对比以上两个参数的优缺点，如果需要正确地反映 PDCCH 信道接收质量，则可以采用 BLER 参数作为测量目标；如果更为看重实现复杂度，则可以使用 L1-RSRP 作为测量参数。由于标准将每个终端在所激活的 BWP 中 CORESET 数量限制为 3，BLER 作为 PDCCH 测量参数的复杂度总体可以接受。因此，在标准化中最后确定将 BLER 作为测量 PDCCH 信道性能的参数。

（2）波束测量的参考信号集合配置

用于波束发送失败测量的参考信号的配置，可以采用网络通过信令通知终端的显式配置方式，或者终端通过控制信令的波束配置方法来隐含配置。

对于显式配置方式，基站通过信令给终端配置一个用于测量波束质量的参考信号集合，包括参考信号类型［同步信号块（SSB，Synchronization Signal Block）或者信道状态信息参考信号（CSI-RS）］、发送功率、参考信号的资源指示、参考信号资源等都需要清晰地通过网络配置给终端。

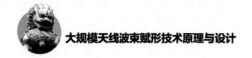

对于隐含指示方式，用于测量波束质量的参考信号集合可以从所对应的 CORESET 资源的传输配置指示（TCI，Transmission Confiuration Indication）状态中推导出来[97]。具体而言，对于涉及模拟波束赋形传输的 CORESET，其 TCI 状态中会包括一个参考信号的配置信息，并且该参考信号对应的 QCL 类型为 QCL-TypeD（具体参见 5.7 节）。如果网络没有为终端显式配置用于波束失败检测的参考信号，则终端可以对 CORESET 所配置的 TCI 状态中的参考信号进行测量，以判断是否发生波束失败。

（3）乒乓效应的避免

无线移动通信的一个本质特性在于发送端和接收端的无线信道具有快速起伏变化的特性。因此，波束质量也有可能在阈值附近不断跳变。为了避免乒乓效应和经常出现波束发送失败事件，只有当波束测量结果低于所设定阈值的时间足够长才能认为发生波束发送失败事件。可以通过统计波束测量低于阈值的次数来判断是否发生波束发送失败事件。具体而言，每次传输中对参考信号进行测量，当测量结果低于阈值时，将被计数一次失败，而高于阈值，则计数一次成功；只有当连续失败的次数大于预先设置的值，才判定波束发送失败事件发生。网络需要设置合适的统计次数，如果统计次数设置过小，则网络对于信道质量测量过于敏感，容易造成过多的波束发送失败事件；如果统计次数设置过大，则网络对于波束发送失败事件反应过慢；过小或过大都会造成传输性能下降。

3. *波束发送失败与新候选波束上报机制*

当终端测量确定波束发送失败事件发送以后，终端需要将该事件上报给基站，并上报新的候选波束信息。基站收到上报信息后，通过波束恢复过程尽快从波束发送失败中恢复，重新选择用于传输的新波束替代原有波束。新波束将被用于基站对上报失败事件的应答信息传输，以及后续基站与终端间数据和控制信息的传输。

（1）新波束指示方式

为了能够让终端上报新的候选波束，网络需要给终端配置相应的参考信号资源集合，这些参考信号对应了候选波束集。终端通过测量参考信号集合，确定用于传输链路的收发波束对。当终端完成测量后，把新候选波束上报给网络，所选择的新候选波束需要满足性能门限要求，比如 BLER 低于阈值或者 L1-RSRP 超过阈值。

类似于前面介绍的波束失败评估方法讨论，两个性能评价参数（BLER 和 L1-RSRP）可以用于新候选波束的评估。BLER 和 L1-RSRP 两个参数优缺点在前面已经有相应叙述，考虑到需要测量的候选波束和参考信号数量比较大，系统对实现复杂度要求比较高，而 L1-RSRP 参数的实现复杂度较低，因此，标准上最终选择了 L1-RSRP 作为新候选波束的评估参数。

在标准中，终端只将一个新候选波束上报给基站。如果测量过程中发现有多个波束质量达到阈值要求，终端可以根据自身判断，选择其中一个上报给基站，比如，上报最强波束。

（2）用于上报波束失败和新候选波束的物理信道

用于上报波束发送失败事件和新候选波束的上行物理信道，需要足够高的可靠性和顽健性。这是因为当发生波束遮挡时，不但下行波束会发送失败，发送上行波束失败的可能性也非常大，因此，上行物理信道的可靠性变得非常重要。同时，由于发送下行信道波束失败，上行物理信道的功率控制和上行提前量指示都无法传递到终端，使得上行物理信道的传输顽健性要求也非常高。

根据上面的分析，物理随机接入信道（PRACH，Physical Random Access Channel）和 PUCCH 可以作为上报波束失败和新候选波束的两个候选的物理信道。

PRACH 信道是终端用于初始接入网络时的上行同步和信息交换信道。通过 PRACH 信道发送上行前导序列，网络可以实现对终端的确认、上行同步的测量、竞争解决等功能。在 5G NR 中，PRACH 信道还可以用于实现非理想上行同步、大时延扩展、低信噪比检测等信号检测功能。在 NR 标准中，系统支持多个 PRACH 信道，每个 PRACH 信道与一个 SSB（Synchronization Signal Block）对应（不同 SSB 用不同发送方向的波束进行广播信息发送），终端所选择的 PRACH 信道对应着下行最合适的 SSB 波束发送方向。因此，PRACH 是一个传输新候选波束、下行波束发送失败的理想信道。当候选下行波束对应的参考信号与上行 PRACH 信道建立起一一对应关系，则意味着基站可以通过检测到的 PRACH 信道获得终端上报的候选波束信息[101]。

在 5G NR 标准中，PUCCH 信道用于上行控制信令的传输，PUCCH 信道将各种类型的上行控制信令上报给网络，包括应答信息（ACK/NACK，Acknowledgement/Negative ACKnowledgement）、调度请求、信道状态信息（CSI）和波束测量结果等。一个终端可以配置多个 PUCCH 信道资源，每个 PUCCH 信道资源对应不同的物理资源、发送功率、负载能力以及负载类型。PUCCH 信道发送波束由网络进行配置。相比于 PRACH 信道，PUCCH 信道体现出更好的上报能力和灵活性，多个候选的波束及波束质量等更多信息可以通过 PUCCH 信道上报给网络。但是由于 PUCCH 信道性能更容易在上行时间同步、波束方向精确性等方面受到影响，当下行波束发送失败时，PUCCH 在可靠性和顽健性方面的性能将无法得到保证，因此，在标准化过程中决定 PUCCH 不被用于作为上报信道。

在波束发送失败测量和恢复过程中，为了不影响常规的随机接入过程，用于波束发送失败恢复的 PRACH 信道采用非竞争的专用资源，但所用机制一样。终端将会被分配专用随机接入信道资源与随机接入前导序列，每个随机接入信道和前导序列都与一个 SSB 的波束方向对应。一旦发生下行波束发送失败事件和新的候选波束被选定，将通过该候选波束所对应的随机接入信道和前导序列进行发送。

4. 波束恢复过程

当基站接收到终端上报的波束发送失败指示以及新候选波束后，基站将使用新候选波束发送下行控制信令到终端，作为基站对终端的响应和应答。基于新候选波束传输的下行控制信令，后续可以优化调整和配置其他用于控制信道传输的波束。

（1）基站对波束失败上报的响应和应答

如前面的介绍，每个终端被分配多个 CORESET 用于 PDCCH 的传输，每个 CORESET 被配置一个波束发送方向。这些原有的 CORESET 所对应的波束在波束恢复过程中不会变更。网络将为终端配置一个专用的 CORESET，称为 CORESET_BFR，用于波束恢复的控制信令传输。当终端测量并上报波束发送失败消息后，终端开始监听 CORESET_BFR 的 PDCCH 信道，并假设所用波束为上报的新的候选波束。对应于终端上报过程，基站将在 CORESET_BFR 中用新的波束发送 PDCCH 信道。当终端检测到 PDCCH 信道，将认为上报的波束发送失败事件以及新候选波束被基站正确接收。

（2）控制信道重配置

当基站接收到波束发送失败事件上报，并在 CORESET_BFR 中发送了响应消息后，如果终端未收到 RRC 重配置消息（用于原来的 CORESET 集合的波束配置），则 CORESET_BFR 将作为另一个用于调度的 CORESET 进行正常通信；如果终端收到 RRC 重配置消息，终端将根据信息获得 CORESET 集合的新波束配置，并且停止对 CORESET_BFR 监听[102]。

在波束恢复过程中，原有的 CORESET 仍然使用原来配置的波束，终端也对原有波束方向的 PDCCH 信道进行监听。虽然终端已经向基站上报了所有控制信道都处于波束发送失败状态，但这个判断是基于 10%的 BLER 测量结果得到的，终端在原来的 PDCCH 信道仍然有可能接收到控制信令消息。因此，当基站接收到波束发送失败上报，并在 CORESET_BFR 中发送了响应消息，基站和终端还可以继续使用原来配置的 CORESET 集合和波束参数进行通信，并可对下行控制信道的波束进行重配置[103]。

5.6 上行多天线技术

当 UE 配置有多个发射射频通道时，UE 可以通过多天线技术进行上行信号的传输，从而获得多天线处理增益。NR 系统的 PUSCH 支持基于码本的传输和非码本传输两种上行预编码传输方案。NR 系统没有对发送分集技术和天线选择技术进行标准化，终端可以采用标准透明的发送分集和天线选择方式。

5.6.1 基于码本的传输方案

（1）基本原理

基于码本的上行传输方案是基于固定码本确定上行传输的预编码矩阵的多天线传输技术。NR 系统中，基于码本的上行传输方案与 LTE 系统中的上行空间复用技术基本原理相似，但是所采用的码本和预编码指示方式有所不同。如图 5-34 所示，NR 系统中基于码本的上行传输方案的流程包括如下内容。

- 终端向基站发送用于基于码本的上行传输方案的 SRS。
- 基站根据终端发送的 SRS 进行上行信道探测，对终端进行资源调度，并确定出上行传输对应的 SRS 资源、上行传输的层数和预编码矩阵，进一步根据预编码矩阵和信道信息，确定出上行传输的 MCS 等级，然后基站将 PUSCH 的资源分配和相应的 MCS、传输预编码矩阵指示（TPMI，Transmit Precoding Matrix Indicator）、传输层数和对应的 SRS 资源指示通知给终端。
- 终端根据基站指示的 MCS 对数据进行调制编码，并利用所指示的 SRI（SRS Resource Indicator）、TPMI 和传输层数确定数据发送时使用的预编码矩阵和传输层数，进而对数据进行预编码及发送。PUSCH 解调导频与 PUSCH 的数据采用相同的预编码方式。
- 基站根据解调导频信号估计上行信道，并进行数据检测。

（2）码本设计

NR 系统的上行传输支持 DFT-S-OFDM 和 CP-OFDM 两种波形，两种波形的适用场景和特性不同，码本设计的考虑因素也有所不同。DFT-S-OFDM 波形的上行传输主要用于功率受限的边缘覆盖场景，只支持单流的数据传输，需要专门针对单流设计码本。CP-OFDM 波形最多可以支持 4 流的并行传输，需要设计最多 4 流的码本。

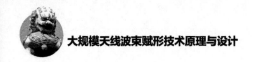

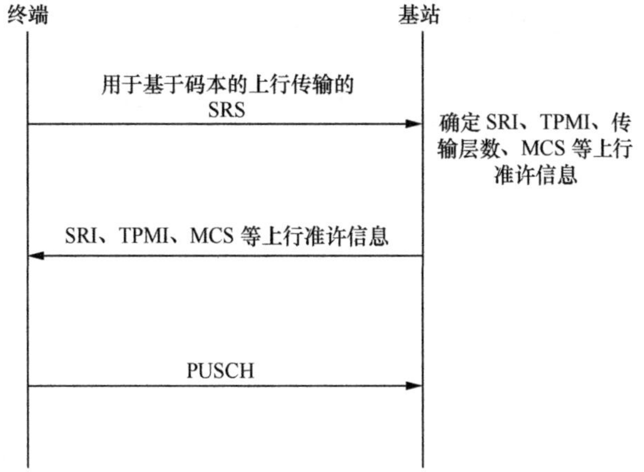

图 5-34 基于码本的上行传输方案示意

对于终端的 MIMO 传输，其传输天线与射频的特性与基站有较大差别，码本设计上需要充分考虑天线间的相干特性。当两个天线端口满足相干条件，即各天线单元发射通路可以调整至同功率、同相位时，终端可以通过预编码利用这两个天线端口同时进行同一层的数据传输，以获得阵列增益。然而，由于天线阵元的互耦效应、馈线差异以及射频通路的放大器相位和增益的变化等因素的影响，实际的终端天线各端口不可避免地存在功率和相位等方面的差异。受限于成本和实现算法，不是所有的终端都可以将各天线端口校准至满足相干传输条件的程度。不能相干传输的天线端口可以同时传输不同层的数据。因此，上行传输的码本设计需要考虑终端的天线相干传输能力。

NR 系统定义了 3 种终端的天线相干传输能力：

- 全相干（Full-coherent）：所有的天线都可以相干传输；
- 部分相干（Partial-coherent）：同一相干传输组内的天线可以相干传输，相干传输组之间不能相干传输，每个相干传输组包含两个天线；
- 非相干（Non-coherent）：所有天线间都不能相干传输。

考虑到终端天线结构的多样性，上行码本的设计不应基于任何特定的天线结构假设和相关性假设。上行码本中应包含部分天线相干传输和非相干传输的码字，以用于具有部分相干传输能力或非相干传输能力的终端。其中，部分天线相干传输的码字中的任一列只对应于一个相干传输天线组；非相干传输的码字中的任一列只对应于一个天线。

DFT-S-OFDM 波形具有单载波特性，在码本设计的时候应尽量降低码本对峰均功率比（PAPR）的影响。使用 DFT-S-OFDM 波形时的 2 个天线码本沿用了 LTE 的上行 2 天线单流传输的码本，其中包含了 4 个用于相干传输的码字和两个天线选择的码字，具体的码本如表 5-16 所示。

表 5-16 使用 DFT-S-OFDM 波形的上行单流传输码本（2 天线）

码字个数	码字				码字特征
4	$\frac{1}{\sqrt{2}}\begin{bmatrix}1\\1\end{bmatrix}$	$\frac{1}{\sqrt{2}}\begin{bmatrix}1\\-1\end{bmatrix}$	$\frac{1}{\sqrt{2}}\begin{bmatrix}1\\j\end{bmatrix}$	$\frac{1}{\sqrt{2}}\begin{bmatrix}1\\-j\end{bmatrix}$	所有天线相干传输
2	$\frac{1}{\sqrt{2}}\begin{bmatrix}1\\0\end{bmatrix}$	$\frac{1}{\sqrt{2}}\begin{bmatrix}0\\1\end{bmatrix}$			天线非相干传输

使用 DFT-S-OFDM 波形时的 4 天线码本以 LTE 上行 4 天线单流传输的码本为基础。LTE 的上行 4 天线单流传输的码本中包含了 16 个适用于 4 根天线全相干传输的码字和 8 个部分天线相干传输的码字。其中部分天线相干传输的码字中包含两个相干传输天线组：1、3 天线为一组，2、4 天线为一组。NR DFT-S-OFDM 波形的 4 天线的码本在 LTE 上行 4 天线单流传输的码本的基础上增加了 4 个单天线选择的码字，用于非相干传输能力的终端和终端天线选择。具体的码本如表 5-17 所示。

表 5-17 使用 DFT-S-OFDM 波形时的上行单流传输码本（4 天线）

码字个数	码字								码字特征
16	$\frac{1}{2}\begin{bmatrix}1\\1\\1\\-1\end{bmatrix}$	$\frac{1}{2}\begin{bmatrix}1\\1\\j\\j\end{bmatrix}$	$\frac{1}{2}\begin{bmatrix}1\\1\\-1\\1\end{bmatrix}$	$\frac{1}{2}\begin{bmatrix}1\\1\\-j\\-j\end{bmatrix}$	$\frac{1}{2}\begin{bmatrix}1\\j\\1\\j\end{bmatrix}$	$\frac{1}{2}\begin{bmatrix}1\\j\\j\\1\end{bmatrix}$	$\frac{1}{2}\begin{bmatrix}1\\j\\-1\\-j\end{bmatrix}$	$\frac{1}{2}\begin{bmatrix}1\\j\\-j\\-1\end{bmatrix}$	所有天线相干传输
	$\frac{1}{2}\begin{bmatrix}1\\-1\\1\\1\end{bmatrix}$	$\frac{1}{2}\begin{bmatrix}1\\-1\\j\\-j\end{bmatrix}$	$\frac{1}{2}\begin{bmatrix}1\\-1\\-1\\-1\end{bmatrix}$	$\frac{1}{2}\begin{bmatrix}1\\-1\\-j\\j\end{bmatrix}$	$\frac{1}{2}\begin{bmatrix}1\\-j\\1\\-j\end{bmatrix}$	$\frac{1}{2}\begin{bmatrix}1\\-j\\j\\-1\end{bmatrix}$	$\frac{1}{2}\begin{bmatrix}1\\-j\\-1\\j\end{bmatrix}$	$\frac{1}{2}\begin{bmatrix}1\\-j\\-j\\1\end{bmatrix}$	
8	$\frac{1}{2}\begin{bmatrix}1\\0\\1\\0\end{bmatrix}$	$\frac{1}{2}\begin{bmatrix}1\\0\\-1\\0\end{bmatrix}$	$\frac{1}{2}\begin{bmatrix}1\\0\\j\\0\end{bmatrix}$	$\frac{1}{2}\begin{bmatrix}1\\0\\-j\\0\end{bmatrix}$	$\frac{1}{2}\begin{bmatrix}0\\1\\0\\1\end{bmatrix}$	$\frac{1}{2}\begin{bmatrix}0\\1\\0\\-1\end{bmatrix}$	$\frac{1}{2}\begin{bmatrix}0\\1\\0\\j\end{bmatrix}$	$\frac{1}{2}\begin{bmatrix}0\\1\\0\\-j\end{bmatrix}$	部分天线相干传输
4	$\frac{1}{2}\begin{bmatrix}1\\0\\0\\0\end{bmatrix}$	$\frac{1}{2}\begin{bmatrix}0\\1\\0\\0\end{bmatrix}$	$\frac{1}{2}\begin{bmatrix}0\\0\\1\\0\end{bmatrix}$	$\frac{1}{2}\begin{bmatrix}0\\0\\0\\1\end{bmatrix}$	—	—	—	—	天线非相干传输

使用 CP-OFDM 波形时的上行 2 天线码本以 LTE 下行 2 天线码本为基础进

行设计，增加了两个天线选择的码字。在 LTE 下行 2 天线单流传输的码本中增加两个天线选择的码字之后所形成的码本与 LTE 上行 2 天线单流传输的码本相同。NR 系统在使用 CP-OFDM 波形时的上行 2 天线满秩传输的码本在 LTE 下行 2 天线满秩传输的码本的基础上增加了一个单位矩阵码字，用于非相干传输。使用 CP-OFDM 波形时，2 流传输的上行 2 天线码本如表 5-18 所示。

表 5-18　使用 CP-OFDM 波形时的上行 2 流传输码本（2 天线）

码字个数	码字		码字类型
2	$\frac{1}{2}\begin{bmatrix}1 & 1\\1 & -1\end{bmatrix}$	$\frac{1}{2}\begin{bmatrix}1 & 1\\j & -j\end{bmatrix}$	所有天线相干传输
1	$\frac{1}{\sqrt{2}}\begin{bmatrix}1 & 0\\0 & 1\end{bmatrix}$		天线非相干传输

使用 CP-OFDM 波形时的上行 4 天线码本以已有的 4 天线码本为基准进行设计。已有的 4 天线端口的码本包括：

- LTE Rel-8 下行码本；
- LTE Rel-10 上行码本；
- LTE Rel-12 下行码本；
- NR Type I 下行码本；
- NR Type II 下行码本。

综合考虑各码本的开销和性能，使用 CP-OFDM 波形时的上行 4 天线码本以 CodebookMode = 1、L=1 的 NR Type I 下行码本为基础进行设计。

使用 CP-OFDM 时的上行 4 天线单流传输的码本中适用于所有天线相干传输的码字是对 CodebookMode=1、L=1 的 NR Type I 下行 4 天线单流传输的码本进行码字组均匀降采样后的码字，即将过采样因子 O_1 置为 2，共 16 个码字。部分天线相干传输的码字沿用了 LTE 上行 4 天线单流传输的码本中的 8 个部分天线相干传输的码字。非相干传输的码字为全部的 4 个单天线选择码字。使用 CP-OFDM 时上行 4 天线单流码本如表 5-19 所示。

表 5-19　使用 CP-OFDM 波形时的上行单流传输码本（4 天线）

码字个数	码字								码字特征
16	$\frac{1}{2}\begin{bmatrix}1\\1\\1\\1\end{bmatrix}$	$\frac{1}{2}\begin{bmatrix}1\\1\\j\\j\end{bmatrix}$	$\frac{1}{2}\begin{bmatrix}1\\1\\-1\\-1\end{bmatrix}$	$\frac{1}{2}\begin{bmatrix}1\\1\\-j\\-j\end{bmatrix}$	$\frac{1}{2}\begin{bmatrix}1\\j\\1\\j\end{bmatrix}$	$\frac{1}{2}\begin{bmatrix}1\\j\\j\\-1\end{bmatrix}$	$\frac{1}{2}\begin{bmatrix}1\\j\\-1\\-j\end{bmatrix}$	$\frac{1}{2}\begin{bmatrix}1\\j\\-j\\1\end{bmatrix}$	所有天线相干传输

（续表）

码字个数	码字								码字特征
16	$\frac{1}{2}\begin{bmatrix}1\\-1\\1\\-1\end{bmatrix}$	$\frac{1}{2}\begin{bmatrix}1\\-1\\j\\-j\end{bmatrix}$	$\frac{1}{2}\begin{bmatrix}1\\-1\\-1\\1\end{bmatrix}$	$\frac{1}{2}\begin{bmatrix}1\\-1\\-j\\j\end{bmatrix}$	$\frac{1}{2}\begin{bmatrix}1\\-j\\1\\-j\end{bmatrix}$	$\frac{1}{2}\begin{bmatrix}1\\-j\\j\\1\end{bmatrix}$	$\frac{1}{2}\begin{bmatrix}1\\-j\\-1\\j\end{bmatrix}$	$\frac{1}{2}\begin{bmatrix}1\\-j\\-j\\-1\end{bmatrix}$	所有天线相干传输
8	$\frac{1}{2}\begin{bmatrix}1\\0\\1\\0\end{bmatrix}$	$\frac{1}{2}\begin{bmatrix}1\\0\\-1\\0\end{bmatrix}$	$\frac{1}{2}\begin{bmatrix}1\\0\\j\\0\end{bmatrix}$	$\frac{1}{2}\begin{bmatrix}1\\0\\-j\\0\end{bmatrix}$	$\frac{1}{2}\begin{bmatrix}0\\1\\0\\1\end{bmatrix}$	$\frac{1}{2}\begin{bmatrix}0\\1\\0\\-1\end{bmatrix}$	$\frac{1}{2}\begin{bmatrix}0\\1\\0\\j\end{bmatrix}$	$\frac{1}{2}\begin{bmatrix}0\\1\\0\\-j\end{bmatrix}$	部分天线相干传输
4	$\frac{1}{2}\begin{bmatrix}1\\0\\0\\0\end{bmatrix}$	$\frac{1}{2}\begin{bmatrix}0\\1\\0\\0\end{bmatrix}$	$\frac{1}{2}\begin{bmatrix}0\\0\\1\\0\end{bmatrix}$	$\frac{1}{2}\begin{bmatrix}0\\0\\0\\1\end{bmatrix}$	—	—	—	—	天线非相干传输

在使用 CP-OFDM 时 4 天线 2 流传输的码本中，适用于所有天线相干传输的码字是通过对 CodebookMode = 1、L=1 的 NR Type I 下行 4 天线 2 流传输的码本进行了码字组均匀降采样得到的，即将过采样因子 O_1 置为 2。此外，还对组内的码字进行了降采样，将 $i_{1,3}$ 固定为 0，共 8 个码字。适用于部分天线相干传输的码字由 LTE 上行 4 天线 2 流传输的码本由 1 和 2 天线为一组相干传输天线组、3 和 4 天线为一组相干传输天线组的码字所构成。为了与 4 天线单流传输的码本中针对部分天线相干传输的码字所对应的相干传输天线组的分组保持一致，NR 中将 LTE 上行 4 天线单流传输的码本中针对部分天线相干传输的码字中的 2、3 天线的系数进行互换，用于使用 CP-OFDM 波形的 4 天线 2 流传输的码本。非相干传输的码字为全部的 6 个 2 流非相干传输的码字。使用 CP-OFDM 波形时支持上行 2 流传输的 4 天线码本如表 5-20 所示。

表 5-20　使用 CP-OFDM 波形时的上行 2 流传输码本（4 天线）

码字个数	码字				码字特征
8	$\frac{1}{2\sqrt{2}}\begin{bmatrix}1 & 1\\1 & 1\\1 & -1\\1 & -1\end{bmatrix}$	$\frac{1}{2\sqrt{2}}\begin{bmatrix}1 & 1\\1 & 1\\j & -j\\j & -j\end{bmatrix}$	$\frac{1}{2\sqrt{2}}\begin{bmatrix}1 & 1\\j & j\\1 & -1\\j & -j\end{bmatrix}$	$\frac{1}{2\sqrt{2}}\begin{bmatrix}1 & 1\\j & j\\j & -j\\-1 & 1\end{bmatrix}$	所有天线相干传输

（续表）

码字个数	码字				码字特征
8	$\frac{1}{2\sqrt{2}}\begin{bmatrix}1 & 1\\ -1 & -1\\ 1 & -1\\ -1 & 1\end{bmatrix}$	$\frac{1}{2\sqrt{2}}\begin{bmatrix}1 & 1\\ -1 & -1\\ j & -j\\ -j & j\end{bmatrix}$	$\frac{1}{2\sqrt{2}}\begin{bmatrix}1 & 1\\ -j & -j\\ 1 & -1\\ -j & j\end{bmatrix}$	$\frac{1}{2\sqrt{2}}\begin{bmatrix}1 & 1\\ -j & -j\\ j & -j\\ 1 & -1\end{bmatrix}$	所有天线相干传输
	$\frac{1}{2}\begin{bmatrix}1 & 0\\ 0 & 1\\ 1 & 0\\ 0 & -j\end{bmatrix}$	$\frac{1}{2}\begin{bmatrix}1 & 0\\ 0 & 1\\ 1 & 0\\ 0 & j\end{bmatrix}$	$\frac{1}{2}\begin{bmatrix}1 & 0\\ 0 & 1\\ -j & 0\\ 0 & 1\end{bmatrix}$	$\frac{1}{2}\begin{bmatrix}1 & 0\\ 0 & 1\\ -j & 0\\ 0 & -1\end{bmatrix}$	部分天线相干传输
	$\frac{1}{2}\begin{bmatrix}1 & 0\\ 0 & 1\\ -1 & 0\\ 0 & -j\end{bmatrix}$	$\frac{1}{2}\begin{bmatrix}1 & 0\\ 0 & 1\\ -1 & 0\\ 0 & j\end{bmatrix}$	$\frac{1}{2}\begin{bmatrix}1 & 0\\ 0 & 1\\ j & 0\\ 0 & 1\end{bmatrix}$	$\frac{1}{2}\begin{bmatrix}1 & 0\\ 0 & 1\\ j & 0\\ 0 & -1\end{bmatrix}$	
6	$\frac{1}{2}\begin{bmatrix}1 & 0\\ 0 & 1\\ 0 & 0\\ 0 & 0\end{bmatrix}$	$\frac{1}{2}\begin{bmatrix}1 & 0\\ 0 & 0\\ 0 & 1\\ 0 & 0\end{bmatrix}$	$\frac{1}{2}\begin{bmatrix}1 & 0\\ 0 & 0\\ 0 & 0\\ 0 & 1\end{bmatrix}$	$\frac{1}{2}\begin{bmatrix}0 & 0\\ 1 & 0\\ 0 & 1\\ 0 & 0\end{bmatrix}$	天线非相干传输
	$\frac{1}{2}\begin{bmatrix}0 & 0\\ 1 & 0\\ 0 & 0\\ 0 & 1\end{bmatrix}$	$\frac{1}{2}\begin{bmatrix}0 & 0\\ 0 & 0\\ 1 & 0\\ 0 & 1\end{bmatrix}$	—	—	

预编码的增益主要体现在低 Rank 传输的场景。在 Rank 数较高时，虽然码本中减少码字数有可能降低多流传输时预编码带来的性能增益，但也会降低预编码指示的开销。综合性能和预编码指示开销因素，使用 CP-OFDM 时针对上行 4 天线 3 流传输的码本中所有用于天线相干传输的码字都是通过对 CodebookMode = 1,2、L=1 的 NR Type I 下行 4 天线 3 流传输的码本进行了码字组均匀降采样得到的，即将过采样因子 O_1 置为 2。同时对组内的码字也进行了降采样，将 $i_{1,1}$ 的取值范围限制在{0,2}，将 $i_{1,3}$ 固定为 0，共 4 个码字。部分相干传输的码字为从 LTE 上行码本中选取的两个码字，对应于以 1 和 3 天线为一组相干传输天线组、2 和 4 天线为一组相干传输天线组的码字。适用于非相干传输的码字只保留了一个。使用 CP-OFDM 波形时支持上行 3 流传输的 4 天线码本如表 5-21 所示。

表 5-21　使用 CP-OFDM 波形的上行 3 流传输码本（4 天线）

码字个数	码字				码字特征
4	$\frac{1}{2\sqrt{3}}\begin{bmatrix}1&1&1\\1&-1&1\\1&1&-1\\1&-1&-1\end{bmatrix}$	$\frac{1}{2\sqrt{3}}\begin{bmatrix}1&1&1\\1&-1&1\\j&j&-j\\j&-j&-j\end{bmatrix}$	$\frac{1}{2\sqrt{3}}\begin{bmatrix}1&1&1\\-1&1&-1\\1&1&-1\\-1&1&1\end{bmatrix}$	$\frac{1}{2\sqrt{3}}\begin{bmatrix}1&1&1\\-1&1&-1\\j&j&-j\\-j&j&j\end{bmatrix}$	所有天线相干传输
2	$\frac{1}{2}\begin{bmatrix}1&0&0\\0&1&0\\1&0&0\\0&0&1\end{bmatrix}$		$\frac{1}{2}\begin{bmatrix}1&0&0\\0&1&0\\-1&0&0\\0&0&1\end{bmatrix}$		部分天线相干传输
1	$\frac{1}{2}\begin{bmatrix}1&0&0\\0&1&0\\0&0&1\\0&0&0\end{bmatrix}$		—		天线非相干传输

使用 CP-OFDM 时支持 4 天线 4 流传输的码本中所有天线相干传输的码字只有两个，是通过对 CodebookMode = 1,2、L=1 的 NR Type I 下行 4 天线 4 流传输的码本进行了码字组均匀降采样得到的，即将过采样因子 O_1 置为 2。同时对组内的码字也进行了降采样，将 $i_{1,1}$ 置为 0，将 $i_{1,3}$ 固定为 0，共两个码字。适用于部分相干传输的码字数量也为 2，对应于以 1 和 3 天线为一组相干传输天线组、2 和 4 天线为一组相干传输天线组的码字。非相干传输的码字与 LTE 上行 4 天线 4 流传输的码本相同，只有一个单位阵码字。使用 CP-OFDM 波形时支持 4 流传输的 4 天线码本如表 5-22 所示。

表 5-22　使用 CP-OFDM 时上行 4 流传输码本（4 天线）

码字个数	码字		码字特征
2	$\frac{1}{4}\begin{bmatrix}1&1&1&1\\1&-1&1&-1\\1&1&-1&-1\\1&-1&-1&1\end{bmatrix}$	$\frac{1}{4}\begin{bmatrix}1&1&1&1\\1&-1&1&-1\\j&j&-j&-j\\j&-j&-j&j\end{bmatrix}$	所有天线相干传输
2	$\frac{1}{2\sqrt{2}}\begin{bmatrix}1&1&0&0\\0&0&1&1\\1&-1&0&0\\0&0&1&-1\end{bmatrix}$	$\frac{1}{2\sqrt{2}}\begin{bmatrix}1&1&0&0\\0&0&1&1\\j&-j&0&0\\0&0&j&-j\end{bmatrix}$	部分天线相干传输
1	$\frac{1}{2}\begin{bmatrix}1&0&0&0\\0&1&0&0\\0&0&1&0\\0&0&0&1\end{bmatrix}$	—	天线非相干传输

（3）预编码指示和码本子集限制

在 LTE 系统中，终端根据下行控制信令 DCI 中的预编码和传输层数指示信息就可以获得上行传输的预编码信息。由于 LTE 系统中的 PUSCH 传输只配置一个 SRS 资源，因此 PUSCH 传输使用的天线和预编码与所配置的 SRS 资源是对应的。NR 系统通过 SRS 资源集的方式配置 SRS 资源，基站可以为不同的上行传输方案配置不同的 SRS 资源集。对于基于码本的上行传输方案，最多可以配置一个与之对应的 SRS 资源集，其中包含最多两个 SRS 资源，这两个 SRS 资源具有相同的时域类型，且包含相同的 SRS 天线端口数。当基站为终端配置了两个 SRS 资源用于基于码本的上行传输方案时，基站通过 SRI 向终端指示一个用于确定上行预编码的 SRS 资源。在 LTE 系统中，不同的上行传输模式使用不同的 DCI 格式进行上行调度，而 NR 系统的各上行传输方案可以使用相同的 DCI 格式进行上行调度。因此，DCI 中 SRI 域占用的比特数取决于为 PUSCH 的上行传输方案所配置的 SRS 资源数。当基站只配置了一个 SRS 资源时，该上行传输方案对应的调度指示信息中不存在 SRI 域。

与 LTE 系统类似，NR 系统基于码本的上行传输方案只支持宽带预编码，不支持频率选择性预编码。上行传输的 TPMI 和传输层数指示以联合编码的形式通过同一个信息域指示，该信息域占用的比特数取决于上行传输的波形类型、SRS 资源包含的 SRS 端口数、最大传输流数限制信令，以及码本子集限制信令。

5.6.2 非码本的传输方案

（1）基本原理

非码本传输方案与基于码本的上行传输方案的区别在于其预编码不再限定在固定码本的有限候选集，终端基于信道互易性确定上行预编码矩阵。例如，若上下行信道的互易性存在，则终端可以基于信道互易性由下行参考信号估计出上行信道，并通过对上行信道的分解获得上行预编码矩阵。常用的信道分解预编码技术包括奇异值分解算法[104]、向量预编码 VP 技术[105]等。若信道互易性足够好，终端可以获得较优的上行预编码，相对于基于码本的传输方案，可以节省预编码指示的开销，同时获得更好的性能。

NR 系统上行非码本传输方案的传输流程如图 5-35 所示。

- 终端测量下行参考信号，获得候选的上行预编码矩阵，利用它们对用于非码本上行传输方案的 SRS 进行预编码后发送给基站。

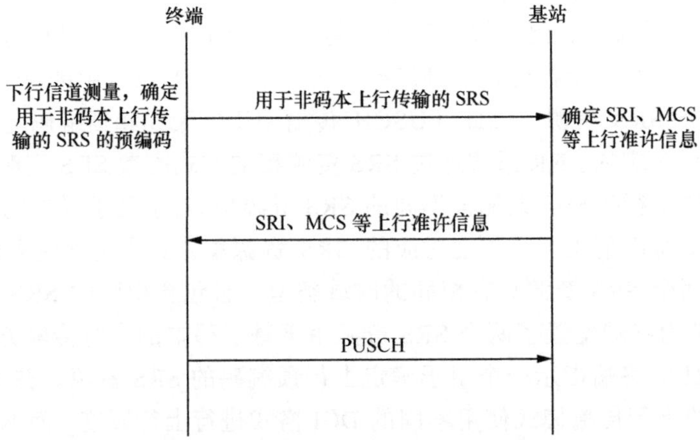

图 5-35 非码本上行传输方案示意图

- 基站根据终端发送的SRS进行上行信道测量，对用户进行资源调度，确定出上行传输对应的SRS资源和上行传输的MCS等级等，并通知给终端。其中上行传输对应的SRS资源通过SRI指示给终端。
- 终端根据基站发送的MCS对数据进行调制编码，并利用SRI确定数据的预编码和传输层数，对数据进行预编码后进行数据的发送。非码本上行传输方案PUSCH的解调导频与PUSCH的数据采用相同的预编码方式。
- 基站根据解调导频信号估计上行信道，进行数据检测。

对于非码本上行传输方案，基站为终端配置一个用于上行CSI获取的SRS资源集，其中包含1～4个SRS资源，每个SRS资源包含一个SRS端口，且所有SRS资源具有相同的时域类型。SRI可以指示一个或多个SRS资源，用于PUSCH预编码的确定。SRI指示的SRS资源数即PUSCH传输的流数，PUSCH的传输层与SRI指示的SRS资源一一对应。终端根据携带SRI的PDCCH所在时隙之前最近一次SRS的传输情况来确定PUSCH的预编码。

（2）用于非码本上行传输方案的SRS资源集的关联CSI-RS资源

对于非码本上行传输方案，终端需要根据下行参考信号获得上行预编码信息。一个终端可以被配置多个下行参考信号，有的下行参考信号可用于波束管理，有的下行参考信号可用于下行CSI的测量，有的下行信号可用于下行信道的解调。为了使终端获得更好的用于非码本上行传输方案的候选预编码，NR系统允许基站为用于非码本上行传输方案的SRS资源集配置一个用于信道测量的关联NZP CSI-RS（Non-Zero Power CSI-RS）资源。终端根据该关联NZP CSI-RS资源获得用于非码本上行传输方案的SRS资源集的SRS信号传输的预编码。

当用于非码本上行传输方案的 SRS 资源集为非周期的时域类型时，为了保证终端利用关联 NZP CSI-RS 资源确定出发送 SRS 的预编码所需要的处理时间，用于计算 SRS 预编码的关联 CSI-RS 传输的最后一个符号和 SRS 传输的第一个符号之间的时间间隔不应小于 42 个 OFDM 符号。为了避免终端存储和处理的复杂度，并尽量减少 SRS 传输与 SRS 触发之间的时延，NR 系统规定关联的非周期 CSI-RS 在触发 SRS 资源集的 PDCCH 所在的时隙内发送。

（3）频率选择性预编码

由于非码本上行传输方案使用的预编码是终端确定的，且 DM-RS 的传输与 PUSCH 的传输采用相同的预编码，对于 CP-OFDM 波形，从实现的角度终端可以在不同的 PRB 使用不同的预编码进行 SRS 的传输，一个宽带的 SRI 指示可对应于频率选择性的预编码[106]。然而，除了频率选择性预编码会带来 PAPR 增加的问题外，基站并不知道终端的频率选择性预编码的预编码颗粒度。若不同终端使用不同的预编码颗粒度，则在终端间的 SRS 时频资源有重叠时，有可能增加不同终端的 SRS 间的干扰，从而影响 SRS 的解调性能。由于非码本上行传输方案采用频率选择性预编码时的性能增益评估和其对系统的影响分析都不够充分，因此，非码本上行传输方案不支持频率选择性预编码。

5.6.3　上行多用户 MIMO

上行多用户 MIMO 又被称为虚拟 MIMO。如果基站在同一个时频资源调度了多个终端，则从基站的角度讲，来自于这些不同终端的数据流可以被看作是来自于同一个虚拟终端的不同天线端口的数据流，从而构成一个虚拟的 MIMO 系统。从终端的角度讲，终端看不到是否有其他用户与自己传输在相同的时频资源上，因此，上行 MU-MIMO 并不会增加终端的处理复杂度。

在 NR 系统中，基站通过正交的 DM-RS 端口获得不同终端的上行独立信道估计，即可以通过归属于不同 CDM 组的 DM-RS 端口获得不同终端的上行独立信道估计，或者通过归属于同一 CDM 组但使用不同 OCC 的 DM-RS 端口获得不同终端的上行独立信道估计。若 MU-MIMO 多个用户的 DM-RS 端口属于不同的 CDM 组，基站可以指示终端不在有其他用户 DM-RS 传输的时频资源上发送任何数据。

上行 MU-MIMO 支持的最大用户数和最大层数取决于 DM-RS 的导频类型。当 DM-RS 导频类型为类型 1 时，正交的 DM-RS 端口数最多为 8，MU-

MIMO 最多可支持 8 层。当 DM-RS 导频类型为类型 2 时，正交的 DM-RS 端口数最多为 12，MU-MIMO 最多可支持 12 层。在上行 MU-MIMO 传输时，每个用户最大可支持的传输层数与单用户 MIMO 时传输层数相同，最多可以达到 4 层。

5.7 准共址（QCL）

5.7.1 QCL 定义

准共址（QCL）是指某个天线端口上的符号所经历的信道的大尺度参数可以从另一个天线端口上的符号所经历的信道所推断出来。其中，大尺度参数可以包括时延扩展、平均时延、多普勒扩展、多普勒偏移、平均增益以及空间接收参数等。

QCL 的概念是随着 CoMP 技术的出现而引入的。CoMP 传输过程中涉及的多个站点可能对应于多个地理位置不同的站点或者天线面板朝向有差异的多个扇区。例如当终端分别从不同的接入点接收数据时，各个接入点在空间上的差异会导致来自不同接入点的接收链路的大尺度信道参数有差别。而信道的大尺度参数将直接影响到信道估计时滤波器系数的调整与优化，对应于不同传输点发出的信号，应当使用不同的信道估计滤波参数以适应相应的信道传播特性。

因此，尽管各个接入点在空间位置或角度上的差异对于终端以及 CoMP 操作本身而言是透明的，但是上述空间差异对于信道大尺度参数的影响则是终端进行信道估计与接收检测时需要考虑的重要因素。所谓两个端口在某些大尺度参数意义下的 QCL，就是指这两个端口的这些大尺度参数是相同的。或者说，只要两个端口的某些大尺度参数一致，不论它们的实际物理位置或对应的天线面板朝向是否存在差异，终端就可以认为这两个端口是发自相同的位置（准共址）。

随着 CoMP 技术的标准化，LTE 系统自 Rel-11 开始引入了 QCL 的概念。LTE 系统中的 QCL 机制涉及 CSI 测量、PDSCH 解调以及 PDCCH 解调。

对于 CSI 的测量，LTE 终端可以假设：

- 在每个 CSI-RS 资源内的所有 CSI-RS 端口都满足 QCL 特性。

• CSI-RS 和高层配置所对应的 CRS 关于多普勒偏移与多普勒扩展参数满足 QCL。

基于上述配置，不同的 CSI-RS 资源可以被关联到不同的传输点（对应于不同的 CRS）。需要注意的是，CSI-RS 和与之关联的 CRS 只关于多普勒参数（频域参数）满足 QCL。这意味着，基于 CSI-RS 进行信道估计时，可以从与之具有 QCL 关系的 CRS 中获取多普勒偏移和多普勒扩展这样的频域参数，而平均时延和时延扩展参数则可以通过 CSI-RS 自身进行估计。之所以使用这样的定义主要是基于如下考虑：

• CSI-RS 的时域密度取决于配置，可能不足以准确估计信道的时域参数，因此多普勒参数只能从与之具有 QCL 关系的 CRS 中获取；

• CSI-RS 的频域密度对于估计平均时延和时延扩展等时域参数而言是足够的，因此可以从 CSI-RS 自身获取这些参数。

随着后续版本中 FD-MIMO 技术的引入，CSI-RS 的传输也可能使用与业务波束类似的窄波束，而不是类似 CRS 的以扇区覆盖为目标的宽波束。在这种情况下，一般认为从同一个站点发出的信号所经历的多普勒参数仍然是近似一致的。但是，不同宽度的波束所覆盖的散射体是不同的，因此会对信号传播所经历的时延扩展和平均时延参量带来较为明显的影响。在这种情况下，不能假设 CSI-RS 和 CRS 在时延扩展和平均时延参数意义下满足 QCL。

对于业务数据信道 PDSCH 的解调，终端假设所有的 DM-RS 端口都是 QCL 的。同时，DCI 中的 PQI（PDSCH RE Mapping and Quasi-Co-Location Indicator）从高层配置的集合中指示了一个 CSI-RS 资源，用于在 PDSCH 的接收过程中作为 DM-RS 的 QCL 参考。

根据高层配置的信息指示，UE 可以假设如下两种类型。

• TypeA：CRS、DM-RS 与 CSI-RS 均 QCL。

• TypeB：DM-RS 和 PQI 中高层配置所指示的 CSI-RS 关于时频参数均为 QCL 的，相当于选择了某一个传输点发送数据。终端在进行解调时，可以根据与之对应的 CSI-RS 获取信道的时频参数，并调整 DM-RS 信道估计器的参数。需要注意的是，DM-RS 从 CSI-RS 中获取信道大尺度参数时可以认为：CSI-RS 的多普勒参数来自 CRS，因此 DM-RS 的多普勒参数也等效于获取自对应的 CRS，时延相关参数取自 CSI-RS。

与 LTE 系统类似，在 NR 系统中设定 QCL 参数时所考虑的大尺度信道参数也包含时延扩展、平均时延、多普勒扩展、多普勒偏移、平均增益。同时，相对于 LTE，NR 系统中 MIMO 方案的设计需要考虑 6GHz 以上频段的使用以及随之而来的数模混合波束赋形问题。模拟波束的指向以及宽窄都会影响到所观测到的信道的大尺度特征。因此，NR 系统需要引入一种新的 QCL 参数用以表征波束对信道特性的影响。

在标准化的讨论过程中，我们曾经考虑过采用信道相关矩阵、发射波束、接收波束、发射/接收波束对等参数来定义模拟波束赋形的变动而引起的信道大尺度参量的差异。最终同意使用空域接收参数（Spatial RX Parameter）这一较为宽泛的称谓来指代上述参数。如果两个天线端口在 Spatial RX Parameter 的意义下 QCL，一般可以理解为，可以使用相同的波束来接收这两个端口。因此，在波束管理中，并没有显式的信令来指示终端应当使用的接收波束，而是通过 Spatial RX Parameter 这一参数进行隐含地指示。

与 LTE 的 QCL 机制类似，针对一些典型的应用场景，考虑到各种参考信号之间可能的 QCL 关系，从简化信令的角度出发，在 NR 系统中我们可将上述几种信道大尺度参数分为以下 4 个类型，便于系统根据终端不同场景进行配置。

- QCL-TypeA: {Doppler shift, Doppler spread, average delay, delay spread}
- QCL-TypeB: {Doppler shift, Doppler spread}

- 仅针对 6GHz 以下频段的如下两种情况。

情况 1：目标参考信号使用窄波束，且宽波束参考信号为 QCL 参考时。例如跟踪参考信号（TRS，Tracking Reference Signal）一般会以扇区级的宽波束发送，而 CSI-RS 可能采用波束赋形的窄波束方式发送。在这种情况下，一般认为从同一个站点发出的信号所经历的多普勒参数仍然是近似一致的。但是，不同宽度的波束所覆盖的散射体是不同的，因此会对信号传播所经历的时延扩展和平均时延参量带来较为明显的影响。在这种情况下，不能假设 CSI-RS 和 TRS 在时延扩展和平均时延参数意义下是 QCL 的。

情况 2：目标参考信号的时域密度不足，但频域密度足够。例如以 TRS 作为 CSI-RS 的 QCL 参考时，由于 CSI-RS 的时域密度取决于配置，可能不足以准确估计信道的频率参数，因此多普勒参数可以从与之 QCL 对应的 TRS 获取。另一方面，CSI-RS 的频域密度对于估计平均时延和时延扩展等时域参数而言是足够的，因此可以从 CSI-RS 自身获取这些参数。

- QCL-TypeC: {Doppler shift, average delay}

- 针对 6GHz 以上频段。

- 仅针对以同步信号块（SSB，Synchronization Singal Block）作为 QCL 参考的情况。由于 SSB 占用的资源和密度有限，一般假设从 SSB 只能获得一些较为粗略的大尺度信息，即多普勒偏移和平均时延，而其他大尺度参数则可以从目标参考信号自身获得。

- QCL-TypeD: {Spatial Rx parameter}

- 如前所述，由于这一参数主要针对 6GHz 以上频段，因此将其单独作为一个 QCL 类型。

5.7.2 参考信号间的 QCL 关系

根据各种参考信号的用途、时频分布以及依存关系等因素，NR 确定了参考信号之间可能的 QCL 关系。根据表 5-23 ~ 表 5-25 给出的 QCL 关系，对于一种参考信号，我们可以确定其能够从何种参考信号中获得何种类型的大尺度参数。

表 5-23 表示一个终端，在获得 RRC 信令配置之前，具有系统所默认的 SSB 到 DM-RS 的 QCL 关系。这时，终端可以通过 SSB 与 DM-RS 的 QCL 关系，从 SSB 信号获取信道的多普勒偏移、多普勒扩展、平均时延以及时延扩展参数以调整 DM-RS 信道估计器的滤波参数，进而接收 PDSCH 和 PDCCH。同时，对于 6GHz 以上的频段，空域接收参数也是从 SSB 获取的。

表 5-23 RRC 配置之前的 QCL 关系

RRC 配置之前的 QCL 关系	信令
SSB → PDSCH 的 DM-RS，关于多普勒偏移、多普勒扩展、平均时延、时延扩展、空域接收参数（空域接收参数只用于 6GHz 以上）	系统默认，无须额外 RRC 信令
SSB → PPCCH 的 DM-RS，关于多普勒偏移、多普勒扩展、平均时延、时延扩展、空域接收参数（空域接收参数只用于 6GHz 以上）	

表 5-24 为 6GHz 以下频段，通过 RRC 信令进行配置可以获得不同的 QCL 关系，如前所述。

表 5-24 RRC 配置之后的 QCL 关系（适用于 6GHz 以下）

RRC 配置之后的 QCL 关系（适用于 6GHz 以下）	信令
SSB→TRS：多普勒扩展、平均时延	QCL 类型：C
TRS→用于 CSI 获取的 CSI-RS：多普勒偏移、多普勒扩展、多普勒时延、时延扩展	QCL 类型：A
TRS→DM-RS：多普勒偏移、多普勒扩展、多普勒时延、时延扩展	QCL 类型：A
TRS→用于 CSI 测量 CSI-RS：多普勒偏移、多普勒扩展	QCL 类型：B
CSI-RS→DM-RS：多普勒偏移、多普勒扩展、多普勒时延、时延扩展	QCL 类型：A

• Type-C 是多普勒偏移和平均时延这种粗略的大尺度信息，可用于辅助 TRS 的接收。

• TRS 到 CSI-RS 之间的 QCL 关系可以被配置为 Type-A 与 Type-B 两种。其中，Type-B 是 6GHz 以下频段所独有的一种 QCL 类型。这种情况下，TRS 可使用扇区级的宽波束，而 CSI-RS 有可能使用经过赋形的窄波束。

• TRS 对于整个系统的时频同步有着非常重要的作用，CSI-RS 需要从 TRS 中获取 Type-A 或 Type-B 信息。对于 DM-RS 而言，取决于具体的信令，其所需的 Type-A 信息可能是直接由 TRS 获取，也可以通过 CSI-RS 间接获取。

表 5-25 为 6GHz 以上频段支持配置的 QCL 关系。相对于 6GHz 以下频段，高频段的最大差异在于引入了数模混合波束赋形，因此除了需要从 TRS 获取时频同步之外，模拟波束信息（Spatial RX Parameter）的获取是信息接收的另一项必要条件。在 NR 系统中，下行波束管理实际上是通过对 SSB 或专门用于波束管理的 CSI-RS 测量、上报以及相应的 Type-D QCL 配置/指示来实现的。

具体地，表 5-25 中的 QCL 关系可以分为以下几种情况。

表 5-25　RRC 配置之后的 QCL 关系（适用于 6GHz 以上）

RRC 配置之后的 QCL 关系（适用于 6GHz 以上）	信令
SSB→TRS：平均时延、多普勒偏移、空域接收参数	QCL 类型：C+D
TRS→波束管理 CSI-RS：多普勒偏移、多普勒扩展、平均时延、时延扩展、空域接收参数	QCL 类型：A+D
TRS→CSI 获取 CSI-RS：多普勒偏移、多普勒扩展、平均时延、时延扩展	QCL 类型：A
TRS→PDCCH 的 DM-RS：多普勒偏移、多普勒扩展、平均时延、时延扩展、空域接收参数	QCL 类型：A + D
TRS→PDSCH 的 DM-RS：多普勒偏移、多普勒扩展、平均时延、时延扩展、空域接收参数	QCL 类型：A + D
SSB→波束管理 CSI-RS：平均时延、多普勒偏移、空域接收参数	QCL 类型：C+D
SSB→CSI 获取 CSI-RS：空域接收参数	QCL 类型：D
SSB→DM-RS for PDCCH（before TRS is configured）：多普勒偏移、多普勒扩展、平均时延、时延扩展、空域接收参数	QCL 类型：A+D
SSB→PDSCH 的 DM-RS（TRS 配置之前）：多普勒偏移、多普勒扩展、平均时延、时延扩展、空域接收参数	QCL 类型：A+D
波束管理 CSI-RS→PDCCH 的 DM-RS：空域接收参数	QCL 类型：D
波束管理 CSI-RS→PDCCH 的 DM-RS：空域接收参数	QCL 类型：D

• 作为 QCL 参考，SSB 可以为 TRS、波束管理 CSI-RS 提供粗略的多普勒偏移以及平均时延参数，同时还可以为 TRS、波束管理 CSI-RS 及 CSI 获取

CSI-RS 提供空域接收参数。

- 在配置 TRS 之前，SSB 同样可以作为 PDSCH 与 PDCCH 接收解调所使用的 DM-RS 的 QCL 参考，为其提供 Type-A+D 的信道参数。
- 在配置了 TRS 之后，PDSCH 与 PDCCH 接收解调所使用的 DM-RS 的 Type-A+D 信息可以由 TRS 或 CSI-RS 获得，而 Type-D 信息也可以由用于波束管理的 CSI-RS 获得。
- 同时，TRS 还是其他类型 CSI-RS 的 Type-A 信息参考。
- 需要注意的是，尽管 TRS 也可以用于 Type-D 信息的参考，但是这种情况下，TRS 的 Type D 信息必须以 SSB 或波束管理 CSI-RS 为参考而获得。
- 如前所述，SSB 以及波束管理 CSI-RS 是其他参考信号获取空域接收参数的参考。

5.8　物理信道设计

大规模天线技术是满足 5G 系统技术指标的核心关键技术，是 NR 系统设计的基石。大规模天线波束赋形技术，尤其是混合波束赋形技术，对 NR 物理层信道的设计有着直接的影响。本节将对下行同步信道、上行初始接入信道、上下行控制信道和上下行业务信道分别介绍，重点探讨大规模天线波束赋形技术对信道结构、传输方案等设计的影响。

5.8.1　下行同步信道设计

终端开机或者移动到新的小区覆盖范围之后，需要获得与网络的下行同步，包括时间和频率的同步，获取小区的物理层标识（PCID，Physical Cell Identity），读取小区的广播信息，从而获取小区的系统信息以确定后续的操作，例如驻留、小区重选、发起随机接入等。

终端的这些操作都是通过对下行同步信道的接收完成的。与 LTE 类似，NR 的下行同步信道主要包括三个组成成分：主同步信号（PSS，Primary Synchronisation Signal）、辅同步信号（SSS，Secondary Synchronisation Signal）和物理层广播信道（PBCH，Physical Broadcast Channel）。PSS 的作用是提供 OFDM 符号级的同步，即终端通过对 PSS 的检测就可以实现 OFDM 符号的对齐。同时，PSS 也承载了一部分 PCID 信息。SSS 的时频域位置相对于 PSS 是固定的，终端检测到 PSS 之后，在固定的位置上对 SSS 进行检测就可以获得 PCID 的完整信息，也就是说通过 PSS 和 SSS 的检测，终端可以获得 PCID。

最基本、最必要的系统信息在 PBCH 中承载，并且 PBCH 的位置相对于 PSS 也是固定的。检测到 PSS 和 SSS，识别出小区 ID 之后，终端就可以实现对 PBCH 的解调，获得基本的系统信息。在 LTE 系统中，PSS 和 SSS 在一个子帧内的固定的符号位置发送，并且 PSS 和 SSS 在特定的子帧内发送，所以通过对 PSS 和 SSS 的检测就能确定完整的定时信息，包括系统的帧和子帧定时。但是在 NR 系统中，PSS 和 SSS 本身仅能确定 OFDM 符号的定时，终端需要检测出 PBCH 之后才能获得完整的定时信息。

NR 设计的目标频段包括 100GHz 以下的频段，其中既包括传统的无线通信所使用的低频频段，也包括毫米波频段。即便是在低频频段，其工作频段也可能高于现有 4G 系统所使用的频段，例如 3.5GHz。频率变高以后，网络覆盖变小。为了克服高频段带来的覆盖变小难题，大规模天线技术是主要手段。通过大规模天线的波束赋形增益，业务信道的覆盖范围得以普遍提升。尤其是对于毫米波频段，必须通过波束赋形技术才能补偿高频段的路径损耗，使得通信距离达到有意义范围。同理，下行同步信道的设计也必须考虑覆盖范围的要求，使之能与业务信道的覆盖范围相匹配。提高下行同步信道的覆盖范围主要有两种方案：重复发送和波束扫描。

重复发送是指在时域内将下行同步信道重复多次发送。终端通过将多次发送的同步信号进行累积合并，实现接收信噪比的提升，从而提升其覆盖范围。

波束扫描用波束赋形的方式发送下行同步信道。但是波束赋形的问题是，只有在波束的覆盖范围内的终端才能接收到波束赋形之后的下行同步信道，在波束覆盖范围之外的终端无法可靠接收。下行同步信道是一种广播信道，要求小区内的终端都能接收到，一个波束的覆盖角度有限，进行赋形实际上不能满足小区全覆盖的要求。解决的办法就是用多个波束在不同方向重复发送下行同步信道。多个波束合并起来可以覆盖整个小区的范围。通常多个波束在不同的时间轮流发送，因此被称为波束扫描。

波束扫描可以看作是重复发送的一种特殊形式，即用不同的波束重复发送。但是，终端侧的行为是不同的。即重复发送方式，要求终端进行合并检测，才能实现覆盖范围的扩大。而波束扫描则不需要合并检测，终端只要进行单次检测就能获得覆盖范围的提升。

波束扫描方式的优势如下：

• 在随机接入过程中，基站在接收到终端发送的 Msg.1 之后，需要知道终端的方向信息才能采用波束赋形方式发送随机接入消息的 Msg.2，从而满足 Msg.2 的覆盖范围要求。如果信道的互易性成立，基站可以采用波束扫描的方式接收 Msg.1，确定终端的方向信息，进而确定发送 Msg.2 的波束。如果信道互易性不成立，终端测量用宽波束重复发送的下行同步信道不能确定下行的发送波束，也就不能实现 Msg.2 的波束赋形发送。如果采用窄波束扫描方式发送同步信道，终端检测到同步信道的同时就确定了一个下行的发送波束，该下行发送波束的信息可以通过 Msg.1 上报给基站。

• 对于重复发送，其同步信道需要在较长的时间才能发送完成，所需要的时间可能会大于信道的相干时间。此外，由于载波的频偏等因素导致的接收信号相位变化使得终端只能进行非相干合并，其增益将远小于相干合并所能带来的增益。波束扫描方式提供的波束赋形增益与相干合并的增益相当，因此波束扫描方式的实际覆盖效果要好于重复发送方式。

（1）SSB 设计

基于以上考虑，NR 支持大规模天线的波束扫描方式发送下行同步信道，包括 PSS、SSS 和 PBCH。因为 PSS、SSS 和 PBCH 需要按照相同的方式进行波束扫描，NR 将 PSS、SSS 和 PBCH 组合起来定义为一个同步块（SSB），波束扫描以 SSB 为单位进行。一个同步块内包括 4 个 OFDM 符号，分别记为符号 0～符号 3。PSS 在符号 0 上传输，SSS 在符号 2 上传输，PBCH 在符号 1、2、3 上传输。其中，符号 2 同时承载了 SSS 和 PBCH，它们为频分复用关系。在频域内，一个 SSB 占用 240 个资源单元（RE），或者说占用 20 个物理资源块（PRB）。其中，PSS 和 SSS 占用中间的 12 个 PRB 中的 127 个 RE。符号 1 和符号 3 上的 PBCH 占用 20 个 PRB，符号 2 上的 PBCH 在 SSS 的两侧各占用 4 个 PRB。在 SSB 内，没有映射 PSS、SSS 以及 PBCH 的 RE 上均应设置为“0”。具体的映射方式如表 5-26 以及图 5-36 所示。

表 5-26 SSB 内各信道/信号的映射方式

信号或者信道	OFDM 符号 l	RE k
PSS	0	56，57，…，182
SSS	2	56，57，…，182
PBCH	1，3	0，1，…，239
	2	0，1，…，47，192，193，…，239

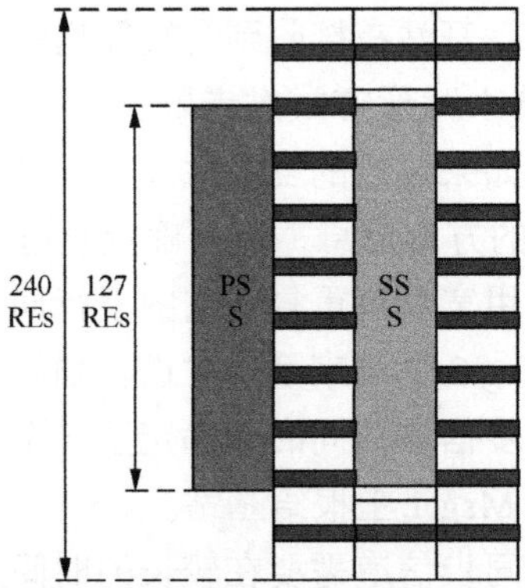

图 5-36　SSB 内各信道/信号的映射方式

图 5-37 给出了 SSB 波束扫描的配置方案。一个扫描周期内的 SSB 构成一个 SS 突发集合（SS Burst set）。扫描周期即是 SS 突发集合的发送周期。一个 SS 突发集合内不同编号顺序的 SSB 可以用不同方向的波束发送，形成扫描波束。同时，SS 突发集合以一定时间周期进行重复发送，每个发送周期内相同编号顺序的 SSB 所采用的波束方向相同。SS 突发集合的发送周期可以是{5，10，20，40，80，160} ms 中的一个取值。尽管 SS 突发集合的周期可以有不同的取值，但在一个周期内的所有 SSB 的发送时间必须限制在 5ms 之内。这主要是考虑控制终端在检测和测量时的采样时间，降低终端的功耗。此外，5ms 也和 LTE 的测量间隙（Gap）一致，终端可以利用 LTE 的测量 Gap 进行 NR 小区的测量。

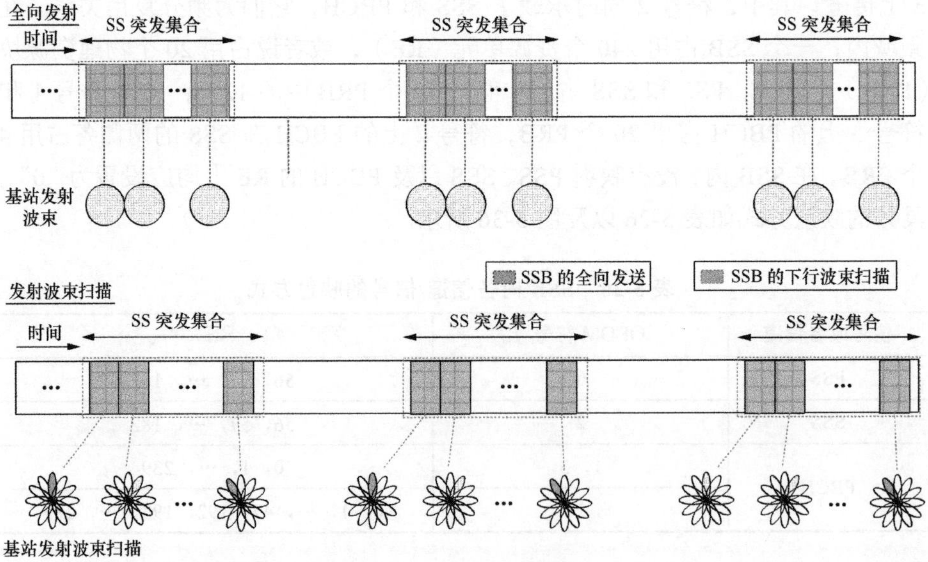

图 5-37　SSB 波束扫描

一个 SS 突发集合内的 SSB 的个数主要取决于两个因素：系统开销和覆盖的要求。SSB 的个数越多，基站可以用更多更窄的波束发送 SSB，获得更大的波束赋形增益，更好的覆盖效果（越窄波束需要的天线数量越多）。但是相应的系统的开销也等比例的增加。NR 分频段定义了允许的最大的 SSB 个数：随着频点的增加，对于提升 SSB 覆盖的需求增强，因此允许的 SSB 数目也增大。

SSB 在一个半帧内（5ms）传输，如果不加限制，SSB 可以在半帧内的任意一个时隙传输。但是，终端检测到 SSB 内的 PSS 和 SSS 之后只能获得符号级的同步，还无法获得帧号、半帧号、时隙编号以及 SSB 所占用的 OFDM 符号在时隙内的位置。如果 SSB 可以在任意的位置传输，所有这些信息都需要在 PBCH 内承载，无疑增加了 PBCH 的负载。

NR 定义了一个半帧内每一个 SSB 所在的时隙以及所占用的 OFDM 符号位置，如图 5-38 所示。图 5-38 给出了各个子载波间隔和最大 SSB 个数（L）条件下，包括 SSB 的时隙。每个时隙内最多有两个 SSB。一个半帧内的 SSB 按照顺序编号为 0，1，…，L-1。终端检测到 SSB，并且确定了 SSB 的编号之后就可以唯一确定 SSB 在半帧内的位置（包括时隙编号和 OFDM 符号位置）。SSB 所在的无线帧编号在 PBCH 中传输。一个无线帧内有两个半帧，因此 SSB 所在的半帧也在 PBCH 内指示。结合所有的这些信息，终端可以获得完整的定时信息。

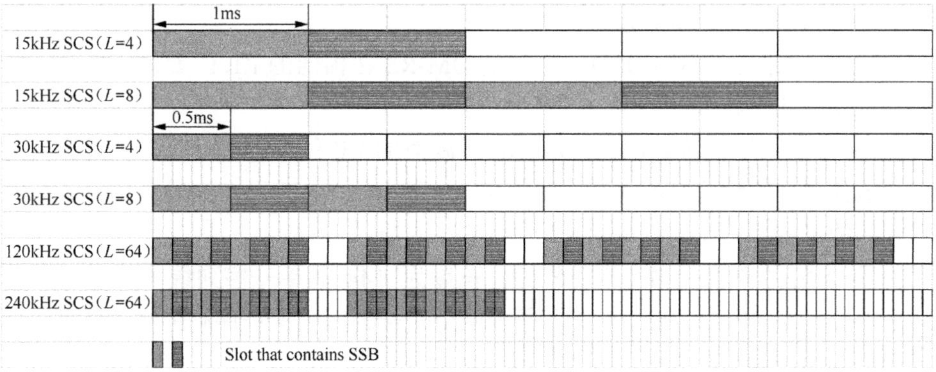

图 5-38　时域内包含 SSB 的时隙

（2）PBCH 信道设计

PBCH 承载了终端接入系统所需要的最基本的信息，因此需要保证其检测可靠性，至少要达到 LTE 的 PBCH 覆盖相当的性能。此外，检测复杂度、功耗以及对 PSS/SSS 检测性能的影响也是 PBCH 信道设计中考虑的因素。

NR PBCH 的传输方案为单端口传输。发射分集方案（SFBC/STBC 等）也曾经作为备选方案被考虑。NR 的所有物理信道的解调都是基于 DM-RS 进行的。发射分集方案的主要问题是至少需要两个 DM-RS 端口才能实现解调，额外的 DM-RS 开销在很大程度上抵消了发射分集所能带来的增益。LTE 的 PBCH 用 CRS 进行解调，并不会因为 PBCH 采用了发送分集方案而带来额外的开销。固定采用单端口传输的一个好处是终端不需要对端口数进行盲检，减少终端的功耗。此外，DM-RS 和 PSS 以及 SSS 是同一个端口。这就意味着终端可以使用 PSS 和 SSS 对 PBCH DM-RS 的信道估计进行增强，提升检测的性能。同时，由于 PSS/SSS 和 PBCH DM-RS 相同端口的限制，在频域内对 PBCH 进行预编码循环的方案也就无法实施，因为预编码的变化会影响 PSS/SSS 的检测精度。

PBCH 的 DM-RS 在每个 PBCH 占用的 PRB 和 OFDM 符号内都存在，并且占用的 RE 位置保持一致，其密度为 3RE/PRB/OFDM 符号。该设计主要考虑如下因素。

① 信道估计精度和开销之间的平衡：DM-RS 密度越高，其信道估计精度越高，但是开销也越大，在给定 PBCH 负载和 PBCH 占用资源的条件下，编码速率就要提高。通过仿真评估，确定密度为 3RE/PRB/OFDM 符号可以获得最佳的性能。

② 检测复杂度：每个 PRB 内的 DM-RS RE 占用的位置保持一致可以降低信道估计算法设计的复杂度。

③ 相位跟踪：不同 OFDM 符号的 DM-RS 在相同的 RE 位置，终端可以实现相位变化的跟踪。

④ 小区间干扰协调能力：DM-RS 所映射的 RE 位置存在一个与 PCID 有关的频域偏移，也就是说不同小区的 DM-RS 所占的 RE 可以在频域内错开，降低小区间的干扰。

⑤ 良好的自相关和互相关特性：长度为 144 的单一序列统一映射到一个 SSB 内的所有 PBCH DM-RS 上，通过使用较长的序列保证序列的相关特性。

（3）同步信号设计

LTE 的下行同步信号支持的 PCID 是 504 个。NR 系统考虑频点的升高以及业务量的提升，小区部署的密度将高于 LTE。为尽量避免 PCID 之间的重复，NR 需要通过同步信号支持更多的 PCID。但是更多的 PCID 意味着更大数量的 PSS 和 SSS 序列。带来的问题是检测复杂度的增加以及检测可靠性的下降。权衡各方面因素后，NR 支持的 PCID 数量为 1008 个。

同步信号设计的要求如下。

① 检测性能：在给定的 SNR 条件下，检测性能主要取决 PSS/SSS 的互相关和自相关特性，以及对抗频偏的能力。衡量指标是在 SNR 为–6dB，并且虚警概率不超过 1%的条件下的单次检出概率。在初始接入过程中，频偏是需要考虑的主要问题。具体的，NR 的设计要求在存在 5ppm（Part Per Million）初始频偏条件下能可靠检测。

② 检测复杂度：同步信号检测的复杂度主要在于 PSS 检测的所需要的复数乘法运算。在序列生成方式以及序列个数的确定等方面都需要考虑检测复杂度的影响。

③ 低 PAPR：考虑到同步信号的覆盖问题，同步信号应该具有低 PAPR 特性。

NR 的 PSS 没有继续采用 LTE 的 ZC 序列，而是采用了 m 序列，原因是 m 序列对抗频偏的能力更强。m 序列的生成多项式为 $g(x) = x^7 + x^4 + 1$，并通过 3 个频域内的循环移位（0，43，86）得到 3 个 PSS 序列。

NR 的 SSS 是由两个 m 序列循环移位之后的序列模 2 求和并通过 BPSK 调制得到：

$$d(n) = 1 - 2\left[\left(c_0^{(m_0)}(n) + c_1^{(m_1)}(n)\right) \bmod 2\right], n = 0,1,2,\cdots,126$$

其中，

$$c_0^{(m_0)}(n) = s_0\left((n + m_0) \bmod 127\right)$$
$$c_1^{(m_1)}(n) = s_1\left((n + m_1) \bmod 127\right)$$

$s_0(n)$ 和 $s_1(n)$ 为 m 序列，生成多项式分别为 $g_0(x) = x^7 + x^4 + 1$ 和 $g_1(x) = x^7 + x + 1$。循环移位值 m_0 和 m_1 由 PSS 承载的 PCID（$N_{\mathrm{ID}}^{(2)} = 0,1,2$），SSS 承载的 PCID（$N_{\mathrm{ID}}^{(1)} = 0,1,\cdots,335$）联合确定（PCID 为 $N_{\mathrm{ID}}^{\mathrm{cell}} = 3N_{\mathrm{ID}}^{(1)} + N_{\mathrm{ID}}^{(2)}$）：

$$m_0 = \left(3\left\lfloor \frac{N_{\mathrm{ID}}^{(1)}}{112} \right\rfloor + N_{\mathrm{ID}}^{(2)}\right) \times 5；\quad m_1 = \left(N_{\mathrm{ID}}^{(2)} \bmod 112\right)$$

SSS 的设计采用的实际是 Gold 序列，并且生成多项式经过选择使得 SSS 序列之间的相关性足够低。

（4）PBCH 内容

PBCH 的负载一共是 56 比特，其中 24 比特是 CRC 校验比特，实际有效比特数是 32。32 比特中有 23 比特是 MIB（Master Information Block）信息，1 比特是扩展指示信息，另有 8 个比特是定时相关的信息。定时相关信息具体如下。

- 无线帧号的低 4 位（无线帧号一共 10 位，其中高 6 位在 MIB 中）。
- 1 比特半帧指示信息。
- 3 比特 SSB 编号指示信息。

- 对于频谱范围低于 6GHz（称为 FR1）情况，其中 1 比特用于指示 SSB 和 CRB（Common Resource Block）之间的子载波偏移的最高位，另外 2 比特空闲。SSB 编号通过 PBCH 的 DM-RS 序列指示。

- 对于频谱范围高于 6GHz（称为 FR2）情况，这 3 比特是 SSB 编号的高 3 位。SSB 编号的低 3 位通过 PBCH 的 DM-RS 序列指示。

PBCH 中承载的信息汇总在表 5-27 中。

表 5-27　PBCH 信息描述

	信息域	比特数	说明
MIB（23bit）	systemFrameNumber	6	系统帧号的最高 6 位
	subCarrierSpacingCommon	1	指示 SIB1，初始接入的 Msg.2/4 以及广播消息传输所用的子载波间隔； FR1：候选值包括 15kHz 和 30kHz FR2：候选值包括 60kHz 和 120kHz
	ssb-SubcarrierOffset	4	指示 SSB 和 CRB 之间的子载波偏移
	DM-RS-TypeA-Position	1	指示 Type A PDSCH 的第一个 DM-RS 符号的位置，OFDM 符号 2 或者符号 3
	PDCCH-ConfigSIB1	8	指示接收 SIB1 的控制信道的时频域参数
	cellBarred	1	指示是否允许驻留在该小区
	intraFreqReselection	1	当高等级小区被禁用或者被 UE 当作被禁用处理，控制小区重选至同频小区
	Spare	1	空闲比特，将来有其他用途
BCCH 消息扩展指示（1bit）	messageClassExtension	1	指示消息类型
PBCH（8bit）	systemFrameNumber	4	系统帧号的最低 4 位
	SSB-index-explicit	3	SSB 编号指示信息
	halfFrameIndex	1	半帧编号指示信息
CRC（24bit）	24bit		

5.8.2　上行初始接入

终端开机获得下行同步，读取了系统广播消息之后，如果终端需要和基站之间建立无线链路，例如终端要进行网络注册、有上行数据要发送，或者基站通过寻呼消息通知终端有下行数据到达，终端需要发起上行随机接入过程，建立与基站之间的连接，随后才能进行常规的数据传输和接收。从物理层的角度讲，上行随机接入过程实现两个基本的功能。

- 实现终端和基站之间的上行同步。NR 的上行波形包括 CP-OFDM 和 DFT-S-OFDM 两种，两者都是以 OFDM 调制为基础。OFDM 调制要求不同终端的信号到达基站的时间基本相同，否则会产生子载波间干扰。而终端通过下行同步过程仅能实现终端侧的同步，如果终端按照下行同步地定时发送上行信号，由于不同的终端到基站的距离不同，不同终端的信号到达基站的时间差可以达到 $2R_c/C$，其中 R_c 是两个终端到基站的距离差，C 是电磁波传播速度。通过上行随机接入过程，在基站侧可以测量出终端信号到达基站的时间差，从而对终端的上行发送时间做出调整，实现上行的同步。
- 申请上行资源。终端在有上行数据要发送时，通过随机接入过程，向基站发送 RRC 连接请求消息，从而建立与基站之间的 RRC 连接。随后，终端可以通过 BSR 上报或者 SR 请求上行传输的资源，发起上行业务传输。

一般来说，终端在发起随机接入过程之前没有和基站之间连接，基站不能对终端发送物理层随机接入信道（PRACH）的资源进行精确控制，因此不同终端发送的 PRACH 有可能发生冲突。这种可能会发生冲突的 PRACH，称为竞争随机接入。在终端接入网络之后，根据需求，终端也可以在网络的控制下发送 PRACH，这时终端发送 PRACH 的资源是在网络控制之下，网络为之分配的专用资源避免冲突的发生，称为非竞争随机接入。

竞争随机接入过程包括 4 个步骤。

步骤 1：终端在可用的 PRACH 资源上发送前导序列（Preamble），这一消息称为 Msg.1。可以发送 PRACH 的资源和可用的 Preamble 序列由网络在系统广播消息中配置。终端自主选择发送 PRACH 的资源和 Preamble 序列。

步骤 2：基站在 PRACH 资源进行检测，如果能检测到终端发送的 Preamble，基站随后将发送随机接入响应给终端，称为 Msg.2。随机接入响应中包括检测到的 Preamble ID（RAPID，Random Access Preamble IDentity）信息。终端发送了 PRACH 之后在一定的时间窗内接收基站发送的响应消息。如果终端能成功解调响应消息，并将随机接入响应中的 RAPID 与终端之前发送的 Preamble ID 对比，如果一致，则终端认为其发送的 Preamble 被基站接收。Msg.2 中同时携带上行定时提前量。

步骤 3：终端收到的随机接入响应消息中包含上行资源调度信息，终端在相应的上行资源上发送上行数据，包括终端的标识信息、RRC 连接建立请求消息等，这一消息称为 Msg.3。

步骤 4：基站如果能成功解调出终端发送的 Msg.3，向终端发送竞争解决消息，称为 Msg.4。其中包括终端发送的 Msg.3 的部分内容。终端通过对比收到的 Msg.4 和其发送的 Msg.3 的内容确定竞争是否解决，如果两者一致，终端认为竞争已经解决，随机接入过程完成。

基于竞争的随机接入过程需要 4 个步骤，完成整个过程的时延较大。如果终端仅有少量上行数据需要发送，执行完整的随机接入过程后再发送数据，则开销比较大。此外，如 URLLC 等业务对时延有极高的要求，普通的随机接入过程将无法满足 URLLC 的需求。为此，两步随机接入过程被提出来。在两步的随机接入过程中，终端发送 Preamble 的同时将数据包一同发送，基站如果能成功检测出 Preamble 和对应的数据包，则向终端发送响应。只需两步，我们就可以完成数据的传输。但是由于时间的关系，两步接入没能在 NR Rel-15 完成标准化。

随机接入过程需要考虑覆盖范围，也就是说基站也要采用接收波束赋形获得赋形增益，终端也应采用波束赋形进行发送，才能满足高频段的覆盖要求。由于随机接入过程是终端第一次与基站进行通信，之前没有和基站的交互，因此无法通过预先的信令交互完成波束的配置。随机接入过程中的 4 个消息应该用什么波束发送和用什么波束接收必须要仔细考虑。

这里先介绍一个基本概念：波束互易性。所谓波束互易性是指可以由一个设备的接收波束确定其发射波束，或者由发射波束确定接收波束。这里的设备可以包括基站和终端，并且实际的网络里基站和终端是否有波束互易性是独立的，也就是说基站可以有或者没有波束互易性，终端也可以有或者没有波束互易性。波束互易性是 TDD 系统中的信道互易性概念的弱化，波束互易性对 TDD 和 FDD 系统都可以应用。波束互易的存在也是因为无线信号在空间传播的路径是互易的，这时只要一个设备的收发链路是校准好的，就可以实现波束互易。

随机接入过程需要确定的波束包括：终端发送 Msg.1 和 Msg.3 的发送波束；终端接收 Msg.2 和 Msg.4 的接收波束；基站接收 Msg.1 和 Msg.3 的接收波束；基站发送 Msg.2 和 Msg.4 的发送波束。下面分别讨论各个消息的发送和接收波束。

（1）Msg.1

终端在发送 Msg.1 之前已经实现了下行的同步，检测到了一个最适合己方接收的 SSB，并通过该 SSB 指示的剩余系统信息（RMSI，Remaining System Information）获得 PRACH 发送的资源配置信息。也就是说，终端在检测该 SSB 时已经确定了一个下行的接收波束。从数据传输的角度讲，如果基站用该 SSB

的发送波束发送下行数据，终端用对应的接收波束接收数据，是可以实现下行数据传输的。

如果终端侧具有波束互易性的话，那么终端就可以通过该接收波束确定一个发送波束用于发送 Preamble，终端发送的信号可以可靠地到达基站。如果终端侧不具备波束互易性，终端只能采用逐个尝试的方式发送 Preamble，即上行波束扫描。

基站侧接收 Preamble 采用的波束，如果基站侧的波束互易性不成立，基站需要对多个可能的接收波束进行尝试，即采用波束扫描的方式接收。

如果基站侧波束互易性成立，基站可以由某一个发送波束确定对应接收波束。因为终端在发送 Preamble 之前，已经确定了一个 SSB，那么该 SSB 对应的发送波束是确定接收波束的最佳候选。因为基站通过该波束发送的数据（SSB）在终端侧可以成功解调，反过来波束互易性成立的话，基站通过该波束接收也应该能成功接收 Preamble。问题在于，基站如何知道终端选择的是哪个 SSB。NR 给出的解决方案是建立 PRACH 资源以及 Preamble 和 SSB 的映射关系，终端检测到一个 SSB 之后从该 SSB 映射到的 PRACH 资源以及 Preamble 中选择资源和序列。也就是说终端选择的 PRACH 资源和 Preamble 隐含地指示了终端检测到的 SSB 编号。那么基站在某一特定的 PRACH 资源上检测特定的 Preamble 时就可以用其映射的 SSB 的发送波束确定接收波束。基站按照这个方式检测的另一个前提条件是终端侧的波束互易性也成立。因为如果终端的波束互易性不成立，终端选择的发送波束和接收 SSB 的接收波束不一定是相同方向，从而导致下行传输的路径和上行传输的路径有差别，所以基站的接收波束也会有变化，基站仍然要进行波束扫描。

（2）Msg.2

前面的介绍中，我们提到了，终端选择的发送 PRACH 的资源和序列其实隐含向基站报告了终端选择的 SSB，也就相当于隐含报告了终端选择的下行发送波束。因此，基站发送的 Msg.2，应该用终端选择的波束发送。

同样的道理，终端接收 Msg.2 时，通过终端选择的 SSB 的接收波束接收。

（3）Msg.3

Msg.3 是上行消息，可以采用和 Msg.1 一样的发送和接收波束。

（4）Msg.4

Msg.4 是下行消息，可以采用和 Msg.2 一样的发送和接收波束。

终端发送了 Preamble 之后，如果在规定的时间内没有收到基站的响应，可能有几种原因：① 终端选择的发送波束不合适；② 终端的发射功率偏低；③ 终端发送的 PRACH 与其他终端发送的 PRACH 冲突了。终端可以在回退一段时间之后重新发起 PRACH 过程，这时终端可以重新选择 PRACH 资源，重新选择发送波束，以及增加发射功率。但是如果终端选择了新的发送波束重新发送，终端需要维持发射功率不变。

以上过程可以看出，在需要进行发送波束扫描的情况下，终端尝试每个发送波束之后都要等待一段时间（随机接入响应时间窗长+回退时间）才能尝试下一个发送波束。这导致终端随机接入的过程变长。缩短这一过程的一个方案是允许终端在随机接入响应时间窗结束之前发送多个 PRACH，这些 PRACH 用不同的波束发送。这一方案可以降低随机接入的时延，但是也会带来如何区分终端发送的多个 PRACH 等一系列问题。最终由于时间关系，这一方案在 Rel-15 没有完成标准化。

上述 PRACH 过程通过图 5-39 进一步说明。一个 SSB 映射到多个 PRACH 发送机会（RO，PACH Occasion）构成的集合。终端根据检测到的 SSB，从其映射到的 RO 中选择一个（包括选择 Preamble）RO，用特定的发送波束发送 Preamble。如果在随机接入响应时间窗（RAR 窗）到期之前收到了基站发送的响应（Msg.2），终端按照基站的指示发送 Msg.3 以及进行后续的过程。如果在时间窗到期之后没有收到响应，终端可以在回退一段时间之后切换到新的发送波束并选择新的 RO 继续发送 Preamble。

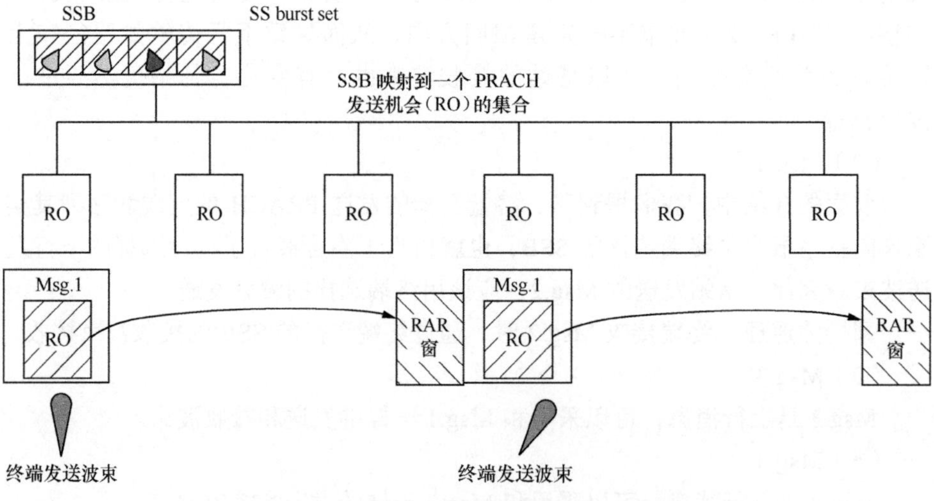

图 5-39 SSB 与 PRACH 资源的映射关系

5.8.3 控制信道设计

（1）上行控制信道（PUCCH）

上行控制信道承载的信息包括 HARQ-ACK、CSI 和 SR 请求等。LTE 上行控制信道 PUCCH 时域长度固定为 14 个 OFDM 符号，占用的 PRB 个数随 PUCCH 格式不同而不同。NR PUCCH 设计的一个重要改变是引入了两种 PUCCH 结构：长 PUCCH 和短 PUCCH。短 PUCCH 设计的动机包括如下内容。

① 降低 HARQ-ACK 反馈的时延。为支持 URLLC 业务，希望 PDSCH 的 HARQ-ACK 反馈能在尽量短的时间内完成。这首先要求 PUCCH 本身需要在比较短的时间内完成传输。其次 PUCCH 要能支持“自包含”传输，也就是说 PDSCH 传输之后，其对应的 HARQ-ACK 需要在同一个时隙之内完成。“自包含”传输如图 5-40 所示。

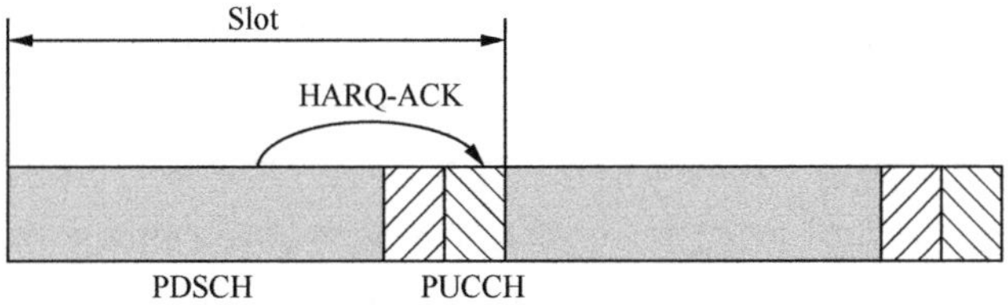

图 5-40 “自包含”传输

② 支持上行波束扫描。其一是支持终端用多个不同的波束重复发送 PUCCH。由于模拟波束赋形的特点，终端在一个时间点上只能用一个波束进行发送。采用长 PUCCH 进行波束扫描会占用更多时域资源，导致系统开销增加，同时也增加了 PUCCH 传输的时延。因此用短 PUCCH 可以较好地支持终端进行 PUCCH 的波束扫描。其二是支持基站侧的接收波束扫描。同样由于模拟波束的特点，基站在一个时间点上仅能用一个模拟波束接收 PUCCH。如果一个终端的 PUCCH 占用一个时隙长度，有可能这个时隙仅能用于该终端传输 PUCCH，其他终端的数据和 PUCCH 都不能传输。而如果采用短 PUCCH，则可以实现不同终端的 PUCCH/PUSCH 的 TDM 复用，如图 5-41 所示。

短 PUCCH 的长度可以是一或者两个 OFDM 符号，由基站配置确定。毕竟短 PUCCH 所能承载的负载有限，不能完全支持所有的场景。此外，短 PUCCH 的覆盖在一些场景中也存在问题。因此，NR 同时也支持长 PUCCH。长 PUCCH 的可以占用 4 ~ 14 个 OFDM 符号，由基站配置确定。

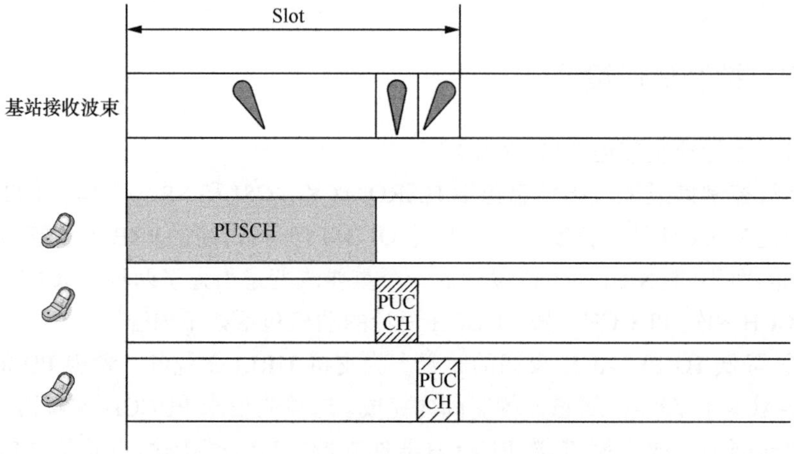

图 5-41 PUCCH/PUSCH 的 TDM 复用

终端传输 PUCCH 的发射波束由基站控制。基站以 PUCCH 资源为单位进行控制。基站为终端的每个 PUCCH 资源配置一个空间信息参考信号资源，这是一个参考信号。该参考信号可以是 SRS、CSI-RS 或者 SSB，也就是说可能是上行参考信号也可能是下行参考信号。如果是上行参考信号 SRS，终端用发射该 SRS 相同的波束发射 PUCCH。如果是下行参考信号 CSI-RS 或者 SSB，则意味着终端侧的波束互易性成立，终端用和该 CSI-RS 或者 SSB 的下行接收波束互易的上行波束发射 PUCCH。

（2）下行控制信道

下行控制信道（PDCCH）用于承载下行控制信令，主要包括上下行调度信令、上行功率控制命令等。NR PDCCH 设计要求包括如下内容。

• 灵活的资源配置：为避免类似于 LTE 的 PDCCH 在小区之间产生的恒定干扰，NR PDCCH 的资源配置应更加灵活，以支持小区间干扰协调。此外，NR 的系统带宽可以达到 400MHz 甚至达 GHz，PDCCH 仅占用部分带宽即可提供足够的容量，NR 的 PDCCH 不必占用整个系统带宽。NR 以控制信道资源集（CORESET）为单位配置资源，CORESET 占用的 PRB 个数以及 PRB 位置均可根据网络部署情况灵活选择。

• 支持低时延业务：LTE 的 PDCCH 固定在每个子帧的前几个符号上，这意味着在有紧急业务待发送的情况下，基站也只能等到下一个子帧才能传输 PDCCH，无法满足低时延业务的需求。NR 为解决该问题，允许在一个时隙内多个符号位置上检测 PDCCH。

• 大规模天线传输：为达到甚至超过业务信道的覆盖范围，PDCCH 也要利用大规模天线技术进行波束赋形传输。

下行控制信令的可靠高效传输是上下行数据传输的前提条件，因此当上下行数据信道通过大规模天线技术获得速率和覆盖提升时，控制信道的覆盖也需要获得与之匹配的提升，否则下行控制信道会成为覆盖的瓶颈。PDCCH 设计过程中考虑的多天线方案主要有如下几种。

① 波束赋形

波束赋形对于提高覆盖，尤其是提高毫米波频段的覆盖范围至关重要。这里所说的波束赋形是指 UE 专属的波束赋形，也就是说不同的 UE 的 PDCCH 可以有不同的波束赋形方向。这一点不同于 LTE 的 PDCCH 设计。LTE 的 PDCCH 基于 CRS 进行解调，是面向整个小区传输的，无法获得波束赋形增益。PDCCH 采用 UE 专属的波束赋形，意味着 PDCCH 的解调也需基于 DM-RS，其中 DM-RS 和 PDCCH 采用相同的波束赋形。

PDSCH 和 PDCCH 均采用波束赋形技术，但是两者的目标不一样。PDSCH 追求频谱效率，其波束应该尽量窄以获得更大的波束赋形增益。对于 PDCCH，可靠性是更为重要的目标，因此相对于 PDCCH 的波束可以更宽一些。这就会出现 PDCCH 和 PDSCH 的波束赋形不一致的情况。这种不一致在低于 6GHz 频段采用全数字实现时不会带来任何问题。但是在毫米波频段应用模拟波束赋形时，如果两者的波束不一致，就需要一些特别的处理。首先，波束指示需要对 PDCCH 和 PDSCH 分别设计，两者由不同的信令指示。其次，由于解调 PDCCH 需要一定的时间，而如果 PDSCH 的波束在 PDCCH 中指示，在解调 PDCCH 的这段时间内终端是不知道该如何接收 PDSCH 的。NR 通过定义缺省波束解决了这一段时间内的波束确定问题。

② 发射分集

控制信道传输的可靠性要求高于数据信道，因此在控制信道的设计过程中考虑了空间分集方案。空间分集方案包括 SFBC、STBC、PC（Precoder Cycling），小时延 CDD 等方案（SCDD，Small-Delay Cyclic Delay Diversity）。其中 SFBC 方案已用在 LTE 的控制信道应用，可以获得最大的分集增益。但是 SFBC/STBC 一类方案的问题包括如下内容。

• SFBC 需要相邻的成对资源进行空时编码，这对于资源的分配和调度有一定的限制，尤其是，存在解调参考信号（DM-RS）时，会出现孤立资源的情况，造成一定的资源浪费。

• SFBC 的解调需要 2 端口的参考信号，相对于 PC、SCDD 等方案的导频开销更大。

• 使用 IRC（Interference Rejection Combining）接收机对 SFBC 进行检测，

其性能会因为干扰信号相关矩阵估计不准确而出现严重的下降。

PC方案是指在一定的资源范围内循环使用一个集合内的Precoder对待传输的数据进行预编码处理，例如在不同的资源单元组（REG，Resource Element Group）上使用不同的 Precoder。对于这类方案，其 DM-RS 和数据可以采用相同的 Precoder 循环方式，因此如果只支持单流的控制信道传输，只需要一个 DM-RS 端口，而且在中低码率条件下，PC 可以获得比较高的频率分集增益。

SCDD 方案可以看成是 PC 方案的一种特殊的实现方式，主要的特征是相邻的 REG 上的 Precoder 变化很小，终端可以假设 Precoder 是不变的，从而在较大的带宽上进行联合信道估计，同时获得分集增益和信道估计增益。SCDD 方案的主要问题是其时延参数的选取没有明确的规则，只能依经验选择。

基于 SFBC 方案存在的问题，PDCCH 最终选取了标准透明的发送分集方案，也就是说由基站选择是否进行 Precoder 循环，以及如何循环。Precoder 循环的颗粒度是 REG Bundle。REG Bundle 的大小由基站选择并通过信令通知终端。

（3）MU-MIMO

支持了 UE 专属的波束赋形之后，很自然地可以考虑支持 PDCCH 的 MU-MIMO 传输。但是由于 PDCCH 的可靠性是主要的设计目标，以提高容量为目标的 MU-MIMO 传输没有得到显式的协议支持。基站可以通过实现方式支持 PDCCH 的 MU-MIMO 传输。

（4）空分复用

和 MU-MIMO 类似，空分复用也是旨在提高频谱效率，提高容量，不是 PDCCH 设计的主要目标，因此没有被支持。NR PDCCH 目前仅支持单端口传输一个数据流。

5.8.4 业务信道设计

NR 的上下行业务信道（PDSCH 和 PUSCH）均以 DM-RS 为解调导频，DM-RS 和数据的预编码相同，因此基于 DM-RS 估计出的信道可以直接用于数据的解调。PDSCH 单用户最多支持 8 流传输，多用户 MIMO 调度时一个用户最多支持 4 流传输，PUSCH 单用户最多支持 4 流传输。PDSCH 和 PUSCH 在支持 MU-MIMO 情况下最多可以配置 12 个正交 DM-RS 端口。结合 Type II CSI 反馈方案，下行传输的频谱效率相对于 LTE 有显著地提升。PDSCH 传输不支持显式的分集方案，但是基站可以通过实现方式支持，如 Precoder 循环方案，并且 NR 标准支持 Precoder 循环方案相关的 CSI 反馈。

DM-RS 采用了 Front-loaded 设计，即 DM-RS 尽量前置，目的是降低终端解调、译码时延。在此基础上，可以通过配置附加 DM-RS 来支持高速移动的终端。NR 引入了 PT-RS 用于终端进行相位噪声的跟踪和补偿，主要用于 FR2，因为 FR2 的相位噪声影响更加明显。

PDSCH 和 PUSCH 频域资源调度类似于 LTE，增加了带宽部分（BWP，Bandwidth Part）的指示。一个终端最多可以配置 4 个 BWP，数据传输可以在 4 个 BWP 之间进行切换，通过 DCI 信令指示或者高层信令配置进行切换。时域资源调度比 LTE 更加灵活。PDSCH/PUSCH 的实际传输的时隙与 PDCCH 所在的时隙之间的间隔可以在 DCI 里指示。PDSCH 和 PUSCH 在一个 Slot 内占用的符号位置也可以在 DCI 里指示。时域资源分配的类型有两种：Type A 和 Type B。Type A 是常规的基于时隙的调度，Type B 是基于微时隙调度。Type B 调度的主要目标是支持 URLLC 业务。Type A 调度的起始符号位置可以是 0、1、2、3，Type B 调度的起始符号位置可以是任意的符号。Type A 的前置 DM-RS 位置固定在 OFDM 符号 2 或者 OFDM 符号 3 上，Type B 的前置 DM-RS 位置总是在 PDSCH 或者 PUSCH 的第 1 个 OFDM 符号上。

在 FR2，PDSCH 的波束在 DCI 中以 TCI 状态（Transmission Configuration Indication State）的形式指示。考虑到 PDCCH 的解调以及终端侧的波束切换需要一定的时间，如果 PDSCH 和 PDCCH 之间的间隔在一定阈值之上，则 PDSCH 采用 DCI 指示的波束传输。否则，PDSCH 采用离该 PDSCH 最近的包含 CORESET 的时隙内 ID 最低的 CORESET 的波束进行传输。PUSCH 传输没有显式的波束指示设计。其波束指示是通过 SRS 的指示实现的。无论对于基于码本还是非码本的上行传输，其调度信令内都可能包含 SRS 资源指示（SRI）域。通过该指示域，UE 可以确定 PUSCH 传输的波束为与该 SRS 传输相同的波束。

5.9　5G 增强技术

Rel-15 完成了 NR MIMO 第一个版本的标准化工作，但仍有较多的优化设计空间，后续进一步优化的工作包括如下几个方面。

（1）多点/多面板传输

随着通信频段的进一步提高，单点传输的覆盖距离进一步减小，如何保证系统覆盖范围和覆盖的顽健性是重要的研究课题。通过多点传输来保证系统覆盖和减小信道衰落的影响是一个有潜力的技术方向。

NR Rel-15 在早期进行了多点传输的研究，但是由于时间关系没有进一步展开。对于高可靠性用例，例如工业控制、自动驾驶、高可靠通信和 IoT 等应用场景，多 TRP 传输会对覆盖稳定性带来明显的提高。

另在超高频频段内，基站和终端可以配置多个传输面板，不同面板对应不同的方向，来提供更好的空间分集度。不同面板之间可以采用统一的模拟波束赋形，也可以采用独立的模拟波束赋形。对于后者，模拟波束管理的流程需要考虑多个不同波束下的反馈，调度和干扰抑制的需求。

未来的增强演进也将研究多点/多面板条件下相关的 CSI 反馈，传输方案和下行控制信令的设计以获得一个完整的解决方案。

（2）信道反馈增强

信道反馈增强是 MIMO 技术演进中不可或缺的议题。NR Rel-15 针对不同的部署场景设计了低精度和高精度两种码本，具有不同的终端复杂度和上行反馈开销。高精度码本以多级 CSI 反馈为主要框架，每个层通过多个 DFT 向量的线性合并来提高反馈精度。

未来的 CSI 码本增强可以在现有框架下进一步延伸。例如在隐式 CSI 反馈下使用更大数量的波束和更高等级的高精度型码本。另一种可能的增强是将多阶段 CSI 反馈与高精度码本一起使用，在不同阶段 CSI 反馈下使用不同精度的码本，减少反馈开销。

（3）MU-MIMO 增强

未来通信系统中随着用户数量的进一步增加和 IoT 大连接场景的部署，对于 MU-MIMO 增强仍是一个重要的方向。MU-MIMO 的增强可以考虑 CSI 信道反馈和下行数据接收增强两个方向。在 CSI 反馈增强方面，我们可以在现有高精度码本的框架下，通过提高线性组合的波束数量，以及线性组合的组合系数精度，进一步提到 CSI 精度。另外在下行数据接收方面，可以考虑的增强方向是在不同的传输方式、用户配对假设条件下进行干扰预消除。此类 MU-MIMO 增强和多点传输增强有一定的相同之处，都需要在不同传输方案的假设下进行 CSI 测量，因此可以在一个统一的框架下进行演进。

非线性编码在学术界是一个比较活跃的议题，但是在实际产品和标准中没有支持。未来的增强也将考虑非线性编码，在现实终端复杂度、器件精度模型下，研究非线性编码的实际性能和增益。

（4）波束管理

在 Rel-15 中引入的波束管理主要针对下行，而在上行数据信道，上行 SRS 测量和上行控制信道方面则不够灵活。鉴于网络性能通常受到上行链路的限制，上行的波束管理是弥合上下行用户体验差距的另一个重要领域。

潜在的增强包括支持更灵活的上行波束扫描机制，例如在上下行互易性不满足条件下如何进行上行波束管理，以及 PUCCH/SRS/PRACH 波束指示增强。

多面板的波束管理最初是在 Rel-15 通用设计框架中考虑的，但后来被降低了优先级。考虑到未来系统的载波频率高达 100GHz，多面板是一种重要天线架构，对增加空间分集和减轻波束阻塞有重要的价值。多面板的增强可以基于当前 Rel-15 设计的扩展，通过扩展空间准共址信令的数量实现。

波束失败恢复是一个重要的物理层机制，可以快速从毫米波波段的波束阻塞恢复。波束失败恢复在 Rel-15 中的支持比较受限，只支持所有波束同时失效时恢复，缺乏灵活性。如何支持部分波束失败条件下的波束恢复，以及新的波束恢复信道和恢复机制，也是未来研究的方向之一。

（5）上行 MIMO

对于上行多面板终端、上行码本、反馈、控制信令都需要相应的增强。目前 Rel-15 只支持宽带波束赋形，如何支持窄带波束赋形，以及相应的 CSI 反馈、导频配置和上行控制信令都需要研究。

NR Rel-15 上行 SU-MIMO 支持最多 4 流传输，4 个 SRS 导频端口，是否需要将导频端口提高到更多（如 8），以及是否支持更高流数的上行 MIMO（如 8 流空分复用），都需要研究。

5.10 小　结

随着大规模天线波束赋形技术理论的完善以及有源天线等支撑技术的成熟，在 LTE 后期的演进过程中，产业界就已经着手开展大规模天线技术的标准化工作。在 5G 系统中，面向更为严苛的技术需求、更为灵活多样的部署环境、更广阔的频谱资源以及高频段中更恶劣的传播环境，大规模天线波束赋形技术仍将是无线接入网中最为重要的物理层技术，并将在改善频谱利用效率、提升用户体验、扩展系统容量、保障覆盖、抑制干扰等方面发挥更为关键的作用。

目前，NR 第一个版本的标准化工作已经完成。作为物理层标准化工作的一个重要议题，3GPP 对 MIMO 传输方案、参考信号、信道状态信息反馈、波束管理等问题展开了广泛而深入的研究，在此基础之上，形成了一套灵活、可扩展的大规模天线技术方案。在一套统一的技术框架之下，既能够支持传统的

6GHz 以下频段，也能够支持 6 ~ 52.6GHz 频段。

针对高频段应用，NR 系统引入了波束管理与恢复机制；针对多用户传输增强方面的需求，NR 中定义了具有更高分辨率的信道状态信息反馈方案。这些关键的技术方案是 NR MIMO 最突出的技术特征，也是支持 NR 系统向高频段扩展并显著提升系统性能的重要基础。

结合 NR 系统设计的具体需求，本章对大规模天线技术在 5G 系统中的标准化方案进行了分析与讨论，并对相关的物理信道设计方案进行了介绍。鉴于 MIMO 技术在无线接入系统中的基础性地位，在 NR 系统的后续演进过程中，大规模天线技术的持续增强和发展仍然是标准化与系统设计的一个重要方向。

第 6 章

大规模天线波束赋形实现方案与验证

大规模天线在带来阵列增益和空间自由度的同时，对设备实现也带来巨大的挑战。本章将对大规模天线的架构、阵列设计进行深入分析，给出实现方案建议和设计案例，并介绍大规模天线波束赋形技术的一些试验情况。本章旨在为读者提供一个视角，大规模天线波束赋形如何从一项有优势的技术落实到实际的产品中，产业界已经做出哪些努力并取得哪些阶段性成果。本章内容主要基于 5G 部署场景中 6GHz 以下频段的设计方案，更高频段毫米波大规模天线设计通常采用射频芯片集成方式，读者可以参考其他相关资料，笔者不在这里过多叙述。

6.1 大规模有源天线系统结构

对于采用大规模天线的 5G 基站设备，整体架构上可采用 3G/4G 商用宏基站普遍采用的分布式架构，由增强基带单元设备（eBBU，evolved BaseBand Unit）、大规模有源天线阵系统（AAU，Active Antenna Unit）构成，是一种可以灵活分布式安装的基站组合。如图 6-1 所示，其中 AAU 通过 CPRI（Common Public Radio Interface）/eCPRI（evolved Common Public Radio Interface）接口与增强基带单元设备相连，eBBU 通过 NG 接口与核心网连接。

传统通信系统天线多是无源天线，采用电缆将射频单元与天线连接，其中射频单元包含双工器或滤波器、低噪声放大器、功率放大器、多模多频 RF 模块、数字中频等无源部件和有源部件。大规模天线集成技术将射频单元和天线阵列有机地结合，即射频单元大量使用分布式射频部件集成在天线内部，达到提高天线有效辐射功率和减小天线与射频前端系统体积的目的。

大规模、轻量化、集成化的天线阵列设计是大规模天线技术在工程上首要解决的问题。同时，宽带化和低剖面的设计能够有效避免天线单元的成倍增加，用一个天线阵元实现多频段、多模式的覆盖。

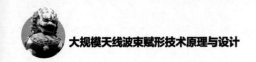

波束赋形设计受到阵列天线的几何布局、单元间距、各辐射单元的方向图、激励幅度和相位的影响。结构紧凑的天线阵阵子间距越小，互耦越严重，影响了天线波束的赋形效果，增强了通道之间的干扰。因此，降低小间距阵列单元的互耦对多波束赋形性能至关重要。如果采用独立控制天线阵列每个阵子的幅度和相位，可实现丰富的波束赋形形式，包括：电调下倾角、垂直扇区划分、独立的接收/发射下倾角、独立的载波下倾角、独立制式下倾角等。

AAU 硬件平台系统包括射频前端（有源组件）、大规模天线阵两大部分，其中射频前端完成射频信号到基带信号接收处理，以及基带信号到射频信号的发射处理；天线阵完成射频信号的辐射和感应接收，完成射频电信号与电磁波的转换，具体如图 6-2 所示。

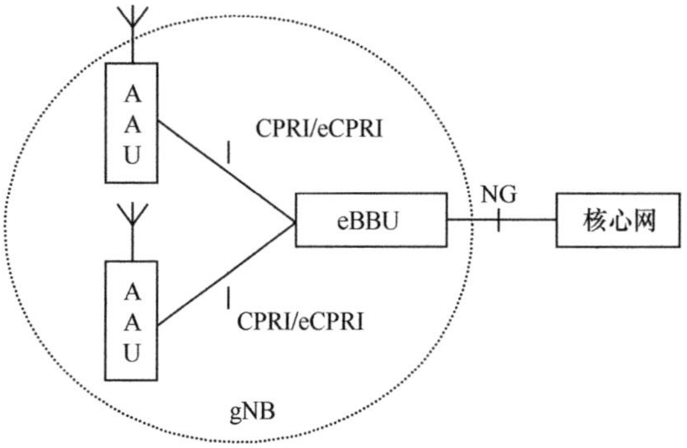

图 6-1 分布式基站架构示意

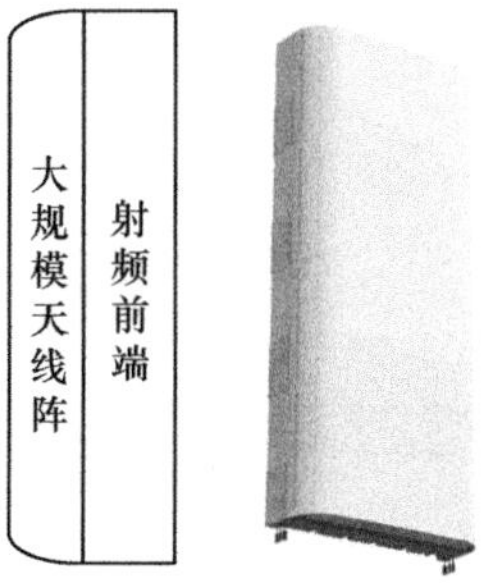

图 6-2 大规模有源天线硬件构架

6.2 大规模天线阵列结构

本节将讨论大规模天线阵列的结构设计。阵列设计是大规模天线设备实现的关键环节。大规模的天线阵子按照一定的物理架构排列形成天线阵列，完成期望的赋形功能，需要从可实现性和性能两个方面分析阵列结构的约束条件和设计方法。本节从天线单元设计、天线间去耦合、波束赋形方案等几个关键因素深入分析阵列设计的相关问题，得出常用的结构设计方案。

6.2.1 MIMO 天线单元

天线单元是基站天线的重要组成部分，关系到整个基站天线的带宽、辐射效率、极化特性等，所以天线单元的设计在整个基站天线设计中占有非常重要的地位。在现代移动通信中，为了改善多径效应的影响，获取分集增益，以及工程上实现的需要，±45°双极化天线在基站系统中得到了大量应用；为了减少基站天线的数量，采用宽频天线也是非常必要的。

通常半波对称振子被选作基站天线单元的主要实现形式。对称振子是一种经典的、迄今为止使用最广泛的天线，单个半波对称振子可简单地、独立地使用或者作为抛物面天线的馈源，也可采用多个半波对称振子组成天线阵。两臂长度相等的振子叫作对称振子。每臂长度为 1/4 波长、全长为 1/2 波长的振子，称半波对称振子，见图 6-3（a）。另外，还有一种异型半波对称振子，可看成是将全波对称振子折合成一个窄长的矩形框，并把全波对称振子的两个端点相叠，这个窄长的矩形框称为折合振子，折合振子的长度也是 1/2 波长，故称为半波折合振子，见图 6-3（b）。

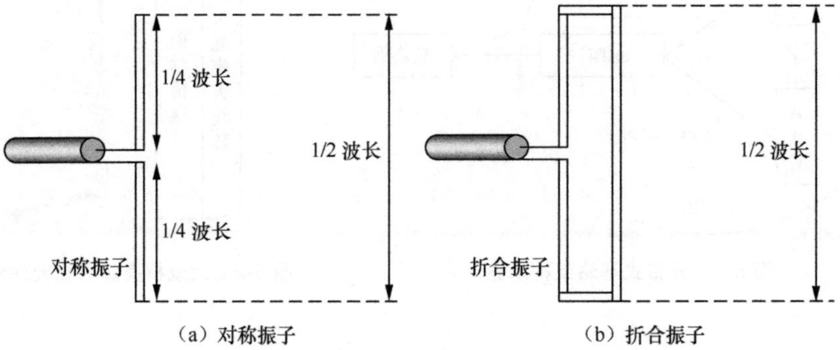

图 6-3　半波振子

频率复用和极化分集需要使用双极化天线。双极化方式主要有水平/垂直极化和±45°斜极化两种方式。双极化天线基本单元的形式比较多，下面介绍几种典型的振子类型。

（1）4 个正方形的辐射单元构成的双极化振子

该型振子的优点：利用半波振子辐射原理，通过对振子单元进行改进设计，可实现超宽频效果，是一种宽带、高性能的辐射单元，可通过压铸、钣金折弯或铝片冲压等方式成型，成本低，组装简单、方便。该型振子的缺点：增益偏低，带内波宽一致性、交叉极化鉴别率（XPD，Cross Polarization Discrimination）等指标较差。

（2）折合双极化振子

折合振子的一种重要实现形式是板状平面振子型天线，该类型天线主要由印制板平面半波振子组成的阵列与反射板构成，如图 6-4 所示。这种天线具有工艺简单、组阵灵活、效率高、成本较低等优点，具有基站天线的宽频带、双极化、高隔离度、高前后比、低交叉极化鉴别率等特性。振子立体方向图如图 6-5 所示，折合双极化振子电场图如图 6-6 所示。

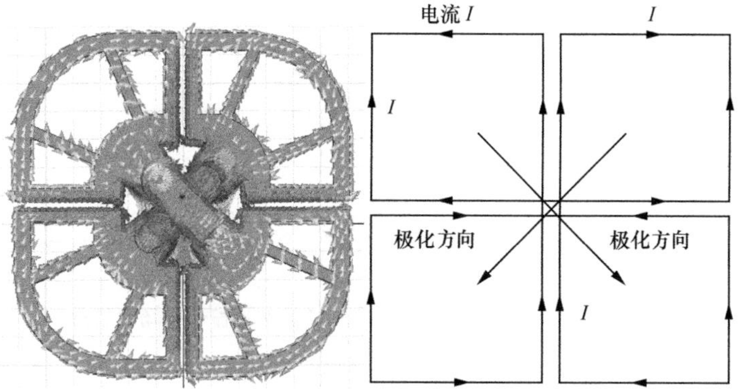

图 6-4　带有巴伦的 4 个正方形辐射单元构成的双极化振子电场图示意

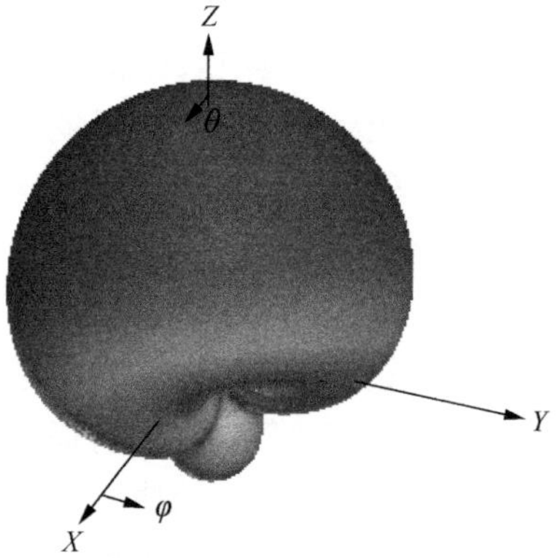

图 6-5　振子立体方向图

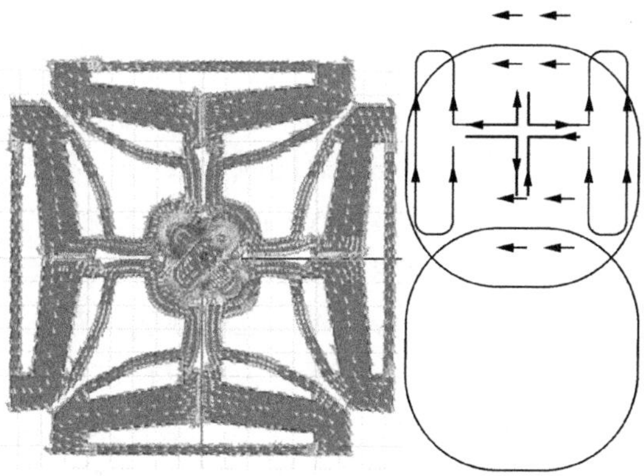

图 6-6　折合双极化振子电场图示意

该型振子的优点：增益、隔离度、前后比、波束一致性、XPD 等指标较好。该型振子的缺点： 折合振子馈电点阻抗约 280Ω，约为半波阵子阻抗的 4 倍，匹配难度大，但带宽更宽；由于增益更高，波宽较窄，故阵列波束下倾后，方向图旁瓣、交叉极化等指标较差。

（3）贴片单元振子

利用二元缝隙阵列天线原理，通过适当调整贴片形状尺寸、离地高度来实现一定带宽与方向性的天线类型，异于半波振子原理。

该型振子的优点：低剖面，重量轻，PCB（Printed Circuit Board）一体成形，低成本，适合批量生产。该型振子的缺点：带宽较窄，增益稍低，效率稍低，实现正交极化时馈电网络较复杂。

折合阵子实物如图 6-7 所示，贴片振子电场图如图 6-8 所示。

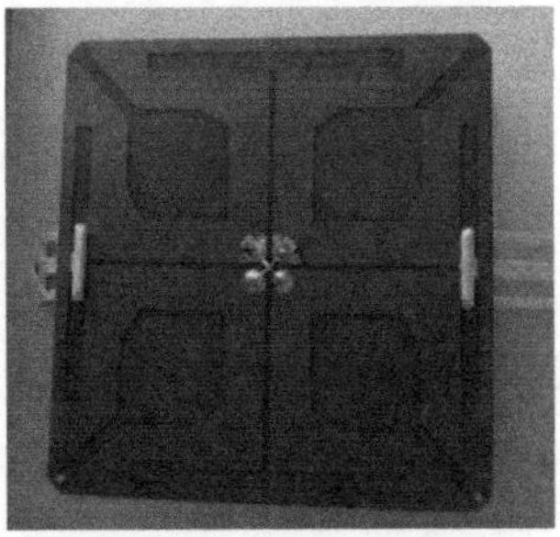

图 6-7　折合阵子实物

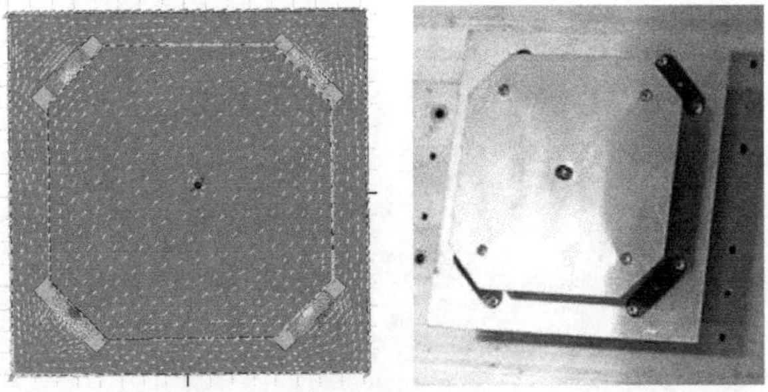

图 6-8　贴片振子电场图示意

6.2.2　大规模天线去耦技术

对于多个天线阵子所组成的天线阵列，空间内的多个天线会受到其他天线上的电流和电场等参数的影响，近距离放置的天线阵子间具有较强的耦合效应，这种天线之间的相互耦合作用被称作互耦。由于天线阵子间的互耦效应存在，影响天线波束的赋形效果，因此大规模天线阵列阵子间需要保持一定距离。现代移动设备的小型化成为流行趋势，但 MIMO 技术要求发射端（接收端）的多个天线是相对独立的，多个天线间由于受到相互耦合的影响，使天线相互独立极为困难。互耦效应的存在给大规模天线阵列的小型化带来了困难，因此要求在大规模天线设计过程中，降低天线间的耦合效应的前提下减小 MIMO 系统尺寸。工程上通常采用隔离度或耦合系数来表示天线间的耦合大小。为减小天线间的互耦作用对天线性能的影响，多天线间的去耦合常见的方法有：缺陷地、寄生谐振单元、中和线、去耦网络、电磁新材料结构等方法。

缺陷地提高隔离度的方法：通过缺陷地结构（DGS，Defected Ground Structure）（在多天线的金属共地上蚀刻缝隙结构），构成并联 LC 谐振电路实现带阻特性；通过改变金属地板上的电流分布，抑制天线的表面波传输，降低天线间的互耦。

寄生辐射单元提高隔离度的方法，加载寄生谐振单元用来吸收阵列各天线的近场辐射波，从而提高天线间的隔离度。

中和线技术和去耦网络技术则是基于相位补偿思想达到降低耦合的目的。当两个天线放置在有限空间内，对天线间的耦合引入一个相反相位的耦合补偿，从而实现天线间的隔离。中和线技术通过中和线连接两个天线，通过合理的设计和优化，使中和线上的耦合电流与原电流产生相反相位以达到中和的作用，中和线在天线中的接入点和长度在相位补偿中起到了关键作用。去耦网络同样基于相位补偿思想，将两天线的耦合相位抵消，从而达到隔离的效果。

采用电磁带隙结构（EBG，Electromagnetic Band-Gap）可提高隔离度。其中比较经典的 EBG 结构是蘑菇（Mushroom）型 EBG 结构，该结构是由一系列印制在介质基板一侧的金属片周期性地排列在一起，并且这些金属片通过短路过孔与介质基板另外一侧的金属地板相连接。电磁带隙结构对表面波具有抑制作用，将 EBG 结构加载在两个天线之间，抑制表面波，从而抑制天线间的耦合达到提高天线间隔离度的目的。

6.2.3 大规模天线赋形技术

1. *大规模天线阵列赋形原理*

波束赋形是大规模天线工作的基础，而波束赋形的性能与阵列方向图综合设计有密切关系。无论是对传统的移动通信基站天线，还是新一代大规模天线，方向图综合都是天线设计的关键问题之一。阵列方向图综合是根据波束赋形所需要的空间辐射特性（方向图形状、主瓣宽度、副瓣电平、方向性系数）来综合阵元数目、阵间距并优化出一组激励权值，该权值应包括阵列中各阵元的幅度和相位。因此，在给定阵元数目的情况下，调整阵列天线辐射方向图的方法有三种：调整阵元激励幅度、调整阵元激励相位和调整阵元空间分布。这三者可以单独使用也可以同时使用。

按照给定条件和综合方法不同，阵列天线的方向图综合问题可大致分为以下 4 类。

① 第一类综合问题是根据预先给定的方向图主瓣宽度及副瓣电平的指标（对方向图的其他细节没有苛刻要求），来确定阵列方向图的四个因素（阵元数目、阵间距、阵元激励幅度、阵元激励相位）中的某几个。这类综合方法最著名的是切比雪夫综合法，泰勒综合法等。

② 第二类综合问题是指定期望方向图形状的综合。这类方法实际上是函数的逼近问题。常用的有内插法、伍德沃德—劳森综合法和优化计算方法等。

③ 第三类综合问题是对阵列间距、激励幅度进行微扰情况的综合问题。

④ 第四类综合问题是对阵列天线的某个特定参数（如主瓣宽度）进行优

化设计，以期获得满足给定方向图要求的权值。

对于大规模天线，阵列设计的目标需要满足移动通信的公共信道与业务信道覆盖、频谱效率提升等综合要求，在面积约束的条件下尽可能优化性能，降低实现复杂度。

（1）阵列天线方向图赋形

阵列天线的辐射特性取决于阵元因素和阵列因素。阵元因素包括阵元的激励电流幅度相位、电压驻波比、增益、方向图、极化方式。阵列因素主要包括阵元数目、阵元排列方式、阵元间距。尽管通过控制阵列因素可以改变辐射特性，但是阵元因素也是控制阵列总特性时需要重视的。

大规模天线阵列一般为矩形平面阵，阵元按照矩形栅格排列于平面内，如图 6-9 所示。该阵列分布于 XOY 平面内，$2M_x$ 个行阵元以间距 d_x 分布于 X 轴方向，$2N_y$ 个列阵元以间距 d_y 分布于 Y 轴方向。

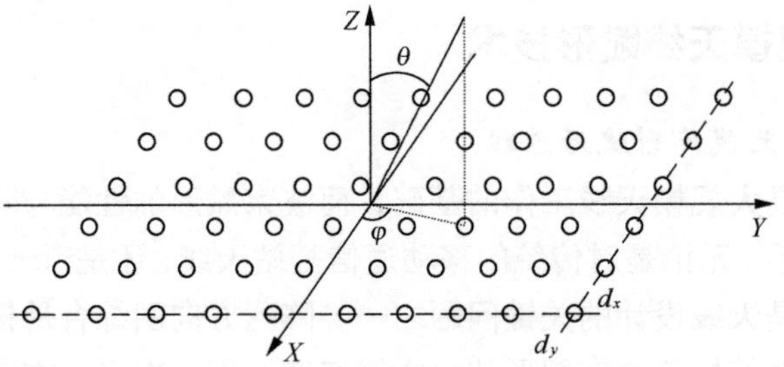

图 6-9　矩形平面阵模型

假设所有阵元均为各向同性的，(m,n) 为二维矩阵 $(2M_x,2N_y)$ 中的第 m 行 n 列个阵元，用 (ξ_m,η_n) 表示第 (m,n) 个单元的位置，则 $\xi_m = m\mathrm{d}_x$，$\eta_n = n\mathrm{d}_y$，其中 $-N_x \leqslant m \leqslant N_x$；$-N_y \leqslant m \leqslant N_y$。如第 (m,n) 单元的电流幅度和相位分布用 I_{mn} 和 ϕ_{mn} 表示，则该矩形平面阵的阵因子可以写成[107]

$$F(\theta,\varphi) = \sum_{m=-N_x}^{N_x} \sum_{n=-N_y}^{N_y} \left\{ \left(\frac{I_{mn}}{I_{00}} \right) \cdot \exp\left[j(\varphi_{nm} - \varphi_{00}) \cdot \exp\left[jk \sin\theta (\xi_m \cos\phi_{mn} + \eta_n \sin\phi_{mn}) \right] \right] \right\} \quad (6\text{-}1)$$

由式（6-1）知，矩形阵列的阵因子等于 x 轴方向和 y 轴方向两个线阵因子之积，所以可用一维线阵的分析方法来累次分析二维矩形面阵。

（2）阵列天线波束扫描

阵列天线的方向图具有一定的波束扫描功能，称为波束偏转，可以通过对各阵元馈电的幅度和相位的控制使得能够扫描天线增益最大角度。对于相邻两个阵元 $N(i)$ 和阵元 $N(i+1)$，为了实现扫描角最大，阵元 $N(i+1)$ 的馈电相位需

超前阵元 $N(i)$ 馈电相位 $\frac{2\pi}{\lambda}d\sin\theta$，以补偿空间波程差。如果另一个方向$\phi$处满足式（6-2）方向图，则在$\phi$方向形成栅瓣。栅瓣有着与主瓣类似的产生机理，因此无法通过阵列的权值优化消除，具体如图 6-10 所示。

$$2\pi\frac{d\sin\theta+d\sin\phi}{\lambda}=2n\pi \qquad n=1,2\cdots \tag{6-2}$$

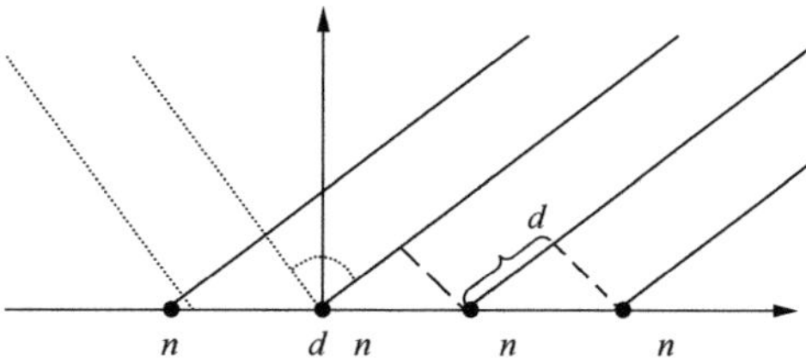

图 6-10 栅瓣产生示意

对于阵元间距 d 波束在[−90°，+90°]内扫描，方向图不出现栅瓣的条件满足不等式（6-3），其中 θ_{max} 为最大扫描角度，可以得到阵元间距的约束条件是 $d\leqslant \lambda/2$。

$$d<\frac{\lambda}{1+|\sin\theta_{max}|} \tag{6-3}$$

（3）阵列天线波束宽度

阵列天线可视作口径天线，因此，口径尺寸及电场分布制约着其方向。一般来说，当阵列天线的尺寸确定时，等幅同相激励可使阵列天线获得最强的方向性，即获得最窄波束。式（6-4）中，最窄的波束宽度的覆盖角度为 θ_{min}，N 为天线阵子个数，d 为阵子间距

$$\theta_{min}=0.886\times\frac{\lambda}{Nd} \tag{6-4}$$

上述公式可作为广播波束宽度范围的最小边界条件。至于最大边界，由于不受口径尺寸限制，并没有明确的宽度约束。

2. **大规模天线波束赋形的指标要求**

大规模天线形成的波束主要有广播波束和业务波束，广播波束可根据部署场景（宏覆盖、高楼）的特点进行灵活调整。根据现有的移动通信小区特点和常规的用户分布，一般要求其中水平半功率波束宽度调整范围为 15° ~ 65°；垂直半功率波束宽度调整范围为 10° ~ 30°；数字倾角范围 3° ±5°（3° 为预置

下倾）。

（1）广播信道波束赋形指标

针对宏覆盖场景，通常典型情况为三扇区组网，用户主要为地面用户，对于广播波束的要求如表 6-1 所示；对于高楼覆盖场景，广播波束要求如表 6-2 所示。

表 6-1　三扇区组网广播波束的波束赋形指标要求

波束特性	指标
水平面半功率波束宽度	65°±5°
垂直面半功率波束宽度	≥8°
增益	15dBi
±60°边缘功率下降	12±2dB
前后增益比	≥28dB
30° 内上旁瓣抑制	≤-16dB
交叉极化比（轴向）	≥17dB
交叉极化比（±60°范围内）	≥10dB

表 6-2　高楼覆盖场景广播波束的波束赋形指标要求

波束特性	指标
水平面半功率波束宽度	20°±5°
垂直面半功率波束宽度	30°
增益	13dBi
水平旁瓣抑制	≤-12dB
前后增益比	≥25dB
30° 内上旁瓣抑制	≤-16dB
水平交叉极化比（3dB 波束宽度范围内）	≥10dB
垂直交叉极化比（3dB 波束宽度范围内）	≥10dB

（2）业务信道波束赋形指标

对于业务波束，通常大规模天线系统会根据实时的信道环境和算法（如 EBB、GOB、流间干扰抑制）等自适应做波束赋形。但从阵列设计的角度，一般会要求对以下几种场景的理想波束提出要求，如表 6-3 所示。

表 6-3 业务波束在不同场景下的波束赋形指标要求

场景	波束特性	指标
水平 0°，垂直 3°指向波束 此波束表征扇区中心方向（阵法线方向）针对地面用户的理想赋形能力	增益	≥24dBi
	波束水平面半功率波束宽度	≤16°
	波束垂直面半功率波束宽度	≤9°
	波束水平面副瓣电平	≤-12dB
	波束垂直面副瓣电平	≤-12dB
	交叉极化比（轴向）	≥17dB
	前后增益比	≥28dB
水平±60°，垂直 3°指向波束 此波束表征阵列在扇区交界方向（±60°）针对地面远区用户的理想赋形能力	增益	≥20 dBi
	水平面半功率波束宽度	≤18°
	水平面副瓣电平	≤-8dB
	垂直面副瓣电平	≤-12dB
水平±60°，垂直 3°+10°指向波束 此波束表征阵列在扇区交界方向（±60°）针对地面近区用户的理想赋形能力，下倾角较大	增益	≥18 dBi
	水平面半功率波束宽度	≤21°
水平 0°，垂直 3°±20°指向波束 此波束表征阵列在扇区中心方向（阵法线方向）针对楼宇用户的理想赋形能力	增益	≥18 dBi
	垂直面半功率波束宽度	≤9°
水平±10°，垂直 3°±20°指向波束 此波束表征阵列针对楼宇边缘方向用户的理想赋形能力	增益	≥17 dBi
	垂直面半功率波束宽度	≤9°
水平双波束：水平±60°，垂直 3° 此波束表征阵列在扇区两侧（±60°）针对地面水平分布的两个地面用户做 MU-MIMO 时的理想赋形能力	双波束增益	≥17dBi
垂直双波束：水平 0°，垂直 3°±20° 此波束表征阵列在扇区中心方向垂直分布的两个用户做 MU-MIMO 时理想赋形能力		≥15dBi
斜向双波束：水平-10°，垂直 3°－20°和水平 10°，垂直 3°+20° 此波束表征阵列在扇区斜向分布的两个用户（水平和垂直都有角度差）做 MU-MIMO 时理想赋形能力		≥14 dBi

以上广播波束和业务波束的要求可对 2 ~ 6GHz 频段内的大规模天线系统具有一定的指导意义。实际的指标还会根据频段和其他约束条件进行优化调整。

6.2.4 大规模天线波束赋形的实现案例

本节以 3.5GHz 256 天线阵列的设计为例，考虑具体天线阵的设计。3.5GHz 频段是全球主流的 5G 组网的低频段（Sub-6G）的主流频段，在美国、日韩、中国和欧洲国家都有规划，将是未来 5G 实现室外连续广覆盖的主流频段。目前该频段的产业基础基本成熟，相关射频器件基本具备产品开发的支撑能力。根据前期研究，业界的主流观点认为 3.5GHz 频段的宏基站站型为大规模天线，天线阵子数在 128 ~ 256，射频通道数为 64 ~ 128。本设计实例选择 256 天线阵列为设计目标。通过技术分析和选择，阵列架构由 16 行 8 列共 128 个双极化天线单元组成，每个单元有+45°极化、−45°极化两种极化形式，从而形成 256 天线阵列，如图 6-11 所示。同一列每两个天线单元通过功合器形成一个基本模块单元，每个基本模块单元有两个馈电通道，分别对应天线的+45°极化、−45°极化，全阵列共有 128 个馈电通道，+45°极化的通道数为 64 个，−45°极化的通道数为 64 个。阵列的列间距为 45mm，行间距 55mm。

水平方向业务波束最大扫描角度为 60°，即波束与天线的法线方向夹角为 60°，由式（6-3）可知，当水平方向天线单元的间距 $d < 0.67\lambda$ 时，波束扫描到 60°时不会出现栅瓣。

垂直方向业务波束最大扫描角度 3°±20°，即波束与天线的法线方向夹角为 23°，由式（6-3）可知，当水平方向天线单元的间距 $d < 0.72\lambda$ 时，波束扫描到 23°时不会出现栅瓣。

将大规模天线要求的各种天线波束设定为目标函数，通过粒子群算法对各种波束综合得到各个单元的幅度和相位值。采用 HFSS 软件建立模型，并将幅度、相位加权值表导入软件对相应的阵子单元赋值，仿真得到宏覆盖场景、高楼场景、业务双波束等典型波束方向图，如图 6-12 所示。

（1）宏覆盖广播波束

当设计波束倾角为 0°和 12°的赋形波束时，扇区广播波束水平面方向图和垂直面方向图分别如图 6-13 所示。

图 6-14 为倾角 12°的宏覆盖广播波束方向图。表 6-4 为宏覆盖广播波束性能指标。

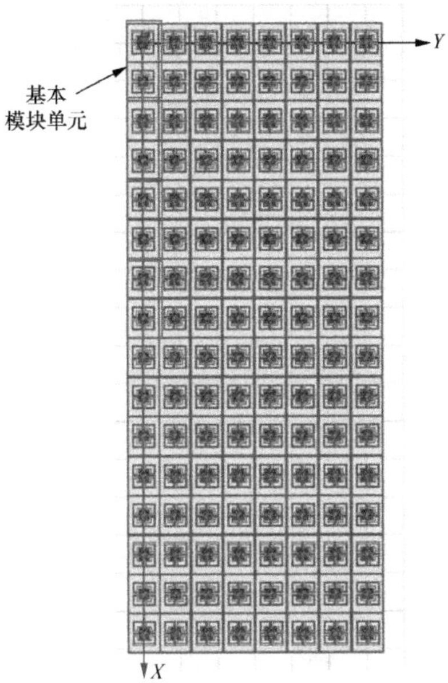

图 6-11　3.5GHz 频段 256 天线阵列构造

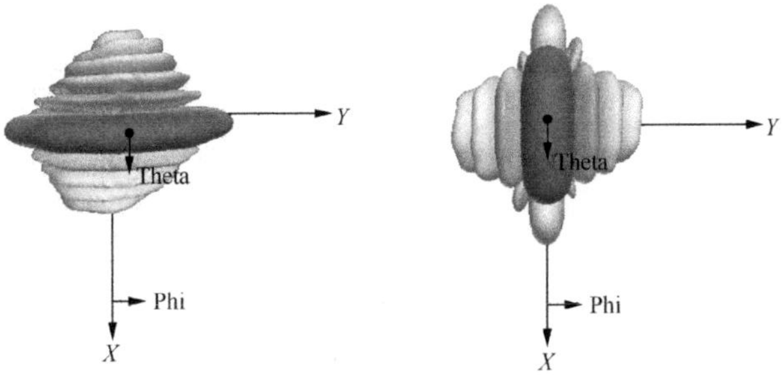

（a）宏覆盖波束　　（b）高楼波束

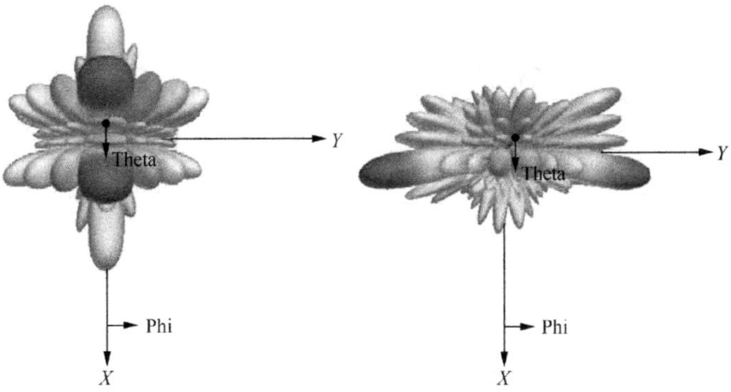

（c）水平 0°，垂直 3°±20° 双波束　　（d）水平±60°，垂直 3°+10° 双波束

图 6-12　HFSS 仿真的波束方向

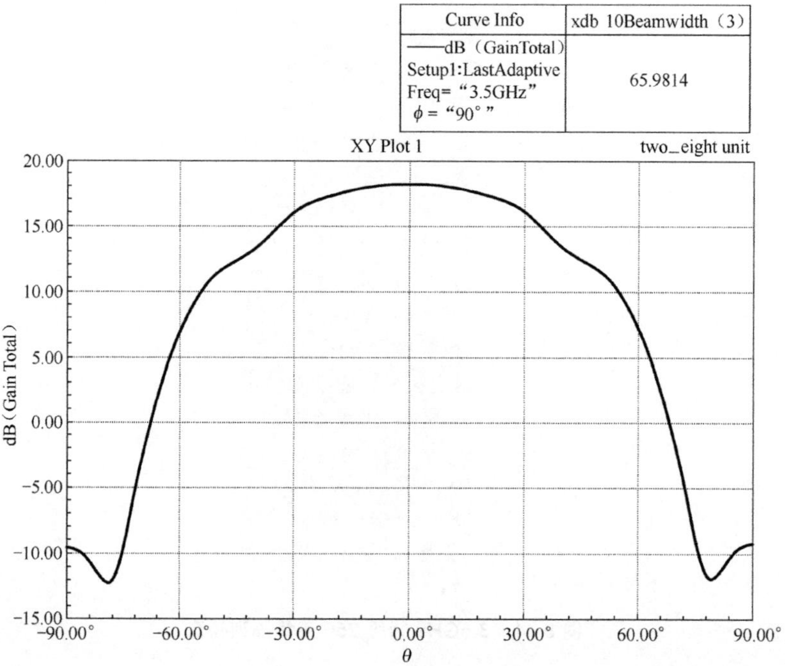

（a）水平方向

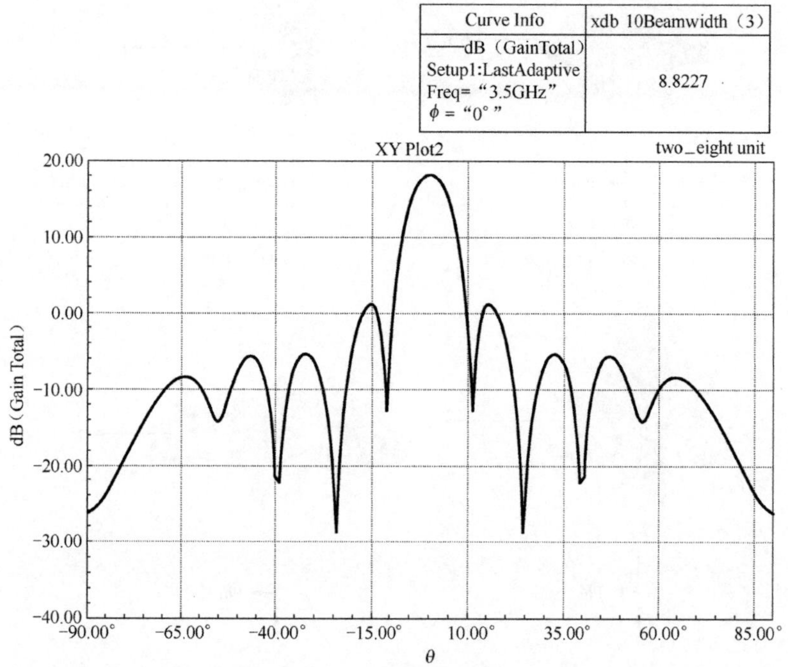

（b）垂直方向

图 6-13　倾角 0°的宏覆盖广播波束方向

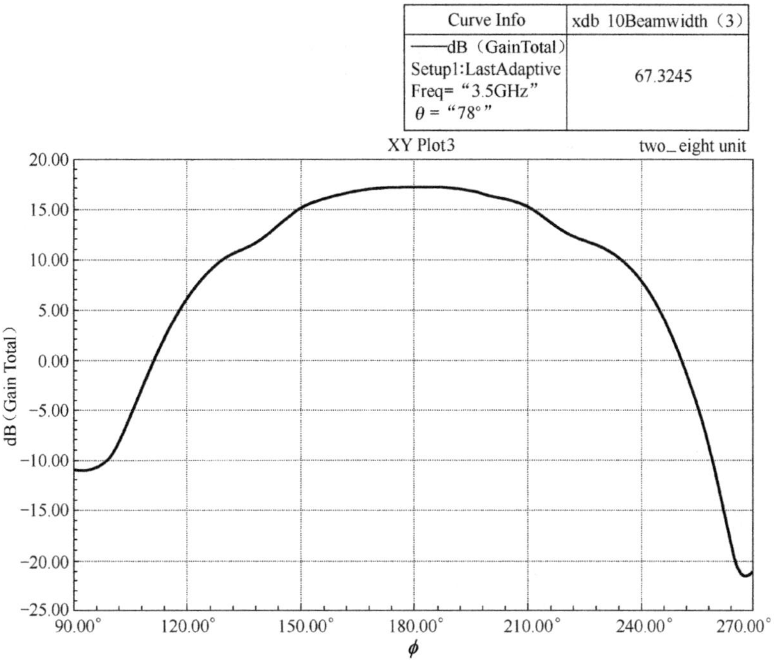

（a）水平方向

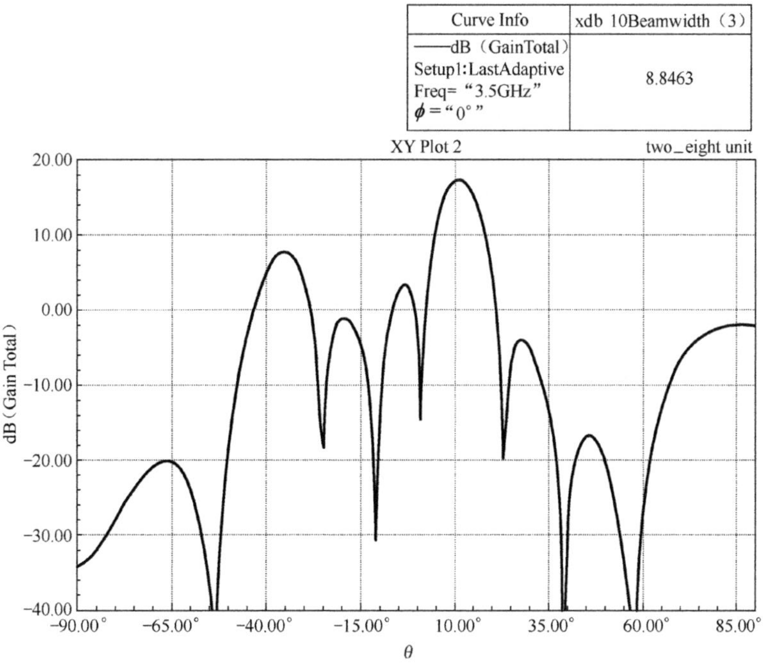

（b）垂直方向

图 6-14 倾角 12°的宏覆盖广播波束方向

表 6-4　宏覆盖广播波束性能指标

下倾角度	指标要求	仿真值（中心频点）
下倾角 0°	水平面半功率波束宽度：65°±5°	66°
	垂直面半功率波束宽度：≥8°	8.7°
	增益：≥15dB	18.1dB
	±60°边缘功率下降：（12±2）dB	11.2dB
下倾角 12°	水平面半功率波束宽度：65°±5°	67°
	垂直面半功率波束宽度：≥8°	8.8°
	增益：≥15dB	17.3dB
	±60°边缘功率下降：（12±2）dB	11.2dB

（2）高楼广播波束

高楼波束倾角水平面方向图和垂直面方向图如图 6-15 所示。高楼广播波束达到的性能指标如表 6-5 所示。

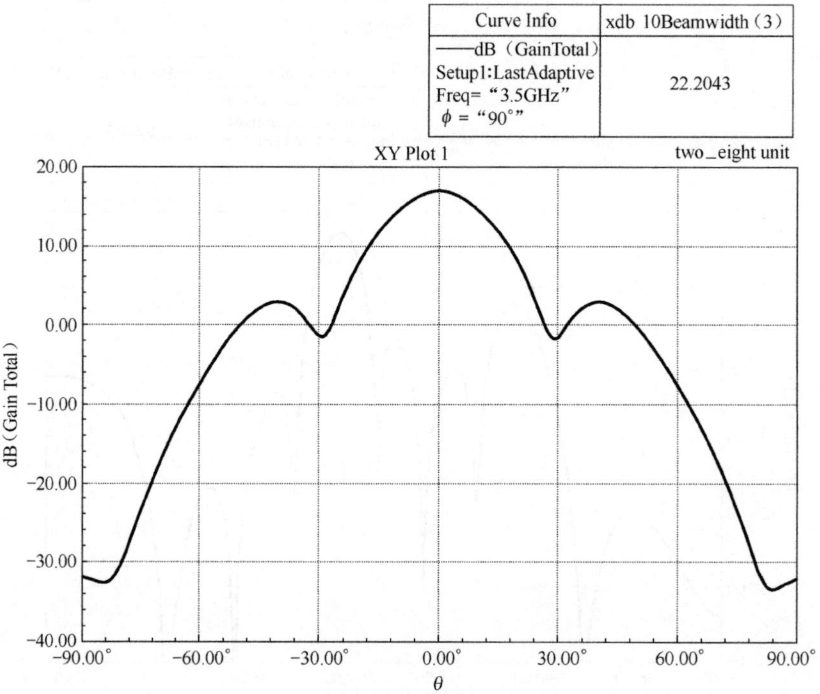

（a）水平方向

图 6-15　高楼覆盖广播波束方向图

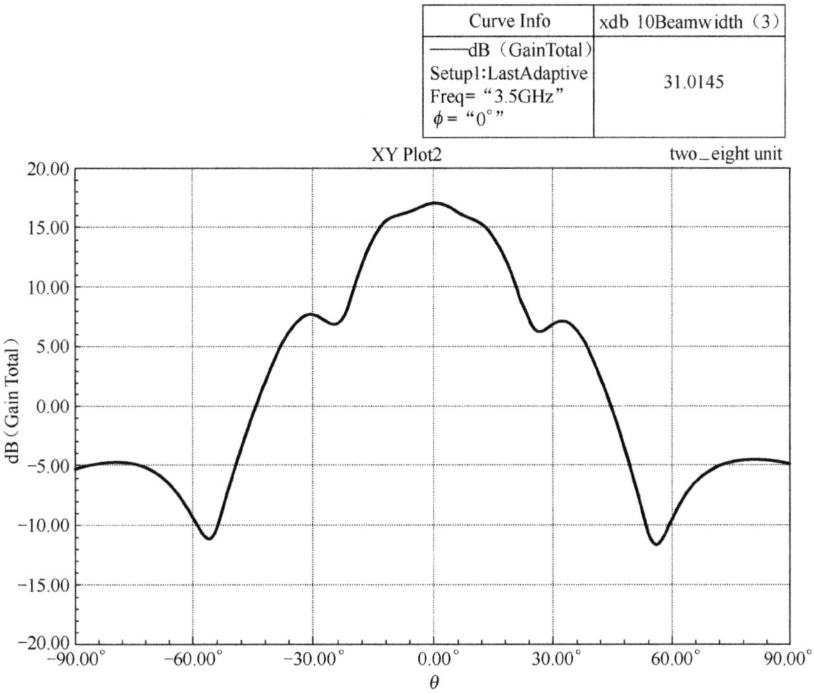

（b）垂直方向

图 6-15　高楼覆盖广播波束方向图（续）

表 6-5　高楼广播波束性能指标

指标要求	仿真值（中心频点）
水平面半功率波束宽度：20°±5°	22°
垂直面半功率波束宽度：30°	31°
增益：≥13dB	17.1dB
水平旁瓣抑制：≤−12dB	−14.0dB

（3）业务波束

波束倾角为 0°时，理想业务波束的水平面方向和垂直面方向如图 6-16 所示，达到的性能指标如表 6-6 所示。

Curve Info	xdb 10Beamwidth（3）
——dB（GainTotal） Setup1:LastAdaptive Freq= “3.5GHz” ϕ = “90°”	15.9383

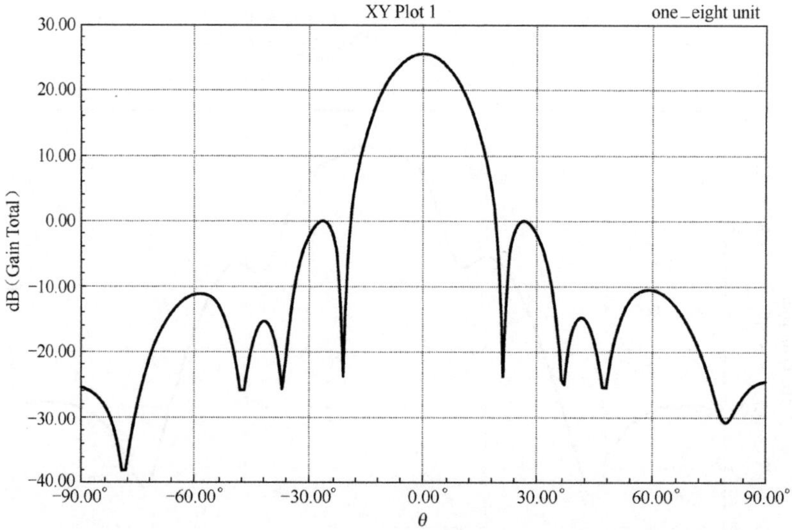

（a）水平方向

Curve Info	xdb 10Beamwidth（3）
——dB（GainTotal） Setup1:LastAdaptive Freq= “3.5GHz” ϕ = “78°”	8.0230

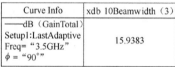

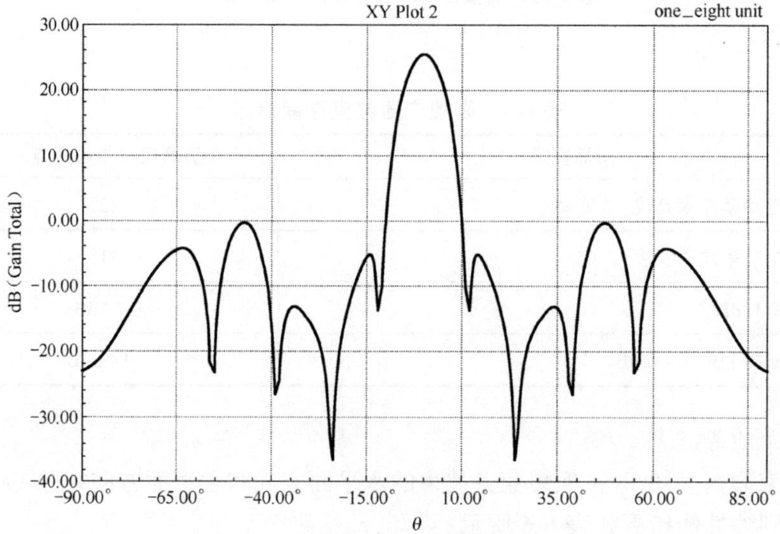

（b）垂直方向

图 6-16　业务波束方向

表 6-6　业务波束性能指标

指标要求	仿真值（中心频点）
增益：≥24dB	25.4dB
波束水平面半功率波束宽度：≤16°	15.8°
波束垂直面半功率波束宽度：≤9°	8.0°
波束水平面副瓣电平：≤–12dB	–26dB
波束垂直面副瓣电平：≤–12dB	–25dB

6.3　大规模天线波束赋形原型机

本节内容讨论大规模天线波束赋形原型机的设计和开发。采用分布式（BBU+AAU）基站架构，一台 BBU 可以支持多套 AAU，支持 3 扇区的网络部署。大规模天线阵列的设计已经在第 5 章中详细介绍，本节主要介绍大规模有源天线的射频前端设计（包括射频部分设计、数字中频设计）、数字基带设计等，以大唐的大规模天线波束赋形试验样机为原型，讨论设计的关键环节、挑战及设计与实现方案。

6.3.1　大规模有源天线射频前端设计

由于规划的 AAU 支持 128 个射频通道，如果直接单板实现 128 个射频通道，则需要的板卡尺寸非常大，而且工艺难于实现。为了保证可实现性和可制造性，AAU 的整体构架采用模块化设计，将 128 有源通道分解为 4 组 32 通道有源系统，从而大幅度降低单个板卡的尺寸，确保系统的可制造性，如图 6-17 所示。大规模天线阵通过射频连接器与射频前端结合形成一个完整的大规模有源天线系统，如图 6-18 所示。

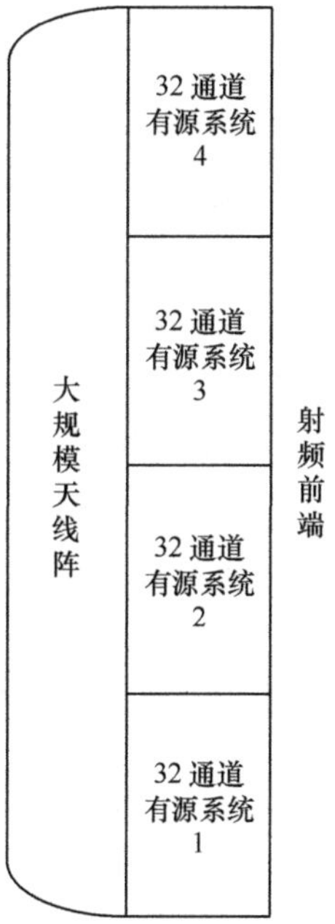

图 6-17　大规模有源天线架构

其中，每组 32 通道有源系统包括一块主板、一块功放低噪放板、一块电源板。

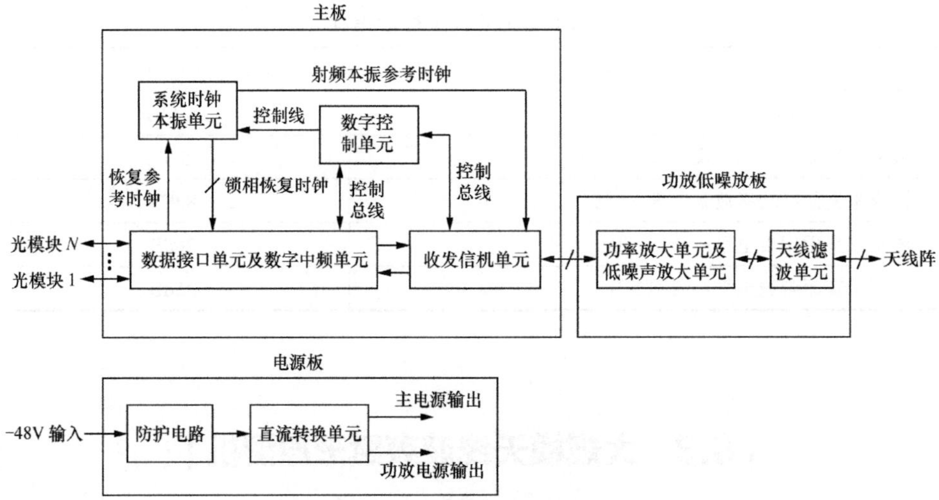

图 6-18　有源系统总体框图

功放低噪放模板承载着功率放大单元、低噪声放大单元、天线滤波单元，完成 32 路下行信号的功率放大，输出信号反馈，32 路上行信号的低噪声放大，以及各射频通道的校准数据存储等辅助功能，通过射频连接器与天线阵相连。

主板承载着数字控制单元、数据接口单元、数字中频单元、系统时钟本振单元、收发信机单元，实现了与主站接口连接、基带拉远协议、基带 IQ 数据分发、时序控制、主控处理、32 路数字中频处理、DDC（Digital Down-Coverter）、DUC（Digital Up-Coverter）、CFR（Crest Factor Reduction）、DPD（Digital Pre-Distortion）、本振产生和分配、DPD 反馈通道、32 路收发信机处理。

电源板完成电源端口防护和滤波器，通过隔离电源变换器，产生主板和功放低噪放板卡所需的工作电压。

1. 主板设计

主板的实现方案框图如图 6-19 所示。主板完成控制、IR 接口（BBU 与 RRU 间的接口）、数字中频和小信号模拟收发信功能。处理器采用一片带 ARM 的 FPGA（Field - programmable Gate Array），IR 接口和数字中频采用大容量 FPGA 实现。模拟小信号收发信机采用集成 TRX（Transceiver），反馈通道采用单独通道实现反馈回路。

主板实现的主要功能包括如下内容。

① 实现基带拉远协议，主要是通过光纤传输链路实现与基站室内单元通信、接收和发送 I/Q 基带信号，以及相应的 O&M（Operation and Maintenance）信息。

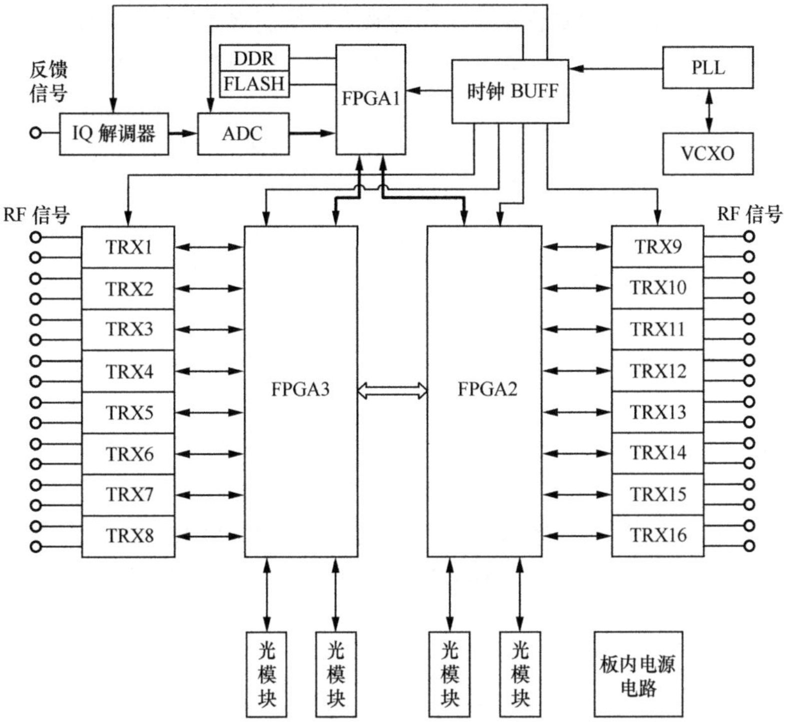

图 6-19 主板原理框图

② 根据主载波的控制信息产生时隙的控制信号，提供满足收发信机、开关矩阵要求的时隙控制信号和开关信号。

③ 将欲发送到的多天线信号分发给各个数模转换变成中频信号，经过上变频和放大后输出。

④ 将射频信号经过模拟下变频、模数转换以及下变频处理，变成多天线基带信号，此信号通过 AGC（Automatic Gain Control）处理，通过光纤按照拉远协议送给相应的基站室内单元。

⑤ 本地时钟恢复的功能，通过本地频率综合器提供高稳定的时钟信号，同时滤除传输中引入的噪声，降低时钟信号的抖动。

⑥ 支持电源接口的检测。

⑦ 支持主板的在线升级能力。

⑧ 支持主板的本地操作维护和研发测试。

⑨ 完成 32 路 DDC+DUC+CFR+DPD 处理。

收发信机一般可采用离散或集成两种方案。离散方案由调制器、混频器、本振、放大器、数模转化（ADC）、模数转换（DAC）等器件组成。发射链路由 DAC、正交调制器，LC 匹配电路和射频数字可变增益放大器（DVGA）组成，由于温度的变化和板卡不一致性导致的增益变化由射频 DVGA 来调节。接收链路由 ADC、混频器、中频 DVGA、声表面波（SAW，Surface Acoustic Wave）滤波器组成。反馈链路有解调器、反馈 ADC 组成。校准通道复用收发通道。集成方案采用集成收发机芯片，链路简化为集成收发机、放大器、滤波器。

AAU 通道数量多，板卡体积小，为了实现多通道集成，采用集成方案。集成收发机、放大器、滤波器构成收发链路，实现模拟信号的放大滤波、变频以及增益调整的功能。

2. *功放低噪放模板*

（1）功率放大单元

功率放大单元完成对下行射频信号放大，实现下行信号的覆盖。功放模块主要由功放预驱动管、驱动管、末级放大管环形器耦合器等器件组成。

单个功放实现 3.4 ~ 3.6GHz 频段，信号带宽≥200MHz；功放平均输出功率≥3W，功放效率≥40%；下行 ACLR（Adjacent Channel Leakage Ratio）优于 −45dBc。

TX 发射链路示意如图 6-20 所示。

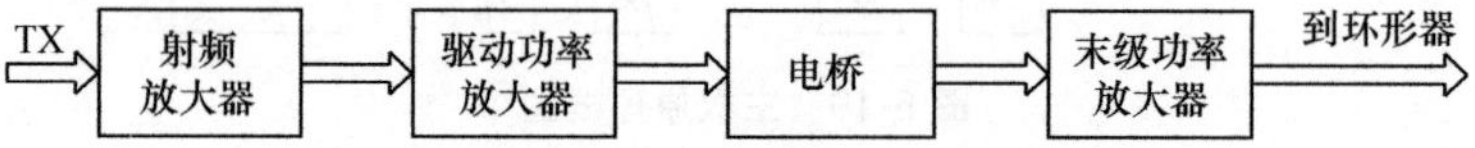

图 6-20 发射链路功能框图（单通道示意）

发射通路主要包括射频放大器、驱动放大器、电桥、末级功放、环形器和耦合器等，主要完成对发射的信号进行放大。放大器主要完成射频信号的放大，电桥完成射频功率分配及相位调整，环行器主要实现功放前反向隔离，隔离器主要是隔离末级功放和驱动放大器，耦合器主要用来耦合发射信号提供给 DPD 反馈通路。

由于 3.5GHz 频率较高，且需要支持 200MHz 的射频带宽，传统的 LDMOS 功放在此频点效率较低，因为功率放大器选择使用 GaN 功放管来完成设计，并且在满足高效率的同时实现宽带化设计；采用 Doherty 功率放大器的宽带化设计方法，拓展功放工作带宽。

GaN 功率放大器件是耗尽型器件，有严格的上下电顺序要求，需要采用合适的负压切换电路，确保负偏压先加，漏极电压才能加上，整机关电时，漏极电压先关断以后负偏压才关断，以保证 GaN 功放管不损坏。

（2）低噪声放大单元

低噪声放大单元完成对上行微弱小信号的低噪声放大，使上行信号小信号得到放大且保持信噪比满足要求，主要由低噪声声放大器（LNA，Low Noise Amplifier）和射频小信号放大器组成，其性能是决定上行接收灵敏度的重要因素。

（3）天线滤波单元

天线滤波单元实现对射频信号的滤波功能，使 AAU 满足发射的杂散指标要求和接收抗带外干扰指标要求。

考虑大规模有源天线的小型化要求，未采用传统的金属腔体滤波器，此处采用高性能介质滤波器。

6.3.2　大规模天线数字基带处理设计

eBBU 采用基带池的方式进行设计，多种不同功能的 ATCA 板卡被放置在一个或多个机箱，使其可以支持多个小区和/或多个载波的能力，5G 原理验证样机 eBBU 处理单元见图 6-21。为了满足 128 天线的信号处理需求，eBBU 采用：

① 标准 14 槽位 ATCA 机箱；

② 最多可提供 12 个业务槽位；

③ 支持主备交换，最大可支持 40Gbit/s 业务面数据全交换；

④ 背板总线支持控制面和业务面独立传输；

⑤ 支持 GPS（Global Positioning System）时钟同步，背板总线时钟分发，保证板间时钟严格同步；

⑥ 控制面支持 1Gbit/s 以太网全交换，业务面支持最高 2×20Gbit/s SRIO 全交换。

图 6-21　5G 原理验证样机 eBBU 处理单元

各板卡主要功能如下：

① 南向接口板：实现信道估计、波束赋形、测量、CPRI 等物理层处理；

② 信号处理板：实现 MAC、物理层发送、信号检测等物理层处理；

③ 北向接口板：实现 L3、RLC、PDCP 等高层处理；

④ 时钟板：GPS 同步和时钟信号产生系统，输出 6 组 TOD+4 路时钟信号输出；

⑤ 交换板：SRIO 高速数据交换，千兆以太网全交换，时钟信号全交换；

⑥ 背板、电源、机框、风扇等基础支撑单元。

各板卡/设备间的数据流如图 6-22 所示。

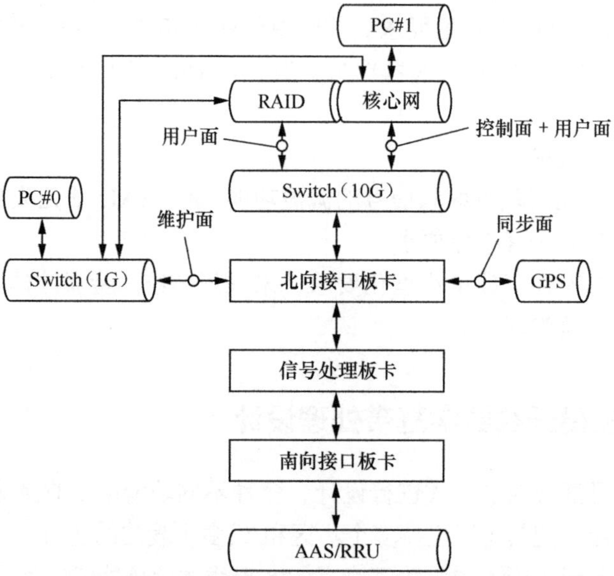

图 6-22 eBBU 与网络其他单元的数据处理流

发送时，来自核心网和/或本地磁盘阵列（RAID）的控制面和/或用户面数据通过交换机进入北向接口板卡；完成 AP、RRC、PDCP、RLC 等协议处理之后，进入信号处理板卡；完成 MAC 层处理、物理层编码、调制、预编码等处理后，进入南向接口板卡；完成波束赋形、傅里叶反变换（IFFT）操作后，通过 IR/CPRI 接口进入有源天线阵列或 RRU 或射频板卡。

接收时，来自有源天线阵列或 RRU 的时域天线信号，通过 CPRI 接口进入南向接口板卡；完成傅里叶变换（FFT）、信道估计、波束赋形权值计算以及数据预处理进入信号处理板卡；完成信号检测、解调、译码以及 MAC 层处理后，进入北向接口板卡；完成 RLC、PDCP、RRC 以及 AP 等协议处理之后，通过交换机进入核心网和/或本地磁盘阵列。

维护面，由 PC 机负责本地基站（池）的操作维护与管理，相关操作维护信息通过北向接口板卡与基站（池）进行交互。

同步面，GPS 信息通过北向接口板卡进入基站（池）。

6.4 大规模天线测试验证

本节内容讨论大规模天线波束赋形技术的测试验证。包括功能验证、性能验证等，参考中国工信部 5G 技术试验的测试结果，给出大规模天线波束赋形性能的初步评估。

过去十年中，伴随着对大规模天线波束赋形的研究，大规模天线的原理样机开发及验证工作已在很多大学及研究机构展开。大规模天线的测试可以简单分为两种测试：

① 天线基本性能及赋形能力测试，主要为 OTA 测试；

② 通信能力测试，大规模天线的多流传输能力及频谱效率测试。

本节对两种测试的测试方法和典型结果进行介绍。

6.4.1 大规模天线 OTA 测试需求

传统的基站设备分为射频单元和天线单元，在测试上也分为两部分独立进行：

① 射频测试：通过线缆连接测试发射机和接收机的基本性能，如发射功率、相邻频道泄漏比（ACLR）、带外杂散，以及接收灵敏度、邻频选择性（ACS）、抗阻塞能力等；

② 天线测试：对于普通的支持 MIMO 的基站天线（2 天线/4 天线），一般在微波暗室测试天线阵元的方向图，即可完全表征天线的辐射特性；对于智能天线，如 4G TD-LTE 中广泛使用的 8 天线，一般通过固定激励源的馈入，可对广播波束和典型业务波束进行测试，可以表征智能天线的辐射特性和赋形能力。

而对于大规模天线，由于架构和工作机制都不同于传统天线，因此测试方案也完全不同。空间动态赋形能力是大规模天线区别于传统天线的最主要特征。传统天线在空间的辐射方向图是确定的，可以对天线进行独立测试。而大规模天线首先由于在物理上把射频信号激励与天线阵子实现一体化，无法实现天线阵列和射频单元的单独测试；同时从功能上有源信号激励与天线阵子对波束形状的影响也具备同等的重要性。所以从测量上讲，控制测量参数实现空中测量（OTA）成为针对大规模天线测试的必要方法。

空中测量参数可以分为两大类：研发、认证或一致性测试对于被测设备辐射特性的完整评估，以及生产中的校准、验证和功能测试。

大规模天线设计与研发关心的主要测试参数包括增益图、辐射功率、接收机灵敏度、收发器/接收器特征和波束控制/波束跟踪，其中每一项都会影响 OTA 测量。测试重点是波束控制/波束跟踪。

生产测试一致性和生产测试包括很多方面，特别重要包括如下三方面。

① 天线/相对校准：为了实现精确波束赋形，射频信号路径间的相位差必

须小于±5°，可以使用相位相干接收机执行该测量，以便测量所有天线单元间的相对误差。

② 5点波束测试：根据标准要求，有源天线系统制造商要为每个声称的波束规定波束方向、最大有效全向辐射功率（EIRP，Effective Isotropic Radiated Power）和EIRP门限值。除了最大EIRP点外，在门限值边界处测量4个附加点，即具有最大EIRP的中心点，以及左边、右边、顶部和底部边界的其余4个点，如图6-23所示。

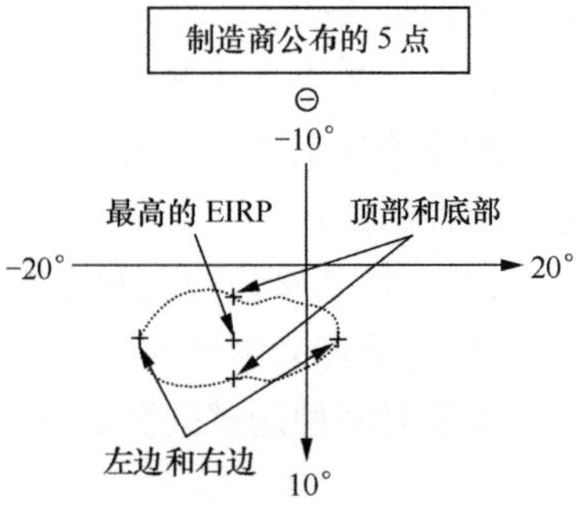

图 6-23 基于制造商公布的5点波束测试

③ 最终的功能测试：在生产环节完全组装好的模块上执行，包括简单的辐射测试，5点波束测试和收发器联合功能测试，例如所有收发器打开时的误差向量幅度（EVM，Error Vector Magnitude）测量。

6.4.2 近场和远场测量

OTA测量系统可以根据取样辐射场的位置进行分类。图6-24给出来自基站天线阵列的近场和远场示意。近场区和远场区由菲涅尔（Fraunhofer）距离$R = 2D^2/\lambda$定义，其中D是最大天线口径或尺寸，λ代表波长。在近场区，在小于R的距离处，场强由感应分量和辐射分量组成；而在天线的远场区仅有辐射分量场强。

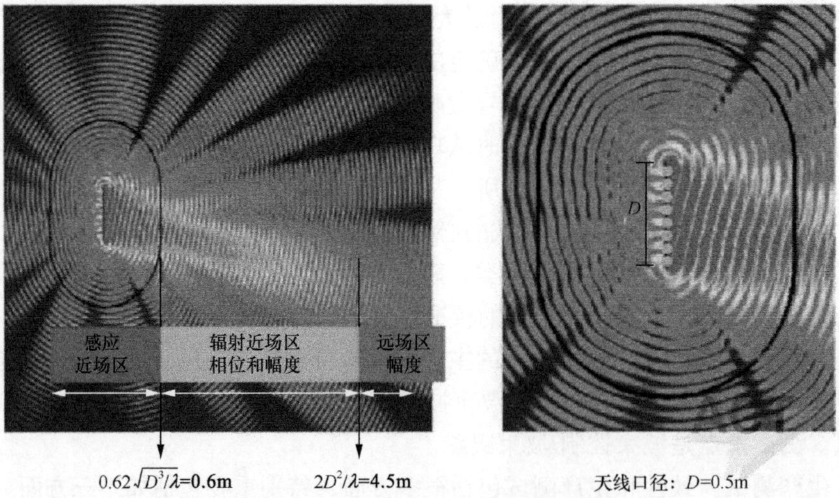

图 6-24 来自基站天线阵列的电磁场

远场测试：在天线辐射远场区测试的方法称为天线的远场测试（Far-field Test），$R > 2D^2/\lambda$。在远场区开展测量，需要直接测量平面波幅度，并且这样的暗室通常相当大，暗室大小要综合考虑被测设备尺寸和测量频率。用于远场测试的矩形暗室的设计是以几何光学为基础的。根据吸波材料的性质，使区域内6个面的反射波的合成场如同源天线对待测天线的直接辐射。设计时通常假设反射点相位变化为零，且不考虑二次反射线，最终目标是获得最大的静区，即待测天线所处的模拟远场区。

近场测试：在天线辐射近场区开展的方向图测试称为近场测试（Near-field Test）。天线近场测量系统是一套在中心计算机控制下进行天线近场扫描、数据采集、测试数据处理及测试结果显示与输出的自动化测量系统。整个天线近场测试系统由硬件分系统和软件分系统两大部分构成。硬件分系统又可进一步分为测试暗室子系统（采样架子系统、多轴运动控制器、伺服驱动器、近场测试探头、工业控制计算机及外设等）、信号链路子系统（包括矢量网络分析仪系统，或者时域信号源以及时域接收机）、数据处理计算机等；软件分系统又包括测试控制与数据采集子系统、数据处理子系统和结果显示与输出子系统三个组成部分。近场测试通过在距离天线$3 \sim 10\lambda$的距离，测出天线场的幅度和相位分布，并应用较为严格的数学模式展开理论求出辐射场。近场测试测量速度快，暗室尺寸小，测试成本低，通过数学分析可直接得到远场3D方向图。

近场区测量需要在封闭表面（球形，线形或圆柱形）采样得到场相位和幅度，以便使用傅立叶频谱变换计算远场幅度。对于到远场区的数学变换，需要精确测量包围被测设备三维表面上的相位和幅度，由此产生天线的2维和3维增益图。这种测量通常使用矢量网络分析仪，一端口接被测设备，另一端口接测量天线。由于近场测试存在一些非理想因素，因此在辐射场求解过程中会产生误差，测试精度一般低于远场测试。近场的测试的有效性需要通过远场测试来检验。

6.4.3 OTA测试流程

OTA所有测试项目的基础都是建立在天线校准效果接近理想情况，即所有射频通道输出口信号的幅度与相位一致。因此，我们开始测试时要按照场地校准、主设备校准效果、OTA测试项测试的顺序进行，并且在OTA测试过程中发现效果不理想时要及时重新校准以排除天线校准效果差造成的干扰。

在近场和远场的测试顺序选择上，近场可快速地测得待测设备的3D方向图，相比远场的2D方向图我们可以看到更多波束合成的细节。但由于近场的有源测试，目前还处于一个摸索期，加之近场测试结果需要通过算法后期处理得到，相比远场的直接测试得到的结果，测试结果的可靠性及稳定性略低一些。因此，如条件允许，我们可以先从远场进行测试，并在 OTA 测试时，首先对单振子、单行、单列的接收功率及辐射方向图进行测试，并将测试结果与理论值进行对比（可参考附录中的仿真 3D 辐射方向图），确认校准效果的好坏以及测试场地的稳定性。

（1）远场测试流程

远场测试的环境如图 6-25 所示。其中 A 为待测设备，D 为经过标定的喇叭天线。在正式测试前，我们需要经过远场场地校准标定测试场各频点从接收仪表到主设备天线发射端的总体损耗。

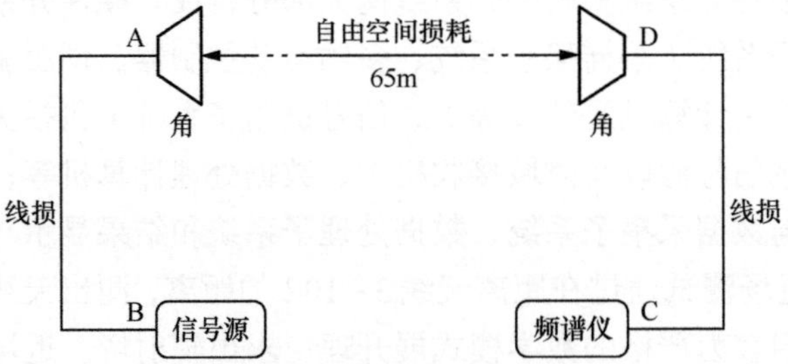

图 6-25　远场测试环境示意

远场进行的 OTA 测试项包括有效全向灵敏度（EIS）、EIRP、广播波束测试、业务波束、多波束测试、单元波束测试等。

EIS：验证大规模天线波束赋形的上行接收辐射灵敏度；

EIRP：验证大规模天线最大发射功率下不同方向波束的业务波束的各项指标。业务波束测试应该涵盖天线在组网应用时，波束赋形指向的有限覆盖范围的方向，具体包括如下波束。

① 水平 0°，垂直+3°波束。

② 水平±60°，垂直+3°波束。

③ 水平 0°，垂直 3°±15°波束。

④ 水平±60°，垂直 3°±10°波束。

⑤ 水平±10°，垂直 3°±15°波束。

测试的预期结果可通过仿真得到。

广播波束测试：广播波束主要用于同步信道、广播以及导频信号的发送，波束覆盖应该与期望覆盖的总体范围一致。另外为了提高广播波束的增益，5G 引入波束扫描技术，所以也可能存在多个相对较窄的广播波束分别覆盖不同的方向。广播波束需优先保证增益和半功率波束宽度。几种典型的广播波束举例如下。

⑥ 水平面半功率波束宽度 65°，垂直面半波束宽度大于 8°。

⑦ 水平面半功率波束宽度 20°，垂直面半功率波束宽度 30°。

⑧ 在水平 15° ~ 65°，垂直 10° ~ 30°范围内，以 5°为步进可调的广播波束。

（2）近场测试流程

近场进行的 OTA 测试一般包括 EIRP、单元波束测试、广播波束测试、多波束测试等，测试步骤可参考远场测试。

在实际测试中，一般会采用近场和远场结合的测试方法。功能性验证主要依靠近场方法，降低测试成本；而对于部分严格定量的性能测试，需要通过远场测试来标定。当近场测试的成熟度较高，并且测试精度通过远程测试标定后，后续测试可以更多使用近场环境。

6.4.4 大规模天线波束赋形性能测试

随着 5G 的技术研究与标准进展，大规模天线作为 5G 新空口核心技术的趋势愈加明显。自 2015 年左右开始，大规模天线逐步进入产业化阶段，主流电信设备商陆续投入大规模天线波束赋形的产品预研，开发和测试的目标转向商用组网的实际场景。其中在中国 IMT-2020 推进组组织的 5G 技术研发试验，集合了全球最大的运营商和设备商参与，具备权威性和参考性，其中大规模天线波束赋形的测试是最重要的部分之一。本节对中国 IMT-2020 5G 技术研发试验中的大规模试验情况和结果做重点介绍，供业界参考，具体如图 6-26 所示。

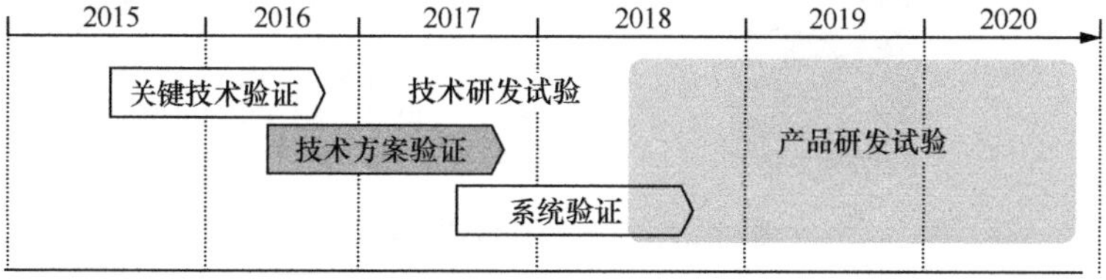

图 6-26 中国 IMT-2020（5G）推进组 5G 试验计划

5G 技术研发试验分三步实施：

① 关键技术验证（—2016.9）：单点关键技术样机功能和性能测试。

② 技术方案验证（2016.6—2017.9）：针对不同厂商的技术方案，基于统一频率，统一规范，开展单基站性能测试和无线接入网和核心网增强技术的功能、性能和流程测试。

③ 系统验证（2017.6—2018.12）：开展 5G 系统的组网技术功能和性能测

试；5G典型业务演示。

1. 第一阶段大规模天线测试情况

5G技术研发试验第一阶段在2016年完成。第一个阶段的目标针对5G潜在关键技术开展技术验证，推动5G关键技术的研发，完善5G关键技术性能，促进5G关键技术标准共识形成。大规模天线波束赋形是重点测试内容之一。2016年9月，华为、中兴、大唐、上海诺基亚贝尔、英特尔完成了大规模天线波束赋形性能测试。

测试针对大规模天线的典型应用场景，在典型城市环境下假设大规模天线基站，重点研究多用户环境下大规模天线的空间复用能力（多流并行传输），以及不同的用户分布场景对大规模天线波束赋形性能的影响。其中对于用户分布，重点验证了用户在密集和分散分布、水平分布和水平+垂直分布场景下的性能。

大唐在大唐电信集团主楼附近搭建大规模天线测试环境。测试环境如图6-27所示。智能天线的覆盖范围包括地面以及高楼，测试终端可以在地面分布，也可放置在不同楼层。测试使用的大规模天线基站样机与测试终端如图6-28所示。

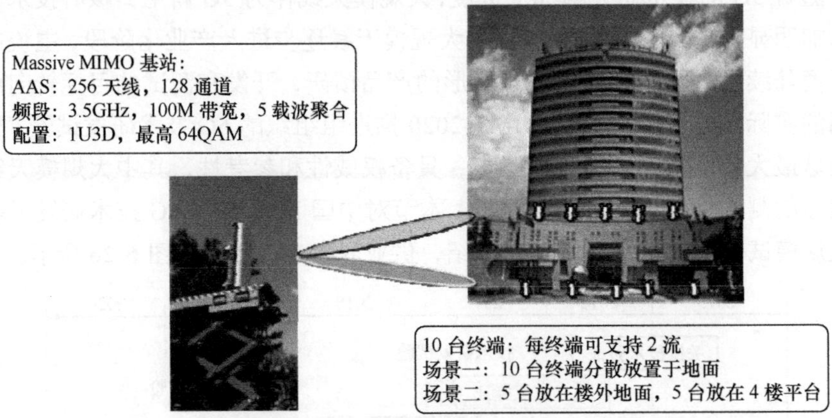
Massive MIMO 基站：
AAS：256天线，128通道
频段：3.5GHz，100M带宽，5载波聚合
配置：1U3D，最高64QAM
10台终端：每终端可支持2流
场景一：10台终端分散放置于地面
场景二：5台放在楼外地面，5台放在4楼平台

图6-27 大规模天线测试环景

图6-28 基站大规模有源天线、测试终端及测试界面

对于用户分布，测试了用户水平密集分布［图 6-29（a）］和水平垂直分散分布等场景［图 6-29（b）］，测试中采用 10 台终端，最大可支持 20 流同时传输。

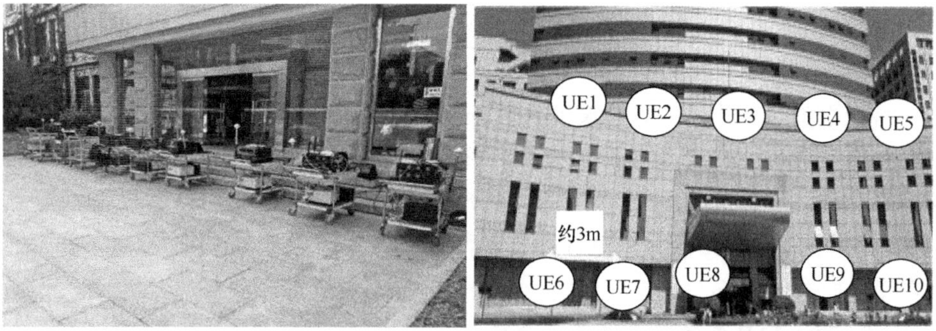

（a）　　（b）

图 6-29　终端水平密集分布外场测试环境及终端水平/垂直混合分布外场测试环境（峰值性能）

其中大唐测试结果具有一定代表性，参见图 6-30。

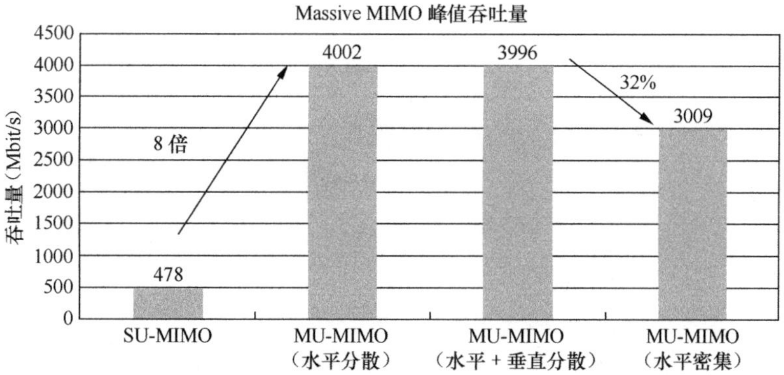

图 6-30　大规模天线测试结果[108]（摘自 5G 无线技术试验进展总结）

具体测试结果包括如下内容。

（1）UE 水平分散分布下的 MU-Massive MIMO 峰值性能测试

本测试例为 10 个用户水平分散分布的 MU-MIMO 峰值速率测试，用户均分布在信道质量好点处，测试用户平均的峰值速率约 400Mbit/s，同时双流传输，系统总峰值速率约 4Gbit/s。

（2）UE 水平分散分布下的 MU-Massive MIMO 平均性能测试

本测试例为 10 个用户水平分散分布的 MU-MIMO 平均速率测试。30%用户分布在好点处，40%用户分布在中点处，30%用户分布在差点处，测试系统平均速率约 2.55Gbit/s，位于好点和中点的用户为双流传输，差点用户为单流传输。

（3）UE 水平密集分布下的 MU-Massive MIMO 峰值性能测试

本测试例为 10 个用户水平密集分布的 MU-MIMO 峰值速率测试，用户均分布在信道质量好点处，测试用户平均的峰值速率约 300Mbit/s，同时双流传输，系统总峰值速率约 3Gbit/s。

测试结果表明：在用户水平分散分布与水平+垂直分散分布两个测试场景下，峰值吞吐量为 4Gbit/s@100MHz，相比于单用户双流的峰值速率（478Mbit/s），增益超过 8 倍。另外用户分布的相关性对 MU-MIMO 的性能影响比较大，当用户密集分布在小范围区域时，大规模天线的 MU-MIMO 多流传输性能下降约 30%。

2. 第二阶段大规模天线测试情况

2017 年，工信部在北京郊区怀柔组织工信部 5G 技术研发试验第二阶段的测试，大规模天线波束赋形仍然是重点测试内容之一。

在北京怀柔区规划了 30 个宏站站址，可满足华为、爱立信、中兴、大唐、诺基亚上海贝尔和三星 6 家系统设备厂商的单基站和组网性能测试需求。整个怀柔试验网的整体格局如图 6-31 所示，6 个设备厂家分别规划试验区域。

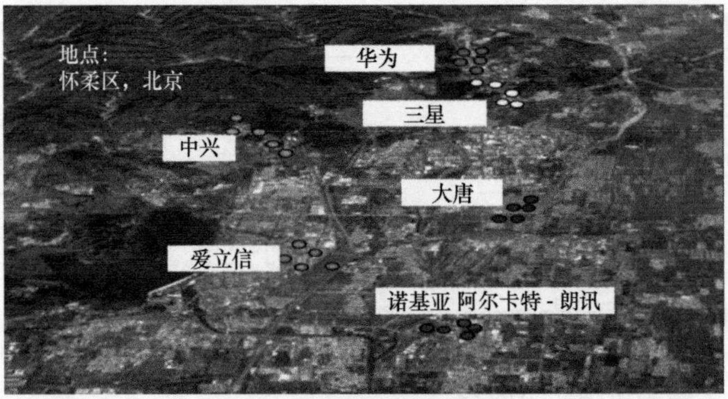

图 6-31 怀柔试验网整体规划

针对大规模天线波束赋形技术，有 4 个厂家参与了测试。测试整体情况如图 6-32 所示。可以看到，有三个厂家的小区峰值速率超过了 10Gbit/s。

下面对大唐的测试情况做简单介绍。在第二阶段技术试验中，大唐的 5G 大规模天线试验设备，支持 64 通道 128 天线，频段 3400~3600MHz。设备形态如图 6-33 所示。

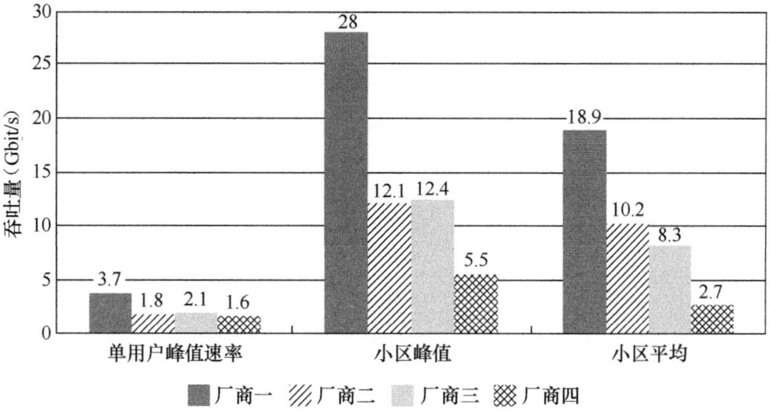

图 6-32　工信部二阶段大规模天线测试结果[108]

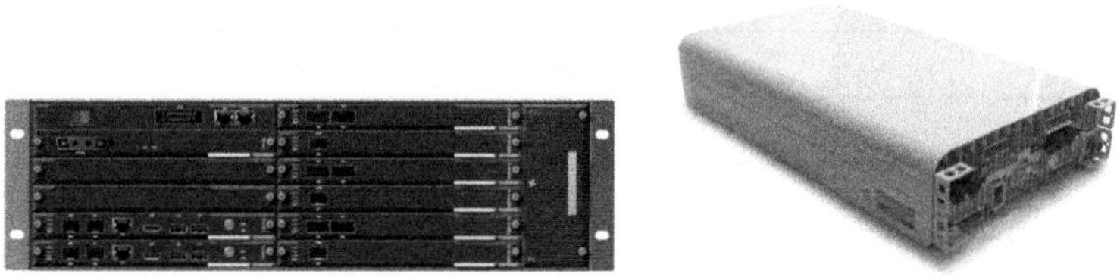

图 6-33　5G 基站测试设备：5G 基站 BBU 及 5G 基站 AAU

主要的测试结果介绍如下：

（1）小区峰值性能测试

采用 14 台测试终端，每台终端 4 发 4 收，做 MU-MIMO 小区峰值速率测试，200MHz 信号带宽支持 2 个 100MHz 的 5G 载波。小区峰值吞吐量为 12.36Gbit/s。

（2）小区平均性能测试

采用 14 台终端，每台终端 4 发 4 收，4 台终端位于好点（SNR>15dB），6 台终端位于中点（5dB<SNR<15dB），4 台终端位于差点（SNR<5dB），带宽 200MHz，工作频段：3.4～3.6GHz。测试结果如表 6-7 所示，小区平均吞吐量为 8323.13Mbit/s。

表 6-7　小区平均性能测试

	RS 信噪比（dB）	RSRP（dBm）	误块率	吞吐量（Mbit/s）
终端 1	25	−89	10.70%	880.48
终端 2	25	−78	10.20%	882.05
终端 3	25	−76	10.40%	885.52

（续表）

	RS 信噪比（dB）	RSRP（dBm）	误块率	吞吐量（Mbit/s）
终端 4	25	−74	10.30%	881.85
终端 5	13	−105	10.90%	611.78
终端 6	14	−104	10.50%	647.87
终端 7	15	−103	10.20%	627.02
终端 8	14	−104	10.50%	633.44
终端 9	14	−104	10.30%	633.65
终端 10	14	−104	10.90%	624.12
终端 11	4	−114	10.60%	253.04
终端 12	4	−114	10.00%	251.23
终端 13	4	−114	10.40%	253.82
终端 14	4	−114	10.50%	257.26
小区吞吐量				8323.13

（3）单用户大规模天线性能测试

单用户 4 流，覆盖好点的峰值速率为 2.075Gbit/s。

（4）小区覆盖能力测试

使用 1 台终端，支持 4 发 4 收，带宽 100MHz，终端沿道路低速移动逐步远离基站，记录信号强度和传输速率，如图 6-34 所示。

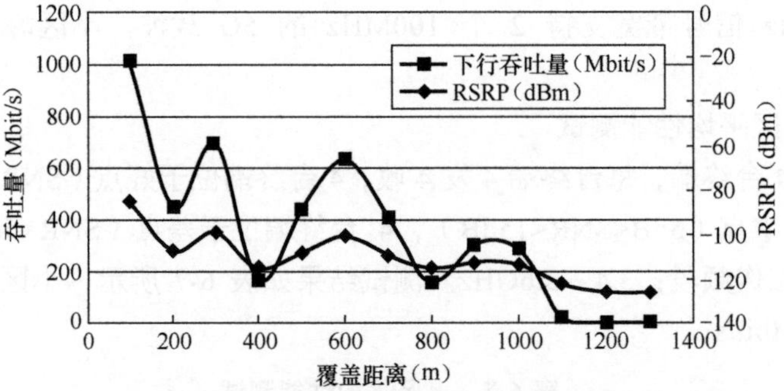

图 6-34　大规模天线覆盖能力测试结果

根据测试，在相对空旷环境下，3.5GHz 频段的 5G 大规模天线小区覆盖能力约为 1100m，与同站的 2.6GHz 频段 4G TD-LTE 覆盖相当。

整体来看，经过测试，大规模天线的覆盖能力、多流传输能力符合预期。

峰值速率和小区平均速率性对于 2 天线都有数倍提升。大规模天线在组网环境下的性能将在第三阶段试验以及规模试验中测试，算法和产品也将进一步成熟。

6.5 小　　结

大规模天线可为 5G 提供增强的覆盖、成倍增长的频谱效率、高的用户速率及小区吞吐量，这将成为 5G 基站的典型设备形态。在 2020 年，全球领先的电信运营商将普遍实现部署 5G 商用网络。大规模天线在产品开发和组网性能上已经开展较为充分的验证，大规模商用的条件即将成熟。

在设备实现上，大规模天线改变了传统 3G/4G 基站 BBU+RRU+天线的传统架构，带来新的挑战。首先基站与天线实现了深度的融合设计，克服了大量射频馈线连接的成本与工程难题，相应设计已经经过产业化验证；其次由于大规模天线的基带 IQ 数据传输随天线数线性增加，导致 CPRI 接口带宽需求达到 100Gbit/s 量级，需要通过 BBU 与 RRU 的功能重新划分，将物理层信号处理的部分功能前置到 AAU，从而有效降低 CPRI 带宽，降低传输成本。

应用大规模天线波束赋形后，单站的覆盖能力、频谱效率、用户速率都将出现大幅度的提升，实际性能需要通过试验进行评估。中国的 IMT-2020 5G 推进组已经组织完成两个阶段的大规模天线试验及测试，对于大规模天线的应用场景、组网方案等积累了初步的经验。后续随着大规模外场试验的开展，大规模天线的实现方案、信号处理及调度控制算法也将逐步完善和优化，满足商用的需求，可以预期大规模天线对设备开发、信号处理、组网应用都将带来深刻的影响和变化。我们也期待大规模天线能为 5G 商用起到基础的支撑。

参考文献

[1] Shanzhi Chen, Jian Zhao. The requirements, challenges, and technologies for 5G of terrestrial mobile telecommunication[J]. IEEE Communications Magazine, 2014,52(5):36-43.

[2] Shanzhi Chen, Shaohui Sun, Qiubin Gao, et al. Adaptive Beamforming in TDD-Based Mobile Communication Systems: State of the Art and 5G Research Directions[J]. IEEE Wireless Communications Magazine, 2016,23(6):81-87.

[3] E. Telatar. Capacity of multiantenna Gaussian channels[J]. AT&T Bell Laboratories, 1995.

[4] 王育民, 梁传甲. 信息与编码理论[M]. 西安：西北电讯工程学院出版社, 1986.

[5] G. J. Foschini, M. J. Gans. On limits of wireless communication fading environment when using multiple antennas[J]. Wireless Personal Communications, 1998,6(10):311-335.

[6] F. R. Farrokhi, G. J. Foschini, A. Lozano, et al. Link optimal space-time processing with multiple transmit and receive antennas[J]. IEEE Commun. Lett., 2001(5):85-87.

[7] P. J. Smith, M. Shafi. Waterfilling methods for MIMO systems[J]. Australian Communication Theory Workshop, 2002,3.

[8] D. Love, R. Heath, Jr.. Limited feedback unitary precoding for spatial multiplexing[J]. IEEE Trans. Info, 2005,8(51):2967-2976.

[9] S.M. Alamouti. A simple transmit diversity technique for wireless

communications[J]. IEEE Journal on Selected Areas in Communications, 1998,8(16).

[10] T. L. Marzetta. Noncooperative cellular wireless with unlimited numbers of base station antennas[J]. IEEE Trans. Wireless Communications, 2010,11(9): 3590-3600.

[11] X. Gao, O. Edfors, F. Rusek, and F. Tufvesson. Linear pre-coding performance in measured very-large MIMO channels[J]. IEEE Vehicular Technology Conf, 2011,1-5.

[12] C. Shepard, H. Yu, N. An., and L. E. Li. T. L. Marzetta, et al. Argos: practical manya base stations[J]. ACM Int. Conf. Mobile Computing and Networking (MobiCom), 2012.

[13] 王映民，孙韶辉. TD-LTE 技术原理与系统设计[M]. 北京：人民邮电出版社, 2010.

[14] D. Gesbert, M. Kountouris, R. W. Heath Jr., et al. From single user to multiuser communications: shifting the MIMO paradigm[J]. IEEE Signal Processing Magazine, 2007,5(24):36.

[15] D. Wang, C. Ji, X. Gao, S. Sun, X. You. Uplink sum-rate analysis of multi-cell multi-user massive MIMO System[J]. IEEE ICC, 2013.

[16] J. Hoydis, S. Brinkz and M. Debbah. Massive MIMO in the UL/DL of cellular networks: How many antennas do we need?[J]. IEEE Journal, 2013,2(31):160-171. vol. 31, no. 2, pp. 160–171, Feb. 2013.

[17] Y. Xin, D. Wang and X. You. Area spectral efficiency and area energy efficiency analysis in massive MIMO systems[J]. International Conference on Wireless Communications & Signal Processing (WCSP), 2015:1-5.

[18] Q. Zhang, S. Jin S, Y. Huang Y, et al. Uplink rate analysis of multicell massive MIMO systems in Ricean fading[J]. Global Communications Conference, 2014:3279-3284.

[19] J. Cao, D. Wang, J. Li, et al. Uplink spectral efficiency analysis of multi-cell multi-user massive MIMO over correlated Ricean channel[J]. Science China Information Sciences, 2018.

[20] J. Cao, D. Wang, J. Li, S. Sun and X. You. Uplink sum-rate analysis of massive MIMO system with pilot contamination and CSI delay[J]. Wireless Personal Communications, 2014,1(78):297-312.

[21] Dongming Wang, Yu Zhang, Hao Wei, et al. An overview of transmission

theory and techniques of large-scale antenna systems for 5G wireless communications[J]. Science China Information Sciences, 2016,8(59):1-18.

[22] Hao Wei, Dongming Wang, Huiling Zhu, et al. Mutual coupling calibration for multiuser massive MIMO systems[J]. IEEE Transactions on Wireless Communications, 2016,1(15):606-619.

[23] Hao Wei, Dongming Wang, Jiangzhou Wang, et al. Impact of RF mismatches on the performance of massive MIMO systems with ZF precoding[J]. Science China Information Sciences, 2016,2(59):1-14.

[24] J. G. Andrews, F. Baccelli, and R. K. Ganti. A tractable approach to coverage and rate in cellular networks[J]. IEEE Trans. on Communications, 2011,11(59):3122-3134.

[25] D. Wang, X. You, J. Wang, et al. Spectral efficiency of distributed MIMO cellular systems in a composite fading channel[J]. IEEE International Conference on Communications, 2018:1259-1264.

[26] A. Yang, Z. He, C. Xing, et al. The role of large-scale fading in uplink massive MIMO systems[J]. IEEE Trans. on Vehicular Technology, 2015,1(65):477-483.

[27] Y. Xin, D. Wang, J. Li, et al. Area spectral efficiency and area energy efficiency of massive MIMO cellular systems[J]. IEEE Transactions on Vehicular Technology, 2016,5(65):3243-3254.

[28] S. Cui, A. Goldsmith, A. Bahai. Energy-constrained modulation optimization[J]. IEEE Trans. on Wireless Communications, 2005,5(4):2349-2360.

[29] O. Onireti, F. Heliot, M. Imran. On the energy efficiency-spectral efficiency trade-off of distributed MIMO systems[J]. IEEE Trans. on Communications, 2013,9(61):3741-3753.

[30] WINNER. Final report on link level and system level channel models[J]. 2005.

[31] WINNER II channel models Part I, channel models[J]. WINNER II, 2007.

[32] Proposed channel model parameter update for IMT-Advanced evaluation[J]. ITU-R Document, 2008.

[33] R1-132123. LOS 3D-channel modeling. Ericsson, ST-Ericsson, 3GPP RAN1#73.

[34] R1-133027. Remaining details of large scale parameters for 3D channel modeling. CATT, 3GPP RAN1#74.

[35] R1-134221. Proposals for fast fading channel modelling for 3D UMa. Alcatel-Lucent Shanghai Bell, Alcatel-Lucent, China Unicom, 3GPP RAN1# 74bis.

[36] R1-134222. Proposals for fast fading channel modelling for 3D UMi. Alcatel-Lucent Shanghai Bell, Alcatel-Lucent, China Unicom, 3GPP RAN1# 74bis.

[37] R1-134795. Proposals for fast fading channel modelling for 3D UMi O-I. Alcatel-Lucent Shanghai Bell, Alcatel-Lucent, China Unicom, 3GPP RAN1# 74bis.

[38] TR 36.873(V12.0.0). Study on 3D channel model for LTE. 3GPP, Release 12.

[39] R1-135999. Remaining details of fast fading modelling for 3D channel. Samsung, 3GPP RAN1#75.

[40] R1-135588. Remaining details of fast-fading for 3D-UMi and 3D-UMa. NSN, Nokia, 3GPP RAN1#75.

[41] 3GPP TR 38.901(V14.0.0). Study on channel model for frequencies from 0.5 to 100 GHz.

[42] 程卿卿. "Massive MIMO 系统中减小导频污染影响问题研究[D]. 哈尔滨：哈尔滨工业大学, 2015.

[43] Ngo, Hien Quoc, and E. G. Larsson. EVD-based channel estimation in multicell multiuser MIMO systems with very large antenna arrays[J]. IEEE International Conference on Acoustics, Speech and Signal Processing IEEE, 2012:3249-3252.

[44] Wang Nina, Tang Tian, Zhang Zhi, et al. Improved compressed sensing-based sparse channel estimation method for broadband communication system[J]. Future Wireless Networks and Information Systems, Lecture Notes in Electrical Engineering (LNEE), 2012, (46):465-472.

[45] Tropp J A, Gilbert A C. Signal recovery from random measurements via orthogonal matching pursuit[J]. IEEE Trans. on Information Theory , 2007, 53 (12): 4655- 4666.

[46] 王玉鹏. 基于压缩感知的 MASSIVE MIMO 系统中信道估计算法的研究[D]. 成都：电子科技大学, 2015.

[47] J. Li, X. Su, J. Zeng, Y. Zhao, S. Yu, et al. Codebook design for uniform rectangular arrays of massive antennas[J]. IEEE 77th Vehicular Technology Conference (VTC Spring), 2013:1-5.

[48] J. Lee, S.-H. Lee. A compressed analog feedback strategy for spatially correlated massive mimo systems[J]. IEEE Vehicular Technology Conference (VTC Fall),

2012:1-6.

[49] D. Tse, P. Viswanath. Fundamentals of wireless communication[M]. Cambridge university, 2005.

[50] Y. Barbotin, A. Hormati, S. Rangan, et al. Estimation of sparse MIMO channels with common support[J]. IEEE Transactions on Communications, 2012,12(60):3705-3716.

[51] E. J. Candes, J. K. Romberg, and T. Tao. Stable signal recovery from incomplete and inaccurate measurements[J]. Communications on pure and applied mathematics.

[52] R. Baraniuk. Compressive sensing [lecture notes]. IEEE Signal Processing Magazine, 2007,4(24):118-121.

[53] Kaltenberger F, Jiang H, Guillaud M. Relative channel reciprocity calibration in MIMO/TDD systems[J]. Proceedings of IEEE Future Network and Mobile Summit, 2010:1-10.

[54] H. Q. Ngo, E. G. Larsson, T. L. Marzetta. Energy and spectral efficiency of very large multiuser MIMO systems[J]. IEEE Transactions on Communications, 2013,4(61):1436-1449.

[55] Elayach O, Rajagopal S, Abu-surraA S, et al. Spatially sparse precoding in millimeter wave MIMO systems[J]. IEEE Transactions on Wireless Communications, 2014, 13 (3): 1499-1513.

[56] Rusu C, Mendez-Rial R, Gonzalez-prelcicy N, et al. Low complexity hybrid sparse precoding and combining in millimeter wave MIMO systems[J]. IEEE International Conference on Communications (ICC), 2015:8-12.

[57] Gao X, Dai L, Han S, et al. Energy-efficient hybrid analog and digital precoding for mmWave MIMO systems with large antenna arrays[J]. IEEE Journal on Selected Areas in Communications, 2016, 34(4): 998-1009.

[58] Rusek, Fredrik, et al. Scaling up MIMO: Opportunities and challenges with very large arrays[J]. IEEE signal processing, 2013,30(1):40-60.

[59] Rappaport T S, Heath R W, Daniels R C, et al. Millimeter wave wireless communications[J]. Pearson Education, 2014.

[60] J. C. Roh, B. D. Rao. Design and analysis of MIMO spatial multiplexing systems with quantized feedback[J]. IEEE Trans. Signal Process, 2006,8(54): 2874-2886.

[61] El Ayach, R. W. Heath, S. Rajagopal, Z. Pi. Multimode precoding in millimeter

wave MIMO transmitters with multiple antenna sub-arrays[J] IEEE Global Communications Conference (GLOBECOM'13), 2013:3476-3480.

[62] M. Tomlinson. New automatic equaliser employing modulo arithmetic[J]. Electron. Lett, 1971,5/6(7):138-139.

[63] H. Harashima, H. Miyakawa. Matched transmission technique for channels with inter-symbol interference[J]. IEEE Trans. Commun, 1972,20(8):774-780.

[64] Mazrouei-Sebdani, Mahmood, Witold A. Krzymień, et al. Massive MIMO with nonlinear precoding: Large-system analysis[J]. IEEE Transactions on Vehicular Technology, 2016,65(4):2815-2820.

[65] Nishimori K, Hiraguri T, Ogawa T, et al. Effectiveness of implicit beamforming using calibration technique in massive MIMO system[J]. Proceedings of ISAP, 2014:1-2.

[66] Liu, Tianle, et al. Energy efficiency of uplink massive MIMO systems with successive interference cancellation[J]. IEEE Communications Letters, 2017,99:1-1.

[67] Reddy M S, Kumar T A, Rao K S.. Spectral efficiency analysis of massive MIMO system[J]. Systems, Process and Control. IEEE, 2017:148-153.

[68] Li, Xueru, et al. Massive MIMO with multi-antenna users: When are additional user antennas beneficial?[J]. International Conference on Telecommunications IEEE, 2016:1-6.

[69] IMT-A 推进组 3GPP 项目组第三十四次会议, CSI feedback for 3D antenna, 上海贝尔.

[70] R1-153402, Evaluation of codebook enhancement for FD-MIMO, CATT, 3GPP RAN1 #81, 2015.

[71] Shepard C, Yu H, An, N. Argos: practical many-antenna base stations[C]. Proceedings of the 18th annual International Conference on Mobile Computing and Networking, 2012. 53–64.

[72] Rogalin R, Bursalioglu O Y, Papadopoulos H C.. Hardware-impairment compensation for enabling distributed large-scale MIMO[J]. Proceedings of IEEE Information Theory and Applications Workshop (ITA), 2013. 1-10.

[73] G. Boudreau, J. Panicker, N. Guo, et al. Interference coordination and cancellation for 4G networks[J]. IEEE Communications Magazine, 2009,4(47):74-81.

[74] J. Li, N. Shroff, E. Chong. A reduced-power channel reuse scheme for wireless packet cellular networks[J]. IEEE/ACM.

[75] R2-106897. Introduction of Enhanced ICIC. 3GPP TSG RAN WG2 #72.

[76] H. Huang, M. Trivellato, A. Hottinen, et al. Increasing downlink cellular throughput with limited network MIMO coordination[J]. IEEE Transactions Wireless Communications, 2009,6(8):2983-2989.

[77] A. Saleh, A. Rustako, R. Roman. Distributed antennas for indoor radio communication[J]. IEEE Transactions on Communications, 1987,12(35): 1245-1251.

[78] 3GPP TR 36.819 v11.1.0. Evolved universal terrestrial radio access (E-UTRA) and evolved universal terrestrial radio access network (E-UTRAN); coordinated multi-point operation for LTE physical layer aspects (Release 11). TSG RAN.

[79] 3GPP TR38.913. Study on scenarios and requirements for next generation access technologies.

[80] ITU-R report M.2410. Minimum requirements related to technical performance for IMT-2020 radio interface(s).

[81] R1-1701338, HiSilicon. WF on Type I CSI codebook[R]. Huawei, 3GPP NR Ad Hoc #1, 2017.

[82] R1-1700222. Discussion on Type I feedback[R]. CATT, 3GPP NR Ad Hoc #1, 2017.

[83] R1-1709232. WF on Type I and II CSI codebooks. Samsung, et al, 3GPP RAN1#89.

[84] R1-1700066. DL Codebook design for multi-panel structured MIMO in NR. Huawei, HiSilicon, 3GPP NR Ad Hoc #1, 2017.

[85] R1-1702205. On NR Type I codebook[R]. Intel. 3GPP RAN1#88.

[86] R1-1700910. Type II CSI reporting for NR[R]. Samsung, 3GPP NR Ad Hoc #1, 2017.

[87] R1-1700752. Type II CSI feedback[R]. Ericsson, 3GPP NR Ad Hoc #1, 2017.

[88] R1-1700130. Linear combination based CSI feedback design for NR MIMO. ZTE, ZTE Microelectronics, 3GPP NR Ad Hoc #1, 2017.

[89] R1-1702206. On NR Type II category 2 codebook[R]. Intel, 3GPP RAN1#88.

[90] R1-1718886. WF on omission rules for partial Part 2 reporting[R]. ZTE, Sanechips, et al, 3GPP RAN1#90bis.

[91] R1-1711404. Discussion on reciprocity based CSI acquisition mechanism[R]. Huawei, HiSilicon, 3GPP NR Ad-Hoc #2, 2017.

[92] R1-1710812. CSI acquisition for reciprocity based operations[R]. MediaTek, 3GPP NR Ad-Hoc #2, 2017.

[93] R1-1702612. CSI acquisition for reciprocity based operation[R]. Qualcomm, 3GPP RAN1#88.

[94] R1-1710189. On reciprocity based CSI acquisition[R]. ZTE, 3GPP NR Ad-Hoc #2.

[95] R1-1719009. Way forward on beam reporting based on CSI-RS for BM with repetition. ZTE, Sanechips, ASTRI, Ericsson, NTT DOCOMO, 3GPP RAN1#90bis.

[96] R1-1721396. Summary of offline discussion on beam management[R]. Qualcomm, 3GPP RAN1#91.

[97] R1-1719064. WF on beam reporting[R]. Qualcomm, NTT DoCoMo, Ericsson, ZTE, Huawei, AT&T, Samsung, LGE, Intel, Nokia, NSB, Sharp, 3GPP RAN1#90bis.

[98] R1-1716842. WF on QCL indication for DL physical channels[R]. Ericsson, CATT, NTT DOCOMO, Samsung, Qualcomm, 3GPP NR Ad Hoc #3, 2017.

[99] R1-1715801. Details of beam management[R]. CATT, 3GPP NR Ad Hoc #3.

[100] R1-179059. WF on beam management[R]. Samsung, CATT, Huawei, HiSilicon, NTT Docomo, MediaTek, Intel, OPPO, SpreadTrum, AT&T, InterDigital, CHTTL, KDDI, LG Electronics, Sony, China Unicom, Ericsson, vivo, China Telecom, Qualcomm, National Instruments, Vodafone, 3GPP RAN1#90bis.

[101] R1-1716920. Way forward on dedicated PRACH allocation for beam failure recovery mechanism[R]. MediaTek, InterDigital, Huawei, HiSilicon, LG, Intel, Ericsson, 3GPP NR Ad Hoc #3, 2017.

[102] R1-1719174. WF on Beam Failure Recovery[R]. MediaTek, Intel, Huawei, HiSilicon, ZTE, Sanechips, CHTTL, 3GPP RAN1#90bis.

[103] R1-1720182. Remaining details on beam management[R]. CATT, 3GPP RAN1#91.

[104] H Busche, A Vanaev, H Rohling. SVD-based MIMO precoding and equalization schemes for realistic channel knowledge: Design criteria and performance evaluation. Wireless Personal Communications, 2009, 48 (3) :347-359.

[105] J Maurer, D Seethaler. G Matz, Vector Perturbation Precoding Revisited. IEEE Transactions on Signal Processing, 2011, 59(1):315-328.

[106] R1-172079. Discussion on remaining details of non-codebook based UL transmission[R]. CATT, 3GPP RAN1 #91.

[107] Constantine A.Balanis. Antenna theory analysis and design, Third edition[M]. John Wiley & Sons, Inc.

[108] 5G 无线技术试验进展及后续计划. IMT-2020(5G)推进组, 2016.

缩略语

缩略语	英文全称	中文全称
3GPP	3rd Generation Partnership Project	第三代合作伙伴计划
4G	4th Generation	第四代移动通信系统
5G	5th Generation	第五代移动通信系统
AAU	Active Antenna Unit	有源天线单元
AAS	Active Antenna System	有源天线系统
ACLR	Adjacent Channel Leakage Ratio	邻信道泄露比
A-CSI	Aperiodic Channel State Information	非周期信道状态信息
ADC	Analogue-to-Digital Converter	模拟一数字转换器
AEE	Area Energy Efficiency	面积能量效率
AGC	Automatic Gain Control	自动增益控制
AMC	Adaptive Modulation and Coding	自适应调制编码
AOA	Azimuth of Arrival	水平到达角
AOD	Azimuth of Departure	水平发射角
AS	Angle Spread	角度扩展
ASA	Azimuth Spread of Arrival Angle	水平到达角角度扩展
ASD	Azimuth Spread of Departure Angle	水平发射角角度扩展
ASE	Area Spectral Efficiency	面积频谱效率
ATCA	Advanced Telecom Computing Architecture	高级电信计算架构

（续表）

缩略语	英文全称	中文全称
BER	Bit Error Rate	误比特率
BFR	Beam Failure Recovery	波束失败恢复
BLER	BLock Error Rate	误块率
BP	Basis Pursuit	基追踪法
BS	Base Station	基站
BWP	BandWidth Part	带宽部分
CBG	Code Block Group	码块组
CDD	Cyclic Delay Diversity	循环时延分集
CDM	Code Division Multiplexing	码分复用
CFR	Crest Factor Reduction	削峰
C-JT	Coherent Joint Transmission	相干联合传输
CoMP	Coordinated Multiple Points	协作多点
CORESET	Control Resource SET	控制资源集合
CP	Cyclic Prefix	循环前缀
CPA	Cross-Polarized Array	交叉极化阵列
CPE	Common Phase Error	共相位误差
CPRI	Common Public Radio Interface	通用公共无线接口
CQI	Channel Quality Indication	信道质量指示
C-RAN	Centralized/Cooperative/Cloud/Clean-Radio Access Network	中心化/协作化/云化/清洁的无线接入网络
CRB	Common Resource Block	公共资源块
CRC	Cyclic Redundancy Check	循环冗余校验
CRI	CSI-RS Resource Indicator	CSI-RS 资源指示
CRS	Cell-specific Reference Signal	小区公共参考信号
CS	Compressive Sensing	压缩感知
CS	Cyclic Shift	循环移位
CS/CB	Coordinated Scheduling/ Beamforming	协作调度/协作波束赋形
CSI	Channel State Information	信道状态信息
CSI-IM	CSI Interference Measurement	CSI 干扰测量
CSI-RS	Channel State Information-Reference Signal	信道状态信息参考信号
DAC	Digital-to-Analogue Converter	数字—模拟转换器

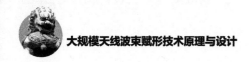

（续表）

缩略语	英文全称	中文全称
DCI	Downlink Control Information	下行控制信息
DCT	Discrete Cosine Transform	离散余弦变换
DDC	Digital Down-Converter	数字下变频
DFT	Discrete Fourier Transform	离散傅里叶变换
DFT-s-OFDM	Discrete Fourier Transform-Spread OFDM	离散傅里叶变换扩展 OFDM
DGS	Defected Ground Structure	缺陷地结构
DPB	Dynamic Point Blanking	动态传输点静默
DPD	Digital Pre-Distortion	数字预失真
DPS	Dynamic Point Switching	动态传输点切换
DM-RS	DeModulation-Reference Signal	解调参考信号
DOA	Direction-of-Arrival	到达方向
DPC	Dirty Paper Coding	脏纸编码
DS	Delay Spread	时延扩展
DUC	Digital Up-ConverterCFR	数字上变频
EBB	Eignvalue-Based Beamforming	基于特征值的波束赋形
eBBU	Evolved BaseBand Unit	演进的基带单元
EBG	Electromagnetic Band-Gap	电磁带隙结构
eCPRI	Evolved Common Public Radio Interface	演进的 CPRI
EDGE	Enhanced Data rates for GSM Evolution	GSM 演进的数据速率增强
EE	Energy Efficiency	能量效率
eFD-MIMO	Enhanced Full-Dimension MIMO	增强的全维度 MIMO
eICIC	Enhanced Inter-cell Interference Coordination	增强型小区间干扰协调技术
EIS	Effective Isotropic Sensitivity	等效全向灵敏度
EIRP	Effective Isotropic Radiated Power	等效全向发射功率
EOA	Elevation of Arrival	到达仰角
EOD	Elevation of Departure	离开仰角
EVD	Eigen Value Decomposition	特征值分解
EVM	Error Vector Magnitude	误差矢量幅度
FDD	Frequency Division Duplex	频分双工
FD-MIMO	Full-Dimension MIMO	全维度 MIMO
FFR	Fractional Frequency Reuse	部分频率复用

（续表）

缩略语	英文全称	中文全称
FFT	Fast Fourier Transform	快速傅里叶变换
FPGA	Field-Programmable Gate Array	现场可编程门阵列
FR	Frequency Range	频率范围
FSTD	Frequency Switched Transmit Diversity	频率切换发射分集
GCS	Global Coordinate System	全局坐标系
gNB	Next Generation NodeB	下一代 B 节点
GOB	Grid-of-Beam	波束扫描
GPRS	General Packet Radio Service	通用分组无线业务
GPS	Global Positioning System	全球定位系统
GSM	Global System for Mobile communications	全球移动通信系统
HARQ	Hybrid Automatic Repeat Request	混合式自动重传请求
ICI	Inter-Carrier Interference	子载波间干扰
IFDMA	Interleaved Frequency Division Multiple Access	交织频分多址
IFFT	Inverse Fast Fourier Transform	反快速傅里叶变换
IMT-2020	International Mobile Telecommunication-2020	国际移动通信-2020
IRC	Interference Rejection Combining	干扰抑制合并
IDCT	Inverse Discrete Cosine Transformation	反离散余弦变换
ITU	International Telecommunication Union	国际电信联盟
JT	Joint Transmission	联合传输
L1-RSRP	Layer 1 RSRP	层 1 参考信号接收功率
LCS	Local Coordinate System	局部坐标系
LI	Layer Indicator	层指示
LMMSE	Linear Minimum Mean Squared Error	线性 MMSE
LNA	Low Noise Amplifier	低噪声放大器
LOS	Line-of-Sight	直视径
LS	Least Square	最小二乘
LTE	Long-Term Evolution	长期演进
LTE-A	LTE-Advanced	先进 LTE
MAC	Media Access Control	媒体接入控制
MAC-CE	MAC-Control Element	媒体接入控制—控制单元

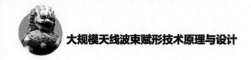

（续表）

缩略语	英文全称	中文全称
MCS	Modulation & Coding Scheme	调制与编码方案
MIB	Master Information Block	主信息块
MIMO	Multiple Input Multiple Output	多输入多输出
MIMO-BC	MIMO Broadcast Channel	MIMO 广播信道
MIMO-MAC	MIMO Multiple Access Channel	MIMO 媒体接入信道
ML	Maximum Likelihood	最大似然
MMSE	Minimum Mean Squared Error	最小均方误差
MP	Matching Pursuit	匹配追踪
MRC	Maximum Ratio Combining	最大比合并
MRT	Maximum Ratio Transmission	最大比发送
Msg.	Message	消息
MU-MIMO	Multi-User MIMO	多用户 MIMO
NACK	Negative ACKnowledgement	否定性应答
NC-JT	Non-Coherent Joint Transmission	非相干联合传输
NDI	New Data Indicator	新数据指示
NLOS	Non Line of Sight	非直射径
NMSE	Normalised Mean Square Error	归一化均方误差
NR	New Radio	新空口
NZP CSI-RS	Non-Zero Power CSI-RS	非零功率信道状态信息参考信号
O&M	Operation and Maintenance	运行与维护
OCC	Orthogonal Cover Code	正交覆盖码
OFDM	Orthogonal Frequency Division Multiplexing	正交频分复用
OMP	Orthogonal MP	正交匹配追踪
OTA	over The Air	空口
O-to-I	Outdoor-to-Indoor	室外覆盖室内
PAPR	Peak-to-Average Power Ratio	峰值平均功率比
PBCH	Physical Broadcast CHannel	物理广播信道
PC	Power Control	功率控制
PCID	Physic Cell ID	物理小区 ID
PDCCH	Physical Downlink Control CHannel	物理下行控制信道
PDCP	Packet Data Convergence Protocol	分组数据汇聚协议

（续表）

缩略语	英文全称	中文全称
PDSCH	Physical Downlink Shared CHannel	物理下行共享信道
PMI	Pre-coding Matrix Indicatior	预编码矩阵标识
PN	Phase Noise	相位噪声
PRACH	Physical Random Access Channel	物理随机接入信道
PRB	Physical RB	物理资源块
RAPID	Random Access Preamble IDentity	随机接入前导 ID
PC	Precoder Cycling	预编码轮询
PCB	Printed Circuit Board	印刷电路板
ppm	Part Per Million	百万分之一
PSS	Primary Synchronisation Signal	主同步信号
PT-RS	Phase Tracking Reference Signal	相位跟踪参考信号
PUSCH	Physical Uplink Shared CHannel	物理上行共享信道
QAM	Quadrature Amplitude Modulation	正交幅度调制
QCL	Quasi Co-Location	准共站址
QRM-MLD	QR Decomposition and M algorithm-Maximum Likelihood Detection	QR 分解与 M 算法相结合的最大似然
RB	Resource Block	资源块
RE	Resource Element	资源单元
RF	Radio Frequency	射频
RI	Rank Indicator	秩指示
RIP	Restricted Isometry Property	约束等距性
RLC	Radio Link Control	无线链路管理
RLM	Radio Link Monitoring	无线链路监测
RMa	Rural Macro	乡村宏小区
RMSI	Remaining System Information	剩余系统信息
RO	Reception Opportunity	接收机会
RRC	Radio Resource Control	无线资源控制
RRH	Remote Radio Head	远端射频头
RRM	Radio Resource Management	无线资源管理
RRU	Remote Radio Unit	远端射频单元
RSNR	Reference SNR	参考信号 SNR

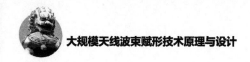

（续表）

缩略语	英文全称	中文全称
RSRP	Reference Signal Received Power	参考信号接收功率
RSRQ	Reference Signal Received Quality	参考信号接收质量
RV	Redundancy Version	冗余版本
Rx	Reception/Receiver	接收/接收机
RZF	Regularized ZF	正则化 ZF
SCDD	Small-delay Cyclic Delay Diversity	小时延 CDD
SCell	Secondary Cell	从属小区
SD	Sphere Decoder	球形译码
SDMA	Spatial Division Multiple Access	空分多址
SF	Shadow Fading	阴影衰落
SFBC	Spatial-Frequency Block Code	空频块码
SFR	Soft Frequency Reuse	软频率复用
SIC	Serial Interference Cancellation	串行干扰消除
SINR	Signal-to-Interference plus Noise Ratio	信干噪比
SNR	Signal-to-Noise Ratio	信噪比
SISO	Single Input Single Output	单输入单输出
SLNR	Signal to Leakage plus Noise Ratio	信漏噪比
SP-CSI	Semi-Persistent CSI	半持续 CSI
SP-CSI-RS	Semi-Persistent CSI-RS	半持续 CSI-RS
SRI	SRS Resource Indicator	SRS 资源指示
SRS	Sounding Reference Signal	探测参考信号
SS	Synchronization Signal	同步信号
SSB	Synchronization Signal Block	同步信号块
SSBRI	Synchronization Signal Block Resourc Indicator	同步信号块资源指示
SSS	Secondary Synchronization Signal	辅同步信号
STBC	Spatial-Time Block Code	空时块码
SU-MIMO	Single-User MIMO	单用户 MIMO
TCI	Transmission Configuration Indicator	传输配置指示
TDD	Time Division Duplex	时分双工
TDM	Time Division Multiplexing	时分复用
TD-SCDMA	Time Division Synchronous Code Division Multiple Access	时分同步码分多址

（续表）

缩略语	英文全称	中文全称
TD-VP	Time Domain VP	时域向量扰动
THP	Tomlinson-Harashima Precoding	THP 预编码
TLS	Total LS	总体最小二乘
TM	Transmission Mode	传输模式
TP	Transmission Point	传输点
TPMI	Transmit Pre-coding Matrix Indicator	发送预编码矩阵指示
TRP	Transmission/Receiption Point	传输/接收点
TRS	Tracking Reference Signal	跟踪参考信号
TRX	Transceiver	收发信机
TSTD	Time Switched Transmit Diversity	时间切换发射分集
Tx	Transmission/Transmitter	发送/发射机
TXRU	Transceiver Unit	发送接收单元
UE	User Equipment	用户设备
ULA	Uniform Linear Array	均匀平面阵
UMa	Urban Macro	城区宏小区
UMi	Urban Micro	城区微小区
UMTS	Universal Mobile Telecommunications System	通用移动通信系统
URA	Uniform Rectangular Array	均匀矩形阵列
URLLC	Ultra-Reliable & Low Latency Communications	高可靠低时延通信
VP	Vector Pertubation	向量扰动
XPD	Cross Polarization Discrimination	交叉极化鉴别率
ZF	Zero Forcing	迫零
ZOA	Zenith of Arrival	垂直到达角
ZOD	Zenith of Departure	垂直发射角
ZP CSI-RS	Zero Power CSI-RS	零功率信道状态信息参考信号
ZSA	Zenith Spread of Arrival Angle	垂直到达角角度扩展
ZSD	Zenith Spread of Departure Angle	垂直发射角角度扩展

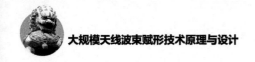

索 引

0～9（数字）

A～Z（英文）

B

C

D

F

G

K

L

M

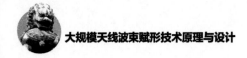

X

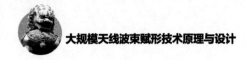